模拟电路和数字电路

自学手册

（第2版）

蔡杏山◎主编

人民邮电出版社

北京

图书在版编目（CIP）数据

模拟电路和数字电路自学手册 / 蔡杏山主编. -- 2
版. -- 北京：人民邮电出版社，2023.7
ISBN 978-7-115-61634-0

Ⅰ. ①模… Ⅱ. ①蔡… Ⅲ. ①模拟电路—手册②数字
电路—手册 Ⅳ. ①TN710-62②TN79-62

中国国家版本馆CIP数据核字(2023)第066491号

内 容 提 要

　　本书是一本介绍模拟电路、数字电路和电力电子电路的图书，主要内容有电路分析基础，放大电路，集成运算放大器，谐振电路与滤波电路，正弦波振荡器，调制与解调电路，频率变换电路与反馈控制电路，电源电路，数字电路基础与门电路，数制、编码与逻辑代数，组合逻辑电路，时序逻辑电路，脉冲电路，A/D(模/数)和D/A(数/模)转换电路，半导体存储器，电力电子电路，单片机快速入门。

　　本书具有起点低、由浅入深、语言通俗易懂的特点，并且内容结构安排符合学习认知规律。本书适合用作模拟电路、数字电路和电力电子电路的自学图书，也适合用作职业学校电类专业的电子电路参考书。

◆ 主　　编　蔡杏山

　　责任编辑　李　强

　　责任印制　马振武

◆ 人民邮电出版社出版发行　　北京市丰台区成寿寺路 11 号

　　邮编　100164　电子邮件　315@ptpress.com.cn

　　网址　https://www.ptpress.com.cn

　　北京天宇星印刷厂印刷

◆ 开本：787×1092　1/16

　　印张：21.5　　　　　　　　2023 年 7 月第 2 版

　　字数：536 千字　　　　　　2025 年 1 月北京第 6 次印刷

定价：99.80 元

读者服务热线：(010)53913866　印装质量热线：(010)81055316
反盗版热线：(010)81055315
广告经营许可证：京东市监广登字 20170147 号

前　言

　　本书第 1 版自 2018 年推出后深受读者欢迎，几年来经历多次重印，为了让读者掌握更多的知识，我们在书中增加了单片机内容，并对书中的一些错误进行了订正，特此推出了第 2 版。

　　"电子技术无处不在"，小到收音机，大到"神舟飞船"，无一不利用电子技术。电子技术应用于社会的众多领域，根据电子技术的应用领域不同，可分为家庭消费电子技术（如电视机）、通信电子技术（如移动电话）、工业电子技术（如变频器）、机械电子技术（如智能机器人控制系统）、医疗电子技术（如 B 超机）、汽车电子技术（如汽车电气控制系统）、消费数码电子技术（如数码相机）等。

　　为了让更多人能掌握电子技术，我们编写了此书，本书主要有以下特点：

　　◆ **基础起点低**。读者只需具有初中文化程度即可阅读本书。

　　◆ **语言通俗易懂**。书中少用专业化的术语，遇到较难理解的内容也进行了形象的比喻说明，尽量避免复杂的理论分析和烦琐的公式推导，读者阅读本书感觉会十分顺畅。

　　◆ **内容解说详细**。考虑读者自学本书时一般无人指导，因此在编写过程中对书中的知识技能进行详细解说，让读者能轻松理解所学内容。

　　◆ **采用图文并茂的表现方式**。书中大量采用直观形象的图表方式表现内容，使阅读变得非常轻松，不易产生阅读疲劳。

　　◆ **内容安排符合认知规律**。图书按照循序渐进、由浅入深的原则来确定各章节内容的先后顺序，读者只需从前往后阅读图书，便会水到渠成。

　　◆ **突出显示知识要点**。为了帮助读者掌握书中的知识要点，书中用阴影和文字加粗的方式突出显示知识要点，指示学习重点。

　　本书在编写过程中得到了很多老师的支持，在此一致表示感谢。由于我们水平有限，书中的错误和疏漏之处在所难免，望广大读者和同人予以批评指正。

编　者

目 录

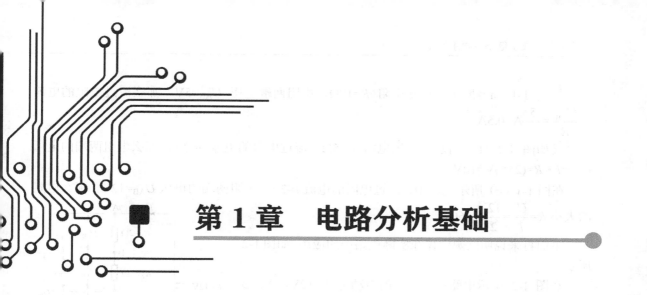

第1章 电路分析基础

1.1 电路分析的基本方法与规律

学好电子电路的关键是学会分析电路，而分析电路先要掌握一些与电路分析有关的基本定律和方法。

1.1.1 欧姆定律

欧姆定律是电子技术中一个最基本的定律，它反映了电路中电阻、电流和电压之间的关系。欧姆定律分为部分电路欧姆定律和全电路欧姆定律。

1. 部分电路欧姆定律

部分电路欧姆定律内容是：在电路中，流过导体的电流 I 与导体两端的电压 U 成正比，与导体的电阻 R 成反比，即

$$I = \frac{U}{R}$$

也可以表示为 $U = IR$ 或 $R = \frac{U}{I}$ 。式中，R 的单位是欧姆（Ω），U 的单位是伏特（V），I 的单位是安培（A）。

为了让大家更好地理解欧姆定律，下面以图 1-1 为例来说明。

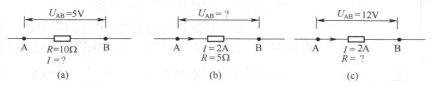

图 1-1 欧姆定律的几种形式

如图 1-1（a）所示，已知电阻 $R=10Ω$，电阻两端电压 $U_{AB}=5V$，那么流过电阻的电流 $I=\dfrac{U_{AB}}{R}=\dfrac{5}{10}A=0.5$A。

又如图 1-1（b）所示，已知电阻 $R=5Ω$，流过电阻的电流 $I=2A$，那么电阻两端的电压 $U_{AB}=I·R=(2×5)V=10V$。

在图 1-1（c）所示电路中，流过电阻的电流 $I=2A$，电阻两端的电压 $U_{AB}=12V$，那么电阻的大小 $R=\dfrac{U}{I}=\dfrac{12}{2}Ω=6Ω$。

下面再来说明欧姆定律在实际电路中的应用，如图 1-2 所示。

在图 1-2 所示电路中，电源的电动势 $E=12V$，A、D 之间的电压 U_{AD} 与电动势 E 相等，3 个电阻 R_1、R_2、R_3 串联，可以相当于一个电阻 R，$R=R_1+R_2+R_3=(2+7+3)Ω=12Ω$。知道了电阻的大小和电阻两端的电压，就可以求出流过电阻的电流 I

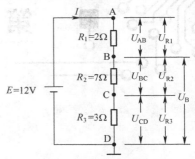

图 1-2　部分电路欧姆定律应用说明图

$$I=\frac{U}{R}=\frac{U_{AD}}{R_1+R_2+R_3}=\frac{12}{12}\text{A}=1\text{A}$$

求出了流过 R_1、R_2、R_3 的电流 I，并且它们的电阻大小已知，就可以求 R_1、R_2、R_3 两端的电压 U_{R1}（U_{R1} 实际就是 A、B 两点之间的电压 U_{AB}）、U_{R2}（实际就是 U_{BC}）和 U_{R3}（实际就是 U_{CD}），即

$$U_{R1}=U_{AB}=I·R_1=(1×2)V=2V$$
$$U_{R2}=U_{BC}=I·R_2=(1×7)V=7V$$
$$U_{R3}=U_{CD}=I·R_3=(1×3)V=3V$$

从上面可以看出 $U_{R1}+U_{R2}+U_{R3}=U_{AB}+U_{BC}+U_{CD}=U_{AD}=12V$

在图 1-2 所示电路中如何求 B 点电压呢？首先要明白，求某点电压指的就是求该点与地之间的电压，所以 B 点电压 U_B 实际就是电压 U_{BD}。求 U_B 有以下两种方法。

方法一：$U_B=U_{BD}=U_{BC}+U_{CD}=U_{R2}+U_{R3}=(7+3)V=10V$

方法二：$U_B=U_{BD}=U_{AD}-U_{AB}=U_{AD}-U_{R1}=(12-2)V=10V$

2．全电路欧姆定律

全电路是指含有电源和负载的闭合回路。**全电路欧姆定律又称闭合电路欧姆定律，其内容是：闭合电路中的电流与电源的电动势成正比，与电路的内、外电阻之和成反比，即**

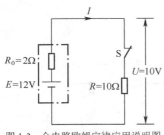

图 1-3　全电路欧姆定律应用说明图

$$I=\frac{E}{R+R_0}$$

全电路欧姆定律应用如图 1-3 所示。

图 1-3 中点画线框内为电源，R_0 表示电源的内阻，E 表示电源的电动势。当开关 S 闭合后，电路中有电流 I 流过，根据全电路欧姆定律可求得 $I=\dfrac{E}{R+R_0}=\dfrac{12}{10+2}A=1$A。电源输出电压

（也即电阻 R 两端的电压）$U=IR=1\times10V=10V$，内阻 R_0 两端的电压 $U_0=IR_0=1\times2V=2V$。如果将开关 S 断开，电路中的电流 $I=0A$，那么内阻 R_0 上消耗的电压 $U_0=0V$，电源输出电压 U 与电源电动势相等，即 $U=E=12V$。

根据全电路欧姆定律不难看出以下几点。

① 在电源未接负载时，不管电源内阻多大，内阻消耗的电压始终为 0V，电源两端电压与电动势相等。

② 当电源与负载构成闭合电路后，由于有电流流过内阻，内阻会消耗电压，从而使电源输出电压降低。内阻越大，内阻消耗的电压越大，电源输出电压越低。

③ 在电源内阻不变的情况下，如果外阻越小，电路中的电流越大，内阻消耗的电压也越大，电源输出电压也会降低。

由于正常电源的内阻很小，内阻消耗的电压很低，故一般情况下可认为电源的输出电压与电源电动势相等。

利用全电路欧姆定律可以解释很多现象。比如，旧电池两端电压与正常电压相同，但将旧电池与负载连接后除了输出电流很小，电池的输出电压也会急剧下降，这是因为旧电池的内阻变大；又如，将电源正、负极直接短路时，电源会发热甚至烧坏，这是因为短路时流过电源内阻的电流很大，内阻消耗的电压与电源电动势相等，大量的电能在电源内阻上消耗并转换成热能，故电源会发热。

1.1.2　电功、电功率和焦耳定律

1. 电功

电流流过灯泡，灯泡会发光；电流流过电炉丝，电炉丝会发热；电流流过电动机，电动机会运转。由此可以看出，**电流流过一些用电设备时是会做功的，电流做的功称为电功。用电设备做功的大小不但与加到用电设备两端的电压及流过的电流有关，还与通电时间长短有关。**电功可用下面的公式计算

$$W=UIt$$

式中，W 表示电功，单位是焦（J）；t 表示时间，单位是秒（s）。

电功的单位是焦耳（J），在电学中还常用到另一个单位：千瓦时（kW·h），也称度，1kW·h=1 度。千瓦时与焦耳的换算关系是

$$1kW \cdot h=1\times10^3W\times(60\times60)s=3.6\times10^6W \cdot s=3.6\times10^6J$$

1kW·h 可以这样理解：一个电功率为 100W 的灯泡连续使用 10h，消耗的电功为 1kW·h（即消耗 1 度电）。

2. 电功率

电流需要通过一些用电设备才能做功。为了衡量这些设备做功的能力，引入一个电功率的概念。**电流单位时间做的功称为电功率。**电功率常用 P 表示，单位是瓦（W），此外还有千瓦（kW）和毫瓦（mW），它们之间的换算关系是

$$1kW=10^3W=10^6mW$$

电功率的计算公式是

$$P=UI$$

根据欧姆定律可知 $U=I\times R$，$I=U/R$，所以电功率还可以用公式 $P=I^2\times R$ 和 $P=U^2/R$ 来计算。

下面以图 1-4 所示电路来说明电功率的计算方法。

在图 1-4 所示电路中，白炽灯两端的电压为 220V（它与电源的电动势相等），流过白炽灯的电流为 0.5A，求白炽灯的功率、电阻和白炽灯在 10s 内所做的功。

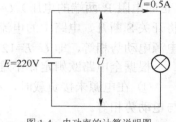

图 1-4 电功率的计算说明图

白炽灯的功率 $P=UI=220\text{V}\times0.5\text{A}=110\text{W}$

白炽灯的电阻 $R=U/I=220\text{V}/0.5\text{A}=440\text{V/A}=440\Omega$

白炽灯在 10s 内做的功 $W=UIt=220\text{V}\times0.5\text{A}\times10\text{s}=1\,100\text{J}$

3. 焦耳定律

电流流过导体时导体会发热，这种现象称为电流的热效应。电热锅、电饭煲和电热水器等都是利用电流的热效应来工作的。

英国物理学家焦耳通过实验发现：电流流过导体，导体发出的热量与导体流过的电流、导体的电阻和通电的时间有关。这个关系用公式表示就是

$$Q=I^2Rt$$

式中，Q 表示热量，单位是焦耳（J）；t 表示时间，单位是秒（s）。

焦耳定律说明：电流流过导体产生的热量，与电流的平方及导体的电阻成正比，与通电时间也成正比。 由于这个定律除了由焦耳发现，俄国科学家楞次也通过实验独立发现，故该定律又称焦耳-楞次定律。

举例：某台电动机额定电压是 220V，线圈的电阻为 0.4Ω，当电动机接 220V 的电压时，流过的电流是 3A，求电动机的功率和线圈每秒产生的热量。

电动机的功率是 $P=U\times I=220\text{V}\times3\text{A}=660\text{W}$

电动机线圈每秒发出的热量 $Q=I^2Rt=(3\text{A})^2\times0.4\Omega\times1\text{s}=3.6\text{J}$

1.1.3 电阻的串联、并联与混联

电阻的连接有串联、并联和混联 3 种方式。

1. 电阻的串联

两个或两个以上的电阻头尾相连串接在电路中，称为电阻的串联，如图 1-5 所示。

电阻串联电路的特点有以下几点。

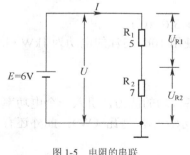

图 1-5 电阻的串联

① 流过各串联电阻的电流相等，都为 I。

② 电阻串联后的总电阻 R 增大，总电阻等于各串联电阻之和，即

$$R=R_1+R_2$$

③ 总电压 U 等于各串联电阻的电压之和，即

$$U=U_{R1}+U_{R2}$$

④ 串联电阻越大，两端电压越高，因为 $R_1<R_2$，所以 $U_{R1}<U_{R2}$。

在图 1-5 所示电路中，两个串联电阻上的总电压 U 等于电源电动势，即 $U=E=6\text{V}$；电阻串联后总电阻 $R=R_1+R_2=12\Omega$；流过各电阻的电流 $I=\dfrac{U}{R_1+R_2}=\dfrac{6}{12}\text{A}=0.5\text{A}$；电阻 R_1 上的电压

$U_{R1}=I \times R_1=(0.5 \times 5)\text{V}=2.5\text{V}$，电阻 R_2 上的电压 $U_{R2}=I \times R_2=(0.5 \times 7)\text{V}=3.5\text{V}$。

2. 电阻的并联

两个或两个以上的电阻头尾相并接在电路中，称为电阻的并联，如图 1-6 所示。

电阻并联电路的特点有以下几点。

① 并联的电阻两端的电压相等，即

$$U_{R1}=U_{R2}$$

② 总电流等于流过各个并联电阻的电流之和，即

$$I=I_1+I_2$$

③ 电阻并联总电阻减小，总电阻的倒数等于各并联电阻的倒数之和，即

$$\frac{1}{R}=\frac{1}{R_1}+\frac{1}{R_2}$$

该式可变形为

$$R=\frac{R_1 R_2}{R_1+R_2}$$

④ 在并联电路中，电阻越小，流过的电流越大，因为 $R_1<R_2$，所以流过 R_1 的电流 I_1 大于流过 R_2 的电流 I_2。

在图 1-6 所示电路中，并联的电阻 R_1、R_2 两端的电压相等，$U_{R1}=U_{R2}=U=6\text{V}$；流过 R_1 的电流 $I_1=\dfrac{U_{R1}}{R_1}=\dfrac{6}{6}\text{A}=1\text{A}$，流过 R_2 的电流 $I_2=\dfrac{U_{R2}}{R_2}=\dfrac{6}{12}\text{A}=0.5\text{A}$，总电流 $I=I_1+I_2=(1+0.5)\text{A}=1.5\text{A}$；$R_1$、$R_2$ 并联总电阻 R 为

$$R=\frac{R_1 R_2}{R_1+R_2}=\frac{6 \times 12}{6+12}\Omega=4\Omega$$

3. 电阻的混联

一个电路中的电阻既有串联又有并联时，称为电阻的混联，如图 1-7 所示。

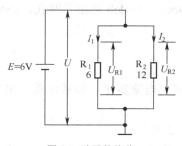

图 1-6　电阻的并联

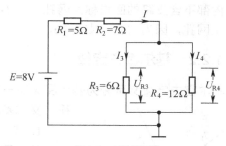

图 1-7　电阻的混联

对于电阻混联电路，总电阻可以这样求：先求并联电阻的总电阻，然后再求串联电阻与并联电阻的总电阻之和。在图 1-7 所示电路中，并联电阻 R_3、R_4 的总电阻 R_0 为

$$R_0=\frac{R_3 R_4}{R_3+R_4}=\frac{6 \times 12}{6+12}\Omega=4\Omega$$

电路的总电阻 R 为

$$R=R_1+R_2+R_0=(5+7+4)\Omega=16\Omega$$

读者如果有兴趣，可求图 1-7 所示电路中总电流 I，R_1 两端电压 U_{R1}，R_2 两端电压 U_{R2}，R_3 两端电压 U_{R3} 和流过 R_3、R_4 的电流 I_3、I_4 的大小。

1.2　复杂电路的分析方法与规律

1.2.1　基本概念

在分析简单电路时，一般应用欧姆定律和电阻的串联、并联规律，但用它们来分析复杂电路就比较困难。这里的简单电路通常是指只有一个电源的电路，而复杂电路通常是指有两个或两个以上电源的电路。对于复杂电路，常用基尔霍夫定律、叠加定理和戴维南定理进行分析。在了解这些定律和定理之前先来说明几个基本概念。

1. 支路

支路是指由一个或几个元器件首尾相接构成的一段无分支的电路。在同一支路内，流过所有元器件的电流相等。在图 1-8 所示电路中，它有 3 条支路，即 bafe 支路、be 支路和 bcde 支路。其中 bafe 支路和 bcde 支路中都含有电源，这种含有电源的支路称为有源支路。be 支路没有电源，称为无源支路。

2. 节点

3 条或 3 条以上支路的连接点称为节点。图 1-8 所示电路中的 b 点和 e 点都是节点。

3. 回路

电路中任意一个闭合的路径称为回路。图 1-8 所示电路中的 abefa、bcdeb、abcdefa 都是回路。

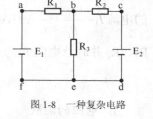

图 1-8　一种复杂电路

4. 网孔

内部不含支路的回路称为网孔。图 1-8 所示电路中的 abefa、bcdeb 回路是网孔，abcdefa 就不是网孔，因为它含有支路 be。

1.2.2　基尔霍夫定律

基尔霍夫定律又可分为基尔霍夫第一定律（又称基尔霍夫电流定律）和基尔霍夫第二定律（又称基尔霍夫电压定律）。

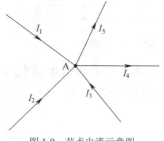

图 1-9　节点电流示意图

1. 基尔霍夫第一定律（电流定律）

基尔霍夫第一定律指出，在电路中，流入任意一个节点的电流之和等于流出该节点的电流之和。下面以图 1-9 所示的电路来说明该定律。

在图 1-9 所示电路中，流入 A 点的电流有 3 个，即 I_1、I_2、I_3；从 A 点流出的电流有两个，即 I_4、I_5。由基尔霍夫第一定律可得

$$I_1+I_2+I_3=I_4+I_5$$

又可表示为

$$\Sigma I_{入}=\Sigma I_{出}$$

这里的"Σ"表示求和，可读作"西格马"。

如果规定流入节点的电流为正，流出节点的电流为负，那么基尔霍夫第一定律也可以这样叙述：在电路中任意一个节点上，电流的代数和等于零，即

$$I_1+I_2+I_3+(-I_4)+(-I_5)=0\text{A}$$

也可以表示成

$$\Sigma I=0\text{A}$$

基尔霍夫第一定律不但适合于电路中的节点，对一个封闭面也是适用的。图 1-10（a）所示示意图中流入晶体管的电流 I_b、I_c 与流出的电流 I_e 有以下关系

$$I_b+I_c=I_e$$

在图 1-10（b）所示电路中，流入三角形负载的电流 I_1 与流出的电流 I_2、I_3 有以下关系

$$I_1=I_2+I_3$$

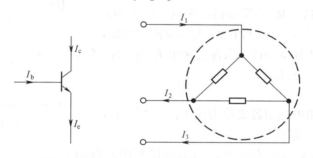

(a) 晶体管流入、流出电流　　　(b) 三角形负载流入、流出电流

图 1-10　封闭面电流示意图

2. 基尔霍夫第二定律（电压定律）

基尔霍夫第二定律指出，电路中任一回路内各段电压的代数和等于零，即

$$\Sigma U=0\text{V}$$

在应用基尔霍夫第二定律分析电路时，需要先规定回路的绕行方向。当流过回路中某元器件的电流方向与绕行方向一致时，该元器件两端的电压取正，反之取负；电源的电动势方向（电源的电动势方向始终由负极指向正极）与绕行方向一致时，电源的电动势取负，反之取正。下面以图 1-11 所示的电路来说明这个定律。

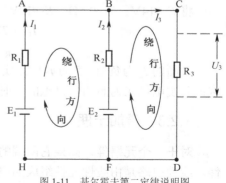

先来分析图 1-11 所示电路中的 BCDF 回路的电压关系。首先在这个回路中画一个绕行方向，流过 R_2 的电流 I_2 和流过 R_3 的电流 I_3 与绕行方向一致，故 $I_2\times R_2$（即为 U_2）和 $I_3\times R_3$（即为 U_3）都取正；电源 E_2 的电动势方向与绕行方向一致，电源 E_2 的电动势取负。根据基尔霍夫第二定律可得出

$$I_2\cdot R_2+I_3\cdot R_3+(-E_2)=0\text{V}$$

图 1-11　基尔霍夫第二定律说明图

再来分析图 1-11 所示电路中的 ABFH 回路的电压关系。先在 ABFH 回路中画一个绕行方向，流过 R_1 的电流 I_1 方向与绕行方向相同，$I_1\times R_1$ 取正；流过 R_2 的电流 I_2 方向与绕行方

相反，$I_2 \times R_2$ 取负；电源 E_2 的电动势方向（负极指向正极）与绕行方向相反，E_2 的电动势取正；电源 E_1 的电动势方向与绕行方向相同，E_1 的电动势取负。根据基尔霍夫电压定律可得出

$$I_1 \cdot R_1 + (-I_2 \cdot R_2) + E_2 + (-E_1) = 0V$$

3. 基尔霍夫定律的应用——支路电流法

对于复杂电路的计算常常要用到基尔霍夫第一、第二定律，并且这两个定律经常同时使用，下面介绍应用这两个定律计算复杂电路的一种方法——支路电流法。

支路电流法使用时的一般步骤如下所述。

① 在电路上标出各支路电流的方向，并画出各回路的绕行方向。

② 根据基尔霍夫第一、第二定律列出方程组。

③ 解方程组求出未知量。

下面再举例说明支路电流法的应用。

图 1-12 所示为汽车照明电路，其中 E_1 为汽车发电机的电动势，$E_1 = 14V$；R_1 为发电机的内阻，$R_1 = 0.5\Omega$；E_2 为蓄电池的电动势，$E_2 = 12V$；R_2 为蓄电池的内阻，$R_2 = 0.2\Omega$；照明灯电阻 $R = 4\Omega$。求各支路电流 I_1、I_2、I 和加在照明灯上的电压 U_R。

解题过程如下。

第 1 步：在电路中标出各支路电流 I_1、I_2、I 的方向，并画出各回路的绕行方向。

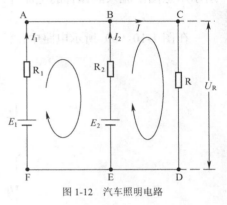

图 1-12　汽车照明电路

第 2 步：根据基尔霍夫第一、第二定律列出方程组。

节点 B 的电流关系为

$$I_1 + I_2 - I = 0$$

回路 ABEF 的电压关系为

$$I_1 R_1 - I_2 R_2 + E_2 - E_1 = 0V$$

回路 BCDE 的电压关系为

$$I_2 R_2 + IR - E_2 = 0V$$

第 3 步：解方程组。

将 $E_1 = 14V$、$R_1 = 0.5\Omega$、$E_2 = 12V$、$R_2 = 0.2\Omega$ 代入上面 3 个式子中，再解方程组可得

$$I_1 = 3.72A，I_2 = -0.69A，I = 3.03A$$

$$U_R = I \cdot R = 3.03 \times 4V = 12.12V$$

上面的 I_2 为负值，表明 I_2 电流实际方向与标注方向相反，即 I_2 电流实际是流进蓄电池的，这说明发电机在为照明灯供电的同时还对蓄电池进行充电。

1.2.3　叠加定理

对于一个元器件，如果它两端的电压与流过的电流成正比，这种元件就被称为线性元器件。线性电路是由线性元件组成的电路。电阻就是一种最常见的线性元件。叠加定理是反映线性电路基本性质的一个重要定理。

叠加定理的内容是：**在线性电路中，任一支路中的电流（或电压）等于各个电源单独作用在此支路中所产生的电流（或电压）的代数和。**

下面以求图 1-13（a）所示电路中各支路电流 I_1、I_2、I 的大小来说明叠加定理的应用，图中的 E_1=14V，R_1=0.5Ω，E_2=12V，R_2=0.2Ω，R=4Ω。

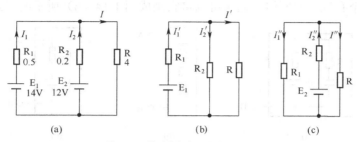

图 1-13 利用叠加定理求支路电流

解题过程如下。

第 1 步：在图 1-13（a）所示电路中标出各支路电流的方向。

第 2 步：画出只有一个电源 E_1 作用时的电路，把另一个电源当作短路，并标出这个电路各支路的电流方向，如图 1-13（b）所示；再分别求出该电路各支路的电流大小

$$I_1' = \frac{E_1}{R_1 + \dfrac{R_2 R}{R_2 + R}} = \frac{14}{0.5 + \dfrac{0.2 \times 4}{0.2 + 4}}A = 14 \times \frac{4.2}{2.9}A \approx 20.28A$$

$$I_2' = \frac{E_1 - I_1' R_1}{R_2} = \frac{14 - 20.28 \times 0.5}{0.2}A = 19.3A$$

$$I' = I_1' - I_2' = (20.28 - 19.3)A = 0.98A$$

第 3 步：画出只有电源 E_2 作用时的电路，把电源 E_1 当作短路，并在这个电路中标出各支路电流的方向，如图 1-13（c）所示；再分别求出该电路各支路的电流大小

$$I_2'' = \frac{E_2}{R_2 + \dfrac{R_1 R}{R_1 + R}} = \frac{12}{0.2 + \dfrac{0.5 \times 4}{0.5 + 4}}A = 12 \times \frac{4.5}{2.9}A \approx 18.6A$$

$$I_1'' = \frac{E_2 - I_2'' R_2}{R_1} = \frac{12 - 18.6 \times 0.2}{0.5}A = 16.56A$$

$$I'' = I_2'' - I_1'' = (18.6 - 16.56)A = 2.04A$$

第 4 步：将每一支路的电流或电压分别进行叠加。凡是与图 1-13（a）所示的电路中假定的电流（或电压）方向相同的为正，反之为负。这样可以求出各支路的电流分别如下：

$$I_1 = I_1' - I_1'' = (20.28 - 16.56)A = 3.72A$$

$$I_2 = I_2'' - I_2' = (18.6 - 19.3)A = -0.7A$$

$$I = I' + I'' = (0.98 + 2.04)A = 3.02A$$

1.2.4 戴维南定理

对于一个复杂电路，如果需要求多条支路的电流大小，可以应用基尔霍夫定律或叠加定理。如果仅需要求一条支路中的电流大小，则应用戴维南定理更方便。

在介绍戴维南定理之前，先来说明一下二端网络。**任何具有两个出线端的电路都可以称为二端网络。包含有电源的二端网络称为有源二端网络，否则就称为无源二端网络。** 图 1-14（a）所示电路就是一个有源二端网络，通常可以将它画成图 1-14（b）所示的形式。

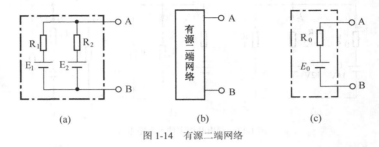

图 1-14 有源二端网络

戴维南定理的内容是：任何一个有源二端网络都可以用一个等效电源电动势 E_0 **和内阻** R_0 **串联起来的电路来代替。** 根据该定理可以将图 1-14（a）所示的电路简化成图 1-14（c）所示的电路。

那么等效电源电动势 E_0 和内阻 R_0 如何确定呢？**戴维南定理还指出：等效电源电动势** E_0 **是该有源二端网络开路时的端电压；内阻** R_0 **是指从两个端点向有源二端网络内看进去，并将电源均当成短路时的等效电阻。**

下面以图 1-15（a）所示的电路为例来说明戴维南定理的应用。在图 1-15（a）所示的电路中，$E_1=14V$，$R_1=0.5\Omega$，$E_2=12V$，$R_2=0.2\Omega$，$R=4\Omega$，求流过电阻 R 的电流 I 的大小。解题过程如下。

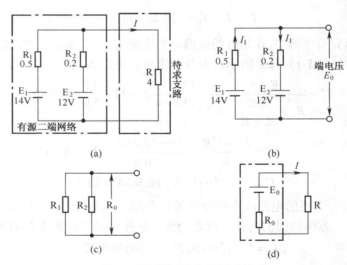

图 1-15 用戴维南定理求支路电流

第 1 步：将电路分成待求支路和有源二端网络，如图 1-15（a）所示。

第 2 步：假定待求支路断开，求出有源二端网络开路的端电压，此即为等效电源电动势 E_0，如图 1-15（b）所示，即

$$I_1 = \frac{E_1 - E_2}{R_1 + R_2} = \frac{14 - 12}{0.5 + 0.2}\text{A} = \frac{2}{0.7}\text{A} = \frac{20}{7}\text{A}$$

$$E_0 = E_1 - I_1 R_1 = \left(14 - \frac{20}{7} \times 0.5\right)\text{V} = \frac{88}{7}\text{V}$$

第 3 步：假定有源二端网络内部的电源都短路，求出内部电阻，即为内阻值 R_0，如图 1-15（c）所示，即

$$R_0 = \frac{R_1 R_2}{R_1 + R_2} = \frac{0.5 \times 0.2}{0.5 + 0.2}\Omega = \frac{0.1}{0.7}\Omega = \frac{1}{7}\Omega$$

第 4 步：画出图 1-15（a）所示电路的戴维南等效电路，如图 1-15（d）所示，再求出待求支路电流的大小，即

$$I = \frac{E_0}{R_0 + R} = \frac{\dfrac{88}{7}}{\dfrac{1}{7} + 4}\text{A} = \frac{88}{7} \times \frac{7}{29}\text{A} \approx 3.03\text{A}$$

1.2.5　最大功率传输定理与阻抗变换

1. 最大功率传输定理

在电路中，往往希望负载能从电源中获得最大的功率，怎样才能做到这一点呢？如图 1-16 所示，E 为电源，R 为电源的内阻，R_L 为负载电阻，I 为流过负载 R_L 的电流，U 为负载两端的电压。

负载 R_L 获得的功率 $P=UI$，当增大 R_L 的阻值时，电压 U 会增大，但电流 I 会减小，如果减小 R_L 的阻值，虽然电流 I 会增大，但电压 U 会减小。什么情况下功率 P 的值最大呢？**最大功率传输定理的内容是：负载要从电源获得最大功率的条件是负载的电阻（阻抗）与电源的内阻相等。** 负载的电阻与电源的内阻相等又称两者阻抗匹配。在图 1-16 所示电路中，负载 R_L 要从电源获得最大功率的条件是 $R_L=R$，此时 R_L 得到的最大功率是 $P=\dfrac{E^2}{4R_L}$。

如果有多个电源向一个负载供电，如图 1-17 所示，负载 R_L 怎样才能获得最大功率呢？这时就要先用戴维南定理求出该电路的等效内阻 R_0 和等效电动势 E_0，只要 $R_L=R_0$，负载就可以获得最大功率 $P=\dfrac{E_0^2}{4R_L}$。

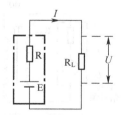

图 1-16　简单电路功率传输

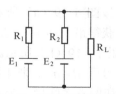

图 1-17　复杂电路功率传输

2. 阻抗变换

当负载的阻抗与电源的内阻相等时，负载才能从电源中获得最大功率，但很多电路的负

载阻抗与电源的内阻并不相等，这种情况下怎么才仍能让负载获得最大功率呢？解决方法是进行阻抗变换，阻抗变换通常采用变压器。下面以图 1-18 所示电路为例来说明变压器的阻抗变换原理。

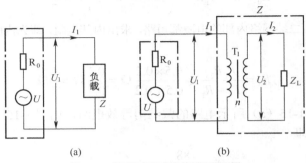

图 1-18　变压器的阻抗变换原理说明图

在图 1-18（a）所示电路中，要负载从电源中获得最大功率，需让负载的阻抗 Z 与电源（这里为信号源）内阻 R_0 大小相等，即 $Z=R_0$。这里的负载可以是一个元器件，也可以是一个电路，它的阻抗可以用 $Z=\dfrac{U_1}{I_1}$ 表示。

现假设负载是图 1-18（b）所示点画线框内由变压器和电阻组成的电路，该负载的阻抗 $Z=\dfrac{U_1}{I_1}$，变压器的匝数比为 n，电阻的阻抗为 Z_L，根据变压器改变电压的规律 $\dfrac{U_1}{U_2}=\dfrac{I_2}{I_1}=n$ 可得到下式，即

$$Z=\frac{U_1}{I_1}=\frac{nU_2}{\dfrac{1}{n}I_2}=n^2\frac{U_2}{I_2}=n^2Z_L$$

从上式可以看出，变压器与电阻组成电路的总阻抗 Z 是电阻阻抗 Z_L 的 n^2 倍，即 $Z=n^2Z_L$。如果让总阻抗 Z 等于电源的内阻 R_0，变压器和电阻组成的电路就能从电源获得最大功率，又因为变压器不消耗功率，所以功率全传送给真正的负载（电阻），达到功率最大程度传送的目的。由此可以看出：通过变压器的阻抗变换作用，真正负载的阻抗不需与电源内阻相等，同样能实现功率最大传输。

下面举例来说明变压器阻抗变换的应用。如图 1-19 所示，音频信号源内阻 $R_0=72\Omega$，而扬声器 B 的阻抗 $Z_L=8\Omega$，如果将两者按图 1-19（a）所示的方法直接连接起来，扬声器将无法获得最大功率，这时可以在它们之间加一个变压器 T_1，如图 1-19（b）所示。至于选择匝数比 n 为多少的变压器，可用 $R_0=n^2Z_L$ 来计算，结果可得到 $n=3$。也就是说，只要在两者之间接一个 $n=3$ 的变压器，扬声器 B 就可以从音频信号源获得最大功率，从而发出最大的声音。

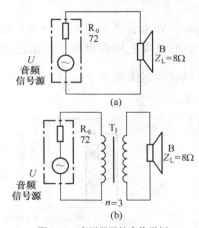

图 1-19　变压器阻抗变换举例

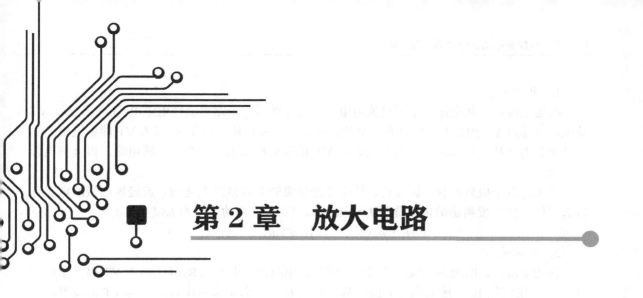

第2章 放大电路

2.1 基本放大电路

三极管是一种具有放大功能的电子元器件，但单独的三极管是无法放大信号的，只有给三极管提供电压，使其导通才具有放大能力。为三极管提供导通所需的电压，使三极管具有放大能力的简单放大电路通常称为基本放大电路，又称偏置放大电路。常见的基本放大电路有固定偏置放大电路和分压式偏置放大电路。

2.1.1 固定偏置放大电路

固定偏置放大电路是一种最简单的放大电路。固定偏置放大电路如图 2-1 所示。

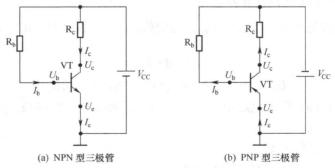

(a) NPN 型三极管   (b) PNP 型三极管

图 2-1　固定偏置放大电路

图 2-1（a）所示为 NPN 型三极管构成的固定偏置放大电路，图 2-1（b）所示是由 PNP 型三极管构成的固定偏置放大电路。它们都由三极管 VT 和电阻 R_b、R_c 组成，R_b 称为偏置电阻，R_c 称为负载电阻。接通电源后，有电流流过三极管 VT，VT 就会导通而具有放大能力。下面来分析图 2-1（a）所示的 NPN 型三极管构成的固定偏置放大电路。

1. 电流关系

接通电源后，从电源 V_{CC} 正极流出电流，分作两路：一路电流经电阻 R_b 流入三极管 VT 基极，再通过 VT 内部的发射结从发射极流出；另一路电流经电阻 R_c 流入 VT 的集电极，再通过 VT 内部从发射极流出；两路电流从 VT 的发射极流出后汇合成一路电流，再流到电源的负极。

三极管三个极分别有电流流过，其中流经基极的电流称为 I_b 电流，流经集电极的电流称为 I_c 电流，流经发射极的电流称为 I_e 电流。I_b、I_c、I_e 电流的关系为 $I_b+I_c=I_e$

$$I_c=I_b \cdot \beta（\beta 为三极管 VT 的放大倍数）$$

2. 电压关系

接通电源后，电源为三极管各极提供电压，电源正极电压经 R_c 降压后为 VT 提供集电极电压 U_c，电源经 R_b 降压后为 VT 提供基极电压 U_b，电源负极电压直接加到 VT 的发射极，发射极电压为 U_e。电路中 R_b 阻值较 R_c 的阻值大很多，所以处于放大状态的 NPN 型三极管的三个极的电压关系为 $U_c>U_b>U_e$。

3. 三极管内部两个 PN 结的状态

图 2-1（a）中的三极管 VT 为 NPN 型三极管，它内部有两个 PN 结，集电极和基极之间有一个 PN 结，称为集电结，发射极和基极之间有一个 PN 结称为发射结。因为 VT 的三个极的电压关系是 $U_c>U_b>U_e$，所以 VT 内部两个 PN 结的状态是：发射结正偏（PN 结可相当于一个二极管，P 极电压高于 N 极电压时称为 PN 结电压正偏），集电结反偏。

综上所述，三极管处于放大状态时具有的特点如下。

① **$I_b+I_c=I_e$，$I_c=I_b \cdot \beta$。**
② **$U_c>U_b>U_e$（NPN 型三极管）。**
③ **发射结正偏导通，集电结反偏。**

4. 静态工作点的计算

在图 2-1（a）所示电路中，**三极管 VT 的 I_b（基极电流）、I_c（集电极电流）和 U_{ce}（集电极和发射极之间的电压，$U_{ce}=U_c-U_e$）称为静态工作点。**

三极管 VT 的静态工作点计算方法如下。

$I_b=\dfrac{V_{CC}-U_{be}}{R_b}$（三极管处于放大状态时 U_{be} 值为定值，硅管一般取 $U_{be}=0.7V$，锗管取 $U_{be}=0.3V$）

$$I_c=\beta \cdot I_b$$

$$U_{ce}=U_c-U_e=U_c-0=U_c=V_{CC}-U_{RC}=V_{CC}-I_cR_c$$

举例：在图 2-1（a）所示电路中，$V_{CC}=12V$，$R_b=300k\Omega$，$R_c=4k\Omega$，$\beta=50$，求放大电路的静态工作点 I_b、I_c、U_{ce}。

静态工作点计算过程如下

$$I_b=\frac{V_{CC}-U_{be}}{R_b}=\frac{12-0.7}{3\times10^5}A\approx37.7\times10^{-6}A=0.0377mA$$

$$I_c=\beta \cdot I_b=50\times37.7\times10^{-6}A=1.9\times10^{-3}A=1.9mA$$

$$U_{ce}=V_{CC}-I_cR_c=12-1.9\times10^{-3}\times4\times10^3V=4.4V$$

以上分析的是 NPN 型三极管固定偏置放大电路，读者可根据上面的方法来分析图 2-1（b）

所示电路中的 PNP 型三极管固定偏置放大电路。

固定偏置放大电路结构简单，但当三极管温度上升引起静态工作点发生变化时（如环境温度上升，三极管内的半导体材料导电能力增强，会使 I_b、I_c 电流增大），电路无法使静态工作点恢复正常，从而会导致三极管工作不稳定，所以固定偏置放大电路一般用在要求不高的电子设备中。

2.1.2 分压式偏置放大电路

分压式偏置放大电路是一种应用最为广泛的放大电路，这主要是因为它能有效克服固定偏置放大电路无法稳定静态工作点的缺点。分压式偏置放大电路如图 2-2 所示，该电路为 NPN型三极管构成的分压式偏置放大电路。R_1 为上偏置电阻，R_2 为下偏置电阻，R_3 为负载电阻，R_4 为发射极电阻。

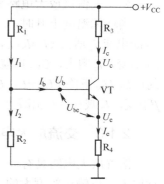

图 2-2　分压式偏置放大电路

1．电流关系

接通电源后，电路中有 I_1、I_2、I_b、I_c、I_e 电流产生，各电流的流向如图 2-2 所示。不难看出，这些电流有以下关系

$$I_2+I_b=I_1$$
$$I_b+I_c=I_e$$
$$I_c=I_b \cdot \beta$$

2．电压关系

接通电源后，电源为三极管各个极提供电压，$+V_{CC}$ 电源不仅经 R_3 降压后为 VT 提供集电极电压 U_c，而且经 R_1、R_2 分压为 VT提供基极电压 U_b，I_e 电流在流经 R_4 时，在 R_4 上得到电压 U_{R4}，U_{R4} 大小与 VT 的发射极电压 U_e 相等。图中的三极管 VT 处于放大状态，U_c、U_b、U_e 三个电压满足以下关系

$$U_c>U_b>U_e$$

3．三极管内部两个 PN 结的状态

由于 $U_c>U_b>U_e$，其中 $U_c>U_b$ 使 VT 的集电结处于反偏状态，$U_b>U_e$ 使 VT 的发射结处于正偏状态。

4．静态工作点的计算

在电路中，三极管 VT 的 I_b 电流远小于 I_1 电流，基极电压 U_b 基本由 R_1、R_2 分压来确定，即

$$U_b=V_{CC}\frac{R_2}{R_1+R_2}$$

由于 $U_{be}=U_b-U_e=0.7V$，所以三极管 VT 的发射极电压为

$$U_e=U_b-U_{be}=U_b-0.7$$

三极管 VT 的集电极电压为

$$U_c=V_{CC}-U_{R3}=V_{CC}-I_cR_3$$

举例：在图 2-2 所示电路中，$V_{CC}=18V$，$R_1=39k\Omega$，$R_2=10k\Omega$，$R_3=3k\Omega$，$R_4=2k\Omega$，$\beta=50$，求放大电路的 U_b、U_c、U_e 和静态工作点 I_b、I_c、U_{ce}。

计算过程如下

$$U_b=V_{CC}\frac{R_2}{R_1+R_2}=18\times\frac{10\times10^3}{39\times10^3+10\times10^3}\text{V}=3.67\text{V}$$

$$U_e = U_b - U_{be} = (3.67 - 0.7)\text{V} = 2.97\text{V}$$

$$I_c \approx I_e = \frac{U_e}{R_4} = \frac{U_b - U_{be}}{R_4} = \frac{3.67 - 0.7}{2 \times 10^3}\text{A} \approx 1.5 \times 10^{-3}\text{A} = 1.5\text{mA}$$

$$I_b = \frac{I_c}{\beta} = \frac{1.5 \times 10^{-3}}{50}\text{A} = 3 \times 10^{-5}\text{A} = 0.03\text{mA}$$

$$U_c = V_{CC} - U_{R3} = V_{CC} - I_c R_3 = (18 - 1.5 \times 10^{-3} \times 2 \times 10^3)\text{V} = 15\text{V}$$

$$U_{ce} = V_{CC} - U_{R3} - U_{R4} = V_{CC} - I_c R_3 - I_e R_4 = (18 - 1.5 \times 10^{-3} \times 3 \times 10^3 - 1.5 \times 10^{-3} \times 2 \times 10^3)\text{V} = 10.5\text{V}$$

5. 静态工作点的稳定

与固定偏置放大电路相比，分压式偏置放大电路最大的优点是具有稳定静态工作点的功能。分压式偏置放大电路静态工作点稳定过程分析如下所述。

当环境温度上升时，三极管内部的半导体材料导电性增强，VT 的 I_b、I_c 电流增大→流过 R_4 的电流 I_e 增大（$I_e = I_b + I_c$，I_b、I_c 电流增大，I_e 就增大）→R_4 两端的电压 U_{R4} 增大（$U_{R4} = I_e \times R_4$，R_4 不变，I_e 增大，U_{R4} 也就增大）→VT 的发射极电压 U_e 上升（$U_e = U_{R4}$）→VT 的发射结两端的电压 U_{be} 下降（$U_{be} = U_b - U_e$，U_b 基本不变，U_e 上升，U_{be} 下降）→I_b 减小→I_c 也减小（$I_c = I_b \times \beta$，β 不变，I_b 减小，I_c 也减小）→I_b、I_c 减小到正常值，从而稳定了三极管的 I_b、I_c 电流。

2.1.3　交流放大电路

偏置放大电路具有放大能力，若给偏置放大电路输入交流信号，它就可以对交流信号进行放大，再输出幅度大的交流信号。为了使偏置放大电路以较好的效果放大交流信号，并能与其他电路很好连接，通常要给偏置放大电路增加一些耦合、隔离和旁路元器件，这样的电路常称为交流放大电路。图 2-3 所示就是一种典型的交流放大电路。

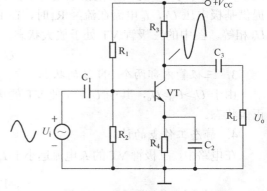

1. 元器件说明

图中的电阻 R_1、R_2、R_3、R_4 与三极管 VT 构成分压式偏置放大电路；C_1、C_3 称为耦合电容，C_1、C_3 容量较大，对交流信号阻碍很小，交流信号很容易通过 C_1、C_3，C_1 用来将输入端的交流信号传送到 VT 的基极，C_3 用来将 VT 集电极输出的交流信号传送给负载 R_L，C_1、C_3

图 2-3　一种典型的交流放大电路

除了传送交流信号外，还起隔直作用，所以 VT 基极直流电压无法通过 C_1 到输入端，VT 集电极直流电压无法通过 C_3 到负载 R_L；C_2 称为交流旁路电容，可以提高放大电路的放大能力。

2. 直流工作条件

因为三极管只有在满足了直流工作条件后才具有放大能力，所以分析一个放大电路是否具有放大能力先要分析它能否为三极管提供直流工作条件。

三极管要工作在放大状态，需满足的直流工作条件主要有：有完整的 I_b、I_c、I_e 电流途径；能提供 U_c、U_b、U_e 电压；发射结正偏导通，集电结反偏。这 3 个条件具备了三极管才具有放大能力。一般情况下，如果三极管 I_b、I_c、I_e 电流在电路中有完整的途径就可认为它具有放大能力，因此以后在分析三极管的直流工作条件时，一般分析三极管的 I_b、I_c、I_e 电流途径就可以了。

VT 的 I_b 电流的途径是：电源 V_{CC} 正极→电阻 R_1→VT 的 b 极→VT 的发射极；

VT 的 I_c 电流的途径是：电源 V_{CC} 正极→电阻 R_3→VT 的 c 极→VT 的发射极；

VT 的 I_e 电流的途径是：VT 的发射极→R_4→地→电源 V_{CC} 负极。

I_b、I_c、I_e 电流途径也可用如下流程图表示：

$$+V_{CC} \diagup \begin{matrix} \xrightarrow{I_c} R_3 \xrightarrow{} VT 的 c 极 \xrightarrow{I_c} \\ \xrightarrow{I_b} R_1 \xrightarrow{} VT 的 b 极 \xrightarrow{I_b} \end{matrix} \diagdown VT 的 e 极 \xrightarrow{I_e} R_4 \xrightarrow{} 地$$

从上面的分析可知，三极管 VT 的 I_b、I_c、I_e 电流在电路中有完整的途径，所以 VT 具有放大能力。试想一下，如果 R_1 或 R_3 开路，三极管 VT 有无放大能力，为什么？

3. 交流信号处理过程

满足了直流工作条件后，三极管具有了放大能力，就可以放大交流信号。 图 2-3 所示电路中的 U_i 为小幅度的交流信号电压，它通过电容 C_1 加到三极管 VT 的基极。

当交流信号电压 U_i 为正半周时，U_i 极性为上正、下负，正电压经 C_1 送到 VT 的基极，与基极的直流电压（V_{CC} 经 R_1 提供）叠加，使基极电压上升，VT 的 I_b 电流增大，I_c 电流也增大，流过 R_3 的 I_c 电流增大，R_3 上的电压 U_{R3} 也增大（$U_{R3}=I_cR_3$，因 I_c 增大，故 U_{R3} 增大），VT 集电极电压 U_c 下降（$U_c=V_{CC}-U_{R3}$，U_{R3} 增大，故 U_c 下降），该下降的电压即为放大输出的信号电压，但信号电压被倒相 $180°$，变成负半周信号电压。

当交流信号电压 U_i 为负半周时，U_i 极性为上负、下正，负电压经 C_1 送到 VT 的基极，与基极的直流电压（V_{CC} 经 R_1 提供）叠加，使基极电压下降，VT 的 I_b 电流减小，I_c 电流也减小，流过 R_3 的 I_c 电流减小，R_3 上的电压 U_{R3} 也减小（$U_{R3}=I_cR_3$，因 I_c 减小，故 U_{R3} 减小），VT 集电极电压 U_c 上升（$U_c=V_{CC}-U_{R3}$，U_{R3} 减小，故 U_c 上升），该上升的电压即为放大输出的信号电压，但信号电压也被倒相 $180°$，变成正半周信号电压。

也就是说，当交流信号电压正、负半周送到三极管基极，经三极管放大后，从集电极输出放大的信号电压，但输出信号电压与输入信号电压相位相反。三极管集电极输出信号电压再经耦合电容 C_3 隔直后送给负载 R_L。

2.1.4 放大电路的 3 种基本接法

1. 放大电路的一些基本概念

为了让大家更容易理解放大电路，先来介绍一些放大电路的基本概念。

（1）输入电阻和输出电阻

一个放大电路通常可以用图 2-4 所示的电路来等效，这样等效的依据是：在放大电路工作时，输入信号送到放大电路输入端，对于输入信号来说，放大电路就相当于一个负载电阻 R_i，这个电阻 R_i 称为放大电路的输入电阻；放大电路对输入信号放大后，会输出信号送到负载 R_L 两端，因为放大电路有信号输出，所以对于负载 R_L 来说，放大电路就相当于一

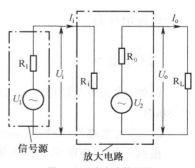

图 2-4 放大电路等效图

个具有内阻为 R_o 和电压为 U_2 的信号源，这里的内阻 R_o 称为放大电路的输出电阻。

图中的 U_1 为信号源电压，R_1 为信号源内阻，R_L 为负载。图中间点画线框内的部分是放大电路的等效图，U_2 是放大的信号电压，U_i 为放大电路的输入电压，负载 R_L 两端的电压 U_o 为放大电路的输出电压，流入放大电路的电流 I_i 称为输入电流，从放大电路流出的电流 I_o 称为输出电流，R_i 为放大电路的输入电阻，R_o 为放大电路的输出电阻。

从减轻输入信号源负担和提高放大电路的输出电压来看，输入电阻 R_i 大一些好，因为在输入信号源内阻 R_1 不变时，输入电阻 R_i 大一方面会使放大电路从信号源吸取的 I_i 电流小，同时可以在放大电路输入端得到比较高的 U_i 电压，这样放大电路放大后输出的电压很高。如果需要提高放大电路的输出电流 I_o，输入电阻 R_i 小一些更好，因为输入电阻小时放大电路输入电流大，放大后输出的电流就比较大。

对于放大电路的输出电阻 R_o，要求是越小越好，因为输出电阻小时，在输出电阻上消耗的电压和电流都很小，负载 R_L 就可以获得比较大的功率，也就是说放大电路输出电阻小则该放大电路带负载能力强。

（2）放大倍数和增益

放大电路的放大倍数有以下 3 种。

① 电压放大倍数。电压放大倍数是指输出电压 U_o 与输入电压 U_i 的比值，用 A_u 表示

$$A_u = \frac{U_o}{U_i}$$

② 电流放大倍数。电流放大倍数是指输出电流 I_o 与输入电流 I_i 的比值，用 A_i 表示

$$A_i = \frac{I_o}{I_i}$$

③ 功率放大倍数。功率放大倍数是指输出功率 P_o 与输入功率 P_i 的比值，用 A_P 表示

$$A_P = \frac{P_o}{P_i}$$

在实际应用中，为了便于计算和表示，常采用放大倍数的对数来表示放大电路的放大能力，这样得到的值称为增益，增益的单位为分贝（dB）。增益越大说明电路的放大能力越强。

电压增益为
$$G_u = 20\lg \frac{U_o}{U_i} \ \text{dB}$$

电流增益为
$$G_i = 20\lg \frac{I_o}{I_i} \ \text{dB}$$

功率增益为
$$G_P = 10\lg \frac{P_o}{P_i} \ \text{dB}$$

例如，放大电路的电压放大倍数分别为 100 倍和 10000 倍时，它的电压增益分别就是 40dB 和 80dB。

2. 放大电路的 3 种基本接法

根据三极管在电路中的连接方式不同，放大电路有 3 种基本接法：共发射极接法、共基极接法和共集电极接法。放大电路的 3 种基本接法如图 2-5 所示。

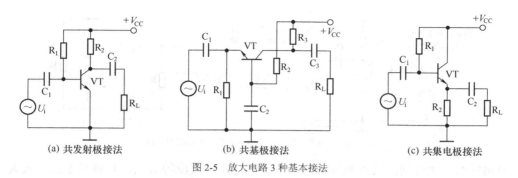

图 2-5　放大电路 3 种基本接法

放大电路的 3 种基本接法电路可从下面几个方面来分析。

（1）是否具备放大能力

前面已经讲过，要判断三极管电路是否具备放大能力，一般可通过分析电路中三极管的 I_b、I_c、I_e 电流有无完整的途径来判断，若有完整的途径，就说明该放大电路具有放大能力。图 2-5 所示电路中，3 种基本接法电路的三极管 I_b、I_c、I_e 电流分析如下所述。

共发射极接法电路中三极管的 I_b、I_c、I_e 电流途径：

$$+V_{CC} \longrightarrow \begin{cases} R_2 \xrightarrow{I_c} \text{VT 的 c 极} \xrightarrow{I_c} \\ R_1 \xrightarrow{I_b} \text{VT 的 b 极} \xrightarrow{I_b} \end{cases} \text{VT 的 e 极} \xrightarrow{I_e} \text{地}$$

共基极接法电路中三极管的 I_b、I_c、I_e 电流途径：

$$+V_{CC} \longrightarrow \begin{cases} R_3 \xrightarrow{I_c} \text{VT 的 c 极} \xrightarrow{I_c} \\ R_2 \xrightarrow{I_b} \text{VT 的 b 极} \xrightarrow{I_b} \end{cases} \text{VT 的 e 极} \xrightarrow{I_e} R_1 \longrightarrow \text{地}$$

共集电极接法电路中三极管的 I_b、I_c、I_e 电流途径：

$$+V_{CC} \longrightarrow \begin{cases} \xrightarrow{I_c} \text{VT 的 c 极} \xrightarrow{I_c} \\ R_1 \xrightarrow{I_b} \text{VT 的 b 极} \xrightarrow{I_b} \end{cases} \text{VT 的 e 极} \xrightarrow{I_e} R_2 \longrightarrow \text{地}$$

从上面的分析可以看出，3 种基本接法电路中的三极管 I_b、I_c、I_e 电流都有完整的途径，所以它们都具有放大能力。

（2）共用电极形式

一个放大电路应具有输入和输出端，为了使输入、输出端的交流信号能有各自的回路，要求输入和输出端应各有两极，而三极管只有三个电极，这样就会出现一个电极被输入、输出端共用。

在分析放大电路时，为了掌握放大电路交流信号的处理情况，需要画出它的交流等效图，在画交流等效图时不考虑直流。**画交流等效图要掌握以下两点。**

① 电源的内阻很小，对于交流信号可视为短路，即对交流信号而言，电源正、负极相当于短路，所以画交流等效图时应将电源正、负极用导线连起来。

② 电路中的耦合电容和旁路电容容量比较大，对交流信号阻碍很小，也可视为短路，在画交流等效图时大容量的电容应用导线取代。

根据上述原则，可按图 2-6 所示的方法画出图 2-5（a）所示共发射极接法放大电路的交流等效图。

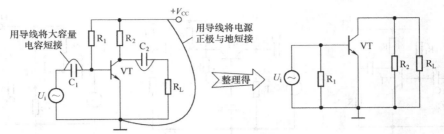

图 2-6 共发射极接法放大电路的交流等效图的绘制

用同样的方法可画出其他两种基本接法放大电路的交流等效图。3 种基本接法放大电路的交流等效图如图 2-7 所示。

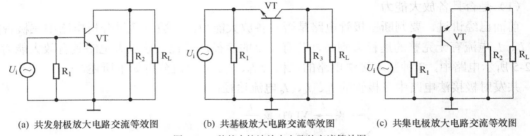

(a) 共发射极放大电路交流等效图　　(b) 共基极放大电路交流等效图　　(c) 共集电极放大电路交流等效图

图 2-7　3 种基本接法放大电路的交流等效图

在图 2-7（a）所示电路中，基极是输入端，集电极是输出端，发射极是输入和输出回路的共用电极，这种放大电路称为共发射极放大电路。

在图 2-7（b）所示电路中，发射极是输入端，集电极是输出端，基极是输入和输出回路的共用电极，这种放大电路称为共基极放大电路。

在图 2-7（c）所示电路中，基极是输入端，发射极是输出端，集电极是输入和输出回路的共用电极，这种放大电路称为共集电极放大电路。

（3）3 种基本接法放大电路的特点

3 种基本接法放大电路的特点见表 2-1。

表 2-1　　　　　　　　　　　　　　　　3 种基本接法放大电路的特点

特点类别	共发射极放大电路	共基极放大电路	共集电极放大电路
输入电阻 R_i	中	小	大
输出电阻 R_o	中	大	小
电压放大倍数 A_u	大	大	≈ 1
电流放大倍数 A_i	β	≈ 1	$1 + \beta$
输出与输入相位	U_o 与 U_i 反相	U_o 与 U_i 同相	U_o 与 U_i 同相
频率特性	高频特性差	高频特性好	高频特性好
用途	用于低频放大、多级放大电路的中间级	用于高频放大、宽带放大	用于多级放大电路输入、中间和输出级

2.1.5　朗读助记器的原理与检修（一）

朗读助记器是一种利用声音反馈来增强记忆的电子产品。在朗读时，助记器的话筒将声音转换成电信号，然后对电信号进行放大，最后又将电信号经耳机还原成声音，人耳听到增强的朗读声音可强化朗读内容的记忆。朗读助记器电路较为复杂，本书将它分成 3 个部分说明。

1. 电路原理

图 2-8 所示是朗读助记器的第一部分电路原理图。

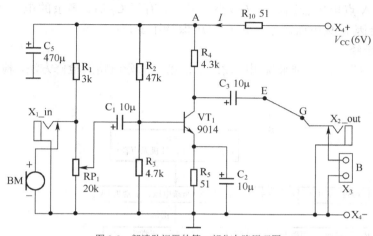

图 2-8　朗读助记器的第一部分电路原理图

电路分析如下所述。

（1）信号处理过程

在朗读时，话筒（又称送话器）BM 将声音转换成电信号，这种由声音转换成的电信号称为音频信号。音频信号由音量电位器 RP_1 调节大小后，再通过 C_1 送到三极管 VT_1 基极，音频信号经 VT_1 放大后从集电极输出，通过 C_3 送到耳机插座 X_2_out 和扬声器插座 X_3。如果将耳机插入 X_2 插孔，就可以听到自己的朗读声。

（2）直流工作情况

6V 直流电压通过接插件 X_4 送入电路，+6V 电压经 R_{10} 降压后分成三路：第一路经 R_1、插座 X_1 的内部簧片为话筒提供工作电压，使话筒工作；第二路经 R_2、R_3 分压后为三极管 VT_1 提供基极电压；第三路经 R_4 为 VT_1 提供集电极电压。VT_1 获得供电后有 I_b、I_c、I_e 电流流过，VT_1 处于放大状态，可以放大送到基极的信号并从集电极输出。

（3）元器件说明

BM 为内置驻极体式话筒，用于将声音转换成音频信号，BM 有正、负极之分，不能接错极性。X_1 为外接输入插座，当外接音源设备（如收音机、MP3 等）时，应将音源设备的输出插头插入该插座，插座内的簧片断开，内置话筒 BM 被切断，而外部音源设备送来的信号经 X_1 簧片、RP_1 和 C_1 送到 VT_1 基极进行放大。X_3 为扬声器插座，当使用外接扬声器时，可将扬声器的两根引线与 X_3 连接。X_2 为外接耳机（又称受话器）插座，当插入耳机插头后，插座内的簧片断开，扬声器被切断。

R_{10}、C_5 构成电源退耦电路，用于滤除电源供电中的波动成分，使电路能得到较稳定的供电电压。在电路工作时，+6V 电源经 R_{10} 为三极管 VT_1 供电，同时还会对 C_5 充电，在 C_5 上充得上正、下负电压。在静态时，VT_1 无信号输入，VT_1 导通程度不变（即 I_c 保持不变），流

过 R_{10} 的电流 I 基本稳定，U_A 电压保持不变，在 VT_1 有信号输入时，VT_1 的 I_c 电流会发生变化，当输入信号幅度大时，VT_1 导通程度加深，I_c 电流增大，流过 R_{10} 的电流 I 也增大，若没有 C_5，A 点电压会因电流 I 的增大而下降（I 增大，R_{10} 上电压增大），有了 C_5 后，C_5 会向 R_4 放电弥补 I_c 电流增多的部分，无须通过 R_{10} 的电流 I 增大，这样 A 点电压变化很小。同样，如果 VT_1 的输入信号幅度小时，VT_1 导通程度减弱，I_c 电流减小，若没有 C_5，电流 I 也减小，A 点电压会因电流 I 减小而升高，有了 C_5 后，多余的电流 I 会对 C_5 充电，这样电流 I 不会因 I_c 减小而减小，A 点电压保持不变。

2. 电路的检修

下面以"无声"故障为例来说明朗读助记器第一部分电路的检修方法，检修过程如图 2-9 所示。

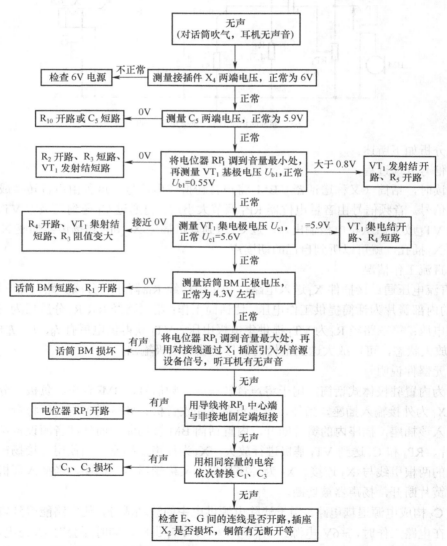

图 2-9 "无声"故障检修流程图（朗读助记器第一部分电路）

2.2 负反馈放大电路

2.2.1 反馈知识介绍

反馈意为"反送"，反馈电路的功能就是从电路的输出端取出一部分信号反送到电路的输入端。 由于温度和电源的影响，放大电路在工作时往往是不稳定的，并且性能也不大好，给放大电路加上反馈电路可以有效克服这些缺点。

下面通过图 2-10 所示的方框图来介绍反馈的基础知识。

(a) 无反馈放大电路

1. 正反馈和负反馈

图 2-10（a）中所示的基本放大电路没有加反馈电路，X_o 表示输出信号，X_i 表示输入信号。图 2-10（b）中所示的基本放大电路增加了反馈电路，它从放大电路的输出端取一部分信号反送到电路的输入端，X_f 表示反馈信号，反馈信号 X_f 与输入信号 X_i 叠加后送到电路的输

(b) 有反馈放大电路

图 2-10 无反馈和有反馈放大电路方框图

入端。如果反馈的信号与输入信号叠加所得到的信号增强，这种反馈称为正反馈；如果反馈的信号与输入信号叠加所得到的信号减弱，这种反馈称为负反馈。

2. 开环放大倍数

在图 2-10（a）所示电路中，**放大电路没加反馈时的放大倍数称为开环放大倍数 A**，它可表示为

$$A = \frac{X_o}{X_i}$$

3. 闭环放大倍数

在图 2-10（b）所示电路中，**反馈信号 X_f 与输出信号 X_o 的比值称为反馈系数 F**，即

$$F = \frac{X_f}{X_o}$$

如果反馈电路是负反馈，反馈系数 F 越大，表示负反馈信号 X_f 越大，抵消输入信号越多，送到基本放大电路的净输入信号 X_i' 越小，输出信号 X_o 越小，电路增益下降。

电路加了反馈电路后的放大倍数称为闭环放大倍数 A_f，它可表示为

$$A_f = \frac{X_o}{X_i}$$

由于反馈放大电路引入了负反馈，它输出的信号 X_o 较未加负反馈的基本放大电路输出信号 X_o 要小，所以负反馈放大电路的闭环放大倍数 A_f 较开环放大倍数 A 小。

2.2.2 反馈类型的判别

反馈电路类型很多，可根据以下不同的标准分类。

根据反馈的极性分：有正反馈和负反馈。

根据反馈信号和输出信号的关系分：有电压反馈和电流反馈。

根据反馈信号和输入信号的关系分：有串联反馈和并联反馈。

根据反馈信号是交流或直流分：有交流反馈和直流反馈。

电路的反馈类型虽然很多，但对于一个具体的反馈电路，它会同时具有以上4种类型。下面就通过图2-11所示两个反馈电路来介绍反馈类型的判别方法。

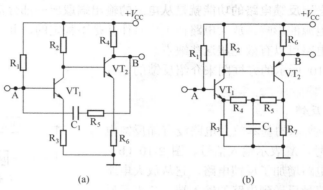

(a)　　　　　　　　　　　(b)

图 2-11　两个反馈电路

1. 正反馈和负反馈的判别

（1）三极管各极电压变化关系

为了快速判断出反馈电路的反馈类型，有必要了解三极管各极电压的变化关系。**不管 NPN 型还是 PNP 型三极管，它们各极电压的变化都有以下规律。**

① **三极管的基极与发射极是同相关系。** 当基极电压上升（或下降）时，发射极电压也上升（或下降），即基极电压变化时，发射极的电压变化与基极电压变化同相。

② **三极管的基极与集电极是反相关系。** 当基极电压上升（或下降）时，集电极电压下降（或上升），即基极电压变化时，集电极的电压变化与基极电压变化反相。

③ **三极管的发射极与集电极是同相关系。** 当发射极电压上升（或下降）时，集电极电压也上升（或下降），即发射极电压变化时，集电极的电压变化与发射极电压变化同相。三极管各极电压变化规律可用图2-12表示，其中⊕表示电压上升，⊖表示电压下降。

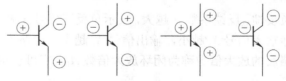

(a) 当基极电压变化时，集电　　(b) 当发射极电压变化时，基极
　　极与发射极电压变化情况　　　　与集电极电压变化情况

图 2-12　三极管各极电压变化规律

图 2-12（a）表示的含义为"当三极管基极电压上升时，会引起发射极电压上升、集电极电压下降；当三极管基极电压下降时，会引起发射极电压下降、集电极电压上升"。

图 2-12（b）表示的含义为"当三极管发射极电压上升时，会引起基极和集电极电压都上升；当三极管发射极电压下降时，会引起基极和集电极电压都下降"。

（2）正反馈和负反馈的判别

① 判别电路中有无反馈。在图 2-11（a）所示电路中，R_5、C_1 将输出信号的一部分反送到输入端，所以电路中有反馈。R_5、C_1 构成反馈电路。

在图 2-11（b）所示电路中，R_4、R_5 将后级电路信号的一部分反送到前级电路，这也属于反馈。R_4、R_5、C_1 构成反馈电路。

② 判别反馈电路的正、负反馈类型。**反馈电路的正、负反馈类型通常采用"瞬时极性法"判别。所谓"瞬时极性法"是指假设电路输入端电压瞬间变化（上升或下降），再分析输出端反馈过来的电压与先前假设的输入端电压的变化趋势是否相同，相同说明反馈为正反馈，相反则为负反馈。**正、负反馈类型判别如图 2-13 所示。

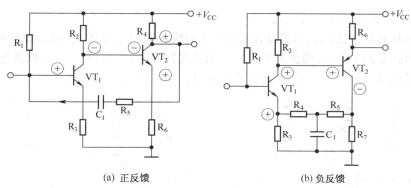

(a) 正反馈   (b) 负反馈

图 2-13 正、负反馈类型的判别

在图 2-13（a）所示电路中，因为信号反馈到三极管 VT_1 的基极，所以假设 VT_1 的 b 极电压上升，根据前面介绍的三极管各极电压变化规律可知，当 VT_1 的基极电压（指对地电压，以下同）上升时，集电极电压会下降，三极管 VT_2 的基极电压下降，VT_2 的集电极电压上升，该上升的电压经 R_5、C_1 反馈到 VT_1 的基极，由于反馈信号的电压极性与先前假设的电压极性相同，所以该反馈为正反馈。

在图 2-13（b）所示电路中，因为信号反馈到 VT_1 的发射极，所以假设 VT_1 的发射极电压上升，VT_1 的集电极电压也会上升，VT_2 的基极电压上升，VT_2 的集电极电压下降，该下降的电压经 R_5、R_4 反馈到 VT_1 的发射极，由于反馈信号的电压极性与先前假设的电压极性相反，所以该反馈为负反馈。

2. 电压反馈和电流反馈的判别

电压反馈和电流反馈的判别方法是：将电路的输出端对地短路，如果反馈信号不再存在（即反馈信号被短路到地），则该反馈为电压反馈；如果反馈信号依然存在（即反馈信号未被短路），该反馈为电流反馈。电压、电流反馈类型判别如图 2-14 所示。

在图 2-14（a）所示电路中，将输出端 B 点对地短路，输出信号和反馈信号都被短路到地，反馈信号不存在，该反馈为电压反馈。

在图 2-14（b）所示电路中，将输出端 B 点对地短路，输出信号被短路到地，反馈信号没有被短路（输出端为三极管的发射极，但反馈信号取自三极管的集电极，故反馈信号未被短路到地），反馈信号还存在，该反馈为电流反馈。

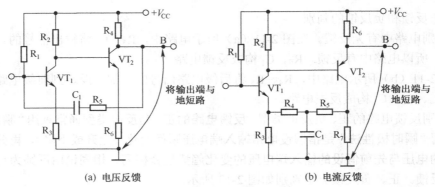

图 2-14　电压、电流反馈类型的判别

3. 串联反馈和并联反馈的判别

串联反馈和并联反馈的判别方法是：将电路的输入端对地短路，如果反馈信号不存在（即反馈信号被短路到地），该反馈为并联反馈；如果反馈信号依然存在（即反馈信号未被短路），该反馈为串联反馈。 串联、并联反馈类型判别如图 2-15 所示。

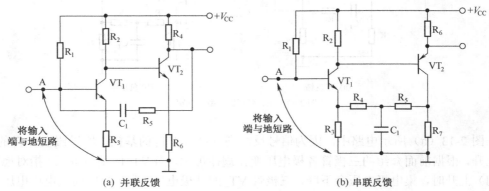

图 2-15　串联、并联反馈类型的判别

在图 2-15（a）所示电路中，将输入端 A 点与地短路，输入信号和反馈信号都被短路到地，反馈信号不存在，该反馈为并联反馈。

在图 2-15（b）所示电路中，将输入端 A 点对地短路，输入信号被短路到地，反馈信号没有被短路，仍有反馈信号加到前级电路，该反馈为串联反馈。

4. 交流反馈和直流反馈的判别

交流反馈和直流反馈的判别方法是：如果反馈信号是交流信号，为交流反馈；如果反馈信号是直流信号，就为直流反馈；如果反馈信号中既有交流信号又有直流信号，这种反馈称为交流、直流反馈。

交流、直流反馈类型判别如图 2-16 所示。

在图 2-16（a）所示电路中，由于电容 C_1 的隔直作用，直流信号无法加到输入端，只有交流信号才能加到输入端，故该反馈为交流反馈。

在图 2-16（b）所示电路中，由于电容 C_1 的旁路作用，反馈的交流信号被旁路到地，只有直流信号被送到前级电路，故该反馈为直流反馈。

综上所述，图 2-11（a）所示电路的反馈类型是电压、并联、交流正反馈，图 2-11（b）

所示电路的反馈类型是电流、串联、直流负反馈。

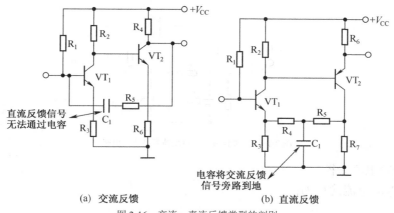

图 2-16 交流、直流反馈类型的判别

2.2.3 负反馈放大电路

为了让放大电路稳定地工作，可以给放大电路增加负反馈电路，带有负反馈电路的放大电路称为负反馈放大电路。下面介绍两种常见的负反馈放大电路。

1. 电压负反馈放大电路

电压负反馈放大电路如图 2-17 所示。

电压负反馈放大电路的电阻 R_1 除了可以为三极管 VT 提供基极电流 I_b 外，还能将输出信号的一部分反馈到 VT 的基极（即输入端），由于基极与集电极是反相关系，故反馈为负反馈，用前面介绍的方法还可以判断出该电路的反馈类型是电压、并联、交流、直流反馈。

负反馈电路的一个非常重要的特点就是可以稳定放大电路的静态工作点。下面分析图 2-17 所示电压负反馈放大电路静态工作点的稳定过程。

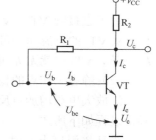

图 2-17 电压负反馈放大电路

由于三极管是半导体器件，它具有热敏性，当环境温度上升时，它的导电性增强，I_b、I_c 电流会增大，从而导致三极管工作不稳定，整个放大电路工作也不稳定。给放大电路引入负反馈电阻 R_1 后就可以稳定 I_b、I_c 电流，其稳定过程如下所述。

当环境温度上升时，三极管 VT 的 I_b、I_c 电流增大→流过 R_2 的电流 I 增大（$I=I_b+I_c$，I_b、I_c 电流增大，I 就增大）→R_2 两端的电压 U_{R2} 增大（$U_{R2}=I \times R_2$，I 增大，R_2 不变，U_{R2} 增大）→VT 的集电极电压 U_c 下降（$U_c=V_{CC}-U_{R2}$，U_{R2} 增大，V_{CC} 不变，U_c 会减小）→VT 的 b 极电压 U_b 下降（U_b 由 U_c 经 R_1 降压获得，U_c 下降，U_b 也会跟着下降）→I_b 减小（U_b 下降，VT 发射结两端的电压 U_{be} 减小，流过的 I_b 电流就减小）→I_c 也减小（$I_c=I_b \times \beta$，I_b 减小，β 不变，故 I_c 减小）→I_b、I_c 减小到正常值。由此可见，电压负反馈放大电路由于 R_1 的负反馈作用，静态工作点得到稳定。

2. 负反馈多级放大电路

图 2-18 所示是一种较常用的负反馈多级放大电路，电路中的 R_3 为反馈电阻，根据前面介绍的方法不难判断出该电路的反馈类型是电压、并联、交流、直流负反馈。

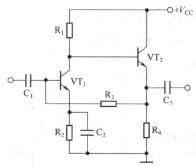

图 2-18　一种较常用的负反馈多级放大电路

（1）三极管电流途径

三极管 VT_2 的电流途径为：

$$+V_{CC} \Bigg\langle \begin{array}{l} \xrightarrow{I_{c2}} VT_2\ \text{的 c 极} \xrightarrow{I_{c2}} \\ \xrightarrow{} R_1 \xrightarrow{I_{b2}} VT_2\ \text{的 b 极} \xrightarrow{I_{b2}} \end{array} \Bigg\rangle VT_2\ \text{的发射极} \xrightarrow{I_{e2}} R_4 \longrightarrow \text{地}$$

三极管 VT_1 的电流途径为：

$$\begin{array}{l} VT_2\ \text{的 e 极} \longrightarrow R_3 \xrightarrow{I_{b1}} VT_1\ \text{的 b 极} \xrightarrow{I_{b1}} \\ +V_{CC} \longrightarrow R_1 \xrightarrow{I_{c1}} VT_1\ \text{的 c 极} \xrightarrow{I_{c1}} \end{array} \Bigg\rangle VT_1\ \text{的发射极} \xrightarrow{I_{e1}} R_2 \longrightarrow \text{地}$$

由于三极管 VT_1、VT_2 都有正常的 I_c、I_b、I_e 电流，所以 VT_1、VT_2 均处于放大状态。另外，从 VT_1 的电流途径可以看出，VT_1 的 I_{b1} 电流取自 VT_2 的发射极，如果 VT_2 没有导通，无 I_{e2} 电流，VT_1 也就无 I_{b1} 电流，VT_1 就无法导通。

（2）静态工作点的稳定

给放大电路增加负反馈可以稳定静态工作点，图 2-18 所示电路也不例外，其静态工作点稳定过程如下所述。

当环境温度上升时，三极管 VT_1 的 I_b、I_c 电流增大→流过 R_1 的电流 I_{c1} 增大→U_{R1} 增大→U_{c1} 下降（$U_{c1}=V_{CC}-U_{R1}$，U_{R1} 增大，U_{c1} 下降）→VT_2 的基极电压 U_{b2} 下降→I_{b2} 减小→I_{c2} 减小→I_{e2} 减小→流过 R_4 的电流减小→U_{R4} 减小→U_{e2} 下降（$U_{e2}=U_{R4}$）→VT_1 的基极电压 U_{b1} 下降（U_{b1} 电压取自 U_{e2} 电压）→I_{b1} 减小→I_{c1} 减小，即三极管 VT_1 原来增大的 I_b、I_c 电流又下降到正常值，从而稳定了放大电路的静态工作点。

2.2.4　负反馈对放大电路的影响

反馈有正反馈和负反馈之分，正反馈用在放大电路中可以将放大电路转变成振荡电路，而负反馈用在放大电路中可以使放大性能更好、更稳定。有关正反馈的应用将在后面的章节介绍。负反馈对放大电路的影响主要有以下几点。

1. 对输入电阻的影响

对放大电路输入电阻的影响主要是并联负反馈和串联负反馈。理论分析和计算（该过程较复杂，这里省略）表明：并联负反馈可使放大电路的输入电阻减小，串联负反馈可使放大电路的输入电阻增大。

2. 对输出电阻的影响

对放大电路输出电阻的影响主要是电压负反馈和电流负反馈。理论分析和计算表明：电压负反馈可使放大电路的输出电阻减小，有稳定输出电压的功能；电流负反馈可使放大电路的输出电阻增大，有稳定输出电流的功能。

3. 对非线性失真的影响

如果一个放大电路静态工作点设置不合理（如 I_b、I_c 偏大或偏小）或三极管本身存在缺陷，就会造成放大电路放大后输出的信号产生失真。为了减小失真，可以在放大电路中加入负反馈电路。

4. 对频率特性的影响

对于一个放大电路，如果放大倍数很高，那么它的频率特性就比较差，对频率偏高或偏低的信号就不能正常放大，而引入负反馈后，放大电路的放大倍数就会下降，频率特性就会得到改善，通频带变宽（即能放大频率范围更广的信号）。

2.2.5　朗读助记器的原理与检修（二）

1. 电路原理

朗读助记器第一、二部分电路如图 2-19 所示，点画线框内的为第二部分，它是一个负反馈多级放大电路。由于朗读助记器的第一部分前面已详细说明，这里仅介绍第二部分电路。朗读助记器的第二部分电路原理如下所述。

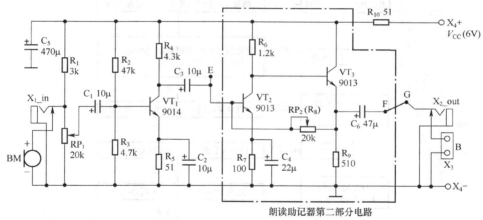

图 2-19　朗读助记器的第一、二部分电路原理图

（1）信号处理过程

三极管 VT_1 输出的音频信号经 C_3 送到 VT_2 基极，放大后从 VT_2 集电极输出又送到 VT_3 基极，经 VT_3 放大后从 VT_3 发射极输出，再经 C_6 送到耳机插座 X_2_out，如果将耳机插入 X_2 插孔，就可以听到自己的朗读声。

（2）直流工作情况

6V 直流电源通过接插件 X_4 送入电路，+6V 电压经 R_{10} 降压后，除了为朗读助记器第一部分电路供电外，还为第二部分电路供电。第二部分电路中的 VT_2、VT_3 获得供电后进入放大状态，VT_2、VT_3 的 I_b、I_c、I_e 电流途径如下所述。

VT_3 的电流途径：

$$+6V \longrightarrow R_{10} \begin{cases} \xrightarrow{I_{c3}} VT_3 \text{ 的 c 极} \xrightarrow{I_{c3}} \\ \xrightarrow{I_{b3}} R_6 \xrightarrow{I_{b3}} VT_3 \text{ 的 b 极} \xrightarrow{I_{b3}} \end{cases} VT_3 \text{ 的 e 极} \xrightarrow{I_{e3}} R_9 \longrightarrow \text{地}$$

VT_2 的电流途径：

$$VT_3 \text{ 的 e 极} \longrightarrow RP_2 \xrightarrow{I_{b2}} VT_2 \text{ 的 b 极} \xrightarrow{I_{b2}}$$
$$+6V \longrightarrow R_{10} \longrightarrow R_6 \xrightarrow{I_{c2}} VT_2 \text{ 的 c 极} \xrightarrow{I_{c2}} \longrightarrow VT_2 \text{ 的 e 极} \xrightarrow{I_{e2}} R_7 \longrightarrow \text{地}$$

（3）元器件说明

VT_2、VT_3 构成两级反馈放大电路。RP_2 为反馈电阻，该电路反馈类型是电压、并联、交流、直流负反馈。RP_2 不但可以为 VT_2 提供 I_{b2} 电流，还可以稳定 VT_2、VT_3 的静态工作点。C_4 为交流旁路电容，可以提高 VT_2 放大电路的增益。

2. 电路的检修

下面以"无声"故障为例来说明朗读助记器第二部分电路的检修（第一部分电路已确定正常），检修过程如图 2-20 所示。

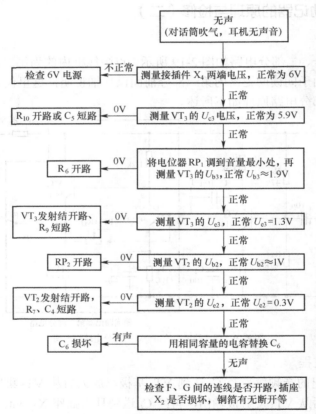

图 2-20 "无声"故障检修流程图（朗读助记器第二部分电路）

2.3 功率放大电路

功率放大电路简称功放电路，其功能是放大幅度较大的信号，让信号有足够的功率来推动大功率负载（如扬声器、仪表的表头、电动机和继电器等）工作。功率放大电路一般用作末级放大电路。

2.3.1　功率放大电路的 3 种状态

根据功率放大电路功放管（三极管）静态工作点的不同，功率放大电路主要有 3 种工作状态：甲类、乙类和甲乙类，如图 2-21 所示。

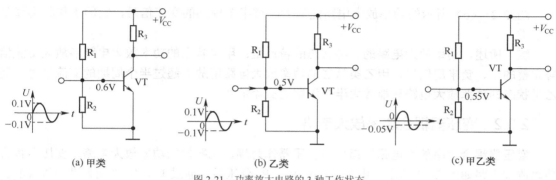

(a) 甲类　　　　　　　　(b) 乙类　　　　　　　　(c) 甲乙类

图 2-21　功率放大电路的 3 种工作状态

（1）甲类

甲类工作状态是指功放管的静态工作点设在放大区，该状态下功放管能放大信号正、负半周。

如图 2-21（a）所示，电源 V_{CC} 经 R_1、R_2 分压为三极管 VT 基极提供 0.6V 电压，VT 处于导通状态。当交流信号正半周加到 VT 基极时，与基极的 0.6V 电压叠加使基极电压上升，VT 仍处于放大状态，正半周信号经 VT 放大后从其集电极输出；当交流信号负半周加到 VT 基极时，与基极 0.6V 电压叠加使基极电压下降，只要基极电压不低于 0.5V，VT 还处于放大状态，负半周信号被 VT 放大从其集电极输出。

图 2-21（a）所示的功率放大电路能放大交流信号的正、负半周信号，它的工作状态就是甲类。由于三极管正常放大时的基极电压变化范围小（0.5～0.7V），所以这种状态的功率放大电路适合小信号放大。如果输入信号很大，会使三极管基极电压过高或过低（低于 0.5V），三极管会进入饱和或截止状态，信号就不能被正常放大，会产生严重的失真，因此处于甲类状态的功率放大电路只能放大幅度小的信号。

（2）乙类

乙类工作状态是指功放管的静态工作点 I_b 设为 0A 时的状态，该状态下功放管能放大半个周期的信号。

如图 2-21（b）所示，电源 V_{CC} 经 R_1、R_2 分压为三极管 VT 基极提供 0.5V 电压，在静态（无信号输入）时，VT 处于临界导通状态（将通未通状态）。当交流信号正半周送到 VT 基极时，基极电压高于 0.5V，VT 导通，VT 进入放大状态，正半周交流信号被三极管放大输出；当交流信号负半周来时，VT 基极电压低于 0.5V，不能导通。

图 2-21（b）所示的功率放大电路只能放大半个周期的交流信号，它的工作状态就是乙类。

（3）甲乙类

甲乙类工作状态是指功放管的静态工作点设置在接近截止区但仍处于放大区时的状态，

该状态下 I_b 很小，功放管处于微导通。

如图 2-21（c）所示，电源 V_{CC} 经 R_1、R_2 分压为三极管 VT 基极提供 0.55V 电压，VT 处于微导通放大状态。当交流信号正半周加到 VT 基极时，VT 处于放大状态，正半周信号经 VT 放大从其集电极输出；当交流信号负半周加到 VT 基极时，VT 并不是马上截止，只有低于 −0.05V 部分来到时，基极电压低于 0.5V，VT 才进入截止状态，大部分负半周信号无法被三极管放大。

图 2-21（c）所示的功率放大电路能放大超过半个周期的交流信号，它的工作状态就是甲乙类。

综上所述，功率放大电路的 3 种状态的特点是：甲类状态的功率放大电路能放大交流信号完整的正、负半周信号，甲乙类状态的功率放大电路能放大超过半个周期的交流信号，而乙类状态的功率放大电路只能放大半个周期的交流信号。

2.3.2 变压器耦合功率放大电路

变压器耦合功率放大电路是指采用变压器作为耦合元器件的功率放大电路。变压器耦合功率放大电路如图 2-22 所示。电源 V_{CC} 经 R_1、R_2 分压后，通过 L_2、L_3 分别为功放管 VT_1、VT_2 提供基极电压，VT_1、VT_2 弱导通，工作在甲乙类状态。

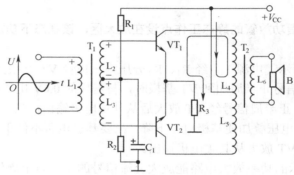

图 2-22　变压器耦合功率放大电路

音频信号加到变压器 T_1 初级绕组 L_1 两端，当音频信号正半周到来时，L_1 上的信号电压极性是上正下负，该电压感应到 L_2、L_3 上，L_2、L_3 上得到的电压极性都是上正下负，L_3 的下负电压加到 VT_2 基极，VT_2 基极电压下降而进入截止状态，L_2 的上正电压加到 VT_1 的基极，VT_1 基极电压上升进入正常导通放大状态。VT_1 导通后有电流流过，电流的途径是：电源 V_{CC} 正极→L_4→VT_1 的集电极→发射极→R_3→地，该电流就是放大的正半周音频信号电流，此电流在流经 L_4 时，L_4 上有音频信号电压产生，它感应到 L_6 上，再送到扬声器两端。

当音频信号负半周到来时，L_1 上的信号电压极性是上负下正，使 L_2、L_3 感应出极性是上负下正的电压，L_2 的上负电压加到 VT_1 基极，VT_1 基极电压下降而进入截止状态，L_3 的下正电压加到 VT_2 的基极，VT_2 基极电压上升进入正常导通放大状态。VT_2 导通后有电流流过，电流的途径是：电源 V_{CC} 正极→L_5→VT_2 的集电极→发射极→R_3→地，该电流就是放大的负半周音频信号电流，此电流在流经 L_5 时，L_5 上有音频信号电压产生，它感应到 L_6 上，再加到扬声器两端。

VT_1、VT_2 分别放大音频信号的正半周和负半周，并且一个三极管导通放大时，另一个三极管截止，两个三极管交替工作，这种放大形式称为推挽放大。两个功放管各放大音频信号半周，结果会有完整的音频信号流进扬声器。

2.3.3 OTL 功率放大电路

OTL 功率放大电路是指无输出变压器的功率放大电路。

1. 简单的 OTL 功率放大电路

图 2-23 所示是一种简单的 OTL 功率放大电路。电源 V_{CC} 经 R_1、VD_1、VD_2 和 R_2 为三极管 VT_1、VT_2 提供基极电压，若二极管 VD_1、VD_2 的导通电压为 0.55V，则 A 点电压较 B 点电压高 1.1V，这两点的电压差可以使 VT_1、VT_2 两个发射结刚刚导通，两个三极管处于微导通状态。在静态时，三极管 VT_1、VT_2 导通程度相同，故它们的中心点 F 的电压约为电源电压的一半，即 $U_F=\frac{1}{2}V_{CC}$。电路工作原理如下所述。

音频信号通过耦合电容 C_1 加到功率放大电路，当音频信号正半周来时，B 点电压上升，VT_2 基极电压升高，进入截止状态，由于 B 点电压上升，A 点电压也上升（VD_1、VD_2 使 A 点始终高于 B 点 1.1V），VT_1 基极电压上升，进入放大状态，有放大的电流流过扬声器，电流途径是：电源 V_{CC} 正极→VT_1 的集电极→发射极→电容 C_2→扬声器→地，该电流同时对电容 C_2 充得左正右负的电压；当音频信号负半周来时，B 点电压下降，A 点电压也下降，VT_1 基极电压下降，进入截止状态，B 点电压下降会使 VT_2 基极电压下降，VT_2 进入放大状态，有放大的电流流过扬声器，途径是：电容 C_2 左正→VT_2 的发射极→集电极→地→扬声器→C_2 右负，有放大的电流流过扬声器，即音频信号经 VT_1、VT_2 交替放大半周后，有完整正、负半周音频信号流进扬声器。

2. 带自举功能的 OTL 功率放大电路

带自举功能的 OTL 功率放大电路如图 2-24 所示。

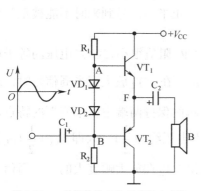

图 2-23　一种简单的 OTL 功率放大电路

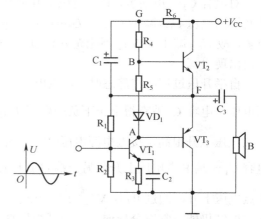

图 2-24　带自举功能的 OTL 功率放大电路

（1）直流工作情况

这个电路的直流工作情况比较复杂，接通电源后 3 个三极管并不是同时导通的，它们导通的顺序依次是 VT_2、VT_1，最后才是 VT_3 导通。电源首先经 R_6、R_4 为 VT_2 提供 I_{b2} 电流而使 VT_2 导通，VT_2 导通后，它的 I_{e2} 电流一路经 R_1 为 VT_1 提供 I_{b1} 电流而使 VT_1 导通，VT_1 导通后，VT_3 的 I_{b3} 电流才能通过 VT_1 的集电极、发射极和 R_3 到地而导通。

在静态时，R_5 和 VD_1 能保证 A、B 点电压在 1.2V 左右，让 VT_2、VT_3 处于刚导通状态。另外，VT_2、VT_3 的导通程度相同，F 点电压为电源电压的一半（$\frac{1}{2}V_{CC}$）。

（2）交流信号处理过程

音频信号送到 VT_1 基极，放大后从其集电极输出，由于集电极和基极是反相关系，所以 VT_1 集电极输出的信号与基极信号极性相反。

音频信号的正半周经 VT_1 放大后，从集电极输出变为负半周信号，该信号使 A 点电压下降，经 VD_1 和 R_5 后，B 点电压也下降，功放管 VT_2 截止。A 点电压下降会使 VT_3 导通程度深而进入正常放大状态，有电流流进扬声器，途径是：电容 C_3 左正→VT_3 的发射极→集电极→扬声器→C_3 右负。

音频信号的负半周经 VT_1 放大后，从集电极输出变为正半周信号，该信号使 A 点电压上升，功放管 VT_3 基极电压因上升而截止。A 点电压上升后经 VD_1 和 R_5 会使 B 点电压上升（相当于正半周信号加到 B 点），B 点电压上升会使 VT_2 导通程度深，VT_2 进入正常放大状态，有电流流进扬声器，途径是：电源 V_{CC} 正极→VT_2 的集电极→发射极→电容 C_3→扬声器→地，该电流同时会对 C_3 充得左正右负电压。

由此可见，音频信号正、负半周到来时，VT_3、VT_2 交替工作，有完整的放大的音频信号流进扬声器。

（3）自举升压原理

C_1、R_6 构成自举升压电路，C_1 为升压电容，R_6 为隔离电阻。

在电路工作时，VT_1 输出交流信号的正半周，A 点电压上升，VT_3 截止，上升的 A 点电压经 VD_1、R_5 使 B 点电压也上升，VT_2 导通加深而进入放大状态。如果 VT_1 输出的正半周信号幅度很大，A 点电压很高，B 点电压也上升很高，I_b 电流很大，VT_2 放大的 I_c 电流很大，I_c 电流对电容 C_3 充电很多，F 点电压上升很高，接近电源电压，F 点电压上升使得 VT_2 的发射结两端的电压 U_{be2} 减小（$U_{be2}= U_{b2}-U_{e2}$，$U_{e2}=U_F$，因为三极管放大作用使 U_{e2} 上升较 U_{b2} 上升更多，故 U_{be2} 减小），VT_2 不能充分导通，这样会造成大幅度正半周信号到来时不能被正常放大而出现失真。

自举升压过程：在静态时，F 点电压等于 $\frac{1}{2}V_{CC}$，电阻 R_6 阻值很小，G 点电压约等于电源电压，电容 C_1 被充得上正下负的电压 V_{CC}，大小为 $\frac{1}{2}V_{CC}$。在 VT_2 放大正半周信号时，若 F 点电压上升很高，接近电源电压 V_{CC}，由于电容具有"瞬间保持两端电压不变"的特点，电容 C_1 一端 F 点电压上升，另一端 G 点电压也上升，G 点电压约为 $\frac{3}{2}V_{CC}$（即 $V_{CC}+\frac{1}{2}V_{CC}$）。

G 点电压上升，通过 R_4 使 VT_2 的 U_b 电压也拉高，这样使得 VT_2 在放大幅度大的正半周信号时发射结仍能正常充分导通，从而减少失真。

2.3.4 OCL 功率放大电路

OCL 功率放大电路是指无输出电容的功率放大电路。OCL 功率放大电路如图 2-25 所示，该电路输出端取消了耦合电容，采用了正、负双电源供电，电路中+V_{CC} 端的电位最高，-V_{CC} 端的电位最低，接地的电位高低处于两者中间。

音频信号正半周加到 A 点时，功放管 VT$_2$ 因基极电压上升而截止，A 点电压上升，经 VD$_1$、VD$_2$ 使 B 点电压也上升，VT$_1$ 因基极电压上升而导通加深，进入正常放大状态，有电流流过扬声器，电流途径是：+V$_{CC}$→VT$_1$ 的集电极→发射极→扬声器→地，此电流即为放大的音频正半周信号电流。

音频信号负半周加到 A 点时，A 点电压下降，经 VD$_1$、VD$_2$ 使 B 点电压也下降，VT$_1$ 因基极电压下降而截止。A 点电压下降使功放管 VT$_2$ 基极电压下降而导通程度加深，进入正常放大状态，有电流流过扬声器，电流途径是：地→扬声器→VT$_2$ 的发射极→集电极→−V$_{CC}$，此电流即为放大的音频负半周信号电流。

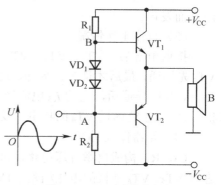

图 2-25 OCL 功率放大电路

2.3.5 朗读助记器的原理与检修（三）

1. 电路原理

朗读助记器整体电路如图 2-26 所示，点画线框内的为第三部分，它是一个带自举升压功能的 OTL 功率放大电路。下面介绍第三部分电路的原理。

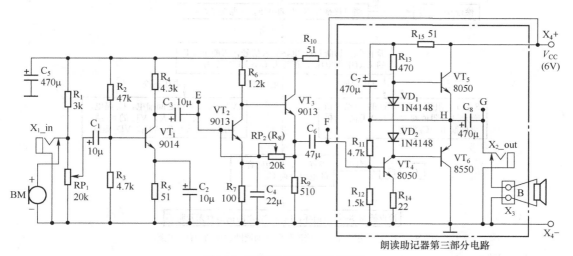

图 2-26 朗读助记器整体电路原理图

（1）信号处理过程

三极管 VT$_3$ 输出的音频信号经 C$_6$ 耦合到 VT$_4$ 基极，放大后从 VT$_4$ 集电极输出。当 VT$_4$ 输出正半周信号时，VT$_4$ 集电极电压上升，经 VD$_2$、VD$_1$ 将 VT$_5$ 的基极电压抬高，VT$_5$ 导通放大（此时 VT$_6$ 基极因电压高而截止），有放大的正半周信号经 VT$_5$、C$_8$ 流入扬声器，其途径是：+6V→VT$_5$ 的集电极、发射极→C$_8$→扬声器→地，同时在 C$_8$ 上充得左正、右负的电压；当 VT$_4$ 输出负半周信号时，VT$_4$ 集电极电压下降，经 VD$_2$、VD$_1$ 将 VT$_5$ 的基极电压拉低，VT$_5$ 截止，此时 VT$_6$ 因基极电压下降而导通放大，有放大的负半周信号流过扬声器，其途径是：C$_8$ 左正→VT$_6$ 的发射极、集电极→扬声器→C$_8$ 右负。扬声器有正、负半周信号流过而发声。

（2）直流工作情况

接通电源后，VT_4、VT_5、VT_6 三个三极管并不是同时导通的，它们导通的顺序是 VT_5、VT_4 先导通，最后才是 VT_6 导通。这是因为电源首先经 R_{15}、R_{13} 为 VT_5 提供 I_{b5} 电流而使 VT_5 导通，VT_5 导通后，它的 I_{e5} 电流经 R_{11} 为 VT_4 提供 I_{b4} 电流而使 VT_4 导通，VT_4 导通后，VT_6 的 I_{b6} 电流才能通过 VT_4 的集电、发射极和 R_{14} 到地而导通。

（3）元器件说明

C_7、R_{15} 构成自举升压电路，可以提高 VT_5 的动态范围。二极管 VD_1、VD_2 用来保证静态时 VT_5、VT_6 基极的电压相差 1.1V 左右，让 VT_5、VT_6 处于刚导通状态（又称微导通状态）。另外，VT_5、VT_6 的导通程度相同，H 点电压约为电源电压的一半（$\frac{1}{2}V_{CC}$）。

2. 电路的检修

下面以"无声"故障为例来说明朗读助记器第三部分电路的检修方法（第一、二部分电路已确定正常），检修过程如图 2-27 所示。

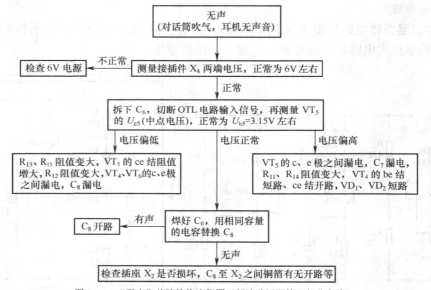

图 2-27 "无声"故障检修流程图（朗读助记器第三部分电路）

2.4 多级放大电路

在多数情况下，电子设备处理的交流信号是很微弱的，由于单级放大电路的放大能力有限，往往不能将微弱信号放大到要求的幅度，所以电子设备中常常将多个放大电路连接起来组成多级放大电路，来放大微弱的电信号。

根据各个放大电路之间的耦合方式（连接和传递信号方式）不同，多级放大电路可分为阻容耦合放大电路、直接耦合放大电路和变压器耦合放大电路。

2.4.1　阻容耦合放大电路

　　阻容耦合放大电路是指各放大电路之间用电容连接起来的多级放大电路。阻容耦合放大电路如图 2-28 所示。

　　交流信号经耦合电容 C_1 送到第一级放大电路的三极管 VT_1 基极，放大后从集电极输出，再经耦合电容 C_2 送到第二级放大电路的三极管 VT_2 基极，放大后从集电极输出，通过耦合电容 C_3 送往后级电路。

　　阻容耦合的特点是：由于耦合电容的隔直作用，各放大电路的直流工作点互不影响，所以设计各放大电路直流工作点比较容易。但因为各电路独立，所以采用的元器件比较多。另外，由于

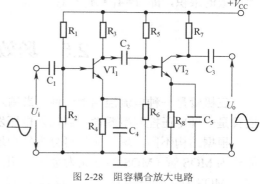

图 2-28　阻容耦合放大电路

电容对交流信号有一定的阻碍作用，交流信号在经过耦合电容时有一定的损耗，频率越低，这种损耗越大。这种损耗可以通过采用大容量的电容来减小。

2.4.2　直接耦合放大电路

　　直接耦合放大电路是指各放大电路之间直接用导线连接起来的多级放大电路。直接耦合放大电路如图 2-29 所示。

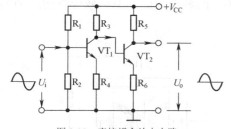

图 2-29　直接耦合放大电路

　　交流信号送到第一级放大电路的三极管 VT_1 基极，放大后从集电极输出，再直接送到第二级放大电路的三极管 VT_2 基极，放大后从集电极输出去后级电路。

　　直接耦合的特点是：因为电路之间直接连接，所以各放大电路直流工作点会互相影响，设计这种电路要考虑到前级电路对后级电路的影响，有一定的难度，但这种电路采用元器件较少。另外，由于各电路之间是直接连接，对交流信号没有损耗。这种耦合电路还可以放大直流信号，故又称为直流放大器。

2.4.3　变压器耦合放大电路

　　变压器耦合放大电路是指各放大电路之间采用变压器连接起来的多级放大电路。变压器耦合放大电路如图 2-30 所示。

　　交流信号送到第一级放大电路的三极管 VT_1 基极，放大后从集电极输出送到变压器 T_1 的初级绕组，再感应到次级绕组，送到第二级放大电路的三极管 VT_2 基极，放大后从集电极输出，通过变压器 T_2 送往后级电路。

　　变压器耦合的特点是：各级电路之间的

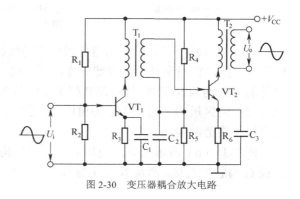

图 2-30　变压器耦合放大电路

直流工作点互不影响。采用变压器耦合有一个优点，就是变压器可以进行阻抗变换，适当设置初、次绕组的匝数，可以让前级电路的信号最大限度地送到后级电路。

多级耦合放大电路的放大能力远大于单级放大电路，其放大倍数等于各单级放大电路放大倍数的乘积，即 $A=A_1 \cdot A_2 \cdot A_3 \cdots A_n$。

2.5　场效应管放大电路

三极管是一种电流控制型器件，当输入电流 I_b 变化时，输出电流 I_c 会随之变化；而场效应管是一种电压控制型器件，当输入电压发生变化时，输出电压会发生变化。

根据结构不同，场效应管可分为结型场效应管和绝缘栅型场效应管，绝缘栅型场效应管简称为 MOS 管（MOS 的含义为金属-氧化物-半导体），MOS 管又可分成耗尽型 MOS 管和增强型 MOS 管。同三极管一样，场效应管也具有放大功能，因此它也能组成放大电路。

2.5.1　结型场效应管及其放大电路

1. 结型场效应管

（1）结构

与三极管一样，场效应管也是由 P 型半导体和 N 型半导体组成的，三极管有 PNP 型和NPN 型两种，场效应管则可分为 P 沟道和 N 沟道两种。两种沟道的结型场效应管的结构如图 2-31 所示。

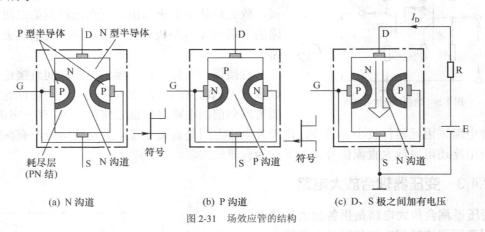

(a) N 沟道　　　　　　　　(b) P 沟道　　　　　　(c) D、S 极之间加有电压

图 2-31　场效应管的结构

图 2-31（a）所示为 N 沟道场效应管的结构图，从图中可以看出，场效应管内部有两块P 型半导体，它们通过导线内部相连，再引出一个电极，该电极称栅极 G，两块 P 型半导体以外的部分均为 N 型半导体，在 P 型半导体与 N 型半导体交界处形成两个耗尽层（即 PN 结），耗尽层中间区域为沟道，由于沟道由 N 型半导体构成，所以称为 N 沟道，漏极 D 与源极 S分别接在沟道两端。

图 2-31（b）所示为 P 沟道场效应管的结构图，P 沟道场效应管内部有两块 N 型半导体，栅极 G 与它们连接，两块 N 型半导体与邻近的 P 型半导体在交界处形成两个耗尽层，耗尽层

中间区域为 P 沟道。

如果在 N 沟道场效应管 D、S 极之间加电压，如图 2-31（c）所示，电源正极输出的电流就会由场效应管 D 极流入，在内部通过沟道从 S 极流出，回到电源的负极。场效应管流过电流的大小与沟道的宽窄有关，沟道越宽，能通过的电流越大。

（2）工作原理

场效应管在电路中主要用来放大信号电压。下面通过图 2-32 来说明场效管的工作原理。

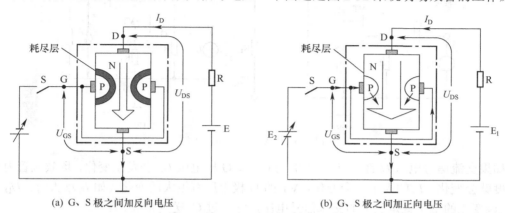

(a) G、S 极之间加反向电压　　　　　　(b) G、S 极之间加正向电压

图 2-32　场效应管的工作原理

图 2-32 所示点画线框内为 N 沟道结型场效应管结构图。当在 D、S 极之间加上正向电压 U_{DS}，会有电流从 D 极流向 S 极，若再在 G、S 极之间加上反向电压 U_{GS}（P 型半导体接低电位，N 型半导体接高电位），如图 2-32（a）所示，场效应管内部的两个耗尽层变厚，沟道变窄，由 D 极流向 S 极的电流 I_D 就会变小。反向电压 U_{GS} 越高，沟道越窄，I_D 电流越小。

由此可见，**改变场效应管 G、S 极之间的电压 U_{GS}，就能改变沟道宽窄，从而改变 D 极流向 S 极的 I_D 电流的大小，并且 I_D 电流变化较 U_{GS} 电压变化大得多，这就是场效应管的放大原理**。场效应管的放大能力大小用跨导 g_m 表示，即

$$g_m = \frac{\Delta I_D}{\Delta U_{GS}}$$

g_m 反映了栅源电压 U_{GS} 对漏极电流 I_D 的控制能力，是表征场效应管放大能力的一个重要的参数（相当于三极管的 β），g_m 的单位是西门子（S），也可以用 A/V 表示。

若给 N 沟道结型场效应管的 G、S 极之间加正向电压，如图 2-32（b）所示，场效应管内部两个耗尽层都会导通，耗尽层消失，不管如何增大 G、S 间的正向电压，沟道宽度都不变，I_D 电流也不变化。也就是说，当给 N 沟道结型场效应管 G、S 极之间加正向电压时，无法控制 I_D 电流变化。

在正常工作时，**N 沟道结型场效应管 G、S 极之间应加反向电压，即 $U_G < U_S$，$U_{GS} = U_G - U_S$ 为负电压；P 沟道结型场效应管 G、S 极之间应加正向电压，即 $U_G > U_S$，$U_{GS} = U_G - U_S$ 为正电压**。

2. 结型场效应管放大电路

结型场效应管放大电路如图 2-33 所示。

在图 2-33（a）所示电路中，场效应管 VT 的 G 极通过 R_1 接地，G 极电压 $U_G = 0V$，而 VT 的 I_D 电流不为 0A（结型场效应管 G 极不加电压时，内部就有沟道存在），I_D 电流在流

过电阻 R_2 时，R_2 上有电压 U_{R2}；VT 的 S 极电压 U_S 不为 0V，$U_S=U_{R2}$，场效应管的栅源电压 $U_{GS}=U_G-U_S$ 为负电压，该电压满足场效应管工作需要。

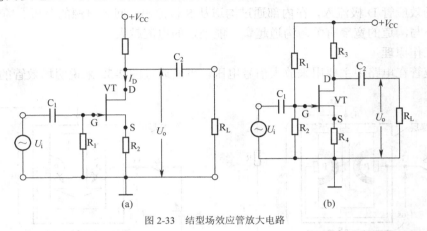

图 2-33 结型场效应管放大电路

如果交流信号电压 U_i 经 C_1 送到 VT 的 G 极，G 极电压 U_G 会发生变化，场效应管内部沟道宽度就会变化，I_D 的大小就会变化，VT 的 D 极电压有很大的变化（如 I_D 增大时，U_D 会下降），该变化的电压就是放大的交流信号电压，它通过 C_2 送到负载。

在图 2-33（b）所示电路中，电源通过 R_1 为场效应管 VT 的 G 极提供 U_G 电压，此电压较 VT 的 S 极电压 U_S 低，这里的 U_S 电压是指 I_D 电流流过 R_4，在 R_4 上得到的电压，VT 的栅源电压 $U_{GS}=U_G-U_S$ 为负电压，该电压也能让场效应管正常工作。

2.5.2　增强型绝缘栅场效应管及其放大电路

1. 增强型绝缘栅场效应管

（1）图形符号与结构

增强型绝缘栅场效应管又称增强型 MOS 管，它分为 N 沟道 MOS 管和 P 沟道 MOS 管，其图形符号如图 2-34（a）所示，图 2-34（b）所示为增强型 N 沟道 MOS 管（简称增强型 NMOS 管）的结构示意图。

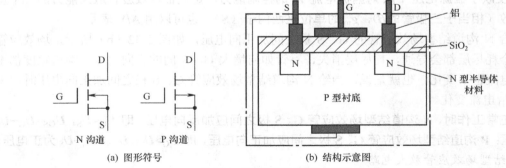

图 2-34　增强型绝缘栅型场效应管

增强型 NMOS 管是以 P 型硅片作为基片（又称衬底），在基片上制作两个含很多杂质的 N 型半导体材料，再在上面制作一层很薄的二氧化硅（SiO_2）绝缘层，在两个 N 型半导体材料上引出两个铝电极，分别称为漏（D）极和源（S）极，在两极中间的 SiO$_2$ 绝缘层上制作一层铝制导电层，从该导电层上引出的电极称为 G 极。P 型衬底通常与 S 极连接在一起。

（2）工作原理

增强型 NMOS 管需要加合适的电压才能工作。加有合适电压的增强型 NMOS 管如图 2-35 所示，图 2-35（a）所示为结构图形式，图 2-35（b）所示为电路图形式。

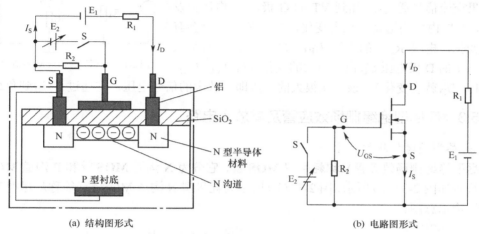

(a) 结构图形式　　　　　　　　　　　(b) 电路图形式

图 2-35　加有合适电压的增强型 NMOS 管

如图 2-35（a）所示，电源 E$_1$ 通过 R$_1$ 接场效应管 D、S 极，电源 E$_2$ 通过开关 S 接场效应管的 G、S 极。在开关 S 断开时，场效应管的 G 极无电压，D、S 极所接的两个 N 区之间没有导电沟道，所以两个 N 区之间不能导通，I_D 电流为 0A；如果将开关 S 闭合，场效应管的 G 极获得正电压，与 G 极连接的铝电极有正电荷，它产生的电场穿过 SiO$_2$ 层，将 P 衬底的很多电子吸引靠近 SiO$_2$ 层，从而在两个 N 区之间出现导电沟道，由于此时 D、S 极之间加上正向电压，马上有 I_D 电流从 D 极流入，再经导电沟道从 S 极流出。

如果改变 E$_2$ 电压的大小，也即改变 G、S 极之间的电压 U_{GS}，与 G 极相通的铝层上的电荷产生的电场大小就会变化，SiO$_2$ 下面的电子数量就会变化，两个 N 区之间的沟道宽度就会变化，流过的 I_D 电流大小会随之变化。U_{GS} 电压越高，沟道就越宽，I_D 电流就越大。

由此可见，改变场效应管 G、S 极之间的电压 U_{GS}，D、S 极之间的内部沟道宽窄就会发生变化，从 D 极流向 S 极的 I_D 电流大小也就发生变化，并且 I_D 电流变化较 U_{GS} 电压变化大得多，这就是增强型 NMOS 管的放大原理（即电压控制电流变化原理）。**增强型 NMOS 场效应管的放大能力同样用跨导 g_m 表示**，即

$$g_m = \frac{\Delta I_D}{\Delta U_{GS}}$$

增强型绝缘栅场效应管的特点是：**在 G、S 极之间未加电压（即 $U_{GS}=0V$）时，D、S 极之间没有沟道，$I_D=0A$；当 G、S 极之间加上合适电压（大于开启电压 U_T）时，D、S 极之间有沟道形成，U_{GS} 电压变化时，沟道宽窄会发生变化，I_D 电流也会变化。**

对于增强型 N 沟道绝缘栅场效应管，**G、S 极之间应加正电压（即 $U_G>U_S$，$U_{GS}=U_G-U_S$ 为正电压）**，D、S 极之间才会形成沟道；对于增强型 P 沟道绝缘栅场效应管，**G、S 极之间须加负电压（即 $U_G<U_S$，$U_{GS}=U_G-U_S$ 为负电压）**，D、S 极之间才有沟道形成。

2. 增强型绝缘栅场效应管放大电路

增强型 N 沟道 MOS 管放大电路如图 2-36 所示。

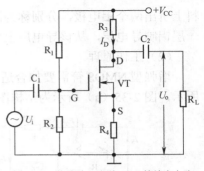

在电路中，电源通过 R_1 为 MOS 管 VT 的 G 极提供 U_G 电压，此电压较 VT 的 S 极电压 U_S 高，VT 的栅源电压 $U_{GS}=U_G-U_S$ 为正电压，该电压能让 VT 正常工作。

如果交流信号通过 C_1 加到 VT 的 G 极，U_G 电压会发生变化，VT 内部沟道宽窄也会变化，I_D 电流的大小会有很大的变化，电阻 R_3 上的电压 U_{R3}（$U_{R3}=I_D×R_3$）有很大的变化，VT 的 D 极电压 U_D 也有很大的变化（$U_D=V_{CC}-U_{R3}$，U_{R3} 变化，U_D 就会变化），该变化很大的电压即为放大的信号电压，它通过 C_2 送到负载。

图 2-36　增强型 N 沟道 MOS 管放大电路

2.5.3　耗尽型绝缘栅场效应管及其放大电路

1. 耗尽型绝缘栅场效应管

耗尽型绝缘栅场效应管又称耗尽型 MOS 管，它分为 N 沟道 MOS 管和 P 沟道 MOS 管，其图形符号如图 2-37（a）所示，图 2-37（b）所示为耗尽型 N 沟道 MOS 管（简称耗尽型 NMOS 管）的结构示意图。

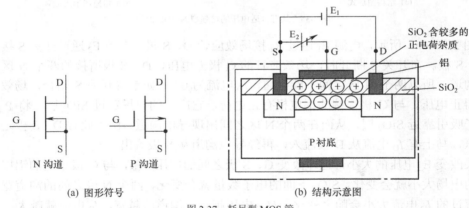

　　　（a）图形符号　　　　　　　　　　　（b）结构示意图

图 2-37　耗尽型 MOS 管

耗尽型 N 沟道 MOS 管是以 P 型硅片作为基片（又称衬底），在基片上制作两个含很多杂质的 N 型半导体材料，再在上面制作一层很薄的二氧化硅（SiO_2）绝缘层，在两个 N 型半导体材料上引出两个铝电极，分别称为漏（D）极和源（S）极，在两极中间的 SiO_2 绝缘层上制作一层铝制导电层，从该导电层上引出的电极称为 G 极。

与增强型 MOS 管不同的是，在耗尽型 MOS 管内的 SiO_2 中掺入含有大量的正电荷的杂质，它将衬底中大量的电子吸引靠近 SiO_2 层，从而在两个 N 区之间出现导电沟道。

当场效应管 D、S 极之间加上电源 E_1 时，由于 D、S 极所接的两个 N 区之间有导电沟道存在，所以有 I_D 电流流过沟道；如果再在 G、S 极之间加上电源 E_2，E_2 的正极除了接 S 极外，还与下面的 P 衬底相连，E_2 的负极则与 G 极的铝层相通，铝层负电荷电场穿过 SiO_2 层，排斥 SiO_2 层下方的电子，从而使导电沟道变窄，流过导电沟道的 I_D 电流减小。

如果改变 E_2 电压的大小，与 G 极相通的铝层产生的电场大小就会变化，SiO_2 下面的电子数量就会变化，两个 N 区之间导电沟道的宽度就会变化，流过的 I_D 电流大小就会变化。例如 E_2 电压增大，G 极负电压更低，沟道就会变窄，I_D 电流就会减小。

耗尽型 **MOS 管**具有的特点是：在 **G、S 极之间未加电压**（即 $U_{GS}=0V$）时，**D、S 极之间就有沟道存在**，I_D **不为 0A**。在工作时，耗尽型 N 沟道 MOS 管 G、S 极之间应加负电压，即 $U_G<U_S$，$U_{GS}=U_G-U_S$ 为负电压；耗尽型 P 沟道 MOS 管 G、S 极之间应加正电压，即 $U_G>U_S$，$U_{GS}=U_G-U_S$ 为正电压。

2. 耗尽型绝缘栅场效应管放大电路

耗尽型 N 沟道绝缘栅场效应管放大电路如图 2-38 所示。

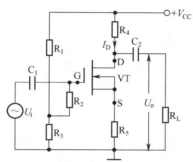

图 2-38 耗尽型 N 沟道绝缘栅场效应管放大电路

在电路中，电源通过 R_1、R_2 为场效应管 VT 的 G 极提供 U_G 电压，VT 的 I_D 电流在流过电阻 R_5 时，在 R_5 上得到电压 U_{R5}，U_{R5} 与 S 极电压 U_S 相等，这里的 $U_S>U_G$，VT 的栅源电压 $U_{GS}=U_G-U_S$ 为负电压，该电压能让场效应管正常工作。

如果交流信号通过 C_1 加到 VT 的 G 极，U_G 电压会发生变化，VT 的导通沟道宽窄也会变化，I_D 电流会有很大的变化，电阻 R_4 上的电压 U_{R4}（$U_{R4}=I_D\times R_4$）也有很大的变化，VT 的 D 极电压 U_D 会有很大变化，该变化的 U_D 电压即为放大的交流信号电压，它经 C_2 送给负载 R_L。

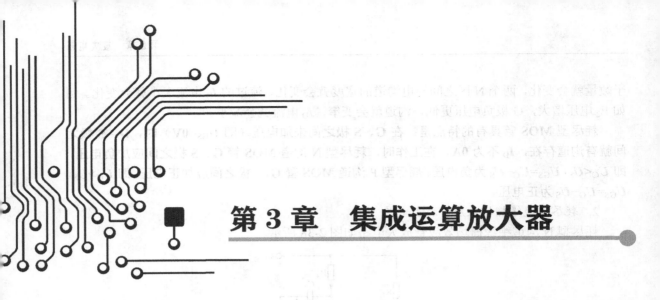

第 3 章　集成运算放大器

3.1　直流放大器

集成电路主要是由半导体材料构成的,其内部适合用二极管、三极管等类型的元器件制作,而不适合用电容、电感和变压器,因此集成放大电路内部多个放大电路之间通常采用直接耦合。直接耦合放大电路除了可以放大交流信号外,还可以放大直流信号,故直接耦合放大电路又称为直流放大器。

直流放大器的优点是各放大电路之间采用直接耦合方式,在传输信号时对高、中、低频率信号都不会衰减,但直流放大器有两个明显的缺点:一是前、后级电路之间静态工作点会互相影响,二是容易出现零点漂移。下面介绍这两个问题的解决方法。

3.1.1　直流放大器的级间静态工作点影响问题

图 3-1 所示是一个两级直接耦合的直流放大器。

由于两级电路是直接耦合,前、后级电路的静态工作点会相互影响。从电路中可以看出,三极管 VT_1 的集电极电压 U_{c1} 与 VT_2 基极电压 U_{b2} 是相等的,因为 PN 结的导通电压是 0.7V(硅材料 $0.5 \sim 0.7V$,锗材料 $0.2 \sim 0.3V$),所以 $U_{c1}=U_{b2}=0.7V$,而 VT_1 的 U_{b1} 也为 0.7V,VT_1 的集电极电压 U_{c1} 很低,如果送到 VT_1 基极的信号稍大,会使 U_{b1} 上升,U_{c1} 下降,出现 $U_{b1} > U_{c1}$,VT_1 就会由放大进入饱和状态而不能正常工作。为了解决 VT_1 易进入饱和状态这个问题,可以采取一定的方法来抬高 VT_1 集电极的电压,具体解决方法有下面几种。

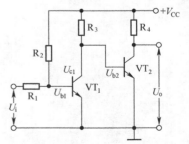

图 3-1　两级直接耦合的直流放大器

1. 在后级电路中增加发射极电阻

这种做法如图 3-2（a）所示，在 VT_2 的发射极增加一个电阻 R_5 来抬高 VT_2 的发射极电压 U_{e2}，VT_2 的基极电压 U_{b2} 也被抬高（U_{b2} 较 U_{e2} 始终大 0.7V），U_{c1} 电压也就被抬高，VT_1 不容易进入饱和状态。U_{c1} 电压越高，VT_1 越不容易进入饱和状态，但要将 U_{c1} 抬得很高，要求电阻 R_5 的阻值很大，而 R_5 的值很大会使 VT_2 的 I_{b2} 电流减小而导致 VT_2 的增益下降，这是该方法的缺点。

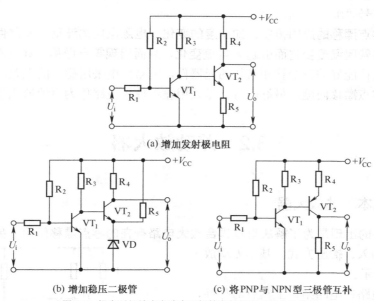

(a) 增加发射极电阻

(b) 增加稳压二极管　　　　(c) 将PNP与NPN型三极管互补

图 3-2　提高后级放大电路中三极管发射极电压的几种做法

2. 在后级电路中增加稳压二极管

这种做法如图 3-2（b）所示，通过在 VT_2 的发射极增加一个稳压二极管 VD，来抬高 VT_2 的发射极电压 U_{e2}，选用不同稳压值的稳压二极管可以将 U_{e2} 抬高到不同的电压，另外由于稳压二极管击穿导通电阻不是很大，不会让 VT_2 的 I_{b2} 电流减小很多，VT_2 仍有较大的增益。

3. 将 PNP 型三极管与 NPN 型三极管配合使用

这种做法如图 3-2（c）所示，由于 PNP 型和 NPN 型三极管各极电压高低有不同的特点，它们配合使用，可以使各级放大电路的直流工作点有个合理的配置。

3.1.2　零点漂移问题

一个直流放大器在输入信号为零时，输出信号并不为零，这种现象称为零点漂移。下面以图 3-3 所示的电路来分析产生零点漂移的原因。

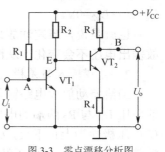

图 3-3　零点漂移分析图

如果图 3-3 所示电路不存在零点漂移，当 VT_1 基极 A 点电压不变（即无输入电压）时，输出端 B 点电压应该也不变化（即无输出电压）。但实际上由于某些原因，比如环境温度变化，即使 A 点电压不变化，输出端 B 点电压也会变化。其原因是：即使 A 点电压不变，当环境温度升高时，VT_1 的 I_{c1} 电流会增大，

E 点电压会下降，VT_2 的基极电压下降，I_{b2} 减小，I_{c2} 减小，VT_2 的输出端 B 点电压会上升；如果环境温度下降，VT_1 的 I_{c1} 电流减小，E 点电压会上升，VT_2 的基极电压上升，I_{b2} 增大，I_{c2} 增大，VT_2 的输出端 B 点电压会下降。

也就是说，即使无输入信号 A 点电压不变时，因为环境温度的变化，在电路的输出端 B 点也会输出变化的电压，这就是零点漂移。放大电路级数越多，零点漂移越严重。因为直流放大电路存在零点漂移，如果电路输入的有用信号很小，可能会出现放大电路输出的有用信号被零点漂移信号"淹没"的情况。

电路产生零点漂移的原因很多，如温度的变化、电源电压的波动、元器件参数变化等，其中主要是三极管因温度变化而引起 I_c 电流变化，从而出现零点漂移。解决零点漂移问题的方法是选择温度性能好的三极管和其他的元器件，电路供电采用稳定的电源。但这些都不能从根本上解决零点漂移问题，最好的方法是采用差动放大电路作为直流放大器。

3.2 差动放大器

3.2.1 基本差动放大器

差动放大器的出现是为了解决直接耦合放大电路存在的零点漂移问题，另外差动放大器还具有灵活的输入、输出方式。基本差动放大电路如图 3-4 所示。

差动放大电路在电路结构上具有对称性，三极管 VT_1、VT_2 同型号，$R_1=R_2$，$R_3=R_4$，$R_5=R_6$，$R_7=R_8$。输入信号电压 U_i 经 R_3、R_4 分别加到 VT_1、VT_2 的基极，输出信号电压 U_o 从 VT_1、VT_2 集电极之间取出，$U_o=U_{c1}-U_{c2}$。

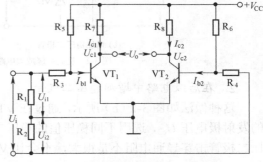

图 3-4 基本差动放大电路

1. 抑制零点漂移原理

当无输入信号（即 $U_i=0V$）时，由于电路的对称性，VT_1、VT_2 的基极电流 $I_{b1}=I_{b2}$，$I_{c1}=I_{c2}$，所以 $U_{c1}=U_{c2}$，输出电压 $U_o=U_{c1}-U_{c2}=0V$。

当环境温度上升时，VT_1、VT_2 的集电极电流 I_{c1}、I_{c2} 都会增大，U_{c1}、U_{c2} 都会下降，但因为电路是对称的（两三极管同型号，并且它们各自对应的供电电阻阻值也相等），所以 I_{c1}、I_{c2} 增大量是相同的，U_{c1}、U_{c2} 的下降量也是相同的，因此 U_{c1}、U_{c2} 还是相等的，故输出电压 $U_o=U_{c1}-U_{c2}=0V$。

也就是说，**当差动放大电路工作点发生变化时，由于电路的对称性，两电路变化相同，故输出电压不会变化，从而有效抑制了零点漂移。**

2. 差模输入与差模放大倍数

当给差动放大电路输入信号电压 U_i 时，U_i 加到 R_1、R_2 两端，因为 $R_1=R_2$，所以 R_1 两端的电压 U_{i1} 与 R_2 两端的电压 U_{i2} 相等，并且 $U_{i1}=U_{i2}=(1/2)U_i$。当 U_i 信号正半周期到来时，U_i 电压极性为上正下负，U_{i1}、U_{i2} 两电压的极性都是上正下负，U_{i1} 的上正电压经 R_3 加到 VT_1 的基极，U_{i2} 的下负电压经 R_4 加到 VT_2 的基极。**这种大小相等、极性相反的两个输入信号称**

为差模信号，差模信号加到电路两个输入端的输入方式称为差模输入。

以 U_{i1} 信号正半周期来时为例：U_{i1} 上正电压加到 VT_1 基极，U_{b1} 电压上升，I_{b1} 电流增大，I_{c1} 电流增大，U_{c1} 电压下降；U_{i2} 下负电压加到 VT_2 基极时，U_{b2} 电压下降，I_{b2} 电流减小，I_{c2} 电流减小，U_{c2} 电压增大；电路的输出电压 $U_o=U_{c1}-U_{c2}$，因为 $U_{c1}<U_{c2}$，故 $U_o<0V$，即当输入信号 U_i 为正值（正半周期）时，输出电压为负值（负半周期），输入信号 U_i 与输出信号 U_o 是反相关系。

差动放大电路在差模输入时的放大倍数称为差模放大倍数 A_d，且

$$A_d = \frac{U_o}{U_i}$$

另外，根据推导计算可知：上述差动放大电路的差模放大倍数 A_d 与单管放大电路的放大倍数 A 相等。差动放大电路多采用一个三极管，并不能提高电路的放大倍数，而只是用来抑制零点漂移。

3. 共模输入与共模放大倍数

图 3-5 所示是另一种输入方式的差动放大电路。在图中，输入信号 U_i 一路经 R_3 加到 VT_1 的基极，另一路经 R_4 加到 VT_2 的基极，送到 VT_1、VT_2 基极的信号电压大小相等、极性相同。**这种大小相等、极性相同的两个输入信号称为共模信号；共模信号加到电路两个输入端的输入方式称为共模输入。**

以 U_i 信号正半周期输入为例：U_i 电压极性是上正下负，该电压一路经 R_3 加到 VT_1 的基极，U_{b1} 电压上升，I_{b1} 电流增大，I_{c1} 电流增大，U_{c1} 电压下降；U_i 电压另一路经 R_4 加到 VT_2 的基极，U_{b2} 电压上升，I_{b2} 电

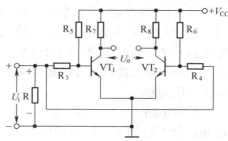

图 3-5　共模输入的差动放大电路

流增大，I_{c2} 电流增大，U_{c2} 电压下降；因为 U_{c1}、U_{c2} 都下降，并且下降量相同，所以输出电压 $U_o=U_{c1}-U_{c2}=0V$。也就是说，差动放大电路在输入共模信号时，输出信号为 0。

差动放大电路在共模输入时的放大倍数称为共模放大倍数 A_c，且

$$A_c = \frac{U_o}{U_i}$$

由于差动放大电路在共模输入时，不管输入信号 U_i 是多少，输出信号 U_o 始终为 0V，故共模放大倍数 $A_c=0$。差动放大电路中的零点漂移就相当于共模信号输入，比如当温度上升时，引起 VT_1、VT_2 的 I_b、I_c 电流增大，就相当于正的共模信号加到 VT_1、VT_2 基极使 I_b、I_c 电流增大一样，但输出电压为 0V。实际上，差动放大电路不可能完全对称，这使得两电路的变化量就不完全一样，输出电压就不会为 0V，共模放大倍数就不为 0。

共模放大倍数的大小可以反映差动放大电路的对称程度，共模放大倍数越小，说明对称程度越高，抑制零点漂移效果越好。

4. 共模抑制比

一个性能良好的差动放大电路，应该对差模信号有很高的放大能力，而对共模信号有足够的抑制能力。为了衡量差动放大电路这两个能力的大小，常采用共模抑制比 K_{CMR} 来表示。**共模抑制比是指差动放大电路的差模放大倍数 A_d 与共模放大倍数 A_c 的比值，即**

$$K_{\text{CMR}} = \frac{A_d}{A_c}$$

共模抑制比越大，说明差动放大电路的差模信号放大能力越大，共模信号放大能力越小，抑制零点漂移能力越强，较好的差动放大电路共模抑制比可达到 10^7。

3.2.2　实用的差动放大器

基本差动放大电路的元器件参数不可能完全对称，所以电路仍有零点漂移存在，为了尽量减少零点漂移，可以对基本差动放大电路进行改进。下面就讲几种改进的实用差动放大电路。

1. 带调零电位器的长尾式差动放大电路

带调零电位器的长尾式差动放大电路如图 3-6 所示。这种差动放大电路中的三极管 VT_1、VT_2 的发射极不是直接接地，而是通过电位器 RP_1、R_e 接负电源。

（1）调零电位器 RP_1 的作用

由于差动放大电路不可能完全对称，所以三极管 VT_1、VT_2 的 I_b、I_c 电流也不可能完全相等，U_{c1} 与 U_{c2} 就不会相等，在无输入信号时，输出信号 $U_o = U_{c1} - U_{c2}$ 不会等于 0V。在电路中采用了调零电位器后，可以通过调节电位器使输出电压为 0V。

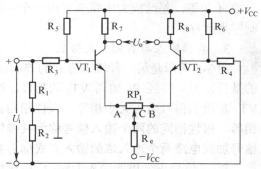

图 3-6　带调零电位器的长尾式差动放大电路

假设电路不完全对称，三极管 VT_1 的 I_{b1}、I_{c1} 电流较 VT_2 的 I_{b2}、I_{c2} 电流略大，那么 VT_1 的 U_{c1} 就较 VT_2 的 U_{c2} 小，输出电压 $U_o = U_{c1} - U_{c2}$ 为负值。这时可以调节电位器 RP_1，将滑动端 C 向 B 端移动，电位器 A 端与 C 端的电阻阻值 R_{AC} 会增大，C 端与 B 端的电阻阻值 R_{CB} 会减小，VT_1 的 I_{b1} 电流因 R_{AC} 增大而减小（I_{b1} 电流的途径是：$+V_{CC} \rightarrow R_5 \rightarrow VT_1$ 的基极 $\rightarrow$ 发射极 $\rightarrow RP_1$ 的 AC 段电阻 $\rightarrow R_e \rightarrow -V_{CC}$），$I_{c1}$ 减小，U_{c1} 上升；而 VT_2 的 I_{b2} 电流因 R_{CB} 减小而增大，I_{c2} 增大，U_{c2} 下降。这样适当调节 RP_1 的位置，可以使 $U_{c1} = U_{c2}$，输出电压 U_o 就能调到 0V。

（2）电阻 R_e 和负电源的作用

当因温度上升引起 VT_1、VT_2 的 I_b、I_c 电流增大时，U_{c1}、U_{c2} 会同时下降而保持输出电压 U_o 不变，这样虽然可以抑制零点漂移，但 VT_1、VT_2 的工作点已发生了变化，放大电路的性能会有所改变。电阻 R_e 可以解决这个问题。

增加电阻 R_e 后，当 VT_1、VT_2 的 I_b、I_c 电流增大时，这些电流都会流过电阻 R_e，R_e 两端的电压会升高，VT_1、VT_2 的发射极电压 U_e 会升高，VT_1、VT_2 的 I_b 电流减小，I_c 电流也会减小，I_b、I_c 电流又降回到原来的水平。由此可见，增加了 R_e 后，通过 R_e 的反馈作用，不但可以使 VT_1、VT_2 的 I_c 电流稳定，同时可以抑制零点漂移，R_e 的阻值越大，这种效果越明显。

电路中采用负电源的原因是：增加反馈电阻 R_e 后，如果直接将 R_e 接地，VT_1、VT_2 的发射极电压较高，基极电压也会上升，VT_1、VT_2 的动态范围会变小，容易进入饱和状态（当基极电压大于集电极电压，集电结正偏即会使三极管进入饱和状态）；采用负电源可以拉低 VT_1、VT_2 的发射极电压，进而拉低基极电压，让基极和集电极电压差距增大，大信号来时基极电压不易超过集电极电压，VT₁、VT₂不容易进入饱和状态，提高了 VT₁、VT₂的动态范围。

2. 带恒流源的差动放大电路

在图 3-6 所示的差动放大电路中，发射极公共电阻 Rₑ 的阻值越大，三极管工作点的稳定性和抑制零点漂移的效果越好，但 Rₑ 越大，需要的负电源越低，这样才能让三极管发射极电压和基极电压不会很高。

为了解决这个问题，可采用图 3-7 所示带恒流源的差动放大电路。这种差动放大电路中 VT₁、VT₂发射极不是通过反馈电阻接负电源，而是通过 VT₃、R₉、R₁₀、R₁₁ 构成的恒流源电路接负电源。

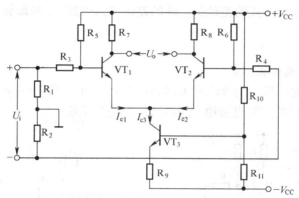

图 3-7　带恒流源的差动放大电路

正、负电源经 R₁₀、R₁₁ 为三极管 VT₃ 提供基极电压，因为 VT₃ 的基极电压由 R₁₀、R₁₁ 分压固定，那么它的 I_{b3}、I_{c3} 电流也就不会变化，即使因温度上升使 VT₃ 的 I_{b3}、I_{c3} 增大，通过反馈电阻 R₉ 的作用，仍可以使 I_{b3}、I_{c3} 降回到正常水平，因为该电路可以保持电流 I_{b3}、I_{c3} 恒定，故将电流恒定的电路称为恒流源电路。VT₃ 的 I_{c3} 电流是由 VT₁ 的 I_{e1} 和 VT₂ 的 I_{e2} 电流组成，因为 I_{c3} 不会变化，所以 I_{e1}、I_{e2} 电流也就无法变化，VT₁、VT₂ 的静态工作点也就得到稳定，同时也抑制了零点漂移。

该电路中 VT₃ 的集电极、发射极之间的等效电阻与 R₉ 的阻值不是很大，故负电源不用很低。

3.2.3　差动放大器的几种连接形式

在实际使用时，差动放大器通常有下面几种连接形式。

1. 双端输入、双端输出形式

双端输入、双端输出形式的差动放大器如图 3-8 所示。

输入信号 U_i 经 R₁、R₂ 分压后，在 R₁、R₂ 上分别得到大小相等的电压 U_{i1}、U_{i2}，当 U_i 正半周信号来时，U_{i1}、U_{i2} 的极性都为上正下负，U_{i1} 的上正电压送到 VT₁ 基极，U_{i2} 的下负电压送到 VT₂ 基极，

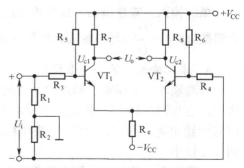

图 3-8　双端输入、双端输出形式的差动放大器

放大后在 VT₁、VT₂ 的集电极分别得到 U_{c1} 和 U_{c2} 电压，输出信号从两三极管集电极取出，$U_o = U_{c1} - U_{c2}$。

双端输入、双端输出形式的差动放大器的差动放大倍数 A_d（$A_d=\dfrac{U_o}{U_i}$）与单管放大倍数 A 相等，即 $A_d=A$。

2. 双端输入、单端输出形式

双端输入、单端输出形式的差动放大器如图 3-9 所示。

输入信号 U_i 经 R_1、R_2 分压后分别得到大小相等的 U_{i1}、U_{i2} 电压，它们的极性相反，分别送到 VT_1、VT_2 的基极，放大后在 VT_1、VT_2 的集电极分别得到 U_{c1} 和 U_{c2} 电压，输出信号只从三极管 VT_1 集电极取出，$U_o=U_{c1}$。

双端输入、单端输出形式的差动放大器的差动放大倍数 A_d 是单管放大倍数 A 的一半，即 $A_d=\dfrac{1}{2}A$。

3. 单端输入、双端输出形式

单端输入、双端输出形式的差动放大器如图 3-10 所示。输入信号一端接到 VT_1 的基极，另一端在接到 VT_2 基极的同时也接地，所以该电路是单端输入。

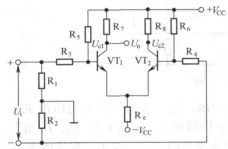

图 3-9　双端输入、单端输出形式的差动放大器

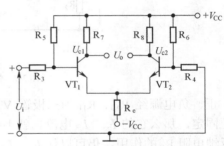

图 3-10　单端输入、双端输出形式的差动放大器

当输入信号 U_i 为上正下负时，上正电压经 R_3 加到 VT_1 的基极，VT_1 的 I_{b1} 增大，I_{c1} 也增大，U_{c1} 下降；VT_1 的 I_{e1} 增大（因为 I_{b1}、I_{c1} 是增大的），流过 R_e 的电流增大，两个三极管的发射极电压（$U_{e1}=U_{e2}$）都增大，VT_2 的 U_{e2} 增大，I_{b2} 电流会减小，I_{c2} 电流减小，U_{c2} 电压上升。因为在放大信号时，U_{c1} 下降时 U_{c2} 上升（或 U_{c1} 上升时 U_{c2} 会下降），输出电压取自两集电极电压差，即 $U_o=U_{c1}-U_{c2}$，这个值较大。

单端输入、双端输出形式的差动放大器的差动放大倍数 A_d（$A_d=\dfrac{U_o}{U_i}$）与单管放大倍数 A 相等，即 $A_d=A$。

4. 单端输入、单端输出形式

单端输入、单端输出形式的差动放大器如图 3-11所示，它与图 3-10 所示的电路一样，都是单端输入，但它的输出电压只取自 VT_1 的集电极，$U_o=U_{c1}$，U_o的值比较小。

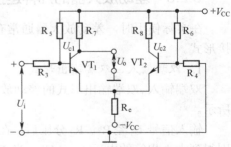

图 3-11　单端输入、单端输出形式的差动放大器

单端输入、单端输出形式的差动放大器的差动放大倍数 A_d 是单管放大倍数 A 的一半，即 $A_d=\dfrac{1}{2}A$。

综上所述，不管差动放大器是哪种输入方式，其放大倍数只与电路的输出形式有关：采用了单端输出形式，它的放大倍数较小，只有单管放大倍数的一半；采用了双端输出形式，它的放大倍数与单管放大倍数相同。

3.3　集成运算放大器

集成运算放大器是一种应用极为广泛的集成放大电路，它除了具有很高的放大倍数外，还能通过外接一些元器件构成加法器、减法器等运算电路，所以称之为运算放大器，简称运放。

3.3.1　集成运算放大器的基础知识

1. 集成运算放大器的组成与图形符号

集成运算放大器内部由多级直接耦合的放大电路组成，其内部组成方框图如图 3-12 所示，其图形符号如图 3-13 所示。

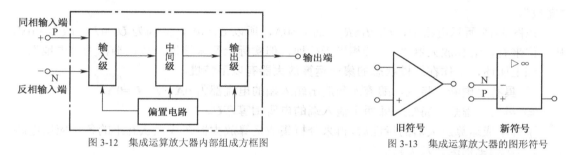

图 3-12　集成运算放大器内部组成方框图　　图 3-13　集成运算放大器的图形符号

从图 3-12 所示方框图中可以看出，运算放大器有同相输入端（用"+"或"P"表示）和反相输入端（用"−"或"N"表示），还有一个输出端，它内部由输入级、中间级和输出级及偏置电路组成。

输入级采用具有很强零点漂移抑制能力的差动放大电路，中间级常采用增益较高的共发射极放大电路，输出级一般采用带负载能力很强的功率放大电路，偏置电路的作用是为各级放大电路提供工作电压。

2. 集成运算放大器的理想特性

集成运算放大器是一种放大电路，它的等效图如图 3-14 所示。

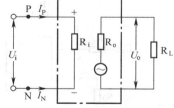

图 3-14　集成运算放大器等效图

为了分析方便，常将集成运算放大器看成是理想的，理想集成运算放大器主要有以下特性。

① 电压放大倍数 $A \to \infty$。只要有信号输入，就会输出很大的信号。

② 输入电阻阻值 $R_i \to \infty$。无论输入信号电压 U_i 多大，输入电流都近似为 0A。

③ 输出电阻阻值 $R_o \to 0\Omega$。输出电阻阻值接近 0Ω，输出端可带很重的负载。

④ 共模抑制比 $K_{CMR} \to \infty$。对差模信号有很大的放大倍数，而对共模信号几乎能全部抑制。

实际的集成运算放大器与理想集成运算放大器的特性接近，因此以后就把实际的集成运算放大器当成是理想集成运算放大器来分析。

集成运算放大器的工作状态有两种：线性状态和非线性状态。当给集成运算放大器加上负反馈电路时，它就会工作在线性状态（线性状态是指电路的输入电压与输出电压成正比关系）；如果给集成运算放大器加正反馈电路或在开环工作时，它就会工作在非线性状态。

3.3.2 集成运算放大器的线性应用电路

当给集成运算放大器增加负反馈电路时，它就会工作在线性状态，如图 3-15 所示，R_f 为负反馈电阻。

在图 3-15 所示电路中，U_i 电压经 R_1 加到集成运算放大器的"−"端，由于集成运算放大器的输入电阻阻值 R_i 为无穷大（∞），所以流入反相输入端的电流 $I_-=0A$，从同相输入端流出的电流 $I_+=0A$，$I_-=I_+=0A$。由此可见，运算放大器的两个输入端之间相当于断路，实际上又不是断路，故称为"虚断"。

在图 3-15 所示电路中，集成运算放大器的输出电压 $U_o=A×U_i$，因为 U_o 为有限值，而集成运算放大器的电压放大倍数 $A→∞$，所以输入电压 $U_i≈0V$，即 $U_i=U_--U_+≈0V$，$U_-=U_+$。运算放大器两个输入端电压相等，两个输入端相当于短路，但实际上又不是短路的，故称为"虚短"。

在图 3-15 所示电路中，$U_+=I_+×R_2$，而 $I_+=0A$，所以 $U_+=0V$，又因为 $U_-=U_+$，故 $U_-=0V$，从电位来看，运算放大器"−"端相当于接地，但实际上又未接地，故该端称为"虚地"。

综上所述，工作在线性状态的集成运算放大器有以下特性。

① 具有"虚断"特性，即流入和流出输入端的电流都为 0A，$I_-=I_+=0A$。

② 具有"虚短"特性，即两个输入端的电压相等，$U_-=U_+$。

了解集成运算放大器的特性后，再来分析集成运算放大器在线性状态下的各种应用电路。

1. 反相比例运算放大器

集成运算放大器构成的反相比例运算放大器如图 3-16 所示，这种电路的特点是输入信号和反馈信号都加在集成运算放大器的反相输入端。图中的 R_f 为反馈电阻，R_2 为平衡电阻，接入 R_2 的作用是使集成运算放大器内部输入电路（差动电路）保持对称，有利于抑制零点漂移，$R_2=R_1 /\!/ R_f$（意为 R_2 的阻值等于 R_1 和 R_f 的并联阻值）。

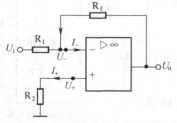
图 3-15 加入负反馈电路的集成运算放大器

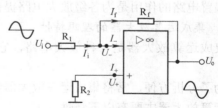
图 3-16 反相比例运算放大器

输入信号 U_i 经 R_1 加到反相输入端，由于流入反相输入端的电流 $I_-=0A$（"虚断"特性），所以有

$$I_i=I_f$$

$$\frac{U_i-U_-}{R_1}=\frac{U_--U_o}{R_f}$$

根据"虚短"特性可知，$U_- = U_+ = 0V$，所以有

$$\frac{U_i}{R_1} = -\frac{U_o}{R_f}$$

由此可得，**反相比例运算放大器的电压放大倍数为**

$$A_u = \frac{U_o}{U_i} = -\frac{R_f}{R_1}$$

式中的负号表示输出电压 U_o 与输入电压 U_i 反相，所以称为反相比例运算放大器。从上式还可知，**反相比例运算放大器的电压放大倍数只与 R_f 和 R_1 有关**。

2. 同相比例运算放大器

集成运算放大器构成的同相比例运算放大器如图 3-17 所示。该电路的输入信号加到运算放大器的同相输入端，反馈信号送到反相输入端。

根据"虚短"特性可知，$U_- = U_+$，又因为输入端"虚断"，故流过电阻 R_2 的电流 $I_+ = 0A$，R_2 上的电压为 $0V$，所以 $U_+ = U_i = U_-$。在图 3-17 所示电路中，因为集成运算放大器反相输入端流出的电流 $I_- = 0A$，所以有

$$I_f = I_1$$

$$\frac{U_o - U_-}{R_f} = \frac{U_-}{R_1}$$

因为 $U_- = U_i$，故上式可表示为

$$\frac{U_o - U_i}{R_f} = \frac{U_i}{R_1}$$

$$\frac{U_o}{U_i} = \frac{R_1 + R_f}{R_1} = 1 + \frac{R_f}{R_1}$$

同相比例运算放大器的电压放大倍数为

$$A_u = \frac{U_o}{U_i} = 1 + \frac{R_f}{R_1}$$

因为输出电压 U_o 与输入电压 U_i 同相，故该放大电路称为同相比例运算放大器。

3. 电压-电流转换器

图 3-18 所示是一种由运算放大器构成的电压-电流转换器，它与同相比例运算放大器有些相似，但该电路的负载 R_L 接在负反馈电路中。

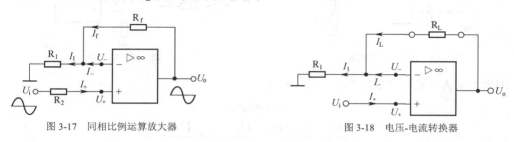

图 3-17　同相比例运算放大器　　　　　　图 3-18　电压-电流转换器

输入电压 U_i 送到运算放大器的同相输入端，根据运算放大器的"虚断"特性可知，$I_+ = I_- = 0A$，所以有

$$I_L = I_1 = \frac{U_-}{R_1}$$

又因为运算放大器具有"虚短"特性，故 $U_i = U_+ = U_-$，上式可变换成

$$I_L = \frac{U_i}{R_1}$$

由上式可以看出，电压-电流转换器流过负载的电流 I_L 只与输入电压 U_i 和电阻 R_1 有关，与负载 R_L 的阻值无关。当 R_1 阻值固定后，负载电流 I_L 只与 U_i 有关，当 U_i 电压发生变化，流过负载的电流 I_L 也相应变化，从而将电压转换成电流。

4. 电流-电压转换器

图 3-19 所示是一种由运算放大器构成的电流-电压转换器，它可以将电流转换成电压输出。

输入电流 I_i 送到运算放大器的反相输入端，根据运算放大器的"虚断"特性可知，$I_- = I_+ = 0A$，所以

$$I_i = I_f$$

$$I_i = \frac{U_- - U_o}{R_f}$$

因为 $I_+ = 0A$，故流过 R 的电流也为 0A，$U_+ = 0V$，又根据运算放大器"虚短"特性可知，$U_- = U_+ = 0V$，上式可变换成

$$I_i = -\frac{U_o}{R_f}$$

$$U_o = -I_i R_f$$

由上式可以看出，电流-电压转换器的输出电压 U_o 与输入电流 I_i 和电阻 R_f 有关，与负载 R_L 的阻值无关。当 R_f 阻值固定后，输出电压 U_o 只与输入电流 I_i 有关，当 I_i 电流发生变化时，负载上的电压 U_o 也相应变化，从而将电流转换成电压。

5. 加法器

集成运算放大器构成的加法器如图 3-20 所示，R_0 为平衡电阻，$R_0 = R_1 \ /\!/ \ R_2 \ /\!/ \ R_3 \ /\!/ \ R_f$，电路有 3 个信号电压 U_1、U_2、U_3 输入，有一个信号电压 U_o 输出，下面来分析它们的关系。

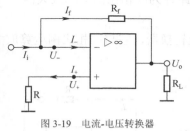
图 3-19 电流-电压转换器

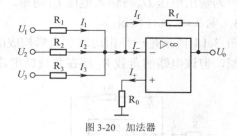
图 3-20 加法器

因为 $I_- = 0A$（根据"虚断"特性），所以

$$I_1 + I_2 + I_3 = I_f$$

$$\frac{U_1 - U_-}{R_1} + \frac{U_2 - U_-}{R_2} + \frac{U_3 - U_-}{R_3} = \frac{U_- - U_o}{R_f}$$

因为 $U_- = U_+ = 0V$（根据"虚短"特性），所以上式可化简为

$$\frac{U_1}{R_1} + \frac{U_2}{R_2} + \frac{U_3}{R_3} = -\frac{U_o}{R_f}$$

如果 $R_1 = R_2 = R_3 = R$，就有

$$U_o = -\frac{R_f}{R}(U_1 + U_2 + U_3)$$

如果 $R_1 = R_2 = R_3 = R_f$，那么

$$U_o = -(U_1 + U_2 + U_3)$$

上式说明，**加法器的输出电压是各输入电压之和，从而实现了加法运算**，式中的负号表示输出电压与输入电压相位相反。

6. 减法器

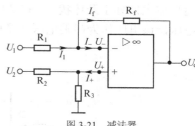

图 3-21　减法器

集成运算放大器构成的减法器如图 3-21 所示，电路的两个输入端同时输入信号，反相输入端输入电压 U_1，同相输入端输入电压 U_2，为了保证两输入端平衡，要求 $R_2 // R_3 = R_1 // R_f$。下面分析两输入电压 U_1、U_2 与输出电压 U_o 的关系。

根据电阻串联规律可得

$$U_+ = U_2 \frac{R_3}{R_2 + R_3}$$

根据"虚断"特性可得

$$I_1 = I_f$$

$$\frac{U_1 - U_-}{R_1} = \frac{U_- - U_o}{R_f}$$

因为 $U_- = U_+$（根据"虚短"特性），所以有

$$\frac{U_1 - U_2 \dfrac{R_3}{R_2 + R_3}}{R_1} = \frac{U_2 \dfrac{R_3}{R_2 + R_3} - U_o}{R_f}$$

如果 $R_2 = R_3$，$R_1 = R_f$，上式可简化成

$$U_1 - \frac{U_2}{2} = \frac{U_2}{2} - U_o$$

$$U_o = U_2 - U_1$$

由此可见，**减法器的输出电压 U_o 等于两输入电压 U_2、U_1 的差，从而实现了减法运算**。

3.3.3　集成运算放大器的非线性应用电路

当集成运算放大器处于开环或正反馈时，它会工作在非线性状态，图 3-22 所示的两个集成运算放大器就工作在非线性状态。

工作在非线性状态的集成运算放大器具有以下一些特点。

① 当同相输入端电压大于反相输入端电压时，输出电压为高电平，即

$$U_+ > U_- 时，\ U_o = +U（高电平）$$

② 当同相输入端电压小于反相输入端电压时，输出电压为低电平，即

$U_+ < U_-$ 时，$U_o = -U$（低电平）

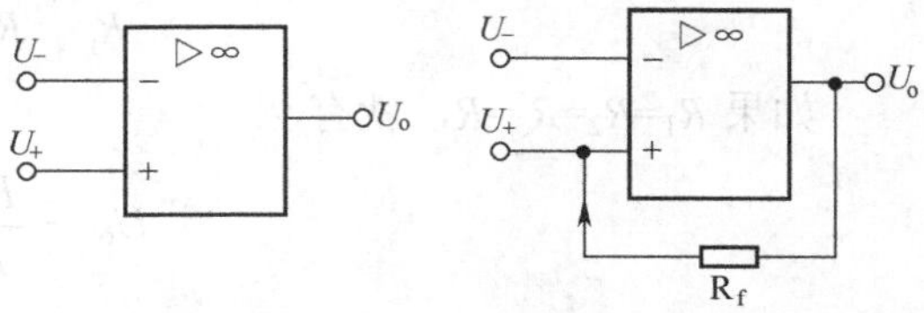

1. 电压比较器

电压比较器通常可分两种：单门限电压比较器和双门限电压比较器。

（1）单门限电压比较器

单门限电压比较器如图 3-23 所示，该集成运算放大器处于开环状态。+5V 电压经 R_1、R_2 分压后，为集成运算放大器同相输入端提供+2V电压，该电压作为门限电压（又称基准电压），反相输入端输入图 3-23（b）所示的 U_i 信号。

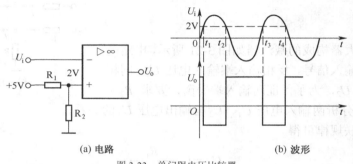

图 3-22　集成运算放大器工作在非线性状态的两种形式

(a) 开环(未加反馈)　　(b) 加正反馈

图 3-23　单门限电压比较器

(a) 电路　　(b) 波形

在 $0 \sim t_1$，输入信号 U_i 的电压（也就是反相输入端 U_- 电压）低于同相输入端 U_+ 电压，即 $U_- < U_+$，输出电压为高电平（即较高的电压）。

在 $t_1 \sim t_2$，输入信号 U_i 的电压高于同相输入端 U_+ 电压，即 $U_- > U_+$，输出电压为低电平。

在 $t_2 \sim t_3$，输入信号 U_i 的电压低于同相输入端 U_+ 电压，即 $U_- < U_+$，输出电压为高电平。

在 $t_3 \sim t_4$，输入信号 U_i 的电压高于同相输入端 U_+ 电压，即 $U_- > U_+$，输出电压为低电平。

通过两输入端电压的比较作用，集成运算放大器将输入信号转换成方波信号，U_+ 电压大小不同，输出的方波信号 U_o 的宽度就会发生变化。

（2）双门限电压比较器

双门限电压比较器如图 3-24 所示，该运算放大器加有正反馈电路。与单门限电压比较器不同，双门限电压比较器的 "+" 端电压由+5V 电压和输出电压 U_o 共同来决定，而 U_o 有高电平和低电平两种可能，因此 "+" 端电压 U_+ 也有两种：当 U_o 为高电平时，U_+ 电压被 U_o 抬高，假设此时的 U_+ 为 3V；当 U_o 为低电平时，U_+ 电压被 U_o 拉低，假设此时的 U_+ 为-1V。

在分析电路工作原理时，给运算放大器的反相输入端输入图 3-24（b）所示的输入信号 U_i。

在 $0 \sim t_1$，输入信号 U_i 的电压低于同相输入端 U_+ 电压，即 $U_- < U_+$，输出电压 U_o 为高电平，此时比较器的门限电压 U_+ 为 3V。

从 t_1 时刻起，输入信号 U_i 的电压开始超过 3V，即 $U_- > U_+$，输出电压 U_o 为低电平，此时比较器的门限电压 U_+ 被 U_o 拉低到-1V。

在 $t_1 \sim t_2$，输入信号 U_i 的电压始终高于 U_+ 电压（-1V），即 $U_- > U_+$，输出电压 U_o 为低电平。

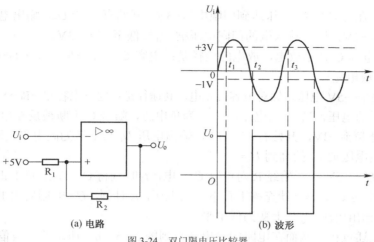

(a) 电路　　　　　　　　　　(b) 波形

图 3-24　双门限电压比较器

从 t_2 时刻起，输入信号 U_i 的电压开始低于$-1V$，即 $U_- < U_+$，输出电压 U_o 转为高电平，此时比较器的门限电压 U_+ 被拉高到 $3V$。

在 $t_2 \sim t_3$，输入信号 U_i 的电压始终低于 U_+ 电压（$3V$），即 $U_- < U_+$，输出电压 U_o 为高电平。

从 t_3 时刻起，输入信号 U_i 的电压开始超过 $3V$，即 $U_- > U_+$，输出电压 U_o 为低电平。

以后电路就重复 $0 \sim t_3$ 这个过程，从而将图 3-24（b）中的输入信号 U_i 转换成输出信号 U_o。

2. 方波信号发生器

方波信号发生器可以产生方波信号。图 3-25 所示的电路就是一个由集成运算放大器构成的方波信号发生器，它是在集成运算放大器上同时加上正、负反馈电路构成的，VZ 为双向稳压管，假设它的稳压值 U_Z 是 $5V$，它可以使输出电压 U_o 稳定在$-5 \sim +5V$。

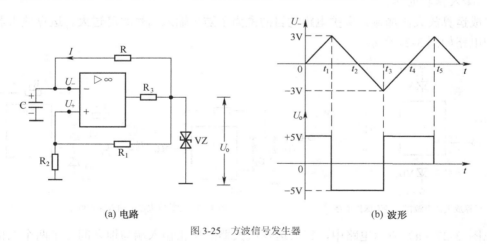

(a) 电路　　　　　　　　　　(b) 波形

图 3-25　方波信号发生器

在电路刚开始工作时，电容 C 上未充电，它两端的电压 $U_C = 0V$，集成运算放大器反相输入端电压 $U_- = 0V$，输出电压 $U_o = +5V$（高电平），U_o 电压经 R_1、R_2 分压为同相输入端提供电压，$U_+ = +3V$。

在 $0 \sim t_1$，$U_o = +5V$ 通过 R 对电容 C 充电，在电容上充得上正下负的电压，U_C 电压上升，

U_-电压也上升。在 t_1 时刻 U_-电压达到门限电压+3V，开始有 $U_->U_+$，输出电压 U_o 马上变为低电平，即 $U_o=-5V$，同相输入端的门限电压被 U_o 拉低至 $U_+=-3V$。

在 $t_1\sim t_2$，电容 C 开始放电，放电的途径是：电容 C 上正→R→R_1→R_2→地→电容 C 下负，t_2 时刻，C 放电完毕。

在 $t_2\sim t_3$，$U_o=-5V$ 电压开始对电容反充电，其途径是：地→电容 C→R→VZ 上（-5V），C 被充得上负下正的电压，U_C 为负电压，U_-也为负电压，随着 C 不断被反充电，U_-不断下降。在 t_3 时刻，U_-下降到-3V，开始有 $U_-<U_+$，输出电压 U_o 马上转为高电平，即 $U_o=+5V$，同相输入端的门限电压被 U_o 抬高到 $U_+=+3V$。

在 $t_3\sim t_4$，$U_o=+5V$ 又开始经 R 对电容 C 充电，t_4 时刻将 C 上的上负下正电压中和。

在 $t_4\sim t_5$，电容 C 上再继续充得上正下负的电压，t_5 时刻，U_-电压达到门限电压+3V，开始有 $U_->U_+$，输出电压 U_o 马上变为低电平。

以后重复上述过程，从而在电路的输出端得到图 3-25（b）所示的方波信号 U_o。

3.3.4　集成运算放大器的保护电路

为了保护集成运算放大器，在使用时通常会给它加上一些保护电路。

1. 电源极性接错保护电路

集成运算放大器在工作时需要接正、负两种电源，为了防止集成运算放大器因电源极性接错而损坏，常常要给它加电源极性接错保护电路。图 3-26 所示就是一种常用的运算放大器电源极性接错保护电路。

该电路是在运算放大器的正、负电源处各接了一个二极管，由于二极管具有单向导电性，如果某电源极性接错，相应的二极管无法导通，电源就不能加到运算放大器的电源脚，从而保护了运算放大器。

2. 输入保护电路

集成运算放大器加输入保护电路的目的是为了防止输入信号幅度过大。运算放大器的输入保护电路如图 3-27 所示。

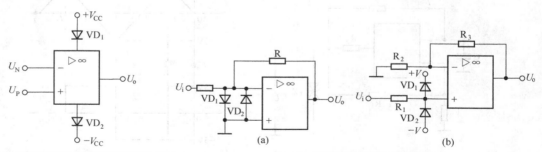

图 3-26　运算放大器电源极性接错保护电路　　　　图 3-27　运算放大器的输入保护电路

在图 3-27（a）所示电路中，集成运算放大器的反相输入端与地之间接了两个二极管。其中 VD_1 用来防止输入信号正半周期电压过大，如果信号电压超过+0.7V，VD_1 会导通，输入信号正半周期电压无法超过+0.7V；VD_2 用来防止输入信号负半周期电压过低，如果信号电压低于-0.7V，VD_2 会导通，输入信号负半周期电压无法超过-0.7V。

在图 3-27（b）所示电路中，在集成运算放大器的同相输入端接了两个二极管，这两个二极管另一端并不是直接接地，而是 VD_1 接正电压+V，VD_2 接负电压−V。假设电压 U=2V，如果输入信号正电压超过 2.7V，VD_1 会导通，运算放大器的输入端电压被钳在 2.7V，如果输入信号负电压低于−2.7V，VD_2 会导通，运算放大器的输入端电压被钳在−2.7V，即 VD_1、VD_2 能将输入信号电压的幅度限制在−2.7～+2.7V。

　　3. 输出保护电路

　　集成运算放大器加输出保护电路的目的是防止输出信号幅度过大。运算放大器的输出保护电路如图 3-28 所示。

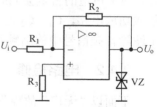

　　该电路在输出端接了一个双向稳压管 VZ，它的稳压范围是−U_Z～+U_Z，一旦输出电压超过这个范围，VZ 就会被击穿，将输出信号幅度限制在−U_Z～+U_Z。

图 3-28　运算放大器的输出保护电路

3.4　小功率集成立体声功放器的原理与检修

　　小功率集成立体声功放器（以下简称立体声功放器）采用集成放大电路进行功率放大，它具有电路简单、性能优良和安装调试方便等特点。

3.4.1　电路原理

　　立体声功放器电路如图 3-29 所示。

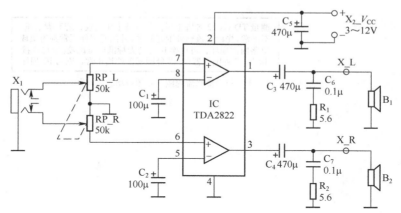

图 3-29　立体声功放器电路原理图

　　电路原理说明如下所述。

　　（1）信号处理过程

　　L、R 声道音频信号（即立体声信号）通过插座 X_1 的双触点分别送到双联音量电位器 RP_L 和 RP_R 的滑动端，经调节后分别送到集成功放电路 TDA2822 的⑦、⑥脚，在内部放大后再分别从①、③脚送出，经 C_3、C_4 分别送入扬声器 B_1、B_2，推动扬声器发声。

　　（2）直流工作情况

　　电源电压通过接插件 X_2 送入电路，并经 C_5 滤波后送到 TDA2822 的②脚。电源电压可在 3～12V 调节，电压越高，集成功放器的输出功率越大，扬声器声音越大。TDA2822 的④脚接地（电源的负极）。

（3）元器件说明

X_1 为 3.5mm 的立体声插座。RP 为音量电位器，它是一个 50kΩ双联电位器，调节音量时，两个声道的音量会同时改变。TDA2822 是一个双声道集成功放块，内部采用两组对称的集成功放电路。C_1、C_2 为交流旁路电容，可提高内部放大电路的增益。C_6、R_1 和 C_7、R_2 用于滤除音频信号中的高频噪声信号。

3.4.2　电路检修

下面以"无声"故障为例来说明立体声功放器的检修方法（以左声道为例），检修过程如图 3-30 所示。

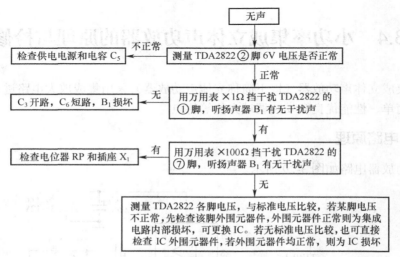

图 3-30　"无声"故障检修流程图（立体声功放器）

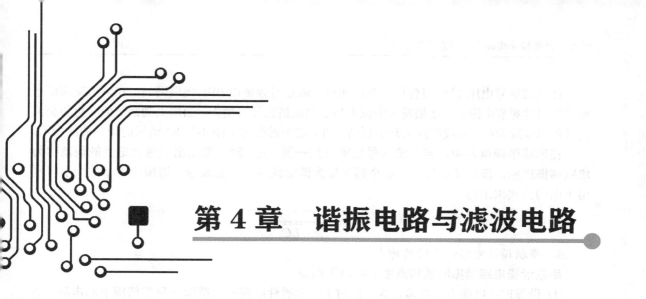

第4章 谐振电路与滤波电路

4.1 谐振电路

谐振电路是一种由电感和电容构成的电路，故又称为 **LC** 谐振电路。谐振电路在工作时会表现出一些特殊的性质，因此得到广泛应用。谐振电路分为串联谐振电路和并联谐振电路。

4.1.1 串联谐振电路

电容和电感头尾相连，并与交流信号连接在一起就构成了串联谐振电路。

1. 电路结构

串联谐振电路如图 4-1 所示，其中 U 为交流信号，C 为电容，L 为电感，R 为电感 L 的直流等效电阻。

2. 性质说明

为了分析串联谐振电路的性质，将一个电压不变、频率可调的交流电源加到串联谐振电路两端，再在电路中串接一个交流电流表，如图 4-2（a）所示。

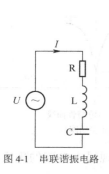

图 4-1 串联谐振电路

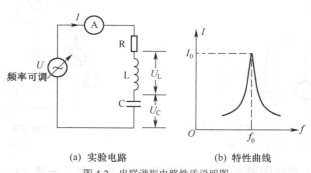

(a) 实验电路　　　(b) 特性曲线

图 4-2 串联谐振电路性质说明图

让交流信号电压 U 始终保持不变，而将交流信号频率由 0Hz 慢慢调高，在调节交流信号频率的同时观察电流表，结果发现电流表指示电流值先慢慢增大，当增大到某一值时再将交流信号频率继续调高，发现电流又开始逐渐下降，这个过程可用图 4-2（b）所示的特性曲线表示。

在串联谐振电路中，当交流信号频率为某一值（f_0）时，电路出现最大电流的现象称为**串联谐振现象**，简称**串联谐振**，这个频率称为**谐振频率**，用 f_0 表示。谐振频率 f_0 的大小可利用下面的公式来求得

$$f_0 = \frac{1}{2\pi\sqrt{LC}}$$

3. 串联谐振电路谐振时的特点

串联谐振电路谐振时的特点主要有以下两点。

① 谐振时，电路中的电流最大，此时 LC 元器件串在一起就像一只阻值很小的电阻，即串联谐振电路谐振时总阻抗最小（电阻、容抗和感抗统称为阻抗，用 Z 表示，阻抗单位为Ω）。

② 谐振时，电路中电感上的电压 U_L 和电容上的电压 U_C 都很高，往往比交流信号电压 U 大 Q 倍（$U_L=U_C=Q\times U$，Q 为品质因数，$Q=\dfrac{2\pi fL}{R}$），因此串联谐振又称电压谐振。在谐振时，U_L 与 U_C 电压在数值上相等，但两者极性相反，故两电压之和（U_L+U_C）近似为零。

4.1.2 并联谐振电路

电容和电感头头相连、尾尾相接与交流信号连接起来就构成了并联谐振电路。

1. 电路结构

并联谐振电路如图 4-3 所示，其中 U 为交流信号，C 为电容，L 为电感，R 为电感 L 的直流等效电阻。

2. 性质说明

为了分析并联谐振电路的性质，将一个电压不变、频率可调的交流电源加到并联谐振电路两端，再在电路中串接一个交流电流表，如图 4-4（a）所示。

让交流信号电压 U 始终保持不变，将交流信号频率从 0Hz 开始慢慢调高，在调节交流信号频率的同时观察电流表，结果发现电流表指示电流开始很大，随着交流信号的频率逐渐调高电流值慢慢减小，当减小到某一值时再将交流信号频率继续调高，发现电流又逐渐上升，这个过程可用图 4-4（b）所示的曲线表示。

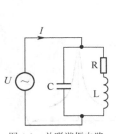

图 4-3　并联谐振电路

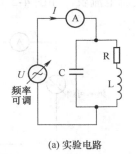

(a) 实验电路

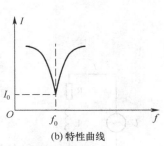

(b) 特性曲线

图 4-4　并联谐振电路性质说明图

在并联谐振电路中，当交流信号频率为某一值（f_0）时，电路出现最小电流的现象称为

并联谐振现象，简称并联谐振，这个频率称为谐振频率，用 f_0 表示。谐振频率 f_0 的大小可利用下面的公式来求得

$$f_0 = \frac{1}{2\pi\sqrt{LC}}$$

3．并联谐振电路谐振时的特点

并联谐振电路谐振时的特点主要有以下两点。

① 谐振时，电路中的电流 I 最小，此时 LC 元器件并联在一起就像一只阻值很大的电阻，即并联谐振电路谐振时总阻抗最大。

② 谐振时，流过电容支路的电流 I_C 和流过电感支路的电流 I_L 比总电流 I 大很多倍，故并联谐振又称为电流谐振。其中 I_C 与 I_L 数值相等，但方向相反，I_C 与 I_L 在 LC 支路构成的回路中流动，不会流过主干路。

4.2　滤波电路

滤波电路的功能是从众多的信号中选出需要的信号或滤除不需要的信号。根据电路工作时是否需要电源，滤波电路分为无源滤波器和有源滤波器；根据电路选取信号的特点，滤波器可分为 4 种：低通滤波器、高通滤波器、带通滤波器和带阻滤波器。

4.2.1　无源滤波器

无源滤波器主要由电感、电容和电阻构成，所以又称为 **RLC** 滤波电路。RLC 滤波电路可分为低通滤波器、高通滤波器、带通滤波器和带阻滤波器。

1．低通滤波器（LPF）

低通滤波器的功能是选取低频信号，低通滤波器意为"低频信号可以通过的电路"。下面以图 4-5 为例来说明低通滤波器的性质。

图 4-5　低通滤波器性质说明图

当低通滤波器输入 $0\sim f_1$ 频率范围的信号时，经滤波器后输出 $0\sim f_0$ 频率范围的信号，也就是说，只有 f_0 频率以下的信号才能通过滤波器。这里的 f_0 频率称为截止频率，又称转折频率，低通滤波器只能通过频率低于截止频率 f_0 的信号。

图 4-6 所示是几种常见的低通滤波器。

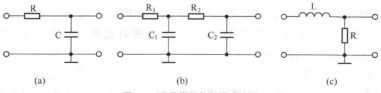

图 4-6　几种常见的低通滤波器

图 4-6（a）所示为 RC 低通滤波器。当电路输入各种频率的信号时，因为电容 C 对高频信号阻碍小（根据 $X_C = \dfrac{1}{2\pi fC}$），高频信号经电容 C 旁路到地；电容 C 对低频信号阻碍大，低频信号不会旁路，而是输出去后级电路。

如果单级 RC 低通滤波器滤波效果达不到要求，可采用图 4-6（b）所示的多级 RC 滤波器，这种滤波器能更彻底地滤掉高频信号，使选出的低频信号更纯净。

图 4-6（c）所示为 RL 低通滤波器。当电路输入各种频率的信号时，因为电感对高频信号阻碍大（根据 $X_L = 2\pi fL$），高频信号很难通过电感 L；而电感对低频信号阻碍小，低频信号很容易通过电感去后级电路。

2. 高通滤波器（HPF）

高通滤波器的功能是选取高频信号。 下面以图 4-7 为例来说明高通滤波器的性质。

图 4-7　高通滤波器性质说明图

当高通滤波器输入 $0 \sim f_1$ 频率范围的信号时，经滤波器后输出 $f_0 \sim f_1$ 频率范围的信号，也就是说，只有 f_0 频率以上的信号才能通过滤波器。高通滤波器能通过频率高于截止频率 f_0 的信号。

图 4-8 所示是几种常见的高通滤波器。

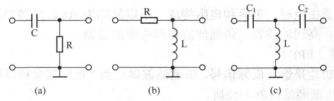

(a)　　　　　　　(b)　　　　　　　(c)

图 4-8　几种常见的高通滤波器

图 4-8（a）所示为 RC 高通滤波器。当电路输入各种频率的信号时，因为电容 C 对高频信号阻碍小，对低频信号阻碍大，故低频信号难于通过电容 C，高频信号很容易通过电容去后级电路。

图 4-8（b）所示为 RL 高通滤波器。当电路输入各种频率的信号时，因为电感对高频信号阻碍大，而对低频信号阻碍小，故低频信号很容易通过电感 L 旁路到地，高频信号不容易被电感旁路而只能去后级电路。

图 4-8（c）所示是一种滤波效果更好的高通滤波器。电容 C_1、C_2 对高频信号阻碍小、对低频信号阻碍大，低频信号难于通过，高频信号很容易通过；另外，电感 L 对高频信号阻碍大、对低频信号阻碍小，低频信号很容易被旁路掉，高频信号则不容易被旁路掉。这种滤波器的电容 C_1、C_2 对低频信号有较大的阻碍，再加上电感对低频信号的旁路，低频信号很难通过该滤波器，低频信号分离较彻底。

3. 带通滤波器（BPF）

带通滤波器的功能是选取某一段频率范围的信号。 下面以图 4-9 为例来说明带通滤波器的性质。

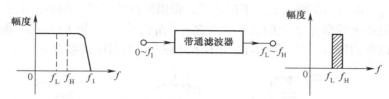

图 4-9　带通滤波器性质说明图

当带通滤波器输入 $0{\sim}f_1$ 频率范围的信号时，经滤波器后输出 $f_L{\sim}f_H$ 频率范围的信号，这里的 f_L 称为下限截止频率，f_H 称为上限截止频率。带通滤波器能通过频率在下限截止频率 f_L 和上限截止频率 f_H 之间的信号（含 f_L、f_H 信号），如果 $f_L{=}f_H{=}f_0$，那么这种带通滤波器就可以选择单一频率的 f_0 信号。图 4-10 所示是几种常见的带通滤波器。

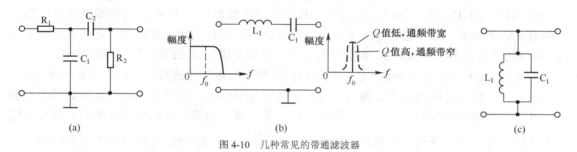

(a)　　　　　　　　　　　　　(b)　　　　　　　　　　　　　(c)

图 4-10　几种常见的带通滤波器

图 4-10（a）所示是一种由 RC 元器件构成的带通滤波器。其中 R_1、C_1 构成低通滤波器，它的截止频率为 f_H，可以通过 f_H 频率以下的信号；C_2、R_2 构成高通滤波器，它的截止频率为 f_L，可以通过 f_L 频率以上的信号；结果只有 $f_L{\sim}f_H$ 频率范围的信号通过整个滤波器。

图 4-10（b）所示是一种由 LC 串联谐振电路构成的带通滤波器。L_1、C_1 谐振频率为 f_0，它对频率为 f_0 的信号阻碍小，对其他频率的信号阻碍很大，故只有频率为 f_0 的信号可以通过。该电路可以选取单一频率的信号，如果想让频率 f_0 附近的信号也能通过，就要降低谐振电路的 Q 值（$Q=\dfrac{2\pi fL}{R}$，L 为电感的电感量，R 为电感线圈的直流电阻值），Q 值越低，LC 电路的通频带越宽，能通过 f_0 附近更多频率的信号。

图 4-10（c）所示是一种由 LC 并联谐振电路构成的带通滤波器，L_1、C_1 谐振频率为 f_0，它对频率为 f_0 的信号阻碍很大，对其他频率的信号阻碍小，故其他频率的信号被旁路，只有频率为 f_0 的信号不会被旁路，而去后级电路。

4. 带阻滤波器（BEF）

带阻滤波器的功能是选取某一段频率范围以外的信号。带阻滤波器又称陷波器，它的功能与带通滤波器恰好相反。下面以图 4-11 为例来说明带阻滤波器的性质。

图 4-11　带阻滤波器性质说明图

当带阻滤波器输入 $0 \sim f_1$ 频率范围的信号时，经滤波器滤波后输出 $0 \sim f_L$ 和 $f_H \sim f_1$ 频率范围的信号，而 $f_L \sim f_H$ 频率范围的信号不能通过。带阻滤波器能通过频率在下限截止频率 f_L 以下的信号和上限截止频率 f_H 以上的信号（不含 f_L、f_H 信号），如果 $f_L = f_H = f_0$，那么带阻滤波器就可以选择 f_0 以外的所有信号。图 4-12 所示是几种常见的带阻滤波器。

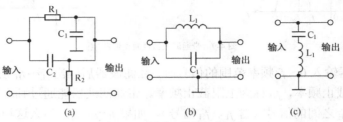

图 4-12　几种常见的带阻滤波器

图 4-12（a）所示是一种由 RC 元件构成的带阻滤波器。其中 R_1、C_1 构成低通滤波器，它的截止频率为 f_L，可以通过 f_L 频率以下的信号；C_2、R_2 构成高通滤波器，它的截止频率为 f_H，可以通过 f_H 频率以上的信号；结果只有频率在 f_L 以下和 f_H 以上的信号可以通过滤波器。

图 4-12（b）所示是一种由 LC 并联谐振电路构成的带阻滤波器。L_1、C_1 谐振频率为 f_0，它对频率为 f_0 的信号阻碍很大，而对其他频率的信号阻碍小，故只有频率为 f_0 的信号不能通过，其他频率的信号都能通过。该电路可以阻止单一频率的信号，如果想让频率 f_0 附近的信号也不能通过，可以降低谐振电路的 Q 值（$Q = \dfrac{2\pi f L}{R}$），Q 值越低，LC 电路的通频带越宽，可以阻止 f_0 附近更多频率的信号通过。

图 4-12（c）所示是一种由 LC 串联谐振电路构成的带阻滤波器。L_1、C_1 谐振频率为 f_0，它仅对频率为 f_0 的信号阻碍很小，故只有频率为 f_0 的信号被旁路到地，其他频率的信号不会被旁路，而是去后级电路。

4.2.2　有源滤波器

有源滤波器一般由有源器件（运算放大器）和 RC 元器件构成。它的优点是不采用大电感和大电容，故体积小、质量小，并且对选取的信号有放大功能；其缺点是因为运算放大器频率带宽不够理想，所以有源滤波器常用在工作频率在几千赫兹频率以下的电路中，高频电路中采用 LC 无源滤波电路效果更好。

1. 一阶低通滤波器

一阶低通滤波器如图 4-13 所示。

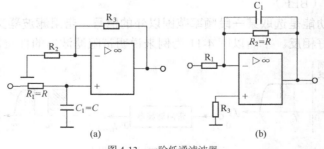

图 4-13　一阶低通滤波器

在图 4-13（a）所示电路中，R_1、C_1 构成低通滤波器，它选出低频信号后，再送到运算放大器放大，运算放大器与 R_2、R_3 构成同相放大电路。该滤波器的截止频率 $f_0=\dfrac{1}{2\pi RC}$，即该电路只让频率在 f_0 以下的低频信号通过。

在图 4-13（b）所示电路中，R_2、C_1 构成负反馈电路，因为电容 C_1 对高频信号阻碍很小，所以从输出端经 C_1 反馈到输入端的高频信号很多，由于是负反馈，反馈信号将输入的高频信号抵消，而 C_1 对低频信号阻碍大，负反馈到输入端的低频信号很少，低频信号抵消少，大部分低频信号送到运算放大器输入端，并经放大后输出。该滤波器的截止频率 $f_0=\dfrac{1}{2\pi RC}$。

2．一阶高通滤波器

一阶高通滤波器如图 4-14 所示。

R_1、C_1 构成高通滤波器，高频信号很容易通过电容 C_1 并送到运算放大器输入端，运算放大器与 R_2、R_3 构成同相放大电路。该滤波器的截止频率 $f_0=\dfrac{1}{2\pi RC}$。

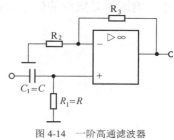

图 4-14　一阶高通滤波器

3．二阶带通滤波器

二阶带通滤波器如图 4-15 所示。

R_1、C_1 构成低通滤波器，它可以通过 f_0 频率以下的低频信号（含 f_0 频率的信号）；C_2、R_2 构成高通滤波器，可以通过 f_0 频率以上的高频信号（含 f_0 频率的信号），结果只有 f_0 频率信号送到运算放大器放大而输出。

图 4-15　二阶带通滤波器

该滤波器的截止频率 $f_0=\dfrac{1}{2\pi RC}$。带通滤波器的 Q 值越小，滤波器的通频带越宽，可以通过 f_0 附近更多频率的信号。带通滤波器的品质因数 $Q=\dfrac{1}{3-A_u}$，这里的 $A_u=1+\dfrac{R_5}{R_4}$。

4．二阶带阻滤波器

二阶带阻滤波器如图 4-16 所示。

R_1、C_1、R_2 构成低通滤波器，它可以通过 f_0 频率以下的低频信号（不含 f_0 频率的信号）；C_2、C_3、R_3 构成高通滤波器，可以通过 f_0 频率以上的高频信号（不含 f_0 频率的信号）；结果只有 f_0 频率的信号无法送到运算放大器输入端。

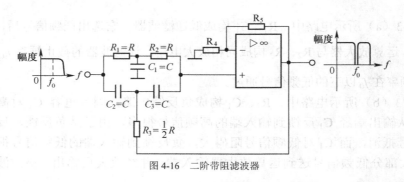

图 4-16　二阶带阻滤波器

该滤波器的截止频率 $f_0=\dfrac{1}{2\pi RC}$。带阻滤波器的 Q 值越小，滤波器的阻带越宽，可以阻止 f_0 附近更多频率的信号通过。带阻滤波器的品质因数 $Q=\dfrac{1}{2\cdot(2-A_u)}$，这里的 $A_u=1+\dfrac{R_5}{R_4}$。

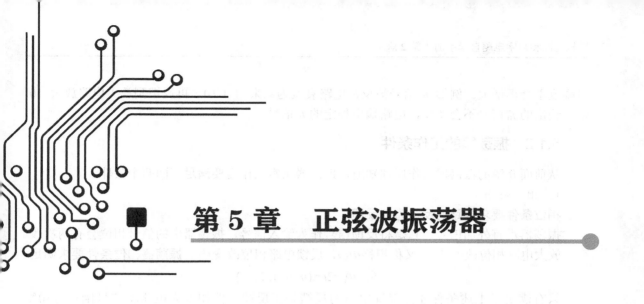

第 5 章　正弦波振荡器

5.1　振荡器基础知识

振荡器是一种用来产生交流信号的电路。正弦波振荡器用来产生正弦波信号。

5.1.1　振荡器组成及原理

振荡器主要由放大电路、选频电路和正反馈电路 3 部分组成。振荡器组成如图 5-1 所示。振荡器工作原理如下所述。

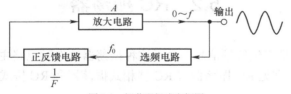

图 5-1　振荡器组成方框图

接通电源后，放大电路获得供电开始导通，导通时电流有一个从无到有的变化过程，该变化的电流中包含有微弱的 $0 \sim \infty$ 各种频率的信号，这些信号输出并送到选频电路，选频电路从中选出频率为 f_0 的信号，f_0 信号经正反馈电路反馈到放大电路的输入端，放大后输出幅度较大的 f_0 信号，f_0 信号又经选频电路选出，再通过正反馈电路反馈到放大电路输入端进行放大，然后输出幅度更大的 f_0 信号，接着又选频、反馈和放大，如此反复，放大电路输出的 f_0 信号越来越大。随着 f_0 信号的不断增大，由于三极管非线性的原因（即三极管输入信号达到一定幅度时，放大能力会下降，幅度越大，放大能力下降越多），放大电路的放大倍数 A 自动不断减小。

放大电路输出的 f_0 信号不是全部都反馈到放大电路的输入端，而是经反馈电路衰减了再送到放大电路输入端，设反馈电路反馈衰减倍数为 $1/F$。在振荡器工作后，放大电路的放大倍数 A 不断减小，当放大电路的放大倍数 A 与反馈电路的衰减倍数 $1/F$ 相等时，输出的 f_0 信号幅度不会再增大。例如 f_0 信号被反馈电路衰减为原来的 1/10，再反馈到放大电路放大 10 倍，输出的 f_0 信号不会变化，电路输出稳定的 f_0 信号。

5.1.2 振荡器的工作条件

从前面介绍的振荡器工作原理知道，振荡器正常工作需要满足下面两个条件。

1. 相位条件

相位条件要求电路的反馈为正反馈。

振荡器没有外加信号，它是将反馈信号作为输入信号，振荡器中的信号相位会有两次改变，放大电路相位改变 Φ_A（又称相移 Φ_A），反馈电路相位改变 Φ_F。**振荡器相位条件要求满足**

$$\Phi_A + \Phi_F = 2n\pi (n=0, 1, 2, \cdots)$$

只有满足了上述条件才能保证电路的反馈为正反馈。例如放大电路将信号倒相 180°（$\Phi_A=\pi$），那么反馈电路必须再将信号倒相 180°（$\Phi_F=\pi$），这样才能保证电路的反馈是正反馈。

2. 幅度条件

幅度条件指振荡器稳定工作后，要求放大电路的放大倍数 A 与反馈电路的衰减系数 $\dfrac{1}{F}$ 相等，即 $A=\dfrac{1}{F}$。

只有这样才能保证振荡器能输出稳定的交流信号。

在振荡器刚起振时，要求放大电路的放大倍数 A 大于反馈电路的 $1/F$，即 $A>1/F（AF>1）$，这样才能让输出信号幅度不断增大，当输出信号幅度达到一定值时，就要求 $A=1/F$（可以通过减小放大电路的放大倍数 A 或增大反馈电路的 $1/F$ 来实现），这样才能让输出信号幅度达到一定值时稳定不变。

5.2 RC 振荡器

RC 振荡器的功能是产生低频信号。由于这种振荡器的选频电路主要由电阻、电容组成，所以称为 **RC** 振荡器。常见 RC 振荡器有 RC 移相式振荡器和 RC 桥式振荡器。

5.2.1 RC 移相式振荡器

RC 移相式振荡器又分为超前移相式 RC 振荡器和滞后移相式 RC 振荡器。

1. 超前移相式 RC 振荡器

超前移相式 RC 振荡器如图 5-2 所示。图 5-2 所示电路中的 3 组相同 RC 元器件构成三节超前移相电路，每组 RC 元器件都能对频率为 f_0 的信号进行 60° 超前移相，这里的 $f_0=\dfrac{1}{2\pi\sqrt{6}RC}$；而对其他频率的信号也能进行超前移相，但移相大于或小于 60°。三节 RC 超前移相电

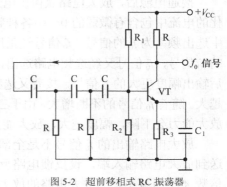

图 5-2 超前移相式 RC 振荡器

路共同对频率为 f_0 的信号进行 180°超前移相，能将 0°转换成 180°，或将 180°转换成 360°。

（1）判断电路的反馈类型

假设三极管 VT 基极输入相位为 0°的信号，经过 VT 倒相放大后，从集电极输出 180°信号，该信号经三节 RC 元器件移相并反馈到 VT 的基极。由于移相电路只能对频率为 f_0 的信号移相 180°（$f_0 = \dfrac{1}{2\pi\sqrt{6}RC}$），而对其他频率的信号移相大于或小于 180°，所以三节 RC 元器件只能将 180°的 f_0 信号转换成 360°的 f_0 信号，因为 360°也即是 0°，故反馈到 VT 的基极反馈信号与先前假设的输入信号相位相同，所以对 f_0 信号来说，该反馈为正反馈。而 RC 移相电路对 VT 集电极输出的其他频率信号移相不为 180°，故不是正反馈。

（2）电路振荡过程

接通电源后，三极管 VT 导通，集电极输出各种频率的信号，这些信号经三节 RC 元器件移相并反馈到 VT 的基极，只有频率为 f_0 的信号被移相 180°而形成正反馈，f_0 信号再经放大、反馈、放大……如此反复，VT 集电极输出的 f_0 信号越来越大，随着反馈到 VT 基极的 f_0 信号不断增大，三极管放大倍数不断下降，当三极管放大倍数下降到与反馈衰减倍数相等时（VT 集电极输出信号反馈到基极时，三节 RC 电路对反馈信号有一定的衰减），VT 输出幅度稳定不变的 f_0 信号。对于其他频率的信号虽然也有反馈、放大过程，但因为不是正反馈，每次反馈不但不能增强信号，反而使信号不断削弱，最后都会消失。

从上面的分析过程可以看出，超前移相式 RC 振荡器的 RC 移相电路既是正反馈电路，又是选频电路，其选频频率均为 $f_0 = \dfrac{1}{2\pi\sqrt{6}RC}$。

2．滞后移相式 RC 振荡器

滞后移相式 RC 振荡器如图 5-3 所示。图 5-3 所示电路中的 3 组相同 RC 元器件构成三节滞后移相电路，每节 RC 元器件都能对频率为 f_0 的信号进行 -60°滞后移相，这里的 $f_0 = \dfrac{\sqrt{6}}{2\pi RC}$；而对其他频率的信号也能进行滞后移相，但移相大于或小于 60°。三节 RC 滞后移相电路共同对频率为 f_0 的信号进行 -180°滞后移相，能将 0°转换成 -180°，或将 180°转换成 0°。

（1）判断电路的反馈类型

假设三极管 VT 基极输入相位为 0°的信号，经过 VT 倒相放大后，从集电极输出 180°信号，该信号经三节 RC 元器件移相并反馈到 VT 的基极。由于移相电路只能对频率为 f_0 的信号滞后移相 180°（$f_0 = \dfrac{\sqrt{6}}{2\pi RC}$），所以能将 180°的 f_0 信号转换成 0°的 f_0 信号，反馈到 VT 的基极，反馈信号与

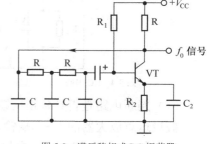

图 5-3　滞后移相式 RC 振荡器

先前假设输入的信号相位相同，所以对 f_0 信号来说，该反馈为正反馈。而 RC 移相电路对其他频率的信号移相不为 180°，故不是正反馈。

（2）工作过程

滞后移相式 RC 振荡器与超前移相式 RC 振荡器工作过程基本相同，这里不再叙述。

5.2.2　RC 桥式振荡器

RC 桥式振荡器需用到 RC 串、并联选频电路，故又称为 RC 串联、并联振荡器。

1. RC 串联、并联电路

RC 串联、并联电路如图 5-4 所示，电路中的 $R_1=R_2=R$，$C_1=C_2=C$。为了分析电路的性质，给电路输入一个电压不变而频率可调的交流信号，在电路输出端使用一只电压表测量输出电压。

将输入交流信号频率 f 从 0Hz 开始慢慢调高，同时观察电压表指示，会发现电压表指示的电压值慢慢由小变大，当交流信号频率 $f=f_0=\dfrac{1}{2\pi RC}$ 时，输出电压 U_o 达到最大值，$U_o=\dfrac{1}{3}U_i$，当交流信号频率再继续调高时，输出电压又开始减小。

根据上述情况可知：如果给 RC 串联、并联电路输入各种频率的信号，只有频率 $f=f_0=\dfrac{1}{2\pi RC}$ 的信号才有较大的电压输出，也就是说，RC 串联、并联电路能从众多的信号中选出频率为 f_0 的信号。

另外，RC 串联、并联电路对频率为 f_0 以外的信号还会进行移相（对频率为 f_0 的信号不会移相），例如当输入相位为 0°但频率不等于 f_0 的信号时，电路输出的信号 U_o 相位就不再是 0°。

2. RC 桥式振荡器

RC 桥式振荡器如图 5-5 所示，从图中可以看出，该振荡器由一个同相运算放大电路和 RC 串联、并联电路组成。

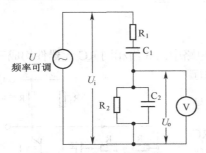

图 5-4　RC 串联、并联电路

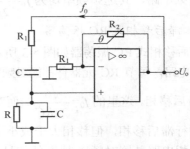

图 5-5　RC 桥式振荡器

（1）判断电路是否具备正反馈

假设运算放大器的"+"端输入相位为 0°的信号，经放大器放大后输出的信号相位仍是 0°，输出信号通过 RC 串联、并联电路反馈到运算放大器"+"端，因为 RC 串联、并联电路不会对频率为 f_0 的信号（$f_0=\dfrac{1}{2\pi RC}$）移相，故反馈到"+"端的 f_0 信号相位仍为 0°。对频率为 f_0 的信号来说，该反馈为正反馈；对其他频率信号而言，因为 RC 电路会对它们进行移相，导致反馈到"+"端的信号相位不再是 0°，所以不是正反馈。

（2）电路振荡过程

接通电源后，运算放大器输出微弱的各种频率的信号，它们经 RC 串联、并联电路反馈到运算放大器的"+"端，因为 RC 串联、并联电路的选频作用，所以只有频率为 f_0 的信号反馈到"+"端的电压最高。f_0 信号经放大器放大后输出，然后又反馈到"+"端，如此放大、反馈过程反复进行，放大器输出的 f_0 信号幅度越来越大。

R_2 为负温度系数热敏电阻，当运算放大器输出的 f_0 信号幅度较小时，流过 R_2 的反馈信号小，R_2 阻值大，放大器的电压放大倍数 A_u 大（$A_u=1+\dfrac{R_2}{R_1}$），随着 f_0 信号幅度越来越大，流过 R_2 的反馈信号也越来越大，R_2 温度升高，阻值变小，放大器的电压放大倍数下降，当 $A_u=3$ 时，衰减系数与放大倍数相等，输出的 f_0 信号幅度不再增大，电路输出幅度稳定的 f_0 信号。

5.3　可调音频信号发生器的安装与检修

可调音频信号发生器（以下简称音频信号发生器）是一种频率可调的低频振荡器，它可以产生频率在可听范围内的低频信号。在调节音频信号发生器的振荡频率时，它输出的信号频率也会随之改变，若将频率变化的信号送入耳机，可以听到音调变化的声音。音频信号发生器不但可以直观演示声音的音调变化，还可以当成频率可调的低频信号发生器使用。

5.3.1　电路原理

音频信号发生器电路如图 5-6 所示。电路原理如下所述。

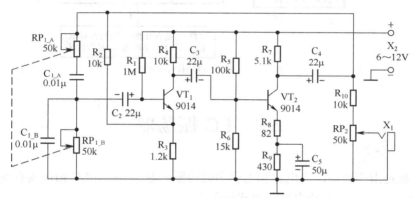

图 5-6　音频信号发生器电路原理图

接通电源后，三极管 VT_2 导通，导通时 I_c 电流从无到有，变化的 I_c 电流含有微弱的 $0\sim\infty$ 各种频率的信号，它从 VT_2 集电极输出，经 C_4 反馈到 RP_1、C_1 构成的 RC 串联、并联选频电路，该电路从各种频率的信号中选出频率为 f_0 的信号（$f_0=\dfrac{1}{2\pi RP_1C_1}$），$f_0$ 信号送到 VT_1 基极放大，再输出送到 VT_2 放大，然后又反馈到 VT_1 基极进行放大，如此反复进行，VT_2 集电极输出的 f_0 信号幅度越来越大，反馈到 VT_1 基极的 f_0 信号幅度也不断增大，VT_1、VT_2 放大电路的电压放大倍数 A_u 逐渐下降，当 A_u 下降到一定值时，VT_2 输出的 f_0 信号幅度不再增大，幅度稳定的 f_0 信号经 R_{10}、RP_2 送到插座 X_1，若将耳机插入 X_1，就能听见 f_0 信号在耳机中还原出来的声音。

RP_1、C_1 构成的 RC 串联、并联选频电路，其频率为 $f_0=\dfrac{1}{2\pi RP_1C_1}$，$RP_1$ 为一个双联电位器，在调节时可以同时改变 RP_{1_A} 和 RP_{1_B} 的阻值，从而改变选频电路的频率，进而改变电路的振荡频率。R_2 为反馈电阻，它所构成的反馈为负反馈（可自行分析），其功能是根据信号的幅度自动降低 VT_1 的增益，如 VT_2 输出信号越大，经 R_2 反馈到 VT_1 发射极的负馈信号幅度越大，VT_1 增益越低。RP_2 为幅度调节电位器，可以调节输出信号的幅度。

5.3.2　电路检修

下面以"无声"故障为例来介绍音频信号发生器的检修方法，检修过程如图 5-7 所示。

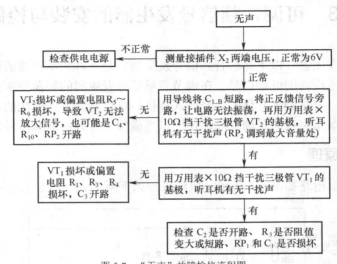

图 5-7　"无声"故障检修流程图

5.4　LC 振荡器

LC 振荡器是指选频电路由电感和电容构成的振荡器。常见的 LC 振荡器有变压器反馈式振荡器、电感三点式振荡器和电容三点式振荡器。

5.4.1　变压器反馈式振荡器

变压器反馈式振荡器如图 5-8 所示。

1. 电路组成及工作条件的判断

三极管 VT 和电阻 R_1、R_2、R_3 等元器件构成放大电路；绕组 L_1、电容 C_1 构成选频电路，其频率 $f_0 = \dfrac{1}{2\pi\sqrt{L_1 C_1}}$；变压器 T_1、电容 C_3 构成反馈电路。

下面用瞬时极性法判断反馈类型。

假设三极管 VT 基极电压上升（图中用"⊕"表示），集电极电压会下降（图中用"⊖"表示），T_1 的 L_1 下端电压下降，L_1 的上端电压上升（电感

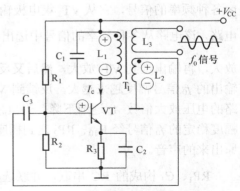

图 5-8　变压器反馈式振荡器

两端电压极性相反），由于同名端的缘故，绕组 L_2 的上端电压上升，L_2 的上正电压经 C_3 反馈到 VT 基极，反馈电压变化与假设的电压变化相同，故该反馈为正反馈。

2. 电路振荡过程

接通电源后，三极管 VT 导通，有 I_c 电流经 L_1 流过 VT。I_c 是一个变化的电流（由小到大），它包含着微弱的 $0 \sim \infty$ 各种频率的信号，因为 L_1、C_1 构成的选频电路的频率为 f_0，它从这些信号中选出 f_0 信号，选出后在 L_1 上有 f_0 信号电压（其他频率信号在 L_1 上没有电压或电压很小），L_1 上的 f_0 信号电压感应到 L_2 上，L_2 上的 f_0 信号电压再通过 C_3 耦合到 VT 的基极，放大后从集电极输出，选频电路将放大的 f_0 信号选出，在 L_1 上有更高的 f_0 信号电压，该信号又感应到 L_2 上再反馈到 VT 的基极，如此反复进行，VT 输出的 f_0 信号幅度越来越大，反馈到 VT 基极的 f_0 信号也越来越大。随着反馈信号逐渐增大，VT 放大电路的放大倍数 A 不断减小，当放大电路的放大倍数 A 与反馈电路的衰减系数 $1/F$（主要由 L_1 与 L_2 的匝数比决定）相等时，VT 输出送到 L_1 上的 f_0 信号电压不能再增大，L_1 上幅度稳定的 f_0 信号电压感应到 L_3 上，送给需要 f_0 信号的电路。

5.4.2　电感三点式振荡器

电感三点式振荡器如图 5-9 所示，为了分析方便，先画出该电路的交流等效图。电路的交流等效图不考虑电路的直流工作情况，只考虑电路的交流工作情况，下面以绘制图 5-9 所示的电感三点式振荡器为例来说明电路的交流等效图的绘制要点，其绘制过程如图 5-10 所示，具体步骤如下。

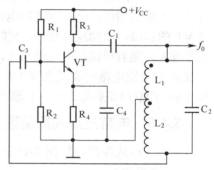

图 5-9　电感三点式振荡器

第 1 步：将电源正极 $+V_{CC}$ 与地（负极）用导线连接起来，如图 5-10（a）所示。这是因为直流电源的内阻很小，对交流信号相当于短路，故对交流信号来说，电源正、负极之间相当于导线。

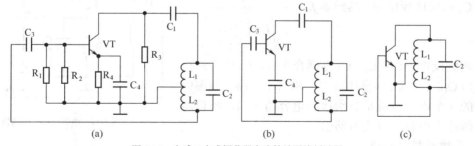

(a)　　　　　　　　　　(b)　　　　　　　　　　(c)

图 5-10　电感三点式振荡器交流等效图绘制过程

第 2 步：将电阻 R_1、R_2、R_3、R_4 这些元器件去掉，如图 5-10（b）所示。这是因为这些电阻是用来为三极管提供直流工作条件的，并且对电路中的交流信号影响很小，故可去掉。

第 3 步：将电容 C_1、C_3、C_4 用导线代替，如图 5-10（c）所示。这是因为电容 C_1、C_3、C_4 的容量很大，对电路中的交流信号阻碍很小，相当于短路，故可用导线取代；C_2 容量小，对交流信号不能相当于短路，故应保留。

经过上述 3 个步骤画出来的图 5-10（c）所示电路就是图 5-9 所示电路的交流等效图。从等效图可以看出，三极管的 3 个极连到电感的 3 端，所以将该振荡器称为电感三点式振荡器。

1. 电路组成及工作条件的判断

三极管 VT 和电阻 R_1、R_2、R_3、R_4 等元器件构成放大电路；L_1、L_2、C_2 构成选频电路，其频率 $f_0 = \dfrac{1}{2\pi\sqrt{(L_1 + L_2)C_2}}$；$L_2$、$C_3$ 构成反馈电路；C_1、C_3 为耦合电容，C_4 为旁路电容。

反馈类型的判断如下。

假设 VT 基极电压上升，集电极电压会下降，该电压通过耦合电容 C_1 使线圈 L（分成 L_1、L_2 两部分）的上端电压下降，它的下端电压就上升（线圈两端电压极性相反），下端上升的电压经 C_3 反馈到 VT 基极，反馈电压变化与假设的电压变化相同，故该反馈为正反馈。

2. 电路振荡过程

接通电源后，三极管 VT 导通，有 I_c 电流流过 VT，I_c 是一个变化的电流（由小到大），它包含着各种频率的信号。L_1、L_2、C_2 构成的选频电路的频率为 f_0，它从 VT 集电极输出的各种频率的信号中选出 f_0 信号，选出后在 L_1、L_2 上有 f_0 信号电压（其他频率信号在 L_1、L_2 上没有电压或电压很小），L_2 上的 f_0 信号电压通过电容 C_3 耦合到 VT 的基极，经 VT 放大后，f_0 信号从集电极输出，又送到选频电路，在 L_1、L_2 上的 f_0 信号电压更高，L_2 上的 f_0 信号再反馈到 VT 的基极，如此反复进行，VT 输出的 f_0 信号幅度越来越大，反馈到 VT 基极的 f_0 信号也越来越大。随着反馈信号逐渐增大，VT 放大电路的放大系数 A 不断减小，当放大电路的放大倍数 A 与反馈电路的衰减系数 $1/F$ 相等时（衰减系数主要由 L_2 匝数决定，匝数越少，反馈信号越小，即衰减系数越大），VT 输出的 f_0 信号不能再增大，稳定的 f_0 信号输出送给其他的电路。

5.4.3 电容三点式振荡器

电容三点式振荡器如图 5-11 所示。

1. 电路组成

VT 和电阻 R_1、R_2、R_3、R_4 等元器件构成放大电路；L、C_2、C_3 构成选频电路，其频率 $f_0 = \dfrac{1}{2\pi\sqrt{L \times \left(\dfrac{C_2 \times C_3}{C_2 + C_3}\right)}}$；

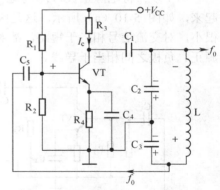

图 5-11 电容三点式振荡器

C_3、C_5 构成反馈电路；C_1、C_5 为耦合电容，C_4 为旁路电容。因为 C_1、C_4、C_5 容量比较大，相当于短路，故图中三极管的 3 个极可看成是分别接到电容的 3 端，所以将该振荡器称为电容三点式振荡器。

2. 反馈类型的判断

假设三极管 VT 基极电压瞬时极性为 "+"，集电极电压的极性为 "−"，通过耦合电容 C_1 使 C_2 的上端极性为 "−"，C_2 的下端极性为 "+"，C_3 上端的极性为 "−"，C_3 下端的极性为 "+"，C_3 下正电压反馈到 VT 基极，反馈信号电压的极性与假设的电压极性变化一致，故反馈为正反馈。

3. 电路振荡过程

接通电源后，三极管 VT 导通，有 I_c 电流流过 VT，I_c 是一个变化的电流（由小到大），它包含着各种频率的信号。这些信号经 C_1 加到 L、C_2、C_3 构成的选频电路，选频电路从中选

出 f_0 信号，选出后在 C_2、C_3 上有 f_0 信号电压（其他频率信号在 C_2、C_3 上没有电压或电压很小），C_3 上的 f_0 信号电压通过电容 C_5 耦合到 VT 的基极，经 VT 放大后 f_0 信号从集电极输出，又送到选频电路，在 C_2、C_3 上的 f_0 信号电压更高，C_3 上的 f_0 信号再反馈到 VT 的基极，如此反复进行，VT 输出的 f_0 信号幅度越来越大，反馈到 VT 基极的 f_0 信号也越来越大。随着反馈信号逐渐增大，VT 放大电路的放大倍数 A 不断减小，当放大电路的放大倍数 A 与反馈电路的衰减系数 $1/F$ 相等时（衰减系数主要由 C_2、C_3 分压决定），VT 输出的 f_0 信号不再增大，稳定的 f_0 信号输出送给其他的电路。

5.4.4　改进型电容三点式振荡器

由于三极管各极之间存在分布电容，为了减少分布电容对振荡器频率稳定性的影响，实际的电容三点式振荡器常采用以下两种改进型。

1. 串联型电容三点式振荡器

串联型电容三点式振荡器又称为克拉波振荡器，该电路如图 5-12 所示。

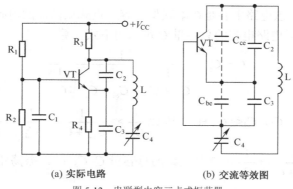

(a) 实际电路　　　　(b) 交流等效图

图 5-12　串联型电容三点式振荡器

从图中可以看出，该电路主要是在普通的电容三点式振荡器的电感旁串联了一只容量很小的电容 C_4，等效图中的 C_{ce}、C_{be} 分别为三极管集-射极、基-射极之间的分布电容；C_1 为旁路电容，容量很大，可视为短路。选频电路电容的总容量 C 可以用下式计算

$$\frac{1}{C} = \frac{1}{C_4} + \frac{1}{C_{be}+C_3} + \frac{1}{C_{ce}+C_2}$$

电路中的 $C_4 \ll C_{be}+C_3$，$C_4 \ll C_{ce}+C_2$（"$\ll$"表示"远小于"），因此 $\frac{1}{C_4} \gg \frac{1}{C_{be}+C_3}$，$\frac{1}{C_4} \gg \frac{1}{C_{ce}+C_2}$（"$\gg$"表示"远大于"），所以可以认为 $\frac{1}{C} = \frac{1}{C_4} + \frac{1}{C_{be}+C_3} + \frac{1}{C_{ce}+C_2} \approx \frac{1}{C_4}$，$C \approx C_4$，那么选频电路的频率可以表示为

$$f = \frac{1}{2\pi\sqrt{LC_4}}$$

从上式可以看出，选频电路的振荡频率基本上由 C_4 决定，分布电容对它几乎没有影响。

这种电路的振荡波形好，频率比较稳定；缺点是用作频率可调振荡器时，输出信号的幅度随频率升高而下降。

2. 并联型电容三点式振荡器

并联型电容三点式振荡器又称为西勒振荡器，该电路如图 5-13 所示。

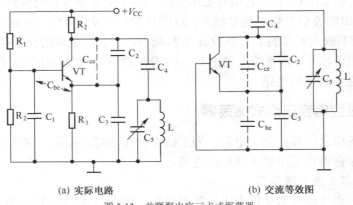

(a) 实际电路　　　　　　　　　　　(b) 交流等效图

图 5-13　并联型电容三点式振荡器

从图中可以看出，该电路主要是在串联型电容三点式振荡器的电感两端再并联了一只容量很小的电容 C_5。选频电路电容的总容量 C 可以用下式计算

$$C = C_5 + \cfrac{1}{\cfrac{1}{C_{be}+C_3} + \cfrac{1}{C_{ce}+C_2} + \cfrac{1}{C_4}}$$

电路中的 $C_4 \ll C_{be}+C_3$，$C_4 \ll C_{ce}+C_2$，因此 $\dfrac{1}{C_4} \gg \dfrac{1}{C_{be}+C_3}$，$\dfrac{1}{C_4} \gg \dfrac{1}{C_{ce}+C_2}$，所以可以认

为 $\dfrac{1}{C_4} \approx \dfrac{1}{C_{be}+C_3} + \dfrac{1}{C_{ce}+C_2} + \dfrac{1}{C_4}$，选频电路的总容量 $C=C_5+C_4$，振荡器的频率可以表示为

$$f = \frac{1}{\sqrt{L(C_5+C_4)}}$$

从上式可以看出，选频电路的振荡频率基本上由 C_5、C_4 决定，分布电容对它几乎没有影响。

这种振荡器的振荡频率稳定，受分布电容影响很小，而且输出信号幅度随频率而改变的缺点大为改善。

5.5　晶体振荡器

有一些电子设备需要频率高度稳定的交流信号，而 LC 振荡器稳定性较差，频率容易漂移（即产生的交流信号频率容易变化）。在振荡器中采用一个特殊的元器件——石英晶体，可以产生高度稳定的信号，这种采用石英晶体的振荡器称为晶体振荡器。

5.5.1　石英晶体

1. 外形、结构与图形符号

在石英晶体上按一定方位切下薄片，将薄片两端抛光并涂上导电的银层，再从银层上连

出两个电极并封装起来，这样构成的元器件叫石英晶体谐振器，简称石英晶体。石英晶体的
外形、结构和图形符号如图 5-14 所示。

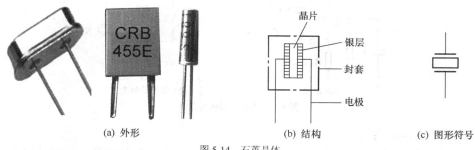

(a) 外形   (b) 结构   (c) 图形符号

图 5-14 石英晶体

2. 特性

石英晶体有两个谐振频率，即 f_s 和 f_p，f_p 略大于 f_s。当加到石英晶体两端信号的频率不
同时，它会呈现出不同的特性，如图 5-15 所示，具体说明如下。

① 当 $f=f_s$ 时，石英晶体呈阻性，相当于阻值小的电阻。

② 当 $f_s<f<f_p$ 时，石英晶体呈感性，相当于电感。

③ 当 $f<f_s$ 或 $f>f_p$ 时，石英晶体呈容性，相当于电容。

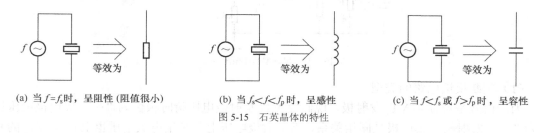

(a) 当 $f=f_s$ 时，呈阻性 (阻值很小)   (b) 当 $f_s<f<f_p$ 时，呈感性   (c) 当 $f<f_s$ 或 $f>f_p$ 时，呈容性

图 5-15 石英晶体的特性

5.5.2 晶体振荡器

1. 并联型晶体振荡器

并联型晶体振荡器如图 5-16 所示。三极管 VT 与 R_1、R_2、R_3、R_4 构成放大电路；C_3 为
交流旁路电容，对交流信号相当于短路；X_1 为石英晶体，在电路中相当于电感。从交流等效
图可以看出，该电路是一个电容三点式振荡器，C_1、C_2、X_1 构成选频电路，其选频频率主要
由 X_1 决定，频率接近 f_p。

电路振荡过程：接通电源后，三极管 VT 导通，有变化 I_c 电流流过 VT，它包含着微弱的
$0\sim\infty$ 各种频率的信号。这些信号加到 C_1、C_2、X_1 构成的选频电路，选频电路从中选出 f_0 信
号，在 X_1、C_1、C_2 两端有 f_0 信号电压，取 C_2 两端的 f_0 信号电压反馈到 VT 的基-射极之间进行
放大，放大后输出信号又加到选频电路，C_1、C_2 两端的信号电压增大，C_2 两端的电压又送到
VT 基-射极，如此反复进行，VT 输出的信号越来越大，而 VT 放大电路的放大倍数逐渐减小，
当放大电路的放大倍数与反馈电路的衰减系数相等时，输出信号幅度保持稳定，不会再增大，
该信号再送到其他的电路。

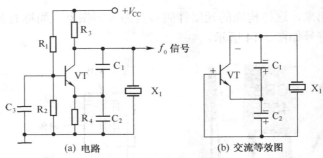

(a) 电路　　　　　　(b) 交流等效图

图 5-16　并联型晶体振荡器

2. 串联型晶体振荡器

串联型晶体振荡器如图 5-17 所示。该振荡器采用了两级放大电路，石英晶体 X_1 除了构成反馈电路外，还具有选频功能，其选频频率 $f_0=f_s$，电位器 RP_1 用来调节反馈信号的幅度。

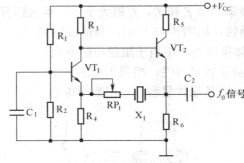

图 5-17　串联型晶体振荡器

（1）判断反馈电路的类型

因为信号是反馈到 VT_1 发射极，现假设 VT_1 发射极电压瞬时极性为"+"，集电极电压极性为"+"（发射极与集电极是同相关系，当发射极电压上升时集电极电压也上升），VT_2 的基极电压极性为"+"，发射极电压极性也为"+"，该极性的电压通过 X_1 反馈到 VT_1 的发射极，反馈电压极性与假设的电压极性相同，故该反馈为正反馈。

（2）电路的振荡过程

接通电源后，三极管 VT_1、VT_2 导通，VT_2 发射极输出变化的 I_e 电流中包含各种频率的信号，石英晶体 X_1 对其中的 f_0 信号阻抗很小，f_0 信号经 X_1、RP_1 反馈到 VT_1 的发射极，该信号经 VT_1 放大后从集电极输出，又加到 VT_2 放大后从发射极输出，然后又通过 X_1 反馈到 VT_1 放大，如此反复进行，VT_2 输出的 f_0 信号幅度越来越大，VT_1、VT_2 组成的放大电路放大倍数越来越小，当放大倍数等于反馈衰减系数时，输出 f_0 信号幅度不再变化，电路输出稳定的 f_0 信号。

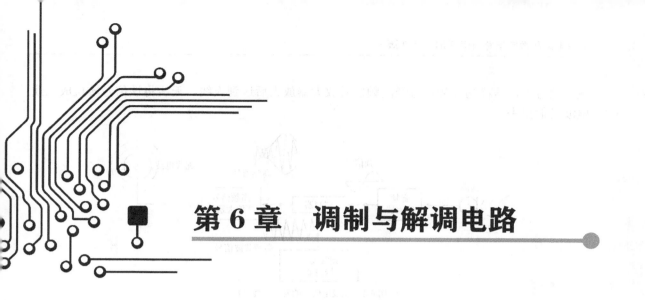

第6章 调制与解调电路

6.1 无线电信号的发送与接收

6.1.1 无线电信号的发送

电信号要以无线电波方式传送出去,可以将电信号送到天线,由天线将电信号转换成无线电波并发射出去。如果要把声音发射出去,可以先用话筒将声音转换成电信号,再将声音转换成的电信号送到天线,让天线将它转换成无线电波并发射出去。但广播电台并没有采用这种将声音转换成电信号通过天线直接发射的方式来传送声音,主要原因是音频信号(声音转换成的电信号)频率很低。

无线电波传送规律表明:要将无线电波有效发射出去,要求无线电波的频率与发射天线的长度有一定的关系,频率越低,要求发射天线越长。声音的频率为20Hz~20kHz,声音经话筒转换成的音频信号频率也是20Hz~20kHz,音频信号经天线转换成的无线电波的频率同样是20Hz~20kHz,如果要将这样的低频无线电波有效发射出去,要求天线的长度在十几千米至上万千米长,这是很难做到的。

1. 无线电信号的发送处理过程

为了解决音频信号发射需要很长天线的问题,人们想出了一个办法:在无线电发送设备中,先让音频信号"坐"到高频信号上,再将高频信号发射出去,由于高频无线电波频率高,发射天线不需要很长,高频无线电波传送出去后,"坐"到高频信号上的音频信号也随之传送出去。这就像人坐上飞机,当飞机飞到很远的地方时,人也就到达了很远的地方一样。无线电信号的发送处理过程如图6-1所示(以电台发射机为例)。

话筒将声音转换成音频信号(低频信号),再经音频放大器放大后送到调制器,与此同时高频载波信号振荡器产生高频载波信号也送到调制器,在调制器中,音频信号"坐"在高频载波信号上，这样的高频信号经高频信号放大器放大后送到天线，天线将该信号转换成无线电波发射出去。

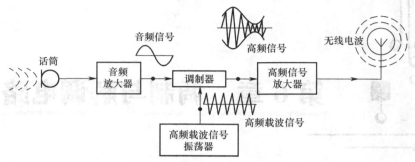

图 6-1　无线电信号的发送处理过程

2．调制方式

将低频信号装载到高频信号上的过程称为调制，常见的调制方式有两种：调幅调制（**AM**）和调频调制（**FM**）。

（1）调幅调制

将低频信号和高频载波信号按一定方式处理，得到频率不变而幅度随低频信号变化的高频信号，这个过程称为调幅调制。这种幅度随低频信号变化的高频信号称为调幅信号。调幅调制过程如图 6-2 所示，低频信号送到调幅调制器，同时高频载波信号也送到调幅调制器，在内部调制后输出幅度随低频信号变化的高频调幅信号。

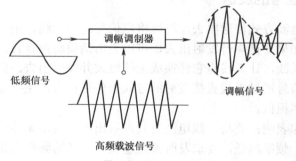

图 6-2　调幅调制过程

为了表示高频调幅信号幅度是随低频信号变化的，图中在高频信号上人为画出了随幅度变化的包络线，实际高频调幅信号上并没有该包络线。

（2）调频调制

将低频信号与高频载波信号按一定的方式处理，得到幅度不变而频率随音频信号变化的高频信号，这个过程称为调频调制。这种频率随音频信号变化的高频信号称为调频信号。调频调制过程如图 6-3 所示，低频信号送到调频调制器，同时高频载波

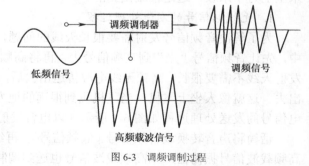

图 6-3　调频调制过程

信号也送到调频调制器，在内部调制后输出幅度不变而频率随低频信号变化的高频调频信号。

6.1.2　无线电信号的接收

在无线电发送设备中，将低频信号调制在高频载波信号上，通过天线发射出去，当无线电波经过无线电接收设备时，接收设备的天线将它接收下来，再通过内部电路处理后就可以取出低频信号。下面以收音机为例来说明无线电信号的接收过程。

1. 无线电信号的接收处理过程

无线电信号的接收处理简易过程如图 6-4 所示。

图 6-4　无线电信号的接收处理简易过程

电台发射出来的无线电波经过收音机天线时，天线将它接收下来并转换成电信号，电信号送到输入调谐回路，该电路的作用是选出需要的电信号，电信号被选出后再送到解调电路。因为电台发射出来的信号是包含有音频信号的高频信号，解调电路的作用是从高频电信号中将音频信号取出。音频信号再经音频放大电路放大后送入扬声器，扬声器就会发出与电台相同的声音。

2. 解调方式

在电台需要将音频信号加载到高频信号上（调制），而在收音机中需要从高频信号中将音频信号取出。从高频信号中将低频信号取出的过程称为解调，它与调制恰好相反。调制方式有两种：调幅调制和调频调制，相对应的解调也有两种方式：检波和鉴频。

（1）检波

检波是调幅调制的逆过程，它的作用是从高频调幅信号中检出低频信号。检波过程如图 6-5 所示，高频调幅信号送到检波器，检波器从中检出低频信号。

（2）鉴频

鉴频是调频调制的逆过程，它的作用是从高频调频信号中检出低频信号。鉴频过程如图 6-6 所示，高频调频信号送到鉴频器，鉴频器从中检出低频信号。

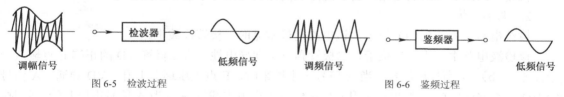

调幅信号　　　　　　　图 6-5　检波过程　　　低频信号　　　调频信号　　　　　图 6-6　鉴频过程　　　低频信号

6.2　调幅调制与检波电路

6.2.1　调幅调制电路

1. 功能

调幅调制电路的功能是用低频信号去调制高频等幅信号，得到幅度随低频信号变化而变化的高频调幅信号。

2．电路分析

调幅调制电路如图 6-7 所示。

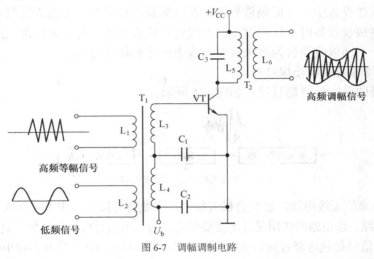

图 6-7　调幅调制电路

VT 为调制三极管；C_1、C_2 为交流旁路电容，用来减少交流信号的损耗；U_b 电压通过 L_4、L_3 提供给 VT 的基极；L_5、C_3 构成选频电路，用来选取 VT 输出的高频调幅信号，该选频电路的谐振频率与高频等幅信号（载波信号）的频率相同。

调幅调制过程：高频等幅信号经变压器 T_1 的 L_1 绕组感应到 L_3 绕组上，低频信号经变压器 T_2 的 L_2 绕组感应到 L_4 绕组上，L_3 绕组上的高频等幅信号电压和 L_4 上的低频信号电压叠加后送到 VT 的基极，经 VT 放大后从集电极输出高频调幅信号，由 L_5、C_3 构成的选频电路选出后，再感应到 L_6 上送到后级电路。

6.2.2　检波电路

1．功能

检波电路即调幅解调电路，其功能是从高频调幅信号中取出低频信号。

2．电路分析

检波电路如图 6-8（a）所示，该电路是最常见的二极管检波电路。

该检波电路中采用了二极管，二极管具有单向导电性。给二极管 VD 的正端 E 点输入一个图 6-8（b）所示的 A 信号，当 A 信号正半周来时，E 点电压逐渐上升，VD 导通，A 信号经 VD 对 C_1 充电，C_1 上的电压上升（见 A 信号上充电虚线标注），当 A 信号电压开始下降时，VD 截止，C_1 开始通过负载 R_L 放电，由于 R_L 电阻较大，故 C_1 放电很慢，两端电压下降少（见 A 信号上放电虚线标注），当 A 信号下一个正半周来时，VD 又会导通，A 信号又会经 VD 对 C_1 充电，接着 C_1 又放电，如此反复进行，在 F 点（也即电容 C_1 两端）可得到 B 信号（波形与 A 信号虚线所示一致），这就是二极管检波原理。

如果给二极管 VD 正端送图 6-8（b）所示的 C 信号，该信号经 VD 对 C_1 充电，然后 C_1 又放电，如此反复，结果在 C_1 上得到 D 信号，D 信号的波形与 C 信号幅度变化很相似，因此可看作检波电路能从 C 信号（高频调幅信号）中检出 D 信号（低频信号）。

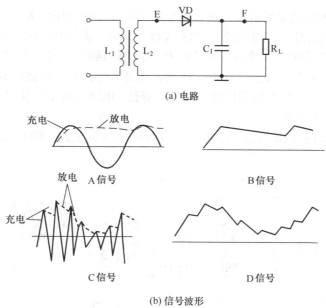

(a) 电路

充电　　放电

放电　A信号　　　　　　　　　B信号

充电

C信号　　　　　　　　　　　D信号

(b) 信号波形

图 6-8　检波电路及有关信号波形

6.3　调频调制与鉴频电路

6.3.1　调频调制电路

1. 功能

调频调制电路的功能是用低频信号去调制高频等幅信号，得到幅度不变但频率随低频信号变化的高频调频信号。

2. 压控选频电路

压控选频电路是一种改变电压就能控制频率变化的选频电路，这种电路与普通的 LC 选频电路基本相同，只是用变容二极管取代电容。图 6-9 所示就是一种常见的压控选频电路。

电路中采用变容二极管代替电容，变容二极管要相当于电容，必须在两端加反向电压，反向电压越高，它的容量越小。图中 L_1、C_1、VD 构成一个并联谐振选频电路，$+V_{CC}$ 电源经电位器 RP_1 为

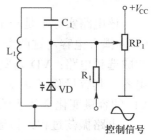

图 6-9　压控选频电路

变容二极管 VD 提供反向电压，若 VD 的容量为 C，则该选频电路的频率 $f_0 = \dfrac{1}{2\pi\sqrt{L \times \dfrac{C_1 C}{C_1 + C}}}$。

如果将电位器滑动端上移，加到变容二极管两端的反向电压增大，其容量 C 减小，选频电路的谐振频率 f_0 升高；反之，如果滑动端下移，选频电路的谐振频率会降低。

变容二极管的反向电压还与控制信号有关。当控制信号正半周期经 R_1 加到 VD 负极时，

该信号电压与通过 RP$_1$ 送来的电压叠加，使变容二极管反向电压增大，容量减小，电路的谐振频率升高；当控制信号负半周期经 R$_1$ 加到 VD 负极时，该信号电压与通过 RP$_1$ 送来的电压叠加，使变容二极管反向电压减小，容量增大，电路的谐振频率降低。也就是说，该选频电路的频率随着控制信号的电压变化而变化，故将该选频电路称为压控选频电路，当控制信号正半周期来时频率升高，负半周期信号来时频率降低，电路的频率变化是以 f_0 为中心进行的。

3. 调频调制电路分析

调频调制电路如图 6-10 所示，图 6-10（a）所示为实际电路，图 6-10（b）所示为交流等效图。

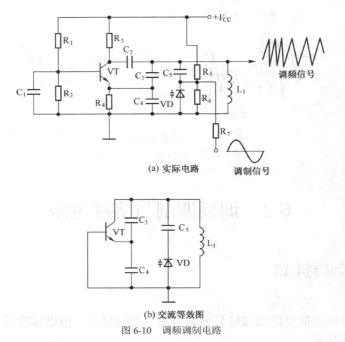

(a) 实际电路

(b) 交流等效图

图 6-10　调频调制电路

该电路实际上是一个频率可控的振荡电路。VT、R$_1$～R$_4$ 组成放大电路；C$_1$ 为旁路电容，C$_2$ 为耦合电容，这两个电容的容量都很大，对振荡信号相当于短路；C$_3$、C$_4$、C$_5$、VD、L$_1$ 构成选频电路；VD 为变容二极管，电源经 R$_5$、R$_6$ 分压为它提供反向电压，使它可以相当于电容，其容量除了受 R$_5$ 提供的反向电压影响外，还与送来的调制信号（低频信号）有关，VD 的容量变化会使选频电路的频率也发生变化。

电路振荡过程：接通电源后，VT 导通，集电极输出各种频率的信号，这些信号送到由 C$_3$、C$_4$、C$_5$、VD、L$_1$ 构成的选频电路上，选频电路从中选出频率为 f_0 的信号，取 C$_4$ 两端的 f_0 信号电压反馈到 VT 基-射极放大（因为 C$_1$ 容量很大，对 f_0 的信号相当于短路，故 C$_4$ 两端 f_0 的信号电压送到 VT 的基-射极），经 VT 放大后从集电极输出，输出的 f_0 信号又加到选频电路，如此反复进行，VT 输出的 f_0 信号幅度越来越大，同时 VT 放大电路的放大倍数不断减小，当放大倍数与衰减系数相等时，VT 输出的信号幅度不会再增大而保持稳定。

调频调制过程：在无调制信号加到调频调制电路时，电路会输出频率为 f_0 的信号。当调制信号正半周期通过 R$_7$ 加到变容二极管 VD 负极时，正半周期信号电压与电源通过 R$_5$ 加到 VD 负极的直流电压叠加，VD 的反向电压增大，其容量减小，选频电路的频率上升（高于 f_0），电路振荡输出的信号频率升高；当调制信号负半周期加到变容二极管负极时，负半周期信号电压与 VD 负极的直流电压相叠加，VD 的反向电压减小，其容量增大，选频电路的频率下降（低于 f_0），电路振荡输出的信号频率下降。

也就是说，当调制信号加到调频调制电路时，电路的振荡频率会发生变化，调制信号正半周期来时振荡频率上升，调制信号负半周期来时振荡频率下降，从而使调频调制电路输出频率随调制信号电压变化的调频信号。

6.3.2 鉴频电路

鉴频电路简称鉴频器，即调频解调电路，其功能是从调频信号中检出调制信号。下面先以图 6-11 所示说明图来简要介绍鉴频器的工作原理。

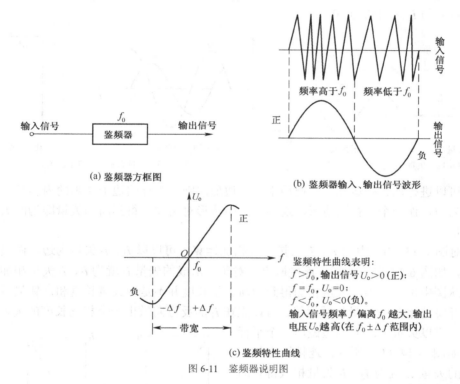

(a) 鉴频器方框图

(b) 鉴频器输入、输出信号波形

(c) 鉴频特性曲线

鉴频特性曲线表明：
$f > f_0$，输出信号 $U_o > 0$（正）；
$f = f_0$，$U_o = 0$；
$f < f_0$，$U_o < 0$（负）。
输入信号频率 f 偏离 f_0 越大，输出电压 U_o 越高（在 $f_0 \pm \Delta f$ 范围内）

图 6-11 鉴频器说明图

给图 6-11（a）所示的鉴频器输入图 6-11（b）所示的幅度不变、频率变化的调频信号，经鉴频器处理后输出幅度变化的调制信号。鉴频器有个固有频率 f_0，当输入信号的频率 f 高于 f_0 时，鉴频器会输出正电压信号；当输入信号频率 f 低于 f_0 时，鉴频器输出负电压信号。鉴频器的鉴频特点可用图 6-11（c）所示的特性曲线表示。

1. 与鉴频器有关的知识

鉴频器的组成元器件并不多，但电路工作过程比较复杂，这主要是因为它涉及的知识面广，且理论抽象，因此在分析鉴频器原理之前，先介绍与鉴频器相关的知识。

（1）矢量和正弦量

矢量是指有原点、长度和方向的量，矢量用图 6-12（a）所示图形表示。正弦量是指大小呈正弦波状变化的量，很多交流信号是正弦量，如调频信号和音频信号等都是正弦波量，正弦量用图 6-12（b）所示的图形表示。

在分析电路时，为了方便，经常用矢量来表示正弦量。**矢量表示正弦量有以下规律。**

① **矢量的长度表示正弦量的幅度大小。**

② **矢量的夹角表示正弦量的相位差。**

③ **矢量水平向右表示相位为 0°，矢量逆时针旋转表示相位超前，顺时针旋转表示相位滞后。**

矢量表示正弦量如图 6-13 所示。图 6-13（a）中的正弦量 i_2 比 i_1 幅度大，所以图 6-13（b）中画出的对应矢量 i_2 较 i_1 长度更长；图 6-13（a）中的正弦量 i_1 相位为 0°，图 6-13（b）中 i_1 的矢量方向画作水平向右，正弦量 i_2 相位滞后 i_1 90°，i_2 的矢量方向可看作是从水平向右方向出发，顺时针旋转 90° 而得到；图 6-13（a）中的正弦量 i_1 与 i_2 相位差为 90°，在图 6-13（b）中矢量 i_1 与 i_2 夹角则为 90°。

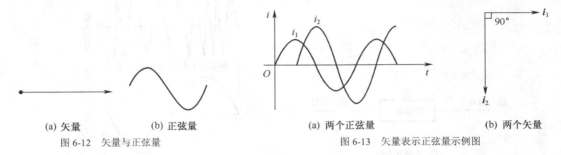

| (a) 矢量 | (b) 正弦量 | (a) 两个正弦量 | (b) 两个矢量 |

图 6-12　矢量与正弦量　　　　　　　　　图 6-13　矢量表示正弦量示例图

矢量可以进行加、减运算，它遵循平行四边形法则。平行四边形法则的内容是：以已知两个矢量为边，作一个平行四边形，连接平行四边形对角线，得到新的矢量即为两矢量相加获得的矢量。

若要对图 6-13（b）中的 i_1、i_2 矢量进行相加运算，可以以 i_1、i_2 矢量为边，做出一个平行四边形，如图 6-14（a）所示，连接原点与对角点形成的矢量 i_3 就为 i_1、i_2 矢量相加得到的新矢量。从图中可以看出，矢量相加得到的新矢量长度并不是两矢量长度和，新矢量相位也有变化。若要进行 i_2-i_1 矢量相减运算，可以先在 i_1 的反方向做出一个相同长度的矢量，该矢量即为 $-i_1$，再以矢量 i_2、$-i_1$ 为边做出一个平行四边形，如图 6-14（b）所示，连接原点与对角点形成的矢量 i_4 就为 i_2、i_1 矢量相减得到的新矢量。

两个同频率的正弦量信号混合相加会形成一个新的同频率的正弦量信号，如果采用对两个正弦量信号直接进行叠加的方法来求新正弦量会很复杂。如果先将两个正弦量用相应的矢量表示，然后进行矢量相加会得到一个新矢量，

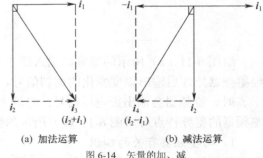

| (a) 加法运算 | (b) 减法运算 |

图 6-14　矢量的加、减

再将新矢量还原为正弦量，该正弦量即为两正弦量混合相加得到的新正弦量。图 6-14（a）中的 i_3 为 i_1、i_2 相加得到新矢量，它的相位较 i_2 超前、较 i_1 滞后，幅度较 i_1、i_2 都大，将它还原为正弦量信号 i_3，这样得到的正弦量信号 i_3 与正弦量 i_1、i_2 直接相加得到 i_3 正弦量将完全相同，该正弦量 i_3 相位较正弦量 i_2 超前、较 i_1 滞后，幅度较正弦量 i_1、i_2 都大。

（2）电阻、电容和电感的电压与电流相位关系

① 电阻：电阻两端电压与流过的电流是同相关系（可理解为：有电流流过电阻，电阻两端马上有电压，电流大时电压高）。电阻的电压与电流的相位关系如图 6-15 所示。

② 电容：电容两端电压与流过的电流的相位关系是电流超前电压 90°（可理解为：先有电流对电容充电，而后电容两端有电压）。电容的电压与电流的相位关系如图 6-16 所示。

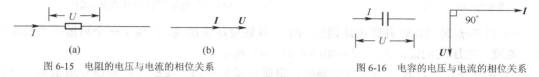

图 6-15　电阻的电压与电流的相位关系　　　　　图 6-16　电容的电压与电流的相位关系

③ 电感：电感两端电压与流过电流的相位关系是电流滞后电压 90°（可理解为：电感与电容是性质相反的元器件，电压和电流的相位关系也相反）。电感的电压与电流相位关系如图 6-17 所示。

（3）RLC 串联电路的电压与电流的相位关系

RLC 串联电路如图 6-18 所示，图中 RLC 电路的谐振频率为 f_0，输入信号频率为 f。RLC 串联电路电流与电压的相位关系如图 6-19 所示。

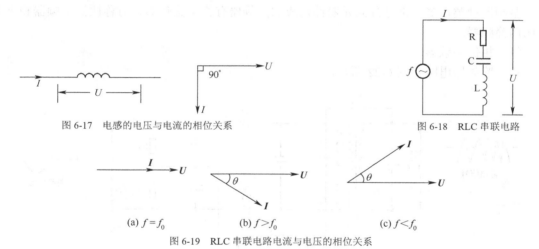

图 6-17　电感的电压与电流的相位关系　　　　　图 6-18　RLC 串联电路

(a) $f = f_0$　　　　　(b) $f > f_0$　　　　　(c) $f < f_0$

图 6-19　RLC 串联电路电流与电压的相位关系

① 当 $f = f_0$ 时，**RLC 串联电路谐振，LC 电路相当于短路，电路只剩下电阻，因此电流与电压的相位关系是：电流与电压同相**，矢量表示如图 6-19（a）所示。

② 当 $f > f_0$ 时，输入信号频率偏高，电容 C 可视为短路（电容容易通过高频信号），剩下电感与电阻，**RLC 电路呈感性，因此电流与电压的相位关系是：电压超前电流 θ 角（0°＜θ＜90°）**，矢量表示如图 6-19（b）所示。

③ 当 $f < f_0$ 时，输入信号频率偏低，电感 L 可视为短路（电感容易通过低频信号），剩下电容与电阻，**RLC 电路呈容性，因此电流与电压的相位关系是：电压滞后电流 θ 角（0°＜θ＜90°）**，矢量表示如图 6-19（c）所示。

（4）RLC 并联电路电压与电流的相位关系

RLC 并联电路如图 6-20 所示，图中 RLC 电路的谐振频率为 f_0。RLC 并联电路电流与电压的相位关系如图 6-21 所示。

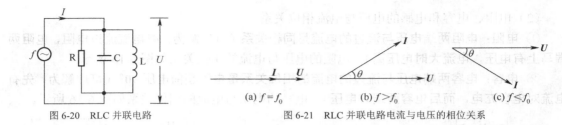

图 6-20　RLC 并联电路　　　　　图 6-21　RLC 并联电路电流与电压的相位关系

① 当 $f=f_0$ 时，RLC 并联电路谐振，RLC 并联电路呈阻性，相当于一个阻值很大的电阻，因此电流与电压同相位，矢量表示如图 6-21（a）所示。

② 当 $f>f_0$ 时，输入信号频率偏高，电感可视为开路（电感对高频信号阻抗大），剩下电容和电阻，RLC 并联电路呈容性，因此电流与电压的相位关系是：电流超前电压 θ 角（$0°<\theta<90°$），矢量表示如图 6-21（b）所示。

③ 当 $f<f_0$ 时，输入信号频率偏低，电容可视为开路（电容对低频信号阻抗大），剩下电感和电阻，RLC 并联电路呈感性，因此电流与电压的相位关系是：电流滞后电压 θ 角（$0°<\theta<90°$），矢量表示如图 6-21（c）所示。

2. 鉴频器工作原理

鉴频器种类很多，常见分立元器件构成的鉴频器有相位鉴频器、对称比例鉴频器和不对称比例鉴频器。

（1）相位鉴频器

相位鉴频器电路如图 6-22 所示。

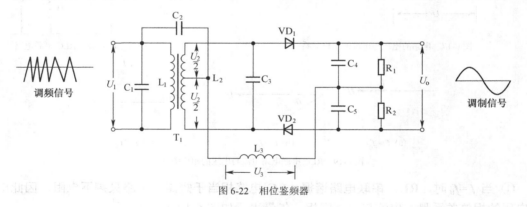

图 6-22　相位鉴频器

C_1、L_1 和 L_2、C_3 构成双调谐回路，谐振频率均为 f_0。L_2 绕组中心引出抽头，上半部和下半部绕组匝数相等，故上半部和下半部绕组上的电压相等。因为 C_2 对 f_0 信号容抗很小，可视为短路，所以高频扼流圈 L_3 上的电压 U_3 与 U_1 电压相位相同。VD_1、VD_2 为检波管。C_4、R_1 与 C_5、R_2 参数相同（$C_4=C_5$，$R_1=R_2$）。当频率为 f_0 的信号 U_1 输入时，经电路鉴频后的输出电压 U_0 为调制信号。工作原理如下所述。

① 当调频信号频率 $f=f_0$ 时，调频信号电压 U_1 加到 L_1 两端，在次级绕组 L_2 上有感应电动势 E_2 产生，E_2 相位与 U_1 相同。E_2 与 L_2、C_3 构成 LC 串联电路，如图 6-23 所示。

因为 E_2 频率为 f_0，与 L_2、C_3 构成的串联电路谐振频率相等，L_2、C_3 电路对 E_2 信号呈阻性，所以 E_2 与 I_2 同相位（E_2 可看作 L_2、C_3 两端电压），而 L_2 两端电压 U_2 超前电流 I_2 90°。

矢量关系如图 6-24 （a）所示，从矢量图可以看出 U_2 超前 U_1 90°，又因为 U_1 与 U_3 同相，故 U_2 超前 U_3 90°，L_3 绕组上的电压 U_3 与 L_2 上半部绕组

上电压 $\dfrac{U_2}{2}$ 相加得到 U_{VD1} 电压，即 $U_{VD1}=U_3+\dfrac{U_2}{2}$，

该电压经 VD_1 对 C_4 充电，在 C_4 上充得上正下负的电

压。U_3 与 L_2 下半部绕组电压 $\dfrac{U_2}{2}$ 相减得到 U_{VD2} 电压，

即 $U_{VD2}=U_3-\dfrac{U_2}{2}$，该电压经 VD_2 对 C_5 充电，在 C_5

上充得上负下正的电压，从图 6-24 （a）可以看出，

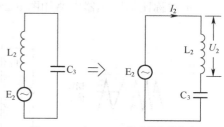

图 6-23　E_2 与 L_2、C_3 构成的串联电路

U_{VD1}、U_{VD2} 大小相等，故 C_4 的上正下负电压与 C_5 的上负下正电压大小相等，方向相反，相互抵消，$U_o=0V$，即当输入信号频率 $f=f_0$ 时，鉴频器输出的调制信号电压为 0V。

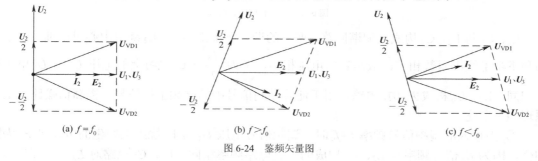

图 6-24　鉴频矢量图

② 当调频信号频率 $f>f_0$ 时，调频信号电压 U_1 加到 L_1 两端，在次级绕组 L_2 上有感应电动势 E_2 产生，E_2 相位与 U_1 相同。E_2 与 L_2、C_3 构成 LC 串联电路，如图 6-23 所示。因为 E_2 频率（与 U_1 信号频率相同）大于 f_0，即大于 L_2、C_3 构成的串联电路的谐振频率，L_2、C_3 电路对 E_2 信号呈感性，故 E_2 超前 $I_2 \theta$ 角（0°$<\theta<$90°），L_2 上电压 U_2 超前 I_2 90°，U_1 与 U_3 同相，矢量关系如图 6-24 （b）所示，U_3 与 U_1 同相，在矢量图上进行加减，求 $U_{VD1}=U_3+\dfrac{U_2}{2}$，

$U_{VD2}=U_3-\dfrac{U_2}{2}$，从图 6-24 （b）所示的矢量图关系可以看出，U_{VD1} 电压较 U_{VD2} 电压高，故

U_{VD1} 通过 VD_1 对 C_4 充得上正下负电压大于 U_{VD2} 通过 VD_2 对 C_5 充得上负下正电压，C_5 的上负下正电压被完全抵消，C_4 上还剩上正下负电压，$U_o>0V$，即当输入调频信号频率 $f>f_0$ 时，鉴频器输出的调制信号为正电压（正半周部分）。

③ 当调频信号频率 $f<f_0$ 时，U_1 与 E_2 同相，E_2 信号频率小于 L_2、C_3 构成的串联电路的谐振频率，L_2、C_3 对 E_2 信号呈容性，E_2 落后 $I_2 \theta$ 角（0°$<\theta<$90°），L_2 上电压 U_2 超前 I_2 90°，U_1 与 U_3 同相，矢量关系如图 6-24 （c）所示，在矢量图上进行加减求 $U_{VD1}=U_3+\dfrac{U_2}{2}$，$U_{VD2}=$

$U_3-\dfrac{U_2}{2}$，从矢量图可以看出，U_{VD1} 小于 U_{VD2}，故 U_{VD1} 对 C_4 充得上正下负电压小于 U_{VD2} 对

C_5 充得的上负下正电压，C_4 的上正下负电压被抵消，C_5 上还剩上负下正电压，$U_o<0V$，即当输入信号频率 $f<f_0$ 时，鉴频器输出的调制信号为负电压（负半周部分）。

相位鉴频器具有输出调制信号电压较大、灵敏度高等优点，故一般用在性能较好的电子

设备中。

（2）不对称比例鉴频器

不对称比例鉴频器电路如图 6-25 所示。

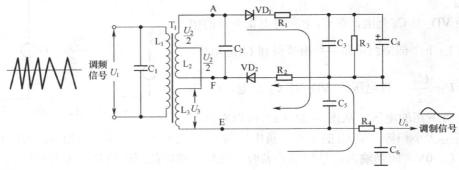

图 6-25　不对称比例鉴频器

L_1、C_1 与 L_2、C_2 构成双调谐回路，两者的谐振频率都为 f_0。L_2 绕组中心引出抽头，上半部和下半部绕组匝数相等，故两者的电压相等，都为 $\dfrac{U_2}{2}$。L_3 绕组上的电压 U_3 与 U_1 电压相位相同。R_4、C_6 构成去加重电路，用于滤除调制信号中的高频干扰信号，提高信噪比。工作原理如下所述。

① 当输入的调频信号频率 $f=f_0$ 时，调频信号电压 U_1 与 L_2 绕组上产生的电动势 E_2 为同相位，因为 E_2 信号频率与 L_2、C_2 构成的串联电路频率相同，L_2、C_2 电路对 E_2 信号呈阻性，所以 E_2 与 I_2 电流同相，L_2 上电压 U_2 又超前 I_2 90°，U_1 与 U_3 同相，矢量关系如图 6-24（a）所示，L_3 上的电压 U_3 与 L_2 上半部的电压 $\dfrac{U_2}{2}$ 相加，得到 U_{VD1} 电压（即 $U_{VD1}=U_3+\dfrac{U_2}{2}$），$U_3$ 与 L_2 下半部的电压相减，得到 U_{VD2} 电压（即 $U_{VD1}=U_3-\dfrac{U_2}{2}$）。$U_{VD1}$ 经 VD_1 对 C_5 充电，充电途径是：A 点→VD_1→R_1→C_3//R_2//C_4→C_5→E 点，在 C_5 上充得上正下负的电压；U_{VD2} 经 VD_2 对 C_5 充电，充电途径是：E 点→C_5→R_2→VD_2→F 点，在 C_5 上充得上负下正的电压。因为当 $f=f_0$ 时，$U_{VD1}=U_{VD2}$，故 C_5 上充得的上正下负电压与上负下正的电压相等，相互抵消，C_5 两端电压为 0V，即当输入信号频率为 f_0 时，鉴频器输出的调制信号电压为 0V。

② 当输入调频信号频率 $f>f_0$ 时，如图 6-24（b）所示，U_{VD1} 大于 U_{VD2}，U_{VD1} 对 C_5 充得的上正下负电压大于 U_{VD2} 对 C_5 充得的上负下正电压，C_5 的上负下正电压被抵消，还剩下上正下负的电压，C_5 两端电压为负（C_5 上端接地），即当输入信号频率大于 f_0 时，鉴频器输出的调制信号为负电压（负半周）。

③ 当输入调频信号频率 $f<f_0$ 时，如图 6-24（c）所示，U_{VD1} 小于 U_{VD2}，U_{VD1} 对 C_5 充得的上正下负电压小于 U_{VD2} 对 C_5 充得的上负下正电压，C_5 的上正下负电压被抵消，C_5 上还保留上负下正的电压，C_5 两端电压为正，即当输入信号频率小于 f_0 时，鉴频器输出调制信号的为正电压（正半周）。

不对称比例鉴频器输出的调制信号电压比相位鉴频器小，但它具有限幅功能。

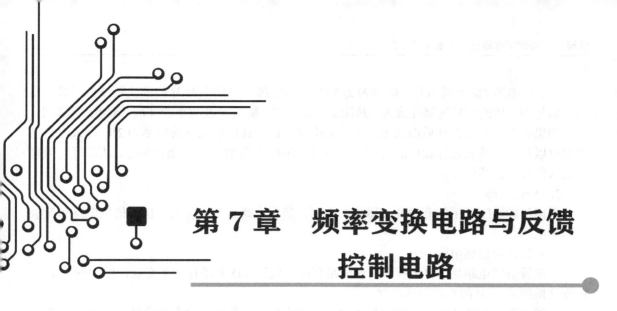

第 7 章 频率变换电路与反馈控制电路

7.1 频率变换电路

频率变换电路可以改变信号频率。根据频率变换方式不同，频率变换电路可分为倍频电路和混频电路。

7.1.1 倍频电路

倍频电路的功能是将信号的频率成倍提高。根据电路提升频率倍数的不同，倍频电路可分为二倍频电路、三倍频电路、四倍频电路等，例如二倍频电路可以将信号频率提高两倍。

1. 倍频原理

理论和实践表明：当某一频率的正弦交流信号通过非线性元器件（如二极管、三极管等）时，会产生并输出各种新的频率信号，主要有直流成分、基波成分、二次谐波、三次谐波等。下面以图 7-1 为例来形象地说明这个原理。

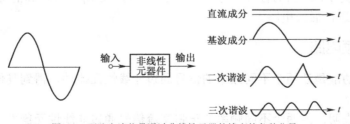

图 7-1　正弦交流信号通过非线性元器件输出的各种分量

当频率为 f 的交流信号输入非线性元器件后，会输出各种新频率成分的信号，其中有直流成分、频率为 f 的基波信号、频率为 $2f$ 的二次谐波信号和频率为 $3f$ 的三次谐波信号等。在这些信号中，基波信号的幅度最大，其次是二次谐波，随着谐波频率的升高，幅度逐渐减小。

如果在非线性元器件后面加上一个选频电路，比如让选频电路的频率为 $2f$，那么选频电路就可以从非线性元器件输出的各种信号中只选出频率为 $2f$ 的二次谐波信号，从而得到频率是输入信号两倍的信号。

2. 倍频电路

根据倍频电路采用的非线性元器件的不同，倍频电路主要可分为二极管倍频电路和三极管倍频电路。

（1）二极管倍频电路

二极管倍频电路如图 7-2 所示。该电路利用二极管 VD 来进行频率变换，图中的 C_1、L_1 构成谐振频率为 $3f$ 的并联谐振电路。

当频率为 f 的信号通过二极管 VD 时，二极管会产生各种新频率的信号，有 f、$2f$、$3f$、$4f$ 等，这些信号送到选频电路，因为选频电路的频率为 $3f$，它对 $3f$ 信号发生谐振，对 $3f$ 信号来说，选频电路相当于一个阻值很大的电阻，故选频电路两端得到很高的 $3f$ 信号电压，对其他频率的信号，选频电路阻抗很小，它们经选频电路旁路到地，L_1 上的 $3f$ 信号电压感应到 L_2 上，再输出去后级电路。

（2）三极管倍频电路

三极管倍频电路如图 7-3 所示。该电路利用三极管进行频率变换，图中的 C_2、L_1 构成谐振频率为 $2f$ 的并联谐振选频电路。

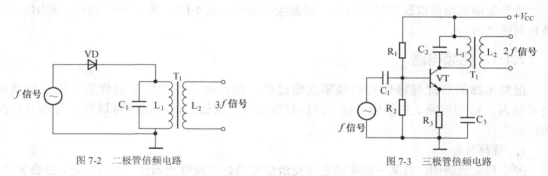

图 7-2　二极管倍频电路　　　　　　　　图 7-3　三极管倍频电路

频率为 f 的信号经 C_1 加到三极管 VT 的基极，该信号在经 VT 的发射结时会产生各种新频率的信号，这些信号再经三极管放大后从集电极输出。因为 C_2、L_1 构成的选频电路的频率为 $2f$，所以它能从 VT 输出的各种信号中选出 $2f$ 信号，在 L_1 上有很高的 $2f$ 信号电压，该电压感应到 L_2 上再送往后级电路。

7.1.2　混频电路

混频电路的功能是让两个不同频率的信号通过非线性元器件，得到其他频率的信号。

1. 混频原理

理论和实践表明：当两个不同频率的正弦交流信号通过非线性元器件（如二极管、三极管等）时，会产生并输出各种新频率的信号，主要有直流信号、基波信号、谐波信号、差频信号、和频信号等。下面以图 7-4 为例来形象地说明这个原理。

图 7-4　两个不同频率信号通过非线性元器件输出的各种分量频谱

当频率分别为 f_1、f_2 的两个交流信号输入非线性元器件后，会输出各种新频率的信号，其中除了有直流信号、频率为 f_1 和 f_2 的基波信号、频率为 $2f_1$ 和 $2f_2$ 的二次谐波信号和其他更高次的谐波信号外，还有频率为 (f_1+f_2) 的和频信号、(f_1-f_2) 的差频信号及 $(2f_2-f_1)$ 和 $(2f_2+f_1)$ 等频率的信号。

如果在非线性元器件后面加上一个选频电路，比如将选频电路的频率设为 (f_1-f_2)，那么选频电路就可以从输出的各种信号中只选出频率为 (f_1-f_2) 的差频信号。

2. 混频电路

根据混频电路采用的非线性元器件的不同，混频电路主要可分为二极管混频电路和三极管混频电路。

（1）二极管混频电路

二极管混频电路如图 7-5 所示。该电路利用二极管 VD 来进行频率变换，图中的 C_1、L_1 构成并联谐振电路，其谐振频率为 (f_1+f_2)。

当 f_1 信号和 f_2 信号经过二极管 VD 后，二极管会产生各种新频率的信号，有频率为 f_1 和 f_2 的基波信号、各次谐波信号，还有 (f_1+f_2) 的和频信号、(f_1-f_2) 的差频信号等。这些信号送到选频电路，因为选频电路的频率为 (f_1+f_2)，它对 (f_1+f_2) 信号发生谐振，选频电路两端有很高的 (f_1+f_2) 信号电压，对其他频率的信号，选频电路阻抗很小，它们经选频电路旁路到地，L_1 上的 (f_1+f_2) 和频信号电压被感应到 L_2 上，再输出去后级电路。

（2）三极管混频电路

三极管混频电路如图 7-6 所示。该电路利用三极管进行频率变换，图中的 C_2、L_1 构成谐振频率为 (f_1-f_2) 的并联谐振选频电路。

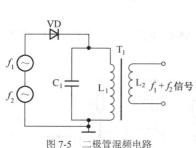

图 7-5　二极管混频电路

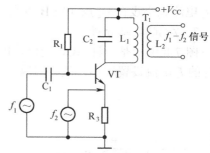

图 7-6　三极管混频电路

频率为 f_1 的信号经 C_1 加到三极管 VT 的基极，频率为 f_2 的信号加到三极管 VT 的发射极，两信号在经过 VT 的发射结时会产生各种新频率的信号，这些信号再经三极管放大后从集电极输出。因为 C_2、L_1 构成的选频电路的频率为 (f_1-f_2)，所以它能从 VT 输出的各种信号中选出 (f_1-f_2) 差频信号，在 L_1 上有很高的 (f_1-f_2) 信号电压，该电压感应到 L_2 上再送往后级电路。

7.2 反馈控制电路

反馈控制是电子技术中一种非常重要的技术。**反馈控制的基本原理是从电路的输出端取出一部分信号（取样信号），再对取样信号进行比较分析来判断电路的输出信号是否正常，若不正常，就会产生控制电压去改变电路的工作状态，使电路输出信号正常。**

常用的反馈控制电路主要有 3 类：自动增益控制电路、自动频率控制电路和锁相环控制电路。

7.2.1 自动增益控制（AGC）电路

1. 功能

自动增益控制电路简称 **AGC** 电路，其功能是根据电路输出信号幅度的大小来自动调节电路的增益。当输出信号幅度大时，将电路的增益调小，使电路输出信号幅度变小；当输出信号幅度小时，提高电路的增益，使电路输出信号幅度变大。

2. 三极管 I_c 电流与放大能力的关系

AGC 电路一般是通过控制三极管的 I_c 电流大小来改变电路的增益。三极管 I_c 电流与放大能力的关系可用图 7-7 所示曲线表示。

从图 7-7 所示曲线可以看出，当三极管的 $I_c=I_0$ 时（B 点），放大倍数 β 最大；当三极管的 $I_c<I_0$ 时（AB 段），I_c 越小，放大倍数 β 越小；当三极管的 $I_c>I_0$ 时（BC 段），I_c 越大，放大倍数 β 越小。

将三极管的 I_c 电流设在 AB 段范围内的 AGC 电路称为反向 AGC 电路。反向 AGC 是通过增大 I_c 电流来提高电路增益，通过减小 I_c 电流来降低电路增益。反向 AGC 电路一般将 I_c 电流大小设在 B_1 点（较 B 点小）。调幅收音机一般采用反向 AGC 电路。

将三极管的 I_c 电流设在 BC 段范围内的 AGC 电路称为正向 AGC 电路。正向 AGC 电路是通过减小 I_c 电流来提高电路增益，通过增大 I_c 电流来降低电路增益。正向 AGC 电路一般将 I_c 电流大小设在 B_2 点（较 B 点大）。电视机一般采用正向 AGC 电路。

3. AGC 电路分析

图 7-8 所示是一种 AGC 电路，R_7、VD、C_2、R_2 构成 AGC 电路，用来控制 VT_1 的增益，VT_1 的 I_c 电流设置较小，故电路属于反向 AGC 电路。

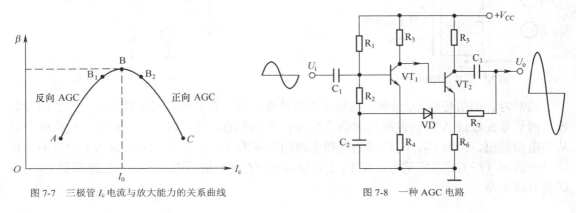

图 7-7 三极管 I_c 电流与放大能力的关系曲线　　　　图 7-8 一种 AGC 电路

　　输入信号 U_i 经 C_1 送到三极管 VT_1 基极，放大后从集电极输出，再由 VT_2 进一步放大，然后从集电极输出，VT_2 输出信号 U_o 分作两路：一路去后级电路，另一路送给 AGC 电路。当输出信号 U_o 为正半周时，二极管 VD 不能导通；当 U_o 为负半周时，VD 导通，U_o 电压经 R_7、VD 对 C_2 充电，在 C_2 上充得上负下正的电压，C_2 上负电压经 R_2 送到 VT_1 的基极，与 VT_1 原有的基极电压（由电源经 R_1 提供）叠加，VT_1 基极电压略有降低。

　　AGC 过程：若输入信号 U_i 幅度很大，该信号经 VT_1、VT_2 放大后，从 VT_2 集电极输出的 U_o 信号幅度也增大（与正常幅度比较），U_o 信号的负半周幅度也增大，U_o 信号经 R_7、VD 对 C_2 充得的上负下正电压很高，即 C_2 上负电压很低，C_2 很低的上负电压通过 R_2 使 VT_1 基极电压下降很多，VT_1 的 I_b 减小，I_c 也减小，由于 VT_1 工作在反向 AGC 状态，I_c 电流减小，VT_1 放大能力下降，VT_1 输出信号幅度减小，VT_2 输出信号 U_o 也减小，U_o 信号回到正常的幅度。也就是说，当输入信号增大导致输出信号幅度增大时，AGC 电路自动减小放大电路的增益，将输出信号幅度调回到正常值。

　　当输入信号减小时，输出信号幅度会随之减小，AGC 电路自动增大放大电路的增益，具体过程可自行分析。

7.2.2　自动频率控制（AFC）电路

1. 功能

　　自动频率控制电路简称 AFC 电路，其功能是将振荡器产生的信号与基准信号进行频率比较，若两信号频率不同，则会产生控制电压去控制振荡器，使振荡器产生的信号与基准信号频率保持相同。

2. 工作原理

　　AFC 电路主要由频率比较器、低通滤波器和压控振荡器组成。AFC 电路组成如图 7-9 所示。电路工作原理如下所述。

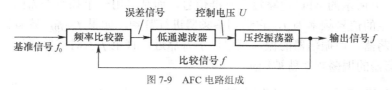

图 7-9　AFC 电路组成

　　压控振荡器产生频率为 f 的信号，该信号一路作为比较信号送到频率比较器，另一路作为输出信号提供给其他电路。在频率比较器中，振荡器送来的比较信号 f 与基准电路送来的基准信号 f_0 进行频率比较，比较结果产生误差信号，误差信号再经低通滤波器滤波平滑后形成控制电压 U，去控制压控振荡器（电压控制振荡频率的振荡器）的振荡频率。

　　若振荡器产生的信号频率与基准信号频率相等（$f=f_0$），频率比较器产生误差信号经低通滤波后形成的控制电压 $U=0V$，即不控制振荡器，振荡器保持振荡频率 $f=f_0$。

　　若振荡器产生的信号频率大于基准信号频率（$f>f_0$），频率比较器产生误差信号经低通滤波后形成的控制电压 $U<0V$，该电压控制振荡器，使振荡器振荡频率下降，下降到 $f=f_0$。

　　若振荡器产生的信号频率小于基准信号频率（$f<f_0$），频率比较器产生误差信号经低通滤波后形成的控制电压 $U>0V$，该电压控制振荡器，使振荡器振荡频率升高，升高到 $f=f_0$。

　　也就是说，AFC 电路可以将振荡器的频率锁定在 $f=f_0$，让振荡器产生的信号频率与基准信号频率始终相等。如果振荡器频率发生漂移，电路就会产生控制电压控制振荡器，使振荡器振荡频率往 $f=f_0$ 靠近，一旦 $f=f_0$，电路就不再产生控制电压（$U=0V$），让振荡器的振荡频率保持为 $f=f_0$。

3. 其他形式的 AFC 电路

图 7-19 所示是基本形式的 AFC 电路，AFC 还有一些其他形式。图 7-10 所示是另外两种较常见的 AFC 电路组成形式。

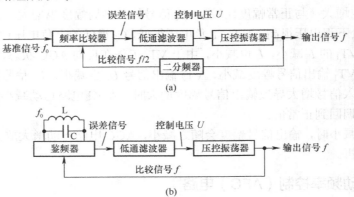

图 7-10　两种常见的 AFC 电路组成形式

图 7-10（a）所示的 AFC 电路较图 7-19 所示电路增加了一个二分频器，这样可让振荡器产生 $f=2f_0$ 的信号。在工作时，振荡器产生的信号频率为 f，该信号经二分频器将频率降低一半，变成频率为 $f/2$ 的信号，它作为比较信号去频率比较器与基准信号 f_0 进行比较，如果 $f/2 \neq f_0$，即 $f \neq 2f_0$，比较器就会产生控制电压去控制振荡器，使振荡器的振荡频率往 $f=2f_0$ 靠近，直至 $f=2f_0$ 时，比较器产生的控制电压才为 0V，振荡器振荡频率就被锁定在 $f=2f_0$。如果分频器分频数为 n，那么 AFC 电路就可以将振荡器的振荡频率锁定在 $f=nf_0$。

图 7-10（b）所示的 AFC 电路没有基准信号，而是采用一个频率为 f_0 的鉴频器。在工作时，振荡器产生的信号频率为 f，它送到鉴频器进行鉴频，如果 $f \neq f_0$，鉴频器就会产生控制电压去控制振荡器，使振荡器的振荡频率往 $f=f_0$ 靠近，直至 $f=f_0$ 时，鉴频器产生的控制电压才为 0V，振荡器的振荡频率就被锁定在 $f=f_0$。

7.2.3　锁相环（PLL）控制电路

1. 功能

锁相环控制电路简称 **PLL** 电路，又称自动相位控制电路（**APC 电路**），其功能是将振荡器产生的信号与基准信号进行相位比较，若两信号相位差不符合要求，则会产生控制电压去控制振荡器，使振荡器产生的信号相位超前或滞后，直到两信号相位差符合要求。

2. 工作原理

PLL 电路主要由相位比较器、低通滤波器和压控振荡器组成。PLL 电路组成如图 7-11 所示。

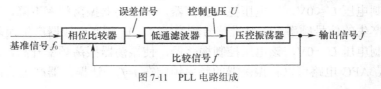

图 7-11　PLL 电路组成

电路工作原理如下所述。

压控振荡器产生频率为 f 的信号，该信号一路作为比较信号送到相位比较器，另一路作为输出信号提供给其他电路。在相位比较器中，振荡器送来的比较信号 f 与基准电路送来的基准信号 f_0 进行相位比较，比较结果产生误差信号，误差信号再经低通滤波器滤波平滑后形成控制电压 U，去调节压控振荡器产生的信号相位。

若振荡器产生的信号（比较信号）相位与基准信号相同，如图 7-12（a）所示，相位比较器产生的误差信号经低通滤波后形成的控制电压 $U=0\text{V}$，即不控制振荡器，振荡器输出信号相位不变。

若振荡器产生的信号相位超前基准信号，如图 7-12（b）所示，相位比较器产生的误差信号经低通滤波后形成的控制电压 $U<0\text{V}$，该电压控制振荡器，使振荡器输出信号相位后移，以便与基准信号同相。

若振荡器产生的信号相位滞后基准信号，如图 7-12（c）所示，相位比较器产生误差信号经低通滤波后形成的控制电压 $U>0\text{V}$，该电压控制振荡器，使振荡器输出信号相位前移，以便与基准信号同相。

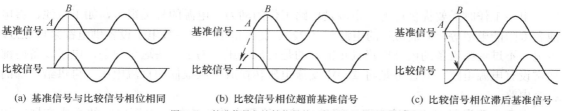

(a) 基准信号与比较信号相位相同　　(b) 比较信号相位超前基准信号　　(c) 比较信号相位滞后基准信号

图 7-12　基准信号与比较信号的 3 种相位比较情况

PLL 电路与 AFC 电路的控制对象都是振荡器，AFC 电路以控制振荡器频率为目的，而 PLL 电路以控制振荡器信号相位为目的，实际上 PLL 电路控制稳定后，比较信号不但相位与基准信号保持同步，两者频率也相同，所以 PLL 电路是一种精度更高的控制电路。

AFC 电路就像是指挥两支行进队伍的指挥员，它只要求两支队伍行进速度相同，而不管哪支队伍在前或在后；PLL 电路也像是指挥两支行进队伍的指挥员，但它除了要求两支队伍行进速度相同，还要求两支队伍人员并排前行（或者始终保持一定的距离前行），如果一支队伍超前，则要求该队伍减慢行进速度，当两支队伍同步后，如果一直保持同速行进，就会一直保持同步同速。

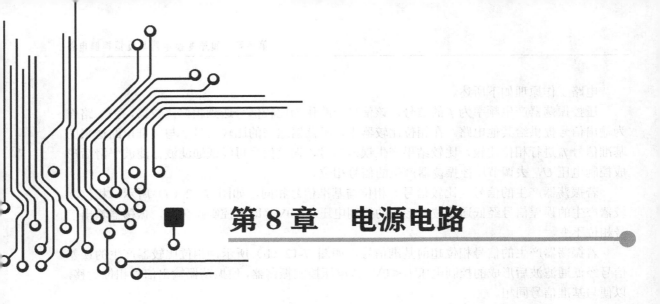

第8章 电源电路

电路工作时需要提供电源，电源是电路工作的动力。电源的种类很多，如干电池、蓄电池和太阳能电池等，但最常见的电源则是220V交流市电。大多数电子设备供电都来自220V市电，不过这些设备的内部电路真正需要的是直流电压，为了解决这个问题，电子设备内部通常设有电源电路，其任务是将220V交流电压转换成电压很低的直流电压，再供给内部的各个电路。

电源电路通常是由整流电路、滤波电路和稳压电路组成的。电源电路的组成方框图如图8-1所示。

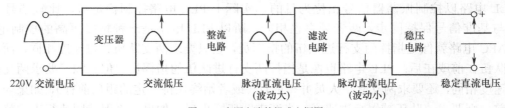

图 8-1 电源电路的组成方框图

220V的交流电压先经变压器降压，得到较低的交流电压，交流低压再由整流电路转换成脉动直流电压，该脉动直流电压的波动很大（即电压时大时小，变化幅度很大），它经滤波电路平滑后波动变小，然后经稳压电路进一步稳压，得到稳定的直流电压，供给其他电路作为直流电源。

8.1 整流电路

整流电路的功能是将交流电转换成直流电。整流电路主要有半波整流电路、全波整流电路、桥式整流电路和倍压整流电路等。

8.1.1　半波整流电路

1.　电路结构与原理

半波整流电路采有一个二极管将交流电转换成直流电，它只能利用到交流电的半个周期，故称为半波整流。半波整流电路及有关电压波形如图 8-2 所示。电路工作原理如下所述。

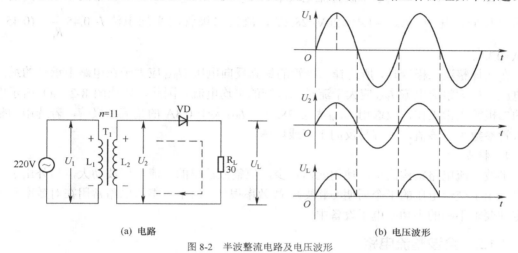

| (a) 电路 | (b) 电压波形 |

图 8-2　半波整流电路及电压波形

220V 交流电压送到变压器 T_1 初级绕组 L_1 两端，L_1 两端的交流电压 U_1 的波形如图 8-2（b）所示，该电压感应到次级绕组 L_2 上，在 L_2 上得到图 8-2（b）所示的较低的交流电压 U_2。当 L_2 上的交流电压 U_2 为正半周时，U_2 的极性是上正下负，二极管 VD 导通，有电流流过 VD 和电阻 R_L，电流方向是：U_2 上正→VD→R_L→U_2 下负；当 L_2 上的交流电压 U_2 为负半周时，U_2 电压的极性是上负下正，VD 截止，无电流流过 VD 和 R_L。如此反复工作，在电阻 R_L 上会得到图 8-2（b）所示脉动直流电压 U_L。

从上面的分析可以看出，半波整流电路只能在交流电压半个周期内导通，另半个周期内不能导通，即半波整流电路只能利用半个周期的交流电压。

2.　电路计算

由于交流电压时刻在发生变化，所以整流后输出的直流电压 U_L 也会变化（电压时高时低），这种大小变化的直流电压称为脉动直流电压。根据理论和实验都可得出，半波整流电路负载 R_L 两端的平均电压值为

$$U_L=0.45U_2$$

负载 R_L 流过的电流平均值为

$$I_L = \frac{U_L}{R_L}=0.45\frac{U_2}{R_L}$$

例如：图 8-2（a）所示电路中的 U_1=220V，变压器 T_1 的匝数比 n=11，负载 R_L=30Ω，那么电压 U_2=(220/11)V=20V，负载 R_L 两端的电压 U_L=0.45×20V=9V，R_L 流过的平均电流 I_L=(0.45×20/30)A=0.3A。

3.　元器件选用

对于整流电路，整流二极管的选择非常重要。在选择整流二极管时，主要考虑最高反向

工作电压 U_{RM} 和最大整流电流 I_{RM}。

在半波整流电路中，整流二极管两端承受的最高反向电压为 U_2 的峰值，即 $U=\sqrt{2}U_2$

整流二极管流过的平均电流与负载电流相同，即 $I=0.45\dfrac{U_2}{R_L}$

例如：图 8-2（a）所示半波整流电路中的 U_2=20V、R_L=30Ω，那么整流二极管两端承受的最高反向电压 $U=\sqrt{2}U_2$=1.41×20V=28.2V，流过二极管的平均电流 $I=0.45\dfrac{U_2}{R_L}$=(0.45×20/30)A=0.3A。

在选择整流二极管时，所选择二极管的最高反向电压 U_{RM} 应大于在电路中承受的最高反向电压，最大整流电流 I_{RM} 应大于流过二极管的平均电流。因此，要让图 8-2（a）所示电路中的二极管正常工作，应选用 U_{RM} 大于 28.2V、I_{RM} 大于 0.3A 的整流二极管，若选用的整流二极管参数小于该值，则容易反向击穿或烧坏。

4．特点

半波整流电路结构简单，使用元器件少，但整流输出的直流电压波动大，另外由于整流时只利用了交流电压的半个周期（半波），故效率很低，所半波整流电路常用在对效率和电压稳定性要求不高的小功率电子设备中。

8.1.2　全波整流电路

1．电路结构与原理

全波整流电路采用两个二极管将交流电转换成直流电，由于它可以利用交流电的正、负半周，所以称为全波整流。全波整流电路及其电压波形如图 8-3 所示，这种整流电路采用两只整流二极管，采用的变压器次级绕组 L_2 被对称分作 L_{2A} 和 L_{2B} 两部分。

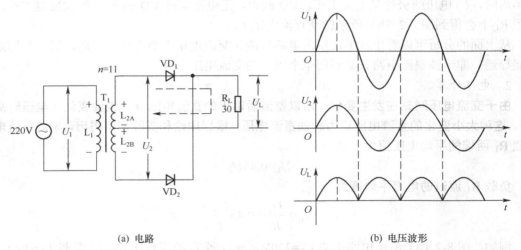

(a) 电路　　　　　　　　　　　　　　(b) 电压波形

图 8-3　全波整流电路及其电压波形

220V 交流电压 U_1 送到变压器 T_1 的初级绕组 L_1 两端，U_1 电压波形如图 8-3（b）所示。当交流电压 U_1 正半周送到 L_1 时，L_1 上的交流电压 U_1 极性为上正、下负，该电压感应到 L_{2A}、L_{2B} 上，L_{2A}、L_{2B} 上的电压极性也是上正、下负，L_{2A} 的上正、下负电压使 VD_1 导通，有电流

流过负载 R_L，其途径是：L_{2A} 上正→VD_1→R_L→L_{2A} 下负，此时 L_{2B} 的上正下负电压对 VD_2 为反向电压（L_{2B} 下负对应 VD_2 正极），故 VD_2 不能导通；当交流电压 U_1 负半周来时，L_1 上的交流电压极性为上负下正，L_{2A}、L_{2B} 感应到的电压极性也为上负、下正，L_{2B} 的上负、下正电压使 VD_2 导通，有电流流过负载 R_L，其途径是：L_{2B} 下正→VD_2→R_L→L_{2B} 上负，此时 L_{2A} 的上负、下正电压对 VD_1 为反向电压，VD_1 不能导通。如此反复工作，在 R_L 上会得到图 8-3（b）所示的脉动直流电压 U_L。

从上面的分析可以看出，全波整流能利用到交流电压的正、负半周，效率大大提高，达到半波整流的两倍。

2. 电路计算

全波整流电路能利用到交流电压的正、负半周，故负载 R_L 两端的平均电压值是半波整流电路的两倍，即

$$U_L=0.9U_{2A}$$

U_{2A} 为变压器次级绕组 L_{2A} 或 L_{2B} 两端的电压，$U_A=U_2/2$，所以上式也可以写成

$$U_L=0.45U_2$$

负载 R_L 流过的电流平均值为

$$I_L=\frac{U_L}{R_L}=0.45\frac{U_2}{R_L}$$

例如：图 8-3（a）所示电路中的 $U_1=220V$，变压器 T_1 的匝数比 $n=11$，负载 $R_L=30\Omega$，那么电压 $U_2=(220/11)V=20V$，负载 R_L 两端的电压 $U_L=0.45×20V=9V$，R_L 流过的平均电流 $I_L=(0.45×20/30)A=0.3A$。

3. 元器件选用

在全波整流电路中，每个整流二极管有半个周期处于截止状态，由于一只二极管截止时另一个二极管导通，整个 L_2 绕组上的电压通过导通的二极管加到截止的二极管两端，截止的二极管两端承受的最高反向电压为

$$U=\sqrt{2}U_2$$

由于负载电流是两个整流二极管轮流导通半个周期得到的，故流过二极管的平均电流为负载电流的一半，即

$$I=\frac{I_L}{2}=0.225\frac{U_2}{R_L}$$

图 8-3（a）所示全波整流电路中的 $U_2=20V$、$R_L=30\Omega$，那么整流二极管两端承受的最高反向电压 $U=\sqrt{2}U_2=1.41×20V=28.2V$，流过二极管的平均电流 $I=0.225\frac{U_2}{R_L}=(0.225×20/30)A0.15A$。

综上所述，要让图 8-3（a）所示电路中的二极管正常工作，应选用 U_{RM} 大于 28.2V、I_{RM} 大于 0.15A 的整流二极管。

4. 特点

全波整流电路的输出直流电压脉动小，整流二极管流过的电流小，但由于两个整流二极管轮流导通，变压器始终只有半个次级绕组工作，变压器利用率低，从而使输出电压低，输出电流小。

8.1.3 桥式整流电路

1. 电路结构与原理

桥式整流电路采用 4 个二极管将交流电转换成直流电，由于 4 个二极管在电路中的连接与电桥相似，故称为桥式整流电路。桥式整流电路及其电压波形如图 8-4 所示，它用到了 4 个整流二极管。电路工作原理如下所述。

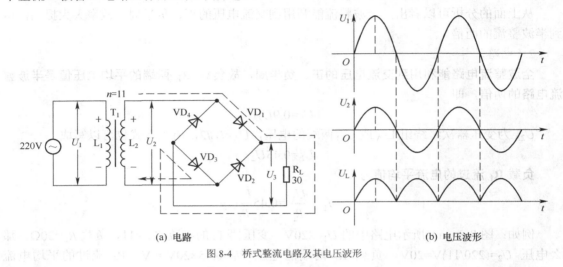

(a) 电路　　　　　　　　　　　　　　　　　(b) 电压波形

图 8-4　桥式整流电路及其电压波形

220V 交流电压 U_1 送到变压器初级绕组 L_1 两端，该电压经降压感应到 L_2 上，在 L_2 上得到 U_2 电压，U_1、U_2 电压波形如图 8-4（b）所示。当交流电压 U_1 为正半周时，L_1 上的电压极性是上正、下负，L_2 上感应的电压 U_2 极性也是上正、下负，L_2 上正、下负电压 U_2 使 VD_1、VD_3 导通，有电流流过 R_L，电流途径是：L_2 上正→VD_1→R_L→VD_3→L_2 下负；当交流电压负半周来时，L_1 上的电压极性是上负下正，L_2 上感应的电压 U_2 极性也是上负、下正，使 VD_2、VD_4 导通，电流途径是：L_2 下正→VD_2→R_L→VD_4→L_2 上负。如此反复工作，在 R_L 上得到图 8-4（b）所示脉动直流电压 U_L。

从上面的分析可以看出，桥式整流电路在交流电压整个周期内都能导通，即桥式整流电路能利用整个周期的交流电压。

2. 电路计算

由于桥式整流电路能利用到交流电压的正、负半周，故负载 R_L 两端的平均电压值是半波整流电路的两倍，即

$$U_L = 0.9U_2$$

负载 R_L 流过的电流平均值为

$$I_L = \frac{U_L}{R_L} = 0.9\frac{U_2}{R_L}$$

例如：图 8-4（a）所示电路中的 U_1=220V，变压器 T_1 的匝数比 n=11，负载 R_L=30Ω，那么电压 U_2=(220/11)V=20V，负载 R_L 两端的电压 U_L=0.9×20V=18V，R_L 流过的平均电流 I_L=(0.9×20/30)A=0.6A。

3. 元器件选用

在桥式整流电路中，每个整流二极管有半个周期处于截止状态，在截止时，整流二极管两端承受的最高反向电压为

$$U=\sqrt{2}U_2$$

由于整流二极管只有半个周期导通，故流过整流二极管的平均电流为负载电流的一半，即

$$I=0.45\frac{U_2}{R_L}$$

图 8-4（a）所示桥式整流电路中的 U_2=20V、R_L=30Ω，那么整流二极管两端承受的最高反向电压 $U=\sqrt{2}U_2$=1.41×20V =28.2V，流过二极管的平均电流 $I=0.45\frac{U_2}{R_L}=(0.45×20/30)A=0.3A$。

因此，要让图 8-4（a）所示电路中的二极管正常工作，应选用 U_{RM} 大于 28.2V、I_{RM} 大于 0.3A 的整流二极管，若选用的整流二极管参数小于该值，则容易反向击穿或烧坏。

4. 特点

桥式整流电路输出的直流电压脉动小，由于能利用到交流电压正、负半周，故整流效率高，正因为有这些优点，故大量电子设备的电源电路采用桥式整流电路。

5. 整流桥堆

桥式整流电路采用了 4 个二极管，在电路安装时较为麻烦，为此有些元器件制作厂将 4 个二极管制作并封装成一个器件，这种器件称为整流桥堆。整流桥堆实物外形如图 8-5 所示。

整流桥堆有 4 个引脚，标有"～"的两个引脚为交流电压输入端，标有"+"和"−"的两个引脚分别为直流电压"+"和"−"输出端。整流桥堆内部结构如图 8-6 所示。

图 8-5 整流桥堆实物外形

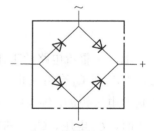

图 8-6 整流桥堆内部结构

8.1.4 倍压整流电路

倍压整流电路是一种将较低交流电压转换成较高直流电压的整流电路。倍压整流电路可以成倍提高输出电压，根据提升电压倍数不同，倍压整流电路可分为二倍压整流、三倍压整流、四倍压整流电路等。

1. 二倍压整流电路

二倍压整流电路如图 8-7 所示。电路工作原理如下所述。

交流电压 U_i 送到变压器 T_1 初级绕组 L_1，再感应到次级绕组 L_2 上，L_2 上的交流信号电压为 U_2，U_2 电压最大值（峰值）为 $\sqrt{2}U_2$。当交流电压的负半周来时，L_2 上的电压极性为上负、

下正，该电压经 VD_1 对 C_1 充电，充电途径是：L_2 下正→VD_1→C_1→L_2 上负，在 C_1 上充得左负右正电压，该电压大小约为 $\sqrt{2}U_2$；当交流电压的正半周来时，L_2 上电压的极性为上正、下负，该上正下负电压与 C_1 上的左负、右正电压叠加（与两节电池叠加相似），再经 VD_2 对 C_2 充电，充电途径是：C_1 右正→VD_2→C_2→L_2 下负（L_2 上的电压与 C_1 上的电压叠加后，C_1 右端相当于整个电压的正极，L_2 下端相当于整个电压的负极），结果在 C_2 上获得大小约为 $2\sqrt{2}U_2$ 的电压 U_o，提供给负载 R_L。

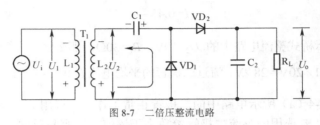

图 8-7　二倍压整流电路

2. 七倍压整流电路

七倍压整流电路如图 8-8 所示。

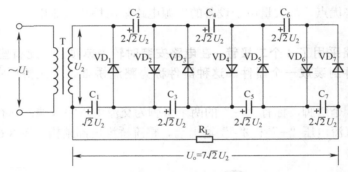

图 8-8　七倍压整流电路

七倍压整流电路的工作原理与两倍压整流电路基本相同。当 U_2 电压极性为上负、下正时，它经 VD_1 对 C_1 充得左正、右负电压，大小为 $\sqrt{2}U_2$；当 U_2 电压变为上正下负时，与 C_1 左正、右负的电压叠加，经 VD_2 对 C_2 充得左正、右负电压，大小为 $2\sqrt{2}U_2$；当 U_2 电压又变为上负、下正时，U_2 电压、C_1 上的左正、右负电压与 C_2 上的左正、右负电压 3 个电压进行叠加，由于 U_2 电压、C_1 上的电压极性相反，相互抵消，故叠加后总电压为 $2\sqrt{2}U_2$，它经 VD_3 对 C_3 充电，在 C_3 上充得左正、右负的电压，电压大小为 $2\sqrt{2}U_2$。电路中 C_4、C_5、C_6、C_7 的充电原理与 C_3 基本类似，它们两端充得的电压大小均为 $2\sqrt{2}U_2$。

在电路中，除了 C_1 两端电压为 $\sqrt{2}U_2$ 外，其他电容两端的电压均为 $2\sqrt{2}U_2$，总电压 U_o 取自 C_1、C_3、C_5、C_7 的叠加电压。如果在电路中灵活接线，可以获得一倍压、二倍压、三倍压、四倍压、五倍压和六倍压。

3. 倍压整流电路的特点

倍压整流电路可以通过增加整流二极管和电容的方法成倍提高输出电压，但这种整流电路输出电流比较小。

8.2　滤波电路

整流电路能将交流电转变为直流电，但由于交流电压大小时刻在变化，故整流后流过负载的电流大小也时刻变化。例如当变压器线圈的正半周交流电压逐渐上升时，经二极管整流后流过负载的电流会逐渐增大；而当线圈的正半周交流电压逐渐下降时，经整流后流过负载的电流会逐渐减小，这样忽大忽小的电流流过负载，负载很难正常工作。为了让流过负载的电流大小稳定不变或变化尽量小，需要在整流电路后加上滤波电路。

常见滤波电路有电容滤波电路、电感滤波电路、复合滤波电路和电子滤波电路等。

8.2.1　电容滤波电路

电容滤波电路是利用电容充、放电原理工作的。 电容滤波电路及有关电压波形如图 8-9 所示，电容 C 为滤波电容。220V 交流电压经变压器 T_1 降压后，在 L_2 上得到图 8-9（b）所示的 U_2 电压，在没有滤波电容 C 时，负载 R_L 得到电压为 U_{RL1}，U_{RL1} 电压随 U_2 电压波动而波动，变化很大，如 t_1 时刻 U_{RL1} 电压最大，t_2 时刻 U_{RL1} 电压变为 0V，这样时大时小、时有时无的电压使负载无法正常工作。在整流电路之后增加滤波电容可以解决这个问题。电容滤波工作原理如下所述。

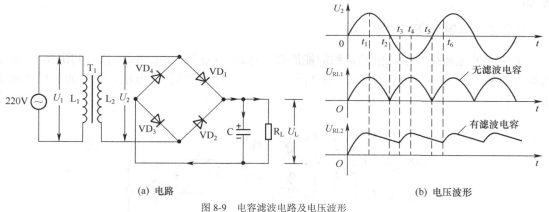

(a) 电路　　　　　　　　　　　　　　　　(b) 电压波形

图 8-9　电容滤波电路及电压波形

在 $0 \sim t_1$，U_2 电压极性为上正下负且逐渐上升，U_2 波形如图 8-9（b）所示，VD_1、VD_3 导通，U_2 电压通过 VD_1、VD_3 整流后对电容 C 充电，在 C 上充得上正、下负的电压，t_1 时刻充得电压最高。

在 $t_1 \sim t_2$，U_2 电压极性为上正、下负但逐渐下降，电容 C 上的电压高于 U_2 电压，VD_1、VD_3 截止，C 开始对 R_L 放电，使整流二极管截止时 R_L 仍有电流流过，C 上的电压因放电而缓慢下降。

在 $t_2 \sim t_3$，U_2 电压极性变为上负、下正且逐渐增大，但电容 C 上的电压仍高于 U_2 电压，VD_1、VD_3 截止，C 继续对 R_L 放电，C 上的电压继续下降。

在 $t_3 \sim t_4$，U_2 电压极性为上负、下正且继续增大，U_2 电压开始大于电容 C 上的电压，VD_2、

VD$_4$ 导通，U_2 电压通过 VD$_2$、VD$_4$ 整流后对电容 C 充电，在 C 上的上正、下负的电压又开始升高。

在 $t_4 \sim t_5$，U_2 电压极性仍为上负、下正但逐渐减小，电容 C 上的电压高于 U_2 电压，VD$_2$、VD$_4$ 截止，C 又对 R$_L$ 放电，使 R$_L$ 仍有电流流过，C 上的电压因放电缓慢下降。

在 $t_5 \sim t_6$，U_2 电压极性变为上正下负且逐渐增大，但电容 C 上的电压仍高于 U_2 电压，VD$_2$、VD$_4$ 截止，C 继续对 R$_L$ 放电，C 上的电压则继续下降。

t_6 时刻以后，电路会重复 $0 \sim t_6$ 过程，从而在负载 R$_L$ 两端（也是电容 C 两端）得到图 8-9（b）所示的 U_{RL2} 电压。将图 8-9（b）中的 U_{RL1} 和 U_{RL2} 电压波形比较不难发现，增加了滤波电容后在负载上得到的电压大小波动较无滤波电容时要小得多。

电容使整流电路输出电压波动变小的功能称为滤波。电容滤波的实质是在输入电压高时通过充电将电能存储起来，而在输入电压较低时通过放电将电能释放出来，从而保证负载得到波动较小的电压。 电容滤波与水缸蓄水相似，如果自来水供应紧张，白天不供水或供水量很少而晚上供水量很多时，为了保证一整天能正常用水，可以在晚上水多时一边用水一边用水缸蓄水（相当于给电容充电），而在白天水少或无水时水缸可以供水（相当于电容放电）。这里的水缸就相当于电容，只不过水缸存储水，而电容存储电能。

电容能使整流输出的电压波动变小，电容的容量越大，其两端的电压波动越小，即电容容量越大，滤波效果越好。 容量大和容量小的电容可相当于大水缸和小茶杯，大水缸蓄水多，在停水时可以供很长时间的用水；而小茶杯蓄水少，停水时供水时间短，还会造成用水时有时无。

8.2.2 电感滤波电路

电感滤波电路是利用电感储能和放能原理工作的。电感滤波电路如图 8-10 所示，电感 L 为滤波电感。220V 交流电压经变压器 T$_1$ 降压后，在 L$_2$ 上得到 U_2 电压。电感滤波原理如下所述。

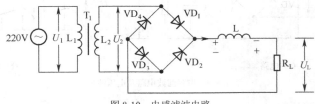

图 8-10 电感滤波电路

当 U_2 电压极性为上正下负且逐渐上升时，VD$_1$、VD$_3$ 导通，有电流流过电感 L 和负载 R$_L$，电流途径是：L$_2$ 上正→VD$_1$→电感 L→R$_L$→VD$_3$→L$_2$ 下负，电流在流过电感 L 时，电感会产生左正右负的自感电动势阻碍电流，同时电感存储能量，由于电感自感电动势的阻碍，流过负载的电流缓慢增大。

当 U_2 电压极性为上正下负且逐渐下降时，经整流二极管 VD$_1$、VD$_3$ 流过电感 L 和负载 R$_L$ 的电流变小，电感 L 马上产生左负右正的自感电动势开始释放能量，电感 L 的左负右正电动势产生电流，电流的途径是：L 右正→R$_L$→VD$_3$→L$_2$→VD$_1$→L 左负，该电流与 U_2 电压产生的电流一起流过负载 R$_L$，使流过 R$_L$ 的电流不会因 U_2 下降而变小。

当 U_2 电压极性为上负下正时，$\mathbf{VD}_2$、$\mathbf{VD}_4$ 导通，电路工作原理与 U_2 电压极性为上正下负时基本相同，这里不再叙述。

从上面的分析可知，当输入电压高使整流电流大时，电感产生电动势对电流进行阻碍，避免流过负载的电流突然增大（让电流缓慢增大）；而当输入电压低使整流电流小时，电感又产生反电动势，反电动势产生的电流与减小的整流电流叠加一起流过负载，避免流过负载的电流因输入电压下降而迅速减小，这样就使得流过负载的电流大小波动大大减小。

电感滤波的效果与电感的电感量有关，电感量越大，流过负载的电流波动越小，滤波效果越好。

8.2.3　复合滤波电路

单独的电容滤波或电感滤波效果往往不理想，因此可将电容、电感和电阻组合起来构成复合滤波电路，复合滤波电路滤波效果比较好。

1. LC 滤波电路

LC 滤波电路由电感和电容构成，其电路结构如图 8-11 点画线框内部分所示。

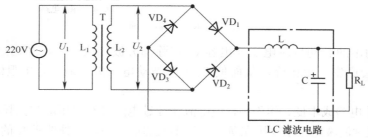

图 8-11　LC 滤波电路

整流电路输出的脉动直流电压先由电感 L 滤除大部分波动成分，少量的波动成分再由电容 C 进一步滤掉，供给负载的电压波动就很小。

LC 滤波电路带负载能力很强，即使负载变化时，输出电压都比较稳定。另外，由于电容接在电感之后，在刚接通电源时，电感会对突然流过的浪涌电流产生阻碍，从而减小浪涌电流对整流二极管的冲击。

2. LC-π形滤波电路

LC-π形滤波电路由一个电感和两个电容接成π形构成，其电路结构如图 8-12 点画线框内部分所示。

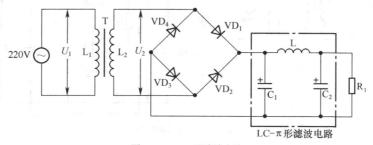

图 8-12　LC-π形滤波电路

整流电路输出的脉动直流电压依次经电容 C_1、电感 L 和电容 C_2 滤波后，波动成分基本被滤掉，供给负载的电压波动很小。

LC-π形滤波电路滤波效果要好于 LC 滤波电路，由于电容 C_1 接在电感之前，在刚接通电源时，变压器次级绕组通过整流二极管对 C_1 充电的浪涌电流很大，为了缩短浪涌电流的持续时间，一般要求 C_1 的容量小于 C_2 的容量。

3. RC-π形滤波电路

RC-π形滤波电路用电阻替代电感，并与电容接成π形构成。RC-π形滤波电路如图 8-13 点画线框内部分所示。

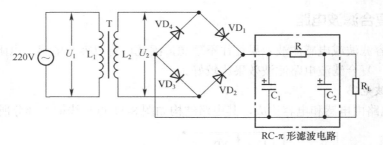

图 8-13　RC-π形滤波电路

整流电路输出的脉动直流电压经电容 C_1 滤除部分波动成分后，在通过电阻 R 时，波动电压在 R 上会产生一定压降，从而使 C_2 上的波动电压大大减小。R 阻值越大，滤波效果越好。

RC-π形滤波电路成本低、体积小，但电流在经过电阻时有电压降和损耗，会导致输出电压下降，所以这种滤波电路主要用在负载电流不大的电路中，另外要求 R 的阻值不能太大，一般为几十至几百欧，且满足 $R \ll R_L$。

8.2.4　电子滤波电路

对于 RC 滤波电路来说，电阻 R 的阻值越大，滤波效果越好，但电阻阻值大会使电路损耗增大、输出电压偏低。**电子滤波电路是一种由 RC 滤波电路和三极管组合构成的电路**，电子滤波电路如图 8-14 所示，其中三极管 VT 和 R、C 构成电子滤波电路。

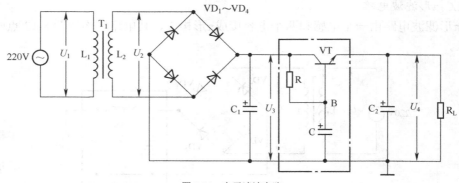

图 8-14　电子滤波电路

变压器次级绕组 L_2 两端的电压 U_2 经 $VD_1 \sim VD_4$ 整流后，在 C_1 上得到脉动直流电压 U_3，该电压再经电阻 R、电容 C 进行滤波，由于 R 阻值很大，大部分波动电压落在 R 上，加上 C_2 具有滤波作用，电容 C 两端电压波动极小，也即 B 点电压变化小，B 点电压提供给三极管 VT 作基极电压，因为 VT 基极电压变化小，故 VT 基极电流 I_b 变化小，I_e 电流变化也很小，变化小的 I_e 电流对 C_2 充电，在 C_2 上得到的电压也变化小，即 C_2 上的电压大小较稳定，它供给负载 R_L。

电子滤波电路常用在整流电流不大，但滤波要求高的电路中，R 的阻值一般取几千欧，C 的容量取几微法至 100μF。

8.3 稳压电路

滤波电路可以将整流输出波动大的脉动直流电压平滑成波动小的直流电压，但如果因供电原因引起 220V 电压大小变化时（如 220V 上升至 240V），经整流得到的脉动直流电压平均值随之会变化（升高），滤波供给负载的直流电压也会变化（升高）。为了保证在市电电压大小发生变化时，提供给负载的直流电压始终保持稳定，还需要在整流滤波电路之后增加稳压电路。

8.3.1 简单的稳压电路

稳压二极管是一种具有稳压功能的元器件，采用稳压二极管和限流电阻可以组成简单的稳压电路。简单稳压电路如图 8-15 所示，它由稳压二极管 VD 和限流电阻 R 组成。

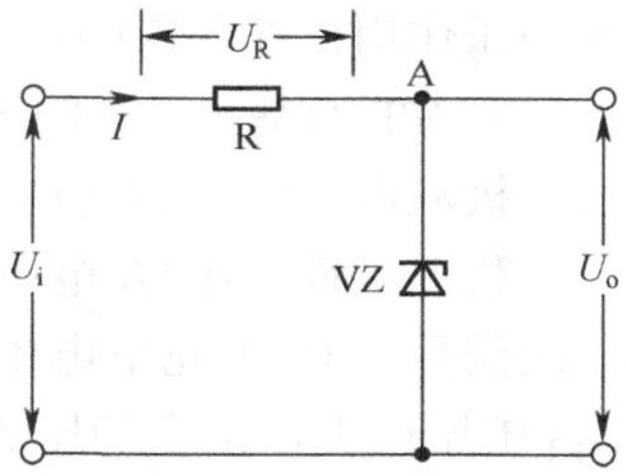

输入电压 U_i 经限流电阻 R 送到稳压二极管 VZ 两端，VZ 被反向击穿，有电流流过 R 和 VZ，R 两端的电压为 U_R，VZ 两端的电压为 U_o，U_i、U_R 和 U_o 3 者满足 $U_i=U_R+U_o$。

如果输入电压 U_i 升高，流过 R 和 VZ 的电流增大，R 两端的电压 U_R 增大（$U_R=IR$，I 增大，故 U_R 也增大），由于稳压二极管具有"击穿后两端电压保持不变"的特点，所以 U_o 电压保持不变，从而实现了输入电压 U_i 升高时输出电压 U_o 保持不变的稳压功能。

如果输入电压 U_i 下降，只要 U_i 电压大于稳压二极管的稳压值，稳压二极管就仍处于反向导通状态（击穿状态），由于 U_i 下降，流过 R 和 VZ 的电流减小，R 两端的电压 U_R 减小，稳压二极管两端电压保持不变，即 U_o 电压仍保持不变，从而实现了输入电压 U_i 下降时让输出电压 U_o 保持不变的稳压功能。

要让稳压二极管在电路中能够稳压，须满足以下两点。
① 稳压二极管在电路中需要反接（即正极接低电位，负极接高电位）。
② 加到稳压二极管两端的电压不能小于它的击穿电压（也即稳压值）。

例如图 8-15 所示电路中的稳压二极管 VZ 的稳压值为 6V，当输入电压 U_i=9V 时，VZ 处于击穿状态，U_o=6V，U_R=3V；若 U_i 由 9V 上升到 12V，U_o 仍为 6V，而 U_R 则由 3V 升高到 6V（因输入电压升高使流过 R 的电流增大而导致 U_R 升高）；若 U_i 由 9V 下降到 5V，稳压二极管无法击穿，限流电阻 R 无电流通过，U_R=0V，U_o=5V，此时稳压二极管无稳压功能。

图 8-15 简单稳压电路

8.3.2 串联型稳压电路

串联型稳压电路由三极管和稳压二极管等元器件组成，由于电路中的三极管与负载是串联关系，所以称为串联型稳压电路。

1. 简单的串联型稳压电路

图 8-16 所示是一种简单的串联型稳压电路。电路工作原理如下所述。

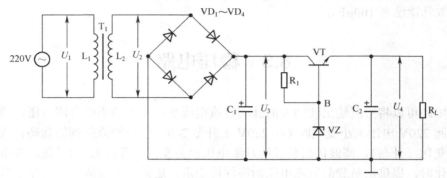

图 8-16　一种简单的串联型稳压电路

220V 交流电压 U_1 经变压器 T_1 降压后得到 U_2 电压，U_2 电压经整流电路对 C_1 充电，在 C_1 上得到上正、下负的电压 U_3，该电压经限流电阻 R_1 加到稳压二极管 VZ 两端，由于 VZ 的稳压作用，在 VZ 的负极，也即 B 点得到一个与 VZ 稳压值相同的电压 U_B，U_B 电压送到三极管 VT 的基极，VT 产生 I_b 电流，VT 导通，来自 U_3 电压的 I_c 电流从 VT 的集电极流入、发射极流出，它对滤波电容 C_2 充电，在 C_2 上得到上正下负的 U_4 电压供给负载 R_L。

稳压过程：若 U_1 电压上升至 240V 时，变压器 T_1 次级绕组 L_2 上的电压 U_2 也上升，经整流滤波后在 C_1 上充电电压 U_3 上升，因 U_3 电压上升，流过 R_1、VZ 的电流增大，R_1 上的电压 U_{R1} 电压增大，由于稳压二极管 VZ 击穿后两端电压保持不变，故 B 点电压 U_B 仍保持不变，VT 基极电压不变，I_b 不变，I_c 也不变（$I_c = \beta I_b$，I_b、β 都不变，故 I_c 也不变），因为 I_c 电流大小不变，故 I_c 对 C_2 充得电压 U_4 也保持不变，从而实现了输入电压上升时保持输出电压 U_4 不变的稳压功能。

对于 U_1 电压下降时电路的稳压过程，读者可自行分析。

2. 常用的串联型稳压电路

图 8-17 所示是一种常用的串联型稳压电路。电路工作原理如下所述。

220V 交流电压 U_1 经变压器 T_1 降压后得到 U_2 电压，U_2 电压经整流电路对 C_1 进行充电，在 C_1 上得到上正、下负的电压 U_3，这里的 C_1 可相当于一个电源（类似充电电池），其负极接地，正极电压送到 A 点，A 点电压 U_A 与 U_3 相等。电压 U_A 经 R_1 送到 B 点，也即调整管 VT_1 的基极，有 I_{b1} 电流由 VT_1 的基极流往发射极，VT_1 导通，有 I_c 电流由 VT_1 的集电极流往发射极，该 I_c 电流对 C_2 充电，在 C_2 上充得上正、下负的电压 U_4，该电压供给负载 R_L。

U_4 电压在供给负载的同时，还经 R_3、RP、R_4 分压为 VT_2 提供基极电压，VT_2 有 I_{b2} 电流从基极流向发射极，VT_2 导通，马上有 I_{c2} 流过 VT_2，I_{c2} 电流途径是：A 点→R_1→VT_2 的集电极、发射极→VZ→地。

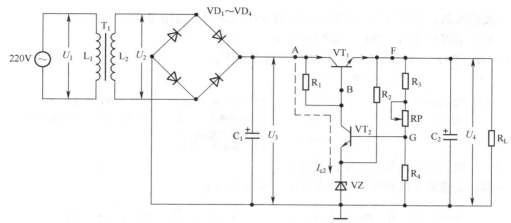

图 8-17　一种常用的串联型稳压电路

稳压过程：若 U_1 电压上升至 240V，变压器 T_1 次级绕组 L_2 上的电压 U_2 也上升，经整流滤波后在 C_1 上充得电压 U_3 上升，A 点电压上升，B 点电压上升，VT_1 的基极电压上升，I_{b1} 增大，I_{c1} 增大，C_2 充电电流增大，C_2 两端电压 U_4 升高，U_4 电压经 R_3、RP、R_4 分压在 G 点得到的电压也升高，VT_2 基极电压 U_{b2} 升高，由于 VZ 的稳压作用，VT_2 的发射极电压 U_{e2} 保持不变，VT_2 的基-射极之间的电压差 U_{be2} 增大（$U_{be2}=U_{b2}-U_{e2}$，U_{b2} 升高，U_{e2} 不变，故 U_{be2} 增大），VT_2 的 I_{b2} 电流增大，I_{c2} 电流也增大，流过 R_1 的 I_{c2} 电流增大，R_1 两端产生的压降 U_{R1} 增大，B 点电压 U_B 下降，即 VT_1 的基极电压下降，VT_1 的 I_{b1} 下降，I_{c1} 下降，C_2 的充电电流减小，C_2 两端的电压 U_4 下降，回落到正常电压值。

在 220V 交流电压不变的情况下，若要提高输出电压 U_4，可调节调压电位器 RP。

输出电压调高过程：将电位器 RP 的滑动端上移→RP 阻值变大→G 点电压下降→VT_2 基极电压 U_{b2} 下降→VT_2 的 U_{be2} 下降（$U_{be2}=U_{b2}-U_{e2}$，U_{b2} 下降，因 VZ 的稳压作用，U_{e2} 保持不变，故 U_{be2} 下降）→VT_2 的 I_{b2} 电流减小→I_{c2} 电流也减小→流过 R_1 的 I_{c2} 电流减小→R_1 两端产生的压降 U_{R1} 减小→B 点电压 U_B 上升→VT_1 的基极电压上升→VT_1 的 I_{b1} 增大→I_{c1} 增大→C_2 的充电电流增大→C_2 两端的电压 U_4 上升。

8.3.3　集成稳压电路

分立元器件稳压电路由于元器件多，不但体积大，而且安装调试比较麻烦。随着集成电路技术的发展，一些元器件厂家将稳压电路众多的元器件做在一块硅片上，并接出引脚封装起来就构成了集成稳压电路，因为这种集成电路通常只有 3 个引脚，故称之为三端集成稳压电路，又称三端集成稳压器。三端集成稳压器可分为三端固定输出稳压器和三端可调输出稳压器。常见的三端集成稳压器实物外形如图 8-18 所示。

1. 三端固定输出集成稳压器

三端固定输出集成稳压器的输出电压固定不变，它有输入、输出和接地 3 个引脚。常用的 CW78（79）××系列稳压器就是三端固定

图 8-18　常见的三端集成稳压器

输出集成稳压器，下面以该系列稳压器为例介绍三端固定输出集成稳压器。

（1）三端固定输出集成稳压器型号含义

CW78（79）××系列集成稳压器型号含义如下。

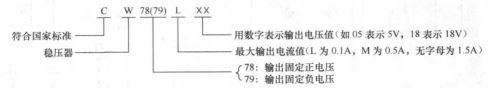

（2）三端固定输出集成稳压器应用电路

三端固定输出集成稳压器应用电路如图 8-19 所示。

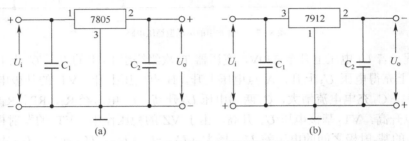

图 8-19　三端固定输出集成稳压器应用电路

图 8-19（a）所示为 7805 型三端固定输出集成稳压器的应用电路。稳压器的①脚为电压输入端，②脚为电压输出端，③脚为接地端。输入电压 U_i（电压极性为上正、下负）送到稳压器的①脚，经内部电路稳压后从②脚输出+5V 电压，在电容 C_2 上得到的输出电压 U_o= +5V。

图 8-19（b）所示为 7912 型三端固定输出集成稳压器的应用电路。稳压器的③脚为电压输入端，②脚为电压输出端，①脚为接地端。输入电压 U_i（电压极性为上负下正）送到稳压器的③脚，经内部电路稳压后从②脚输出−12V 电压，在电容 C_2 上得到的输出电压 U_o= −12V。

（3）三端固定输出集成稳压电路的功能扩展

在一些电子设备中，有些负载需要较高的电压或较大的电流，如果使用的三端固定集成稳压器无法直接输出较高电压或较大电流，在这种情况下可对三端固定输出集成稳压器进行功能扩展。

① 提高输出电压。图 8-20 所示是一种常见的提高三端固定输出集成稳压器输出电压的电路连接方式，它是在稳压器的接地端与地之间增加一个电阻 R_2，同时在输出端与接地端之间接有一个电阻 R_1。

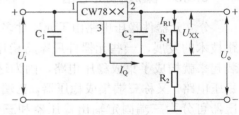

图 8-20　提高三端固定输出集成稳压器输出
电压的电路连接方式

在稳压器工作时，有电流 I_{R1} 流过 R_1、R_2，另外稳压器的③脚也有较小的 I_Q 电流输出流过 R_2，但因为 I_Q 远小于 I_{R1}，故 I_Q 可忽略不计，因此输出电压 $U_o=I_{R1}(R_1+R_2)$。由于 $I_{R1} \cdot R_1=U_{xx}$，U_{xx} 为稳压器固定输出电压值，所以 $I_{R1}=U_{xx}/R_1$，输出电压 $U_o=I_{R1}(R_1+R_2)$ 可变形为 $U_o=\left(1+\dfrac{R_2}{R_1}\right)U_{xx}$。

从上式可以看出，只要增大 R_2 的阻值就可以提高输出电压。当 $R_2=R_1$ 时，输出电压 U_o

提高一倍；当 $R_2=0\Omega$ 时，输出电压 $U_o=U_{xx}$，即 $R_2=0\Omega$ 时不能提高输出电压。

② 提高输出电流。图 8-21 所示是一种常见的提高三端固定输出集成稳压器输出电流的电路连接方式，它主要是在稳压器输入端与输出端之间并联一个三极管，由于增加了三极管的 I_c 电流，故可提高电路的输出电流。

在电路工作时，电路中有 I_b、I_c、I_R、I_Q、I_x 和 I_o 电流，这些电流有这样的关系：$I_R+I_b=I_Q+I_x$，$I_c=\beta I_b$，$I_o=I_x+I_c$。因为 I_Q 电流很小，故可认为 $I_x=I_R+I_b$，即 $I_b=I_x-I_R$；又因为 $I_R=U_{eb}/R$，所以 $I_b=I_x-U_{eb}/R$；再根据 $I_o=I_x+I_c$ 和 $I_c=\beta I_b$，可得出

$$I_o=I_x+I_c=I_x+\beta I_b=I_x+\beta(I_x-U_{eb}/R)=(1+\beta)I_x-\beta U_{eb}/R$$

即电路扩展后输出电流的大小为

$$I_o=(1+\beta)I_x-\beta\frac{U_{eb}}{R}$$

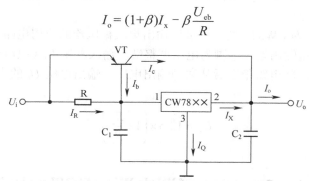

图 8-21 提高三端固定输出集成稳压器输出电流的电路连接方式

在计算输出电流 I_o 时，U_{eb} 一般取 0.7V，I_x 取稳压器输出端的输出电流值。

2. 三端可调输出集成稳压器

三端可调输出集成稳压器的输出电压大小可以调节，它有电压输入、电压输出和电压调整 3 个引脚。 有些三端可调输出集成稳压器可输出正电压，也有些可输出负电压，如 CW117/CW217/CW317 稳压器可输出 $+1.2\sim+37V$，CW137/CW237/CW337 稳压器可输出 $-1.2\sim-37V$，并且输出电压连续可调。

（1）三端可调输出集成稳压器型号含义

CW317L 三端可调输出集成稳压器型号含义如下：

（2）三端可调输出集成稳压器应用电路

三端可调输出集成稳压器典型应用电路如图 8-22 所示。

图 8-22（a）所示为 CW317 型三端可调输出集成稳压器的应用电路。稳压器的②脚为电压输入端，③脚为电压输出端，①脚为电压调整端。输入电压 U_i（极性为上正、下负）送到稳压器的②脚，经内部电路稳压后从③脚输出电压，输出电压 U_o 的大小与 R_1、R_2 的阻值有关，它们的关系是：$U_o\approx1.25\times\left(1+\dfrac{R_2}{R_1}\right)$。

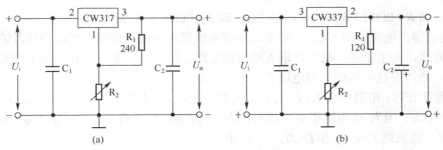

图 8-22　三端可调输出集成稳压器应用电路

由上式可以看出，改变 R_2、R_1 的阻值就可以改变输出电压，电路一般采用调节 R_2 的阻值来调节输出电压的方法。

图 8-22（b）所示为 CW337 型三端可调输出集成稳压器的应用电路。稳压器的③脚为电压输入端，②脚为电压输出端，①脚为电压调整端。输入电压 U_i（电压极性为上负下正）送到稳压器的③脚，经内部电路稳压后从②脚输出电压，输出电压 U_o 的大小也与 R_1、R_2 的阻值有关，它们的关系是

$$U_o \approx 1.25 \times \left(1 + \frac{R_2}{R_1}\right)$$

8.4　0～12V 可调电源的原理与检修

0～12V 可调电源是一种将 220V 交流转换成直流电压的电源电路，通过调节电位器可使输出的直流电压在 0～12V 变化。

8.4.1　电路原理

图 8-23 所示是 0～12V 可调电源的电路原理图。

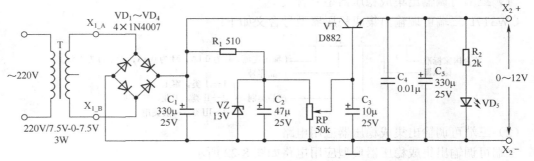

图 8-23　0～12V 可调电源的电路原理图

220V 交流电压经变压器 T 降压后，在次级绕组 A、B 端得到 15V 交流电压，该交流电压通过 VD_1～VD_4 构成的桥式整流电路对电容 C_1 充电，在 C_1 上得到 18V 左右的直流电压，该直流电压一方面加到三极管 VT（又称调整管）的集电极，另一方面经 R_1、VZ 构成的稳压电路稳压后，在 VZ 负极得到 13V 左右的电压。此电压再经电位器 RP 调节送到三极管 VT

的基极，三极管 VT 导通，有 I_b、I_c 电流通过 VT 对电容 C_5 充电，在 C_5 上得到 0～12V 的直流电压，该电压一方面从接插件 X_2+ 和 X_2- 端输出供给其他电路，另一方面经 R_2 为发光二极管 VZ 供电，使之发光，指示电源电路有电压输出。

电源变压器 T 次级绕组有一个中心抽头端，将次级绕组平均分成两部分，每部分有 7.5V 电压，本电路的电压取自中心抽头以外的两端，电压为 15V（交流电压）。C_1、C_2、C_3、C_4、C_5 均为滤波电容，用于滤除电压中的脉动成分，使直流电压更稳定。RP 为调压电位器，当滑动端移到最上端时，稳压二极管 VZ 负极的电压直接送到三极管 VT 的基极，VT 基极电压最高，约 13V，VT 导通程度最深，I_b、I_c 电流最大，C_5 两端充得的电压最高，略大于 12V；当 RP 滑动端移到最下端时，VT 基极电压为 0V，VT 无法导通，无 I_b、I_c 电流对 C_5 充电，C_5 两端电压为 0V；调节 RP 可以使 VT 基极电压在 0～13V 变化。由于 VT 发射极较基极低一个门电压（0.5～0.7V），故 VT 发射极电压为 0～12.3V，VT 发射极电压与 C_5 两端电压相同。

8.4.2　电路的检修

0～12V 可调电源常见故障有无输出电压、输出电压偏低、输出电压偏高。下面以"无输出电压"为例来说明 0～12V 可调电源的检修方法，详细过程如图 8-24 所示检修流程图。

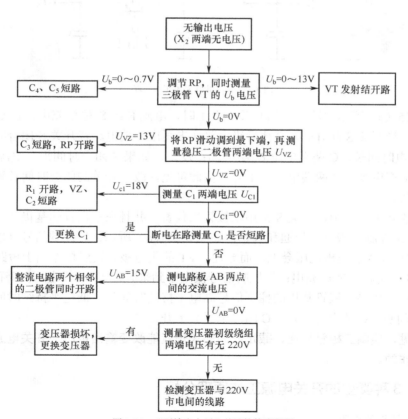

图 8-24　"无输出电压"故障检修流程图

8.5 开关电源

开关电源是一种应用很广泛的电源，常用在彩色电视机、计算机和复印机等功率较大的电子设备中。与前面的串联型稳压电源比较，开关电源主要有以下特点。

① 效率高、功耗小。开关电源的效率一般在 80% 以上，串联调整型电源效率只有 50% 左右。

② 稳压范围宽。开关电源稳压范围在 130～260V，性能优良的开关电源可达到 90～280V，而串联调整型电源稳压范围在 190～240V。

③ 质量小，体积小。开关电源不用体积大且笨重的电源变压器，只用到体积小的开关变压器，又因为效率高，损耗小，所以开关电源不用大的散热片。

开关电源虽然有很多优点，但电路复杂，维修难度大，另外干扰性很强。

8.5.1 开关电源基本工作原理

开关电源电路较复杂，但其基本工作原理却不难理解，开关电源基本工作原理如图 8-25 所示。

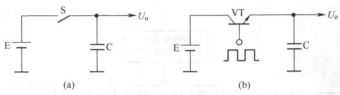

图 8-25 开关电源基本工作原理

在图 8-25（a）所示电路中，当开关 S 合上时，电源 E 经 S 对 C 充电，在 C 上获得上正下负的电压；当开关 S 断开时，C 往后级电路（未画出）放电。若开关 S 闭合时间长，则电源 E 对 C 充电时间长，C 两端电压 U_o 会升高；反之，如果 S 闭合时间短，电源 E 对 C 充电时间短，C 上充电少，C 两端电压会下降。由此可见，改变开关的闭合时间长短就能改变输出电压的高低。

在实际的开关电源中，开关 S 常用三极管来代替，并且在三极管的基极加一个控制信号（脉冲信号）来控制三极管的导通和截止，如图 8-25（b）所示。当控制信号高电平送到三极管 VT 的基极时，VT 基极电压会上升而导通，VT 的集电极、发射极相当于短路，电源 E 经 VT 的集电极、发射极对 C 充电；当控制信号低电平到来时，VT 基极电压下降而截止，C 往后级电路放电。如果三极管基极的控制信号高电平持续时间长，低电平持续时间短，电源 E 对 C 充电时间长，C 放电时间短，C 两端电压会上升。

由此可见，**控制三极管导通、截止时间的长短就能改变输出电压**，开关电源就是利用这个原理来工作的。

8.5.2 3 种类型的开关电源工作原理分析

1. 串联型开关电源

串联型开关电源如图 8-26 所示。

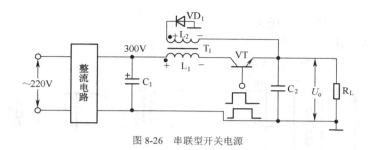

图 8-26 串联型开关电源

220V 交流市电经整流和 C_1 滤波后，在 C_1 上得到 300V 直流电压（市电电压为 220V 时，其整流后最大值可达到 $220\sqrt{2}$ V=311V，此处 300V 直流电压是指近似值），该电压经绕组 L_1 送到开关管 VT 的集电极。

开关管 VT 的基极加有脉冲信号，当脉冲信号高电平送到 VT 的基极时，VT 饱和导通，300V 的电压经 L_1、VT 的集电极和发射极对电容 C_2 充电，在 C_2 上充得上正、下负的电压，充电电流在经过 L_1 时，L_1 会产生左正、右负的电动势阻碍电流，L_2 上会感应出左正、右负的电动势（同名端极性相同），续流二极管 VD_1 截止；当脉冲信号低电平送到 VT 的基极时，VT 截止，无电流流过 L_1，L_1 马上产生左负、右正的电动势，L_2 上感应出左负、右正的电动势，二极管 VD_1 导通，L_2 上的电动势对 C_2 充电，充电途径是：L_2 的右正→C_2→地→VD_1→L_2 的左负，在 C_2 上充得上正、下负的电压 U_o，供给负载 R_L。

稳压过程：若市电电压下降，C_1 两端电压也会下降，如果 VT 基极的脉冲宽度不变，在 VT 导通时，充电电流会因供电电压下降而减小，C_2 充电少，两端的电压 U_o 会下降。为了保证在市电电压下降时 C_2 两端的电压不会下降，可让送到 VT 基极的脉冲信号变宽（高电平持续时间长），VT 导通时间长，C_2 充电时间长，C_2 两端的电压又回升到正常值。

2. 并联型开关电源

并联型开关电源如图 8-27 所示。

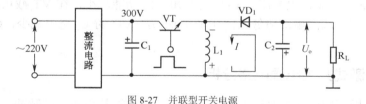

图 8-27 并联型开关电源

220V 交流电经整流和 C_1 滤波后，在 C_1 上得到 300V 直流电压，该电压送到开关管 VT 的集电极。当高电平脉冲信号送到 VT 的基极时，VT 饱和导通，300V 电压产生电流经 VT、L_1 到地，电流在经过 L_1 时，L_1 会产生上正、下负的电动势阻碍电流，同时 L_1 中存储了能量；当低电平脉冲信号送到 VT 的基极时，VT 截止，无电流流过 L_1，L_1 马上产生上负、下正的电动势，该电动势使续流二极管 VD_1 导通，并对电容 C_2 充电，充电途径是：L_1 的下正→C_2→VD_1→L_1 的上负，在 C_2 上充得上负、下正的电压 U_o，该电压供给负载 R_L。

稳压过程：若市电电压上升，C_1 上的电压也会上升，流过 L_1 的电流大，L_1 存储的能量多；在 VT 截止时 L_1 产生的上负、下正电动势高，该电动势对 C_2 充电，使电压 U_o 升高。为了保证在市电电压上升时 C_2 两端的电压不会上升，可让送到 VT 基极的脉冲信号变窄，VT 导通时间短，流过绕组 L_2 的电流时间短，L_2 储能减小，在 VT 截止时产生的电动势下降，对

C_2 充电电流减小，C_2 两端的电压又回落到正常值。

3. 变压器耦合型开关电源

变压器耦合型开关电源如图 8-28 所示。

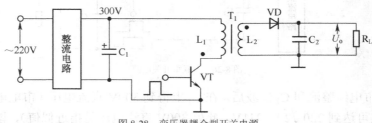

图 8-28 变压器耦合型开关电源

220V 的市电电压经整流电路整流和 C_1 滤波后，在 C_1 上得到+300V 直流电压，该电压经开关变压器 T_1 的初级绕组 L_1 送到开关管 VT 的集电极。

开关管 VT 的基极加有控制脉冲信号，当高电平脉冲信号送到 VT 的基极时，VT 饱和导通，有电流流过 VT，其途径是：300V→L_1→VT 的集电极、发射极→地，电流在流经绕组 L_1 时，L_1 会产生上正、下负的电动势，L_1 上的电动势感应到次级绕组 L_2 上，由于同名端的原因，L_2 上感应的电动势极性为上负、下正，二极管 VD 无法导通；当低电平脉冲信号送到 VT 的基极时，VT 截止，无电流流过绕组 L_1，L_1 马上产生相反的电动势，其极性是上负、下正，该电动势感应到次级绕组 L_2 上，L_2 上得到上正、下负的电动势，此电动势经二极管 VD 对 C_2 充电，在 C_2 上得到上正、下负的电压 U_o，该电压供给负载 R_L。

稳压过程：若市电电压上升，经电路整流滤波后，使 C_1 两端的电压也上升，在 VT 饱和导通时，流经 L_1 的电流大，L_1 中存储的能量多；当 VT 截止时，L_1 产生的上负、下正电动势高，L_2 上感应得到的上正、下负电动势高。该电动势经 VD 对 C_2 充电，在 C_2 上充得的电压 U_o 升高。为了保证在市电电压上升时，C_2 两端的电压不会上升，可让送到 VT 基极的脉冲信号变窄，VT 导通时间短，电流流过 L_1 的时间短，L_1 储能减小，在 VT 截止时，L_1 产生的电动势低，L_2 上感应得到的电动势低，L_2 上的电动势经 VD 对 C_2 充电减少，C_2 上的电压回落到正常值。

8.5.3 自激式开关电源电路分析

从前面的分析可知，开关电源工作时一定要给开关管基极加控制脉冲，根据控制脉冲产生方式不同，可将开关电源分为自激式开关电源和他激式开关电源。

图 8-29 所示是一种典型的自激式开关电源电路。开关电源电路一般由整流滤波电路、振荡电路、稳压电路和保护电路几部分组成，下面就从这几方面来分析这个开关电源电路的工作原理。

（1）整流滤波电路

$VD_1 \sim VD_4$、$C_1 \sim C_4$、F_1、C_5、C_6 和 R_1 等元器件构成整流滤波电路。其中，$VD_1 \sim VD_4$ 组成桥式整流电路；$C_1 \sim C_4$ 为保护电容，在开机时，电流除了流过整流二极管外，还分出一部分对保护电容充电，从而使流过整流二极管的电流不至于过大而被烧坏；C_5、C_6 为滤波电容；R_1 为保护电阻，它是一个大功率的电阻，阻值很小，相当于一个有阻值的熔断器，当后级电路出现短路时，流过 R_1 的电流很大，R_1 会烧坏而开路，保护后级电路不被烧坏；F_1 为熔断器；S_1 为电源开关。

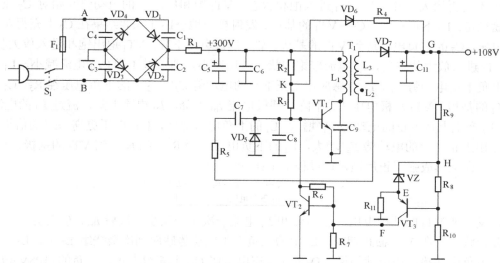

图 8-29　一种典型的自激式开关电源电路

整流滤波电路工作原理：220V 的交流电压经电源开关 S_1 和熔断器 F_1 送到整流电路。当交流电压的正半周期来时，整流电路输入端电压的极性分别是 A 点为正，B 点为负，该电压经 VD_1、VD_3 对 C_5 充电，充电途径是：A 点→VD_1→R_1→C_5→地→VD_3→B 点，在 C_5 上充得上正、下负的电压；当交流电压负半周期来时，A 点电压的极性为负，B 点电压的极性为正，该电压经 VD_2、VD_4 对 C_5 充电，充电途径是：B 点→VD_2→R_1→C_5→地→VD_4→A 点，在 C_5 上充得 300V 的电压。

（2）振荡电路

振荡电路的功能是产生控制脉冲信号，来控制开关管的导通和截止。振荡电路由 T_1、VT_1、R_2、R_3、VD_5、C_7、R_5、L_2 等元器件构成。其中 T_1 为开关变压器；VT_1 为开关管；R_2、R_3 为启动电阻；L_2、R_5、C_7 构成正反馈电路；L_2 为正反馈线圈，C_7 为正反馈电容；C_8 为滤波电容，用来旁路 VT_1 基极的高频干扰信号；C_9 为保护电容，用来降低 VT_1 截止时 L_1 上产生的反峰电压（反峰电压会对 C_9 充电而下降），避免过高的反峰电压击穿开关管 VT_1；VD_5 用于构成 C_7 放电回路。振荡电路的工作过程如下。

① 启动过程：C_5 上的 +300V 电压不仅经 T_1 的初级绕组 L_1 送到 VT_1 的集电极，还经 R_2、R_3 降压后为 VT_1 提供基极电压，VT_1 有了集电极电压和基极电压后就会导通，导通后有 I_b 电流和 I_c 电流，I_b 电流的途径是：+300V→R_2→R_3→VT_1 的基极、发射极→地，I_c 电流的途径是：+300V→L_1→VT_1 的集电极、发射极→地。

② 振荡过程：VT_1 启动后导通，有 I_c 电流流过绕组 L_1，L_1 马上产生上正、下负的电动势 E_1，由于同名端的原因，正反馈绕组 L_2 上感应出上负下正的电动势 E_2，L_2 的下正电压经 R_5、C_7 反馈到 VT_1 的基极，VT_1 基极电压上升，I_{b1} 电流增大，I_{c1} 电流增大，流过 L_1 的 I_{c1} 电流增大，L_1 产生的 E_1 更高，L_2 的下端更高的正电压又反馈到 VT_1 基极，VT_1 基极电压又增大，这样形成强烈的正反馈，该过程如下：

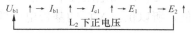

正反馈使 VT_1 的基极电压、I_{b1} 电流和 I_{c1} 电流一次比一次高，当 I_b、I_c 大到一定程度时，I_{c1} 电流不会再增大，开关管 VT_1 进入饱和状态。VT_1 饱和后，L_2 的电动势开始对 C_7 充电，充电途径是：L_2 下正→R_5→C_7→VT_1 的基极、发射极→地→L_2 上负，结果在 C_7 上充得左正右负的电压，C_7 的右负电压送到 VT_1 的基极，VT_1 基极电压下降，VT_1 退出饱和进入放大状态。

VT_1 进入放大状态后，I_{c1} 电流较饱和状态有所减小，即流过 L_1 的 I_{c1} 电流减小，L_1 马上产生上负下正电动势 E_1'，L_2 上感应出上正下负的电动势 E_2'，L_2 上的下负电压经 R_5、C_7 反馈到 VT_1 的基极，VT_1 基极电压 U_{b1} 下降，基极电流 I_{b1} 下降，I_{c1} 电流下降，流过 L_1 的电流 I_{c1} 下降，L_1 产生上负下正的电动势 E_1' 增大（L_1 的上负电压更低，下正电压更高，E_1' 的值更大），L_2 感应出上正下负的电动势 E_2' 增大，L_2 的下负电压又经 R_5、C_7 反馈到 VT_1 的基极，使 U_{b1} 下降，这样又形成强烈正反馈，该过程如下：

$$U_{b1} \downarrow \rightarrow I_{b1} \downarrow \rightarrow I_{c1} \downarrow \rightarrow E_1' \uparrow \rightarrow E_2' \uparrow$$
$$L_2 \text{ 下负电压}$$

正反馈使 VT_1 的基极电压、I_{b1} 电流和 I_{c1} 电流一次比一次小，最后 I_{b1}、I_{c1} 都为 0A，VT_1 进入截止状态。在 VT_1 截止期间，L_1 上的上负下正电动势感应到次级绕组 L_3 上，L_3 上得到上正、下负电动势，该电动势经 VD_7 对 C_{11} 充电，在 C_{11} 上充得上正、下负的+108V 电压。另外，在 VT_1 截止期间，C_7 开始放电，放电途径是：C_7 左正→R_5→L_2→地→VD_5→C_7 右负，放电将 C_7 右端负电荷慢慢中和，VT_1 基极电压开始回升，当基极电压回升到某一值时，VT_1 又开始导通，又有电流流过 L_1，L_1 又会产生上正、下负的电动势 E_1。以后电路不断重复上述工作过程。

（3）稳压电路

VT_2、VT_3、$R_6 \sim R_{11}$、VZ 等元器件构成稳压电路，VT_2 为脉宽控制管，VT_3 为取样管，VZ 为稳压二极管。

稳压过程：若市电电压上升，经整流滤波后，在 C_5 两端产生的电压上升，电源电路输出端 C_{11} 上的电压也会上升，经 R8～R10 取样后使 H 点电压上升，H 点电压一路经 VZ 送到 VT_3 的发射极，使 U_{e3} 上升，另一路经 R_8 送到 VT_3 基极，使 U_{b3} 也上升，因为 VZ 具有保持两端电压不变的稳压功能，所以 H 点上升的电压会全送到 VT_3 的发射极，从而使 U_{e3} 电压较 U_{b3} 上升得更多，U_{eb3} 增大（$U_{eb3}=U_{e3}-U_{b3}$，U_{e3} 上升更多，U_{b3} 上升得少），I_{b3} 增大，I_{c3} 增大，VT_3 导通程度加深，VT_3 的发射极、集电极之间的阻值减小，E 点电压上升，F 点电压也上升，VT_2 的基极电压 U_{b2} 上升，I_{b2} 增大，I_{c2} 增大，VT_2 导通程度深，VT_2 的集电极、发射极之间的阻值减小，这样会使开关管 VT_1 的基极电压下降，VT_1 因基极电压低而截止时间长（因基极电压低，所以上升至饱和所需时间长），饱和时间缩短。VT_1 饱和导通时间短，电流流过 L_1 的时间短，L_1 储能减少，在 VT_1 截止时，L_1 产生的电动势低，L_3 上的感应电动势低，L_3 经 VD_7 对 C_{11} 充电减少，C_{11} 两端电压下降，回落到正常值（+108V）。若市电下降，稳压过程相反。

（4）保护电路

R_4、VD_6 构成过电流保护电路。在电源电路正常工作时，二极管 VD_6 负端电压为+108V，因此 VD_6 截止，保护电路不工作。若+108V 的负载电路（图 8-29 中未画出）出现短路，C_{11} 往后级电路放电快（放电电流大），C_{11} 两端电压会下降很多，G 点电压下降，VD_6 导通，K 点电压下降，由于 K 点电压很低，所以供给 VT_1 的基极电压低，不足以使 VT_1 导通，VT_1 处于截止状态，无电流流过 L_1，L_1 无能量存储，不会产生电动势，L_3 上则无感应电动势，无法继续对 C_{11} 充电，C_{11} 两端无电压供给后级电路，从而保护了开关管等元器件过电流损坏。

8.5.4　他激式开关电源电路分析

他激式开关电源与自激式开关电源的区别在于：他激式开关电源有单独的振荡器，自激式开关电源则没有独立的振荡器，开关管是振荡器的一部分。他激式开关电源中独立的振荡器产生控制脉冲信号，去控制开关管工作在开关状态，另外电路中无正反馈绕组构成的正反馈电路。他激式开关电源组成示意图如图 8-30 所示。

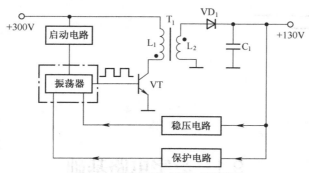

图 8-30　他激式开关电源组成示意图

+300V 电压经启动电路为振荡器（振荡器做在集成电路中）提供电源，振荡器开始工作，产生脉冲信号送到开关管的基极。当脉冲信号高电平到来时，开关管 VT 饱和导通；低电平到来时，VT 截止。VT 工作在开关状态，绕组 L_1 上有电动势产生，它感应到 L_2 上，L_2 的感应电动势经 VD_1 对 C_1 充电，在 C_1 上得到 +130V 的电压。

稳压过程：若负载很重（负载阻值变小），C_1 两端电压会下降，该下降的电压送到稳压电路，稳压电路检测出输出电压下降后，会输出一个控制信号送到振荡器，让振荡器产生的脉冲信号宽度变宽（高电平持续时间长），开关管 VT 的导通时间变长，L_1 储能多，VT 截止时 L_1 产生的电动势升高，L_2 感应出的电动势升高，使 C_1 两端的电压升到 +130V。

保护过程：若某些原因使输出电压上升过高（如负载电路开路），该过高的电压送到保护电路，保护电路工作，它输出一个控制电压到振荡器，让振荡器停止工作，振荡器不能产生脉冲信号，无脉冲信号送到开关管 VT 的基极，VT 进入截止状态，无电流流过 L_1，L_1 无能量存储而无法产生电动势，L_2 上也无感应电动势，无法对 C_1 充电，C_1 两端电压变为 0V，这样可以避免过高的输出电压击穿负载电路中的元器件，保护了负载电路。

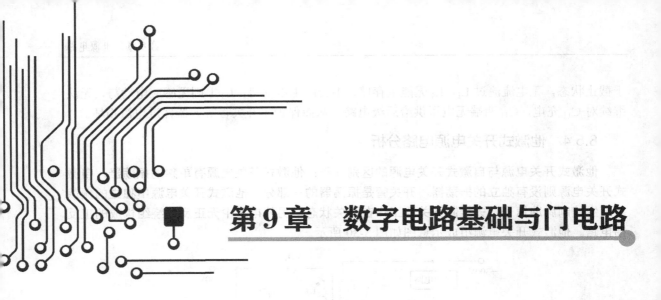

第9章 数字电路基础与门电路

9.1 数字电路基础

我国数字电子技术发展较晚，进入 21 世纪后，数字电子技术开始迅速发展，日常生活中的数字电子产品也越来越多，家电消费类的数字电子产品如计算机、移动电话、数码相机、等。另外，在工业生产过程的自动控制、无线电遥感测量、智能化仪表、高科技军事武器和航空航天领域等方面都广泛采用了数字电子技术。

9.1.1 模拟信号与数字信号

模拟电路处理的是模拟信号，而数字电路处理的是数字信号。下面就以图 9-1 为例来说明模拟信号和数字信号的区别。

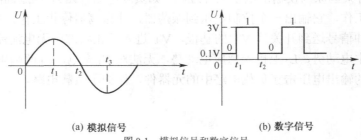

(a) 模拟信号　　　　　(b) 数字信号

图 9-1　模拟信号和数字信号

模拟信号是一种大小随时间连续变化的信号（例如电流或电压信号），图 9-1（a）所示就是一种模拟信号。从图 9-1（a）可以看出，在 $0 \sim t_1$，信号电压慢慢上升，在 $t_1 \sim t_2$，信号电压又慢慢下降，它们的变化都是连续的。

数字信号是一种突变的信号（例如电压或电流信号），图 9-1（b）所示是一种脉冲信号，脉冲信号是数字信号中的一种。从图 9-1（b）可以看出，在 $0 \sim t_1$，信号电压大小始终为 0.1V，

而在 t_1 时刻，电压瞬间由 0.1V 上升至 3V，在 $t_1 \sim t_2$，电压始终为 3V，在 t_2 时刻，电压又瞬间由 3V 降到 0.1V。

由此可以看出，**模拟信号电压或电流的大小是随时间连续缓慢变化的，而数字信号的特点是"保持"（在一段时间内维持低电压或高电压）和"突变"（低电压与高电压的转换瞬间完成）**。为了分析方便，在数字电路中常将 0～1V 的电压称为低电平，用"0"表示；而将 3～5V 的电压称为高电平，用"1"表示。

9.1.2　正逻辑与负逻辑

数字信号只有"1"和"0"两位数值。在数字电路中，有正逻辑与负逻辑两种体制。

正逻辑体制规定：高电平为 1，低电平为 0。

负逻辑体制规定：低电平为 1，高电平为 0。

在两种逻辑中，正逻辑更为常用。图 9-2 所示的数字信号用正逻辑表示就是 010101。

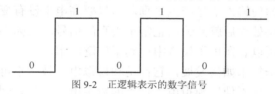

图 9-2　正逻辑表示的数字信号

9.1.3　三极管的 3 种工作状态

三极管的工作状态有 3 种：截止、放大和饱和。在模拟电路中，三极管主要工作在放大状态。图 9-3 所示为一个含三极管的模拟电路，电源经 R_1 为三极管 VT_1 提供基极偏置电压。VT_1 导通，有电流 I_b、I_c 流过，处于放大状态，当模拟信号送到三极管基极时，信号能被它放大并从集电极输出。

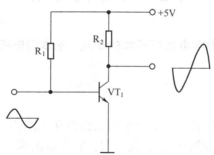

图 9-3　处于放大状态的三极管

在数字电路中，三极管工作在截止与饱和状态，也称为"开关"状态。图 9-4（a）所示为一个含三极管的数字电路，三极管 VT_1 的基极没有提供偏置电压，所以它处于截止状态；如果给 VT_1 基极加一个图 9-4（a）中的数字信号，当数字信号低电平（较低的电压）到来时，VT_1 基极电压很低，发射结无法导通，无 I_b、I_c 流过，三极管仍处于截止状态；当数字信号高电平来到 VT_1 基极时，VT_1 发射结导通，有很大的 I_b、I_c 流过，三极管处于饱和状态。

数字电路中的三极管很像开关，如图 9-4（b）所示。开关的通断受输入的数字信号控制，当数字信号低电平到来时，三极管处于截止状态，相当于开关 S 断开；当数字信号高电平到来时，三极管处于饱和状态，相当于开关 S 闭合。

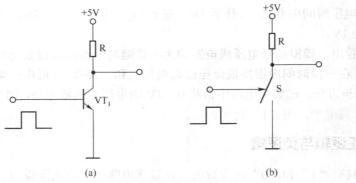

图 9-4　工作在截止与饱和状态的三极管

与模拟电路比较，数字电路有一些明显的优点。在模拟电路中，不允许电路处理信号产生大的失真，如电视机中的视频信号电压由 3V 变为 5V，屏幕上的白色图像就会变为灰色图像。而在数字电路中，即使输入信号产生失真，但只要高电平没有变成低电平，或低电平没有变成高电平，数字电路处理后就能输出正常不失真的信号。正因为使用数字电路处理信号信号不容易产生失真，所以它在电子设备中得到了广泛应用。

但是，不管数字电子技术如何发展，它都是和模拟电子技术不可分割的，你中有我，我中有你，人们很难找到一种不使用模拟电子技术的数字电子产品。因此在学习电子技术时，对模拟电路和数字电路要同等对待。

门电路是组成各种复杂数字电路的基本单元。门电路包括基本门电路和复合门电路，复合门电路由基本门电路组合而成。

9.2　基本门电路

基本门电路是组成各种数字电路最基本的单元，基本门电路有 3 种：与门、或门和非门。

9.2.1　与门

1. 电路结构与原理

与门电路结构如图 9-5 所示，它是一个由二极管和电阻构成的电路，其中 A、B 为输入端，S_1、S_2 为开关，Y 为输出端，+5V 电压经 R_1、R_2 分压，在 E 点得到+3V 电压。与门电路工作原理如下。

当 S_1、S_2 均拨至位置"2"时，A、B 端对地电压都为 0V，由于 E 点电压（注：各点电压均指该点对地电压。以下同）为 3V，所以二极管 VD_1、VD_2 都导通，E 点电压马上下降到 0.7V，Y 端输出电压为 0.7V。

当 S_1 拨至位置"2"、S_2 拨至位置"1"时，A 端电压为 0V，B 端电压为 5V，由于 E 点电压为 3V，所以二极管 VD_1 马上导通，E 点电压下降到 0.7V，此时 VD_2 正端电压为 0.7V，负端电

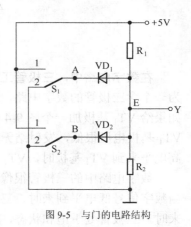

图 9-5　与门的电路结构

压为 5V，VD_2 处于截止状态，Y 端输出电压为 0.7V。

当 S_1 拨至位置"1"、S_2 拨至位置"2"时，A 端电压为 5V，B 端电压为 0V，VD_2 导通，VD_1 截止，E 点为 0.7V，Y 端输出电压为 0.7V。

当 S_1、S_2 均拨至位置"1"时，A、B 端电压都为 5V，VD_1、VD_2 均不能导通，E 点电压为 3V，Y 端输出电压为 3V。

为了分析方便，在数字电路中通常将 0～1V 的电压规定为低电平，用"0"表示，将 3～5V 的电压称为高电平，用"1"表示。根据该规定，可将与门电路工作原理简化如下：

当 A=0、B=0 时，Y=0；

当 A=0、B=1 时，Y=0；

当 A=1、B=0 时，Y=0；

当 A=1、B=1 时，Y=1。

由此可见，与门电路的功能是：只有输入端都为高电平时，输出端才会输出高电平；只要有一个输入端为低电平，输出端就会输出低电平。

2. 真值表

真值表是用来列举电路各种输入值和对应输出值的表格。 它能让人们直观地看出电路输入与输出之间的关系。表 9-1 为与门电路的真值表。

表 9-1　　　　　　　　　　　　　　　　与门电路的真值表

输　入		输　出	输　入		输　出
A	B	Y	A	B	Y
0	0	0	1	0	0
0	1	0	1	1	1

3. 逻辑表达式

真值表虽然能直观地描述电路输入和输出之间的关系，但比较麻烦且不便记忆。为此可采用关系式来表达电路输入与输出之间的逻辑关系，这种关系式称为逻辑表达式。

与门电路的逻辑表达式是：$Y=A \cdot B$。式中的"·"表示"与"，读作"A 与 B"（或"A 乘 B"）。

4. 与门的图形符号

图 9-5 所示的与门电路由多个元器件组成，这在画图和分析时很不方便，可以用一个简单的符号来表示整个与门电路，这个符号称为图形符号。与门电路的图形符号如图 9-6 所示，其中旧符号是指早期采用的符号，常用符号是指国外多采用的符号，标准符号是指我国目前采用的标准符号。

(a) 标准符号　　　　(b) 常用符号　　　　(c) 旧符号

图 9-6　与门图形符号

5. 与门芯片

在数字电路系统中，已很少采用分立元器件组成的与门电路，市面上有很多集成化的与门芯片（又称与门集成电路）。74LS08 是一种较常用的与门芯片，其外形和结构如图 9-7 所示，从图9-7（b）可以看出，74LS08内部有4个与门，每个与门有2个输入端、1个输出端。

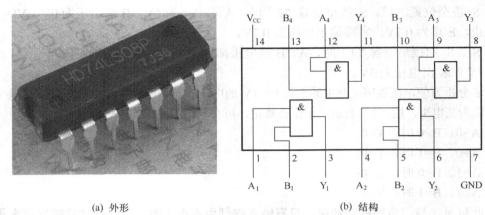

(a) 外形   (b) 结构

图 9-7   与门芯片 74LS08

9.2.2 或门

1. 电路结构与原理

或门电路结构如图 9-8 所示，它由二极管和电阻构成，其中 A、B 为输入端，Y 为输出端。或门电路工作原理如下。

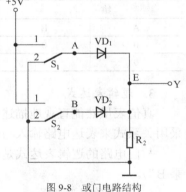

图 9-8   或门电路结构

当 S_1、S_2 均拨至位置"2"时，A、B 端电压都为 0V，二极管 VD_1、VD_2 都无法导通，E 点电压为 0V，Y 端输出电压为 0V。即 A=0、B=0 时，Y=0。

当 S_1 拨至位置"2"、S_2 拨至位置"1"时，A 端电压为 0V，B 端电压为 5V，二极管 VD_2 马上导通，E 点电压为 4.3V，此时 VD_1 处于截止状态，Y 端输出电压为 4.3V。即 A=0、B=1 时，Y=1。

当 S_1 拨至位置"1"、S_2 拨至位置"2"时，A 端电压为 5V，B 端电压为 0V，VD_1 导通，VD_2 截止，E 点为 4.3V，Y 端输出电压为 4.3V。即 A=1、B=0 时，Y=1。

当 S_1、S_2 均拨至位置"1"时，A、B 端电压都为 5V，VD_1、VD_2 均导通，E 点电压为 4.3V，Y 端输出电压为 4.3V。即 A=1、B=1 时，Y=1。

由此可见，**或门电路的功能是：只要有一个输入端为高电平，输出端就为高电平；只有输入端都为低电平时，输出端才输出低电平。**

2. 真值表

或门电路的真值表见表 9-2。

表 9-2   或门电路的真值表

输	入	输 出	输	入	输 出
A	B	Y	A	B	Y
0	0	0	1	0	1
0	1	1	1	1	1

3. 逻辑表达式

或门电路的逻辑表达式为 Y=A+B 。式中的
"+"表示"或"。

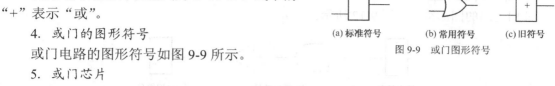

(a) 标准符号　　(b) 常用符号　　(c) 旧符号

图 9-9　或门图形符号

4. 或门的图形符号

或门电路的图形符号如图 9-9 所示。

5. 或门芯片

74LS32 是一种较常用的或门芯片，其外形和结构如图 9-10 所示，从图 9-10（b）可以看出，74LS32 内部有 4 个或门，每个或门有 2 个输入端、1 个输出端。

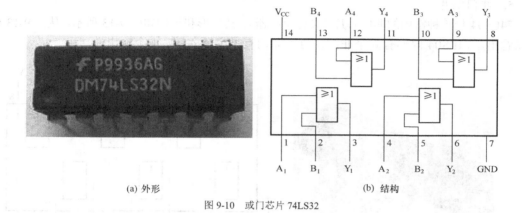

(a) 外形　　　　　　　　　　　　　(b) 结构

图 9-10　或门芯片 74LS32

9.2.3　非门

1. 电路结构与原理

非门电路结构如图 9-11 所示，它是由三极管和电阻构成的电路，其中 A 为输入端，Y 为输出端。非门电路工作原理如下。

当 S_1 拨至位置"2"时，A 端电压为 0V 时，三极管 VT_1 截止，E 点电压为 5V，Y 端输出电压为 5V。即 A=0 时，Y=1。

当 S_1 拨至位置"1"时，A 端电压为 5V 时，三极管 VT_1 饱和导通，E 点电压低于 0.7V（0.1~0.3V），Y 端输出电压也低于 0.7V。即 A=1 时，Y=0。

由此可见，非门电路的功能是：输入状态与输出状态总是相反的。

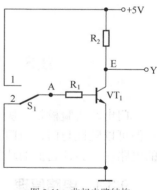

图 9-11　非门电路结构

2. 真值表

非门电路的真值表见表 9-3。

表 9-3　　　　　　　　　　　　非门电路的真值表

输　　入	输　　出	输　　入	输　　出
A	Y	A	Y
1	0	0	1

3. 逻辑表达式

非门电路的逻辑表达式为 $Y = \overline{A}$

式中的"‾"表示"非"（或相反）。

4. 非门的图形符号

非门电路的图形符号如图 9-12 所示。

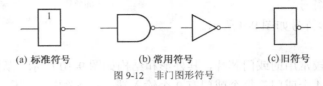

(a) 标准符号　　　　(b) 常用符号　　　　(c) 旧符号

图 9-12　非门图形符号

5. 非门芯片

74LS04 是一种常用的非门芯片（又称反相器），其外形和结构如图 9-13 所示，从图 9-13（b）可以看出，74LS04 内部有 6 个非门，每个非门有 1 个输入端、1 个输出端。

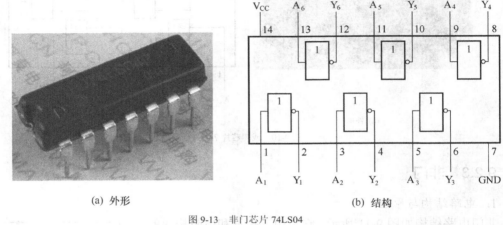

(a) 外形　　　　　　　　　(b) 结构

图 9-13　非门芯片 74LS04

9.3　门电路实验板的电路原理与实验

门电路实验板是一块包含有与门、或门、非门和输入及输出指示电路的实验板，利用它不但可以验证与门、或门和非门的逻辑功能，还可以用实验板上的基本门芯片组合成更复杂的电路，并验证它们的功能。

9.3.1　电路原理

图 9-14 所示是门电路实验板的电路原理图。74LS08 为与门芯片，74LS32 为或门芯片、74LS04 为非门芯片；SIP1～SIP3 分别为这些门电路的输入/输出端接插件，SIP_H 为高电平接插件，用来为门电路提供高电平"1"，SIP_L 为低电平接插件，用来为门电路提供低电平"0"；VD_1～VD_3 为发光二极管，它与 R_2、R_3、R_4 构成三组指示电路，在实验时用来指示门电路的输出端状态，输出为高电平时发光二极管亮，输出为低电平时发光二极管灭；C_1、C_2 为电源滤波电容，确保提供给电路小波动的电压。

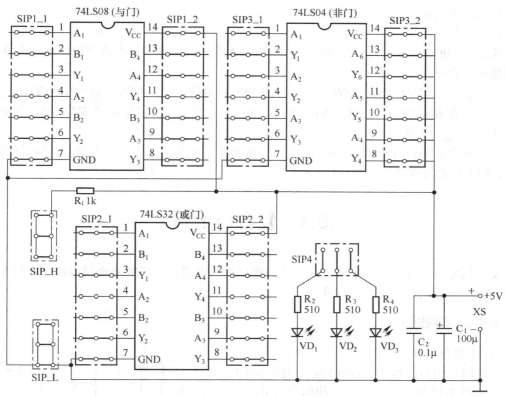

图 9-14　门电路实验板电路原理图

9.3.2　基本门实验

利用门电路实验板可以验证与门、或门和非门的输入输出关系。

1. 与门实验

实验板中的 74LS08 是一块 2 输入与门芯片，内含 4 组相同的与门，其内部结构参见图 9-7，可以使用任意一组与门做验证实验。

在实验时，先用两根导线将 74LS08 的 A_1、B_1 端（第一组与门输入端）分别与 SIP_H 插件连接，再用一根导线将 Y_1 端（第一组与门输出端）和插件 SIP4 的第一组指示电路（由 R_2、VD_1 构成）连接好，然后给实验板接通 5V 电源，发现指示灯 VD_1_____（亮或不亮）。

上述实验表明：当与门输入端 A_1=1、B_1=1 时，输出端 Y_1=_____。用相同的方法可以验证与门的其他 3 种输入输出关系。

2. 或门实验

实验板中的 74LS32 是一块 2 输入或门芯片，内含 4 组相同的或门，其内部结构参见图 9-10，可以使用任意一组或门做验证实验。

在实验时，先用导线将 74LS32 的 A_1 端与 SIP_H 插件连接，然后用导线将 74LS32 的 B_1 端与 SIP_L 插件连接，再用一根导线将 74LS32 的 Y_1 端与插件 SIP4 的第一组指示电路（由 R_2、VD_1 构成）连接好，然后给实验板接通 5V 电源，发现指示灯 VD_1_____（亮或不亮）。

上述实验表明：当或门输入端 A_1=1、B_1=0 时，输出端 Y_1=_____。用相同的方法可以验证或门的其他 3 种输入输出关系。

3．非门实验

实验板中的 74LS04 是一块非门芯片，内含 6 组相同的非门，其内部结构参见图 9-13，可以使用任意一组非门做验证实验。

在实验时，用导线将 74LS04 的 A_1 端与 SIP_L 插件连接，再用一根导线将 Y_1 端与插件 SIP4 的第一组指示电路（由 R_2、VD_1 构成）连接好，然后给实验板接通 5V 电源，发现指示灯 VD_1_____（亮或不亮）。

上述实验表明：当非门输入端 $A_1=0$ 时，输出端 $Y_1=$_____。用相同的方法可以验证非门 $A_1=0$ 时的输出情况。

9.4　复合门电路

复合门电路又称组合门电路，由基本门电路组合而成。常见的复合门电路有：与非门、或非门、与或非门、异或门和同或门等。

9.4.1　与非门

1．结构与原理

与非门是由与门和非门组成的，其逻辑结构及图形符号如图 9-15 所示。与非门工作原理如下：

当 A 端输入"0"、B 端输入"1"时，与门的 C 端会输出"0"，C 端的"0"送到非门的输入端，非门的 Y 端（输出端）会输出"1"。

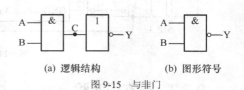

(a) 逻辑结构　　　　(b) 图形符号

图 9-15　与非门

A、B 端其他 3 种输入情况的读者可以按上述方法分析，这里不叙述。

2．逻辑表达式

与非门的逻辑表达式为 $Y=\overline{A \cdot B}$。

3．真值表

与非门的真值表见表 9-4。

表 9-4　　　　　　　　　　　　　　与非门的真值表

输　　入		输　出	输　　入		输　出
A	B	Y	A	B	Y
0	0	1	1	0	1
0	1	1	1	1	0

4．逻辑功能

与非门的逻辑功能是：只有输入端全为"1"时，输出端才为"0"；只要有一个输入端为"0"，输出端就为"1"。

5．常用与非门芯片

74LS00 是一种常用的与非门芯片，其外形和结构如图 9-16 所示，从图 9-16（b）可以看出，74LS00 内部有 4 个与非门，每个与非门有 2 个输入端、1 个输出端。

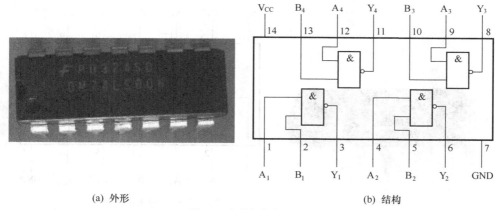

(a) 外形　　　　　　　　　　　　　　　　(b) 结构

图 9-16　与非门芯片 74LS00

9.4.2　或非门

1. 结构与原理

或非门是由或门和非门组合而成的，其逻辑结构和图形符号分别如图 9-17 所示。或非门工作原理如下。

当 A 端输入 "0"、B 端输入 "1" 时，或门的 C 端会输出 "1"，C 端的 "1" 送到非门的输入端，结果非门的 Y 端（输出端）会输出 "0"。

A、B 端其他 3 种输入情况读者可以按上述方法进行分析。

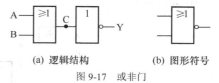

(a) 逻辑结构　　　　　(b) 图形符号

图 9-17　或非门

2. 逻辑表达式

或非门的逻辑表达式为 $Y=\overline{A+B}$。

根据逻辑表达式很容易求出与输入值对应的输出值，例如，当 A=0、B=1 时，Y=0。

3. 真值表

或非门的真值表见表 9-5。

表 9-5　　　　　　　　　　　　　　或非门的真值表

输 入		输 出	输 入		输 出
A	B	Y	A	B	Y
0	0	1	1	0	0
0	1	0	1	1	0

4. 逻辑功能

或非门的逻辑功能是：只有输入端全为 "0" 时，输出端才为 "1"；只要输入端有一个 "1"，输出端就为 "0"。

5. 常用或非门芯片

74LS27 是一种常用的或非门芯片，其外形和结构如图 9-18 所示，从图 9-18（b）可以看出，74LS27 内部有 3 个或非门，每个或非门有 3 个输入端、1 个输出端。

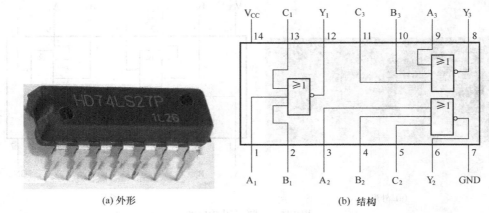

(a) 外形　　　　　　　　　　　　　　(b) 结构

图 9-18　或非门芯片 74LS27

9.4.3　与或非门

1. 结构与原理

与或非门是由与门、或门和非门组成，其逻辑结构和图形符号如图 9-19 所示。与或非门工作原理如下。

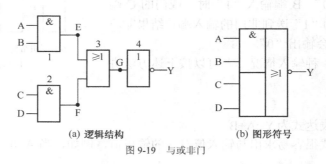

(a) 逻辑结构　　　　　　　　　　(b) 图形符号

图 9-19　与或非门

当 A=0，B=0，C=1，D=0 时，与门 1 输出端 E=0，与门 2 的输出端 F=0，或门 3 输出端 G=0，非门输出端 Y=1。

当 A=0，B=0，C=1，D=1 时，与门 1 输出端 E=0，与门 2 的输出端 F=1，或门 3 输出端 G=1，非门输出端 Y=0。

A、B、C、D 端其他输入情况读者可以按上述方法分析。

2. 逻辑表达式

与或非门的逻辑表达式为 $Y=\overline{A \cdot B + C \cdot D}$。

3. 真值表

与或非门的真值表见表 9-6。

4. 逻辑功能

与或非门的逻辑功能是：只要 A、B 端或 C、D 端中有一组全为"1"，输出端就为"0"，否则输出端为"1"。

| 表 9-6 | | 与或非门的真值表 | | |
| 输 入 | | | | 输 出 |
A	B	C	D	Y
0	0	0	0	1
0	0	0	1	1
0	0	1	0	1
0	0	1	1	0
0	1	0	0	1
0	1	0	1	1
0	1	1	0	1
0	1	1	1	0
1	0	0	0	1
1	0	0	1	1
1	0	1	0	1
1	0	1	1	0
1	1	0	0	0
1	1	0	1	0
1	1	1	0	0
1	1	1	1	0

5. 常用与或非门芯片

74LS54 是一种常用的与或非门芯片，其外形和结构如图 9-20 所示，从图 9-20（b）可以看出，74LS54 内部有 1 个与或非门，它由 4 个 3 输入与门和 1 个 4 输入或非门组成。

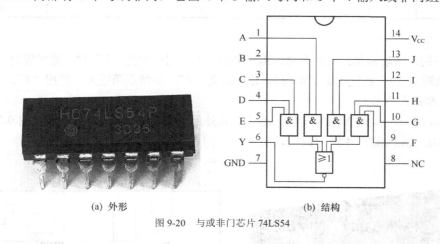

(a) 外形　　　　　　　　　　(b) 结构

图 9-20　与或非门芯片 74LS54

9.4.4　异或门

1. 结构与原理

异或门是由两个与门、两个非门和一个或门组成的，其逻辑结构和图形符号如图 9-21 所示。异或门工作原理如下。

当 A=0，B=0 时，非门 1 输出端 C=1，非门 2 的输出端 D=1，与门 3 输出端 E=0，与门 4 输出端 F=0，或门 5 输出端 Y=0。

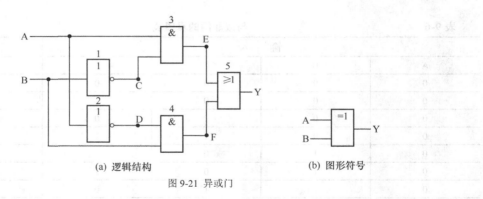

(a) 逻辑结构　　　　　　　(b) 图形符号

图 9-21　异或门

当 A=0，B=1 时，非门 1 输出端 C=0，非门 2 的输出端 D=1，与门 3 输出端 E=0，与门 4 输出端 F=1，或门 5 输出端 Y=1。

A、B 端其他输入情况读者可以按上述方法分析。

2. 逻辑表达式

异或门的逻辑表达式为 $Y = A \cdot \overline{B} + \overline{A} \cdot B = A \oplus B$

3. 真值表

异或门的真值表见表 9-7。

表 9-7　　　　　　　　　　　　　　　异或门的真值表

输	入	输 出	输	入	输 出
A	B	Y	A	B	Y
0	0	0	1	0	1
0	1	1	1	1	0

4. 逻辑功能

异或门的逻辑功能是：当两个输入端一个为"0"、另一个为"1"时，输出端为"1"；当两个输入端同时为"1"或同时为"0"时，输出端为"0"。该特点简述为：异出"1"，同出"0"。

5. 常用异或门芯片

74LS86 是一个 4 组 2 输入异或门芯片，其外形和结构如图 9-22 所示，从图 9-22（b）可以看出，74LS86 内部有 4 组异或门，每组异或门有 2 个输入端和 1 个输出端。

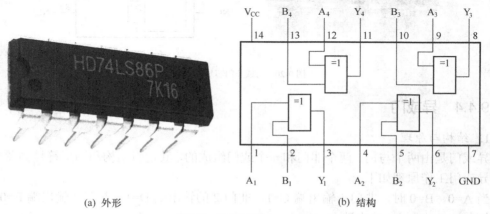

(a) 外形　　　　　　　　　　(b) 结构

图 9-22　异或门芯片 74LS86

9.4.5　同或门

1．结构与原理

同或门又称异或非门，它是在异或门的输出端加上一个非门构成的。同或门的逻辑结构和图形符号如图 9-23 所示。同或门工作原理如下。

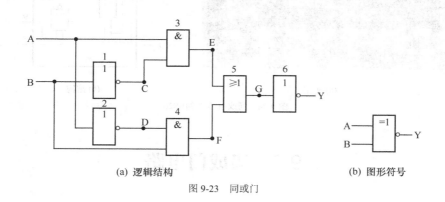

(a) 逻辑结构　　　　　　　　　　　(b) 图形符号

图 9-23　同或门

当 A=0，B=0 时，非门 1 输出端 C=1，非门 2 输出端 D=1，与门 3 输出端 E=0，与门 4 输出端 F=0，或门 5 输出端 G=0，非门 6 的输出端 Y=1。

当 A=0，B=1 时，非门 1 输出端 C=0，非门 2 的输出端 D=1，与门 3 输出端 E=0，与门 4 输出端 F=1，或门 5 输出端 G=1，非门 6 的输出端 Y=0。

A、B 端其他输入情况读者可以按上述方法分析。

2．逻辑表达式

同或门的逻辑表达式为 $Y = A \cdot B + \overline{A} \cdot \overline{B} = A \odot B$

3．真值表

同或门的真值表见表 9-8。

表 9-8　　　　　　　　　　　　　　　同或门的真值表

输　　入		输　　出	输　　入		输　　出
A	B	Y	A	B	Y
0	0	1	1	0	0
0	1	0	1	1	1

4．逻辑功能

同或门的逻辑功能是：当两个输入端一个为"0"、另一个为"1"时，输出端为"0"；当两个输入端都为"1"或都为"0"时，输出端为"1"。该特点简述为：异出"0"，同出"1"。

5．常用同或门芯片

74LS266 是一个 4 组 2 输入同或门芯片，其外形和结构如图 9-24 所示，从图 9-24（b）可以看出，74LS266 内部有 4 组同或门，每组同或门有 2 个输入端和 1 个输出端。

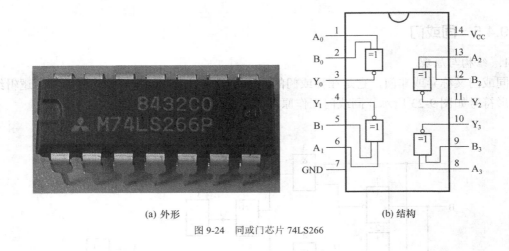

(a) 外形　　　　　　　　　　　　(b) 结构

图 9-24　同或门芯片 74LS266

9.5　集成门电路

分立件构成的门电路已非常少见，现在的门电路大多数已集成化。集成化的门电路称为集成门电路，集成门电路内部电路的结构与分立件门电路有所不同，但它们的输入输出逻辑关系是相同的。根据芯片内部采用的主要元器件不同，集成门电路主要分为 TTL 集成门电路和 CMOS 集成门电路。无论是 TTL 集成门电路还是 CMOS 集成门电路，它们的逻辑关系是相同的。

TTL 集成门电路简称 TTL 门电路，其芯片内部主要采用双极型晶体管（即三极管）来构成门电路，74LS 系列和 74 系列芯片属于 TTL 门电路。**TTL 门电路是电流控制型器件，其功耗较大，但工作速度快、传输延迟时间短（5～10ns）。**

CMOS 集成门电路简称 CMOS 门电路，其芯片内部主要采用 MOS 场效应管来构成门电路，74HC、74HCT 和 4000 系列芯片属于 CMOS 门电路。**CMOS 门电路是电压控制型器件，其工作速度较 TTL 电路慢，但功耗小、抗干扰性强、驱动负载能力强。**

9.5.1　TTL 集成门电路

1. 多发射晶体管

在 TTL 集成门电路中常用到多发射极晶体管，它具有两个以上的发射极，图 9-25 所示是一只具有 3 个发射极的晶体管的图形符号和等效图，该晶体管内部有 3 个发射结和 1 个集电结。

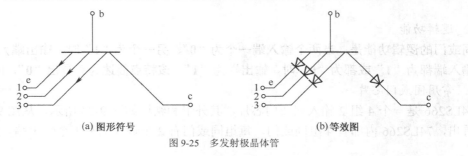

(a) 图形符号　　　　　　　　　　　　(b) 等效图

图 9-25　多发射极晶体管

下面以图 9-26 所示电路来说明多发射极晶体管的工作原理，其中图 9-26（b）电路为图 9-26（a）电路的等效图。

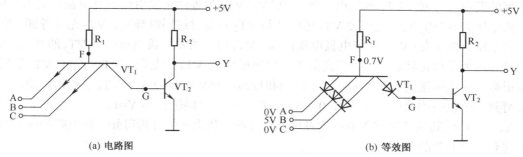

(a) 电路图　　　　　　　　　　　　　　(b) 等效图

图 9-26　多发射极晶体管工作原理说明图

当多发射极晶体管 VT_1 的发射极 A、B、C 分别输入 0V、5V、0V 电压时，F、A 和 F、C 之间的两个发射结导通，F 点电压下降为 0.7V，F、B 之间的发射结反偏截止（B 端电压为 5V）。因为 F 点电压为 0.7V，该电压不能使 VT_1 的集电结和 VT_2 的发射结同时导通（两者同时导通需要 1.4V 电压），所以 VT_2 处于截止状态，VT_2 集电极电压为 5V。

当 VT_1 的发射极 A、B、C 同时输入 5V 电压时，F、A，F、B 和 F、C 之间的 3 个发射结都不能导通，F 点电压为 5V，该电压使 VT_1 的集电结和 VT_2 的发射结同时导通（这时 F 点电压会从 5V 降至 1.4V），VT_2 饱和导通，VT_2 集电极电压为 0.3V。

2. TTL 与非门电路

TTL 集成门电路与分立件门电路一样，有与门、或门、非门、与非门、或非门、异或门和同或门等多种类型。这些门电路的分析方法基本相同，下面以 TTL 与非门电路为例来说明 TTL 集成门电路的工作原理。TTL 与非门电路如图 9-27 所示。

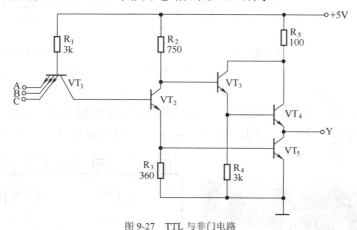

图 9-27　TTL 与非门电路

当输入端 A、B、C 都加 5V 电压时，即 A=1、B=1、C=1 时，多发射极晶体管 VT_1 的 3 个发射结都处于截止状态，VT_1 的基极电压很高，VT_1 集电结导通，基极电压经集电结加到 VT_2 的基极，VT_2 饱和导通，VT_2 的集电极电压下降，发射极电压上升。因为 VT_2 的集电极电压下降至很低，VT_3 基极电压也很低，VT_3 处于截止状态，发射极无电压输出，VT_4 截止。因 VT_2 发射极电压上升，该电压加到 VT_5 的基极，VT_5 饱和导通，集电极电压很低（0.1～0.3V），为低电平。即当 A=1、B=1、C=1 时，电路输出端 Y=0。

当 3 个输入端 A、B、C 分别加 0V、5V、5V 电压时，即 A=0、B=1、C=1 时，VT_1 与 A 端相接的发射结导通，VT_1 基极电压降为 0.7V，VT_1 另外两个发射结都处于截止状态。VT_1 的基极电压为 0.7V，它不足以使 VT_1 集电结和 VT_2 的发射结同时导通，VT_2 无法导通，它的发射极电压很低（为 0V），而集电极电压很高。VT_2 很低的发射极电压送到 VT_5 的基极，VT_5 无法导通而处于截止状态。VT_2 很高的集电极电压送到 VT_3 的基极，VT_3 导通，VT_3 发射极电压很高，该电压送到 VT_4 的基极，VT_4 饱和导通，+5V 电源经 R_5、VT_4 送到输出端，在输出端得到一个较高的电压。即当 A=0、B=1、C=1 时，电路输出端 Y=1。

A、B、C 的其他几种输入情况读者可自行分析。从上面的分析可知，该电路的输入与输出之间有"与非"的关系。

3. TTL 集电极开路门（OC 门）

（1）结构与原理

TTL 集电极开路门又称 OC 门，图 9-28（a）所示是一个典型 OC 门的电路结构，从图中可以看出，OC 门输出端内部的三极管集电极是悬空的，没有接负载。图 9-28 中的 OC 门输入与输出有与非关系。

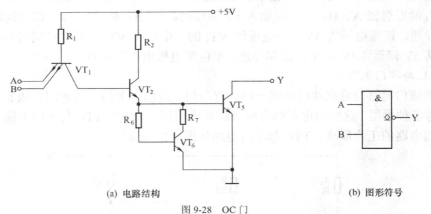

(a) 电路结构   (b) 图形符号

图 9-28　OC 门

（2）常用 OC 门芯片

74LS01 是一种常用的 OC 门芯片，其外形和结构如图 9-29 所示，从图 9-29（b）可以看出，74LS01 内部有 4 个 OC 与非门，每个与非门有 2 个输入端、1 个输出端。

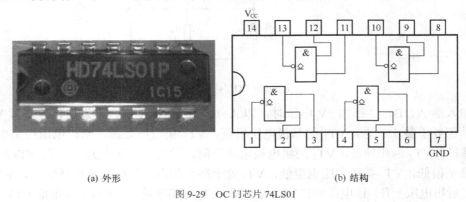

(a) 外形   (b) 结构

图 9-29　OC 门芯片 74LS01

（3）外接负载形式

OC 门输出端内部的三极管集电极没有接负载，在实际使用时，OC 门可根据需要在输出端外接各种负载。图 9-30 所示为 OC 门 3 种常见外接负载方式。

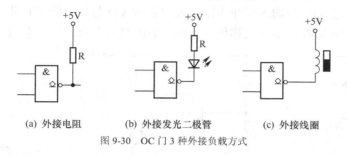

（a）外接电阻　　　　（b）外接发光二极管　　　　（c）外接线圈

图 9-30　OC 门 3 种外接负载方式

在图 9-30（a）所示电路中，输出端外接电阻 R，该电阻常称为上拉电阻；在图 9-30（b）所示电路中，输出端外接发光二极管，当 OC 门输出端的内部晶体管导通（相当于输出低电平）时，发光二极管有电流流过而发光；在图 9-30（c）所示电路中，输出端外接继电器线圈，当 OC 门输出端的内部晶体管导通时，有电流流过线圈，线圈产生磁场吸合开关（开关未画出）。

（4）线与电路

几个 OC 门并联时还可以构成"线与"电路。OC 门构成的"线与"电路如图 9-31 所示，该电路是将几个 OC 门的输出端连接起来，再接一个公共的负载 R。下面来分析该电路是否有"与"的关系。

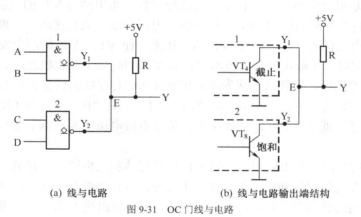

（a）线与电路　　　　　　　　　（b）线与电路输出端结构

图 9-31　OC 门线与电路

如果 Y_1 输出为"1"、Y_2 输出为"0"，则 OC 门 1 内部输出端的晶体管 VT_4 处于截止状态，如图 9-31（b）所示，OC 门 2 内部输出端的晶体管 VT_8 处于饱和状态，E 点电压很低，故输出端 $Y=0$。如果 Y_1 输出为"1"、Y_2 输出为"1"，则 OC 门 1 和 OC 门 2 内部输出端的晶体管都处于截止状态，E 点电压很高，故输出端 $Y=1$。其他几种情况读者可自行分析。

由上述分析可知，当将几个 **OC** 门的输出端连接起来，再接一个公共负载时，输出端确实有"与"的关系，这个"与"关系不是靠与门来实现的，而是由导线连接来实现的，故称为"线与"。

4.　三态输出门（TS 门）

三态输出门简称为三态门，或称 TS 门，这种门电路输出不仅会出现高电平和低电平，

还可以出现第 **3** 种状态——**高阻态（又称禁止态或悬浮态）**。

（1）结构与原理

图 9-32（a）所示是一个典型三态门的电路结构，从图中可以看出，它在 TTL 与非门电路上进行了改进，它的一个输入端在内部通过二极管 VD 与晶体管 VT_2 集电极相连，该端不再当作输入端，而称为控制端（又称使能端），常用"EN"表示。三态门工作原理如下。

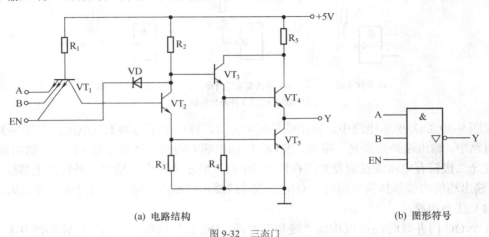

(a) 电路结构   (b) 图形符号

图 9-32 三态门

当 EN=0（0V）时，VT_1 与 EN 端相连的发射结和二极管 VD 都处于导通状态。VT_1 一个发射结导通，其基极电压为 0.7V，该电压无法使 VT_1 的集电结和 VT_2 的发射结导通，VT_2 处于截止状态，VT_2 的发射电压为 0V，VT_5 基极无电压而处于截止状态。二极管 VD 处于导通状态，VT_2 的集电极电压下降，为 0.7V，该电压无法使 VT_3、VT_4 的两个发射结同时导通，所以 VT_3、VT_4 同时处于截止状态。因为 VT_4 和 VT_5 同时处于截止状态，Y 输出端既不与地接通，又不与电源相通，这种状态称为高阻状态（又称悬浮状态或禁止状态）。

在 EN=0（0V）情况下，无论 A、B 端输入"1"还是"0"，VT_1 与 EN 相连的发射结和二极管 VD 都处于导通状态，VT_1 基极和 VT_2 的集电极电压都为 0.7V，最终 VT_4、VT_5 都处于截止状态。

当 EN=1（5V）时，与 EN 端相连的 VT_1 的发射结和二极管 VD 都处于截止状态，相当于与 EN 相连的 VT_1 发射结和二极管 VD 处于开路，可认为两者不存在，这样该电路可看成是只有两个输入端的普通与非门电路，输入端 A、B 与输出端 Y 有与非关系。

（2）真值表

图 9-32 所示三态门的真值表见表 9-9。

表 9-9   三态门的真值表

输　入			输　出	输　入			输　出
EN	A	B	Y	EN	A	B	Y
0	0	0	高阻	1	0	0	1
0	0	1	高阻	1	0	1	1
0	1	0	高阻	1	1	0	1
0	1	1	高阻	1	1	1	0

（3）逻辑功能

图 9-32 所示三态门的逻辑功能是：当控制端 EN=0 时，电路处于高阻态，无论输入端输入什么，输出端都无输出；当控制端 EN=1 时，电路正常工作，相当于与非门电路，输出与输入有与非关系。

（4）常用三态门芯片

74LS126 是一种常用的高电平有效型三态门芯片，其外形和结构如图 9-33 所示，从图（b）可以看出，74LS126 内部有 4 个三态门，每个三态门有 1 个输入端 A、1 个输出端 Y 和 1 个控制端 C，当 C=1 时，Y=A，当 C=0 时，高阻态。

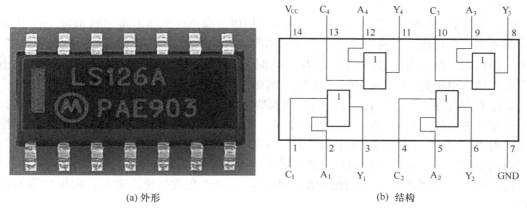

(a) 外形　　　　　　　　　　　　　　(b) 结构

图 9-33　三态门芯片 74LS126

（5）应用

三态门广泛用在数字电子产品中，特别是计算机中，它主要用于总线传递，可以进行单向数据传递，也可以进行双向数据传送。

① 三态门构成单向总线传递电路。三态门构成单向总线传递电路如图 9-34（a）所示，它由 3 个三态门构成。

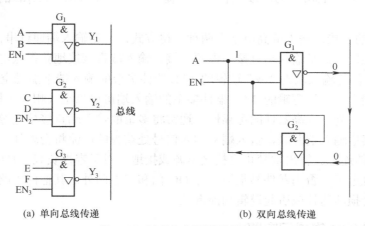

(a) 单向总线传递　　　　　　　　(b) 双向总线传递

图 9-34　三态门构成的数据传递电路

在任何时刻，3 个三态门中只允许其中一个三态门的控制端为"1"，让该三态门处于工作状态，而其他的三态门控制端一定要为"0"，让它们处于高阻态，这样控制端为"1"的三态门电路才能正常工作。如果有两个或两个以上三态门的控制端同时为"1"，则这些三态门会同时工作，同时有数据送向总线，那么总线传递信息就会出错，这是不允许的。

数据单向传递过程：假设 3 个三态门的输入端分别是 A=0、B=0、C=1、D=1、E=0、F=1，各个三态门 EN 端均为 0。首先让 EN_1=1，三态门 G_1 工作，输出端 Y_1=1（因输入端 A=0、B=0），"1"送往总线去其他的电路；然后让 EN_2=1（此时 EN_1 变为 0），三态门 G_2 工作，输出端 Y_2=0，"0"送往总线去其他的电路；再让 EN_3=1，三态门 G_3 工作，输出端 Y_3=1，"1"送往总线去其他的电路。

由此可见，当让几个三态门的控制端依次为"1"时，这几个三态门输出的数据就会依次送往总线。

② 三态门构成双向总线传递电路。三态门构成双向总线传递电路如图 9-34（b）所示，它由两个三态门构成。这两个三态门控制端的控制方式不同，三态门 G_1 的控制端为"1"时处于工作状态，而三态门 G_2 的控制端为"0"时才处于工作状态（三态门 G_2 的 EN 端的小圆圈表示当该端电平为"0"时工作，为"1"时处于高阻状态）。

数据双向传递过程：假设三态门 G_1 输入端 A=1，当控制端 EN 为"1"时，三态门 G_1 处于工作状态，三态门 G_2 处于高阻态，于是三态门 G_1 输出数据"0"，并送到总线；当控制端 EN 为"0"时，三态门 G_1 处于高阻态，三态门 G_2 处于工作状态，总线上的数据"0"送到三态门 G_2 的输入端，三态门 G_2 输出数据"1"，并送到 G_1 的输入端。

由此可见，通过改变三态门的控制端电平，就能改变数据传递方向，实现数据的双向传递。

5. TTL 器件使用注意事项

TTL 器件在使用时要注意以下事项。

① 电源电压。电源电压 V_{CC} 允许范围为+5V（1±10%），超过该范围可能会损坏 TTL 器件，或使器件逻辑功能混乱。

② 电源滤波。为了减小 TTL 器件工作时引起电源电压波动，使 TTL 器件工作稳定，可在电源两端并联 1 个 100μF 的滤波电容（低频滤波）和 1 个 0.01~0.1μF 的滤波电容（高频滤波）。

③ 输入端的连接。输入端高电平有两种获得方式：一是输入端通过串接 1 个 1~10kΩ 的电阻与电源连接；二是输入端直接与电源连接。输入端直接接地获得低电平。

或门、或非门等输入端为"或"逻辑的 TTL 器件多余的输入端不能悬空，要接地。与门、与非门等输入端为"与"逻辑的 TTL 器件多余的输入端可以悬空（相当于接高电平），但这样易受外界干扰，为了提高器件的可靠性，通常将多余的输入端直接接电源或与其他输入端并联，如果与其他输入端并联，输入端从输入信号处获得的电流将会增加。

④ 输出端的连接。输出端禁止直接接电源或接地，对于容性负载（100pF 以上），应串接几百欧的限流电阻，否则器件易损坏。除 OC 门和三态门外，其他门电路的输出端禁止并联使用，否则会损坏器件或引起逻辑功能混乱。

9.5.2　CMOS 集成门电路

CMOS 集成门电路简称 CMOS 门电路，它由 PMOS 场效应管和 NMOS 场效应管以互补对称的形式组成。

1．MOS 场效应管

（1）图形符号

MOS 场效应管是一种电压控制型器件，简称为 MOS 管，它是由金属（M）、氧化物（O）和半导体（S）构成的。MOS 管像三极管一样，既可用作放大，也可当作电子开关使用。MOS 管可分为耗尽型 MOS 管和增强型 MOS 管，每种类型又分为 P 沟道和 N 沟道，MOS 管的图形符号如图 9-35 所示，其中采用增强型 MOS 管构成的门电路更为常见。

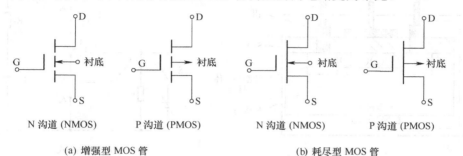

(a) 增强型 MOS 管　　　　　　　　　　(b) 耗尽型 MOS 管

图 9-35　MOS 管的图形符号

（2）增强型 MOS 管的结构

增强型 MOS 管有 P 沟道和 N 沟道两种，其结构原理基本相似，下面以 N 沟道增强型 MOS 管（简称增强型 NMOS 管）为例进行说明。增强型 NMOS 管的结构如图 9-36 所示。

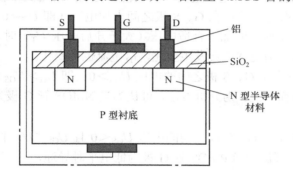

图 9-36　增强型 NMOS 管的结构

增强型 NMOS 管是以 P 型硅片作为基片（又称衬底），在基片上制作两个含很多杂质的 N 型材料，再在上面制作一层很薄的二氧化硅（SiO_2）绝缘层，在两个 N 型材料上引出两个铝电极，分别称为漏极（D）和源极（S），在两极中间的二氧化硅绝缘层上制作一层铝制导电层，从该导电层上引出电极称为 G 极。一般情况下，P 型衬底常与 S 极内部连接在一起。

（3）增强型 NMOS 管的工作原理

增强型 NMOS 管需要加合适的电压才能工作。下面以图 9-37 来说明增强型 NMOS 管工作原理，其中图 9-37（a）为结构图形式，图 9-37（b）为电路图形式。

电源 E_1 通过 R_1 加到场效应管 D、S 极，电源 E_2 通过开关 S 加到场效应管的 G、S 极。在开关 S 断开时，场效应管的 G 极无电压，D、S 极所接的两个 N 区之间没有导电沟道，所以两个 N 区之间不能导通，I_D 电流为 0；如果将开关 S 闭合，场效应管的 G 极获得正电压，与 G 极连接的铝电极有正电荷，它产生的电场穿过 SiO_2 层，吸引 P 型衬底很多电子

靠近 SiO_2 层，从而在两个 N 区之间出现导电沟道，由于此时 D、S 极之间加上正向电压，就有 I_D 电流从 D 极流入，再经导电沟道从 S 极流出。

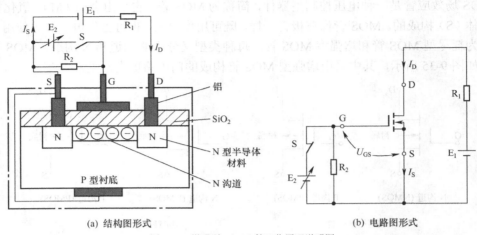

(a) 结构图形式　　　　　　　　　(b) 电路图形式

图 9-37　增强型 NMOS 管工作原理说明图

如果改变 E_2 电压的大小，也即是改变 G、S 极之间的电压 U_{GS}，与 G 极相连的铝层产生的电场大小就会变化，SiO_2 下面的电子数量就会变化，两个 N 区之间沟道宽度就会变化，流过的 I_D 电流大小就会变化。U_{GS} 电压越高，沟道就会越宽，I_D 电流就会越大。

增强型 MOS 管具有特点是：在 G、S 极之间未加电压（即 $U_{GS}=0$）时，D、S 极之间没有沟道，$I_D=0$；当 G、S 极之间加上合适电压（大于开启电压 U_T）时，D、S 极之间有沟道形成，U_{GS} 电压变化时，沟道宽窄会发生变化，I_D 电流也会变化。

对于增强型 NMOS 管，G、S 极之间的电压 $U_{GS}>0$（即 $U_G>U_{GS}$）且 $U_{GS}>U_T$ 时，D、S 极之间才会形成沟道而导通。为分析方便，可认为当 NMOS 管 G 极为高电平时导通，为低电平时截止。

对于增强型 PMOS 管，G、S 极之间的电压 $U_{GS}<0$ 且 $U_{GS}<U_T$ 时，D、S 极之间才有沟道形成。为分析方便，可认为当 PMOS 管 G 极为低电平时导通，为高电平时截止。

2. CMOS 非门

（1）结构与原理

CMOS 非门的电路结构如图 9-38 所示，VT_1 为 PMOS 管，VT_2 为 NMOS 管，电路输入端 A 与两管的 G 极连接，电路输出端 Y 与两管的 D 极连接，PMOS 管的 S 极接电源 V_{DD}，NMOS 管的 S 极接地。CMOS 非门电路的工作原理如下。

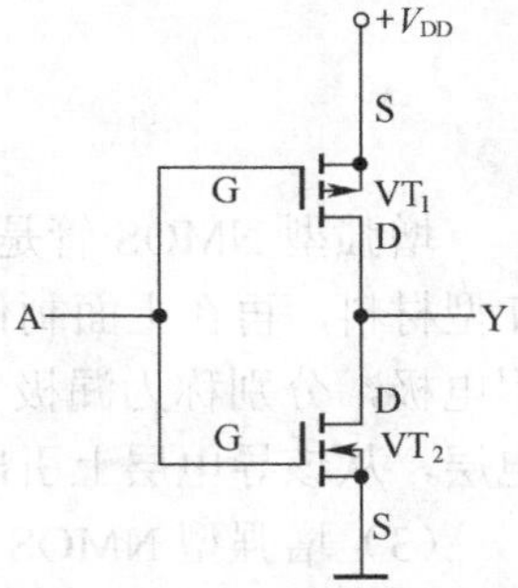

当 A 端为高电平时，VT_1（PMOS 管）截止，VT_2（NMOS）管导通，Y 端为低电平。即 A=1 时，Y=0。

图 9-38　CMOS 非门的电路结构

当 A 端为低电平时，VT_2（NMOS 管）截止，VT_1（PMOS 管）导通，Y 端为高电平。即 A=0 时，Y=1。

从上面分析不难看出，CMOS 非门的输出端与输入端之间满足 $Y=\overline{A}$。

对于 CMOS 非门电路，不管输入端为高电平还是低电平，VT_1、VT_2 始终有一个处于截止状态，电源与地之间基本无电流通过，因此 CMOS 非门电路功耗极低（微瓦以下）。

（2）常用 CMOS 非门芯片

CC4069 是一种常用的 CMOS 非门芯片，其结构如图 9-39 所示，从图中可以看出，CC4069
内部有 6 个非门，每个非门有 1 个输入端和 1 个输出端。

3．CMOS 与非门

（1）结构与原理

CMOS 与非门的电路结构如图 9-40 所示，VT_1、VT_2 为 PMOS 管，VT_3、VT_4 为 NMOS
管。CMOS 与非门电路的工作原理如下。

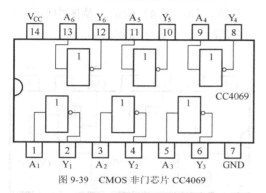

图 9-39　CMOS 非门芯片 CC4069

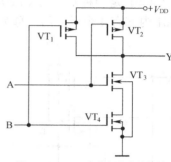

图 9-40　CMOS 与非门的电路结构

当 A、B 端均为高电平时，VT_1、VT_2 截止，VT_3、VT_4 导通，Y 端为低电平。即 A=1、
B=1 时，Y=0。

当 A、B 端均为低电平时，VT_1、VT_2 导通，VT_3、VT_4 截止，Y 端为高电平。即 A=0、
B=0 时，Y=1。

当 A 端为低电平、B 端为高电平时，A 端低电平使 VT_2 导通、VT_3 截止，B 端高电平使
VT_1 截止、VT_4 导通，由于 VT_2 导通、VT_3 截止，Y 端输出高电平。即 A=0、B=1 时，Y=1。

当 A 端为高电平、B 端为低电平时，A 端高电平使 VT_3 导通、VT_2 截止，B 端低电平使
VT_4 截止、VT_1 导通，由于 VT_1 导通、VT_4 截止，Y 端输出高电平。即 A=1、B=0 时，Y=1。

从上面分析不难看出，CMOS 与非门的输出端与输入端之间满足 $Y=\overline{AB}$。

（2）常用 CMOS 与非门芯片

CC4011 是一种常用的 CMOS 与非门芯片，
其结构如图 9-41 所示，从图中可以看出，CC4011
内部有 4 个与非门，每个与非门有 2 个输入端和
1 个输出端。

4．CMOS 或非门

（1）结构与原理

CMOS 或非门的电路结构如图 9-42 所示，
VT_1、VT_2 为 PMOS 管，VT_3、VT_4 为 NMOS 管。

CMOS 或非门电路工作原理说明如下。

当 A、B 端均为高电平时，VT_1、VT_2 截止，VT_3、VT_4 导通，Y 端为低电平。即 A=1、
B=1 时，Y=0。

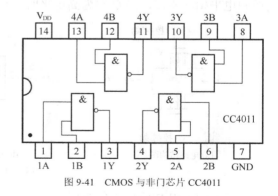

图 9-41　CMOS 与非门芯片 CC4011

当 A、B 端均为低电平时，VT_1、VT_2 导通，VT_3、VT_4 截止，Y 端为高电平。即 A=0、B=0 时，Y=1。

当 A 端为低电平、B 端为高电平时，A 端低电平使 VT_1 导通、VT_3 截止，B 端高电平使 VT_2 截止、VT_4 导通，由于 VT_2 截止、VT_4 导通，Y 端输出低电平。即 A=0、B=1 时，Y=0。

当 A 端为高电平、B 端为低电平时，A 端高电平使 VT_3 导通、VT_1 截止，B 端低电平使 VT_4 截止、VT_2 导通，由于 VT_3 导通、VT_1 截止，Y 端输出低电平。即 A=1、B=0 时，Y=0。

从上面分析不难看出，CMOS 或非门的输出端与输入端之间满足 $Y=\overline{A+B}$。

（2）常用 CMOS 或非门芯片

CC4001 是一种常用的 CMOS 或非门芯片，其结构如图 9-43 所示，从图中可以看出，CC4001 内部有 4 个或非门，每个或非门有 2 个输入端和 1 个输出端。

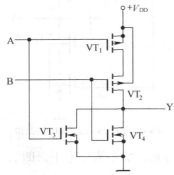

图 9-42　CMOS 或非门的电路结构

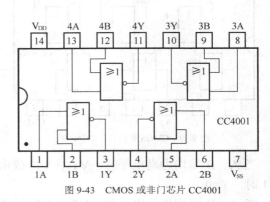

图 9-43　CMOS 或非门芯片 CC4001

5. CMOS 传输门

（1）结构

CMOS 传输门是一种由控制信号来控制电路通断的门电路。CMOS 传输门的电路结构和图形符号如图 9-44 所示，VT_1 为 PMOS 管，VT_2 为 NMOS 管，两端并联，在两个 MOS 管衬底未与源极连接时，漏极 D 与源极 S 具有互换性，如果 E 端作为输入端，分析时将 VT_1、VT_2 与 E 端相连的极作为 S 极，与 F 端相连的极作为 D 极。C、$\overline{C}$ 为一对互补控制端，两者控制电平始终相反，当 C 端为高电平时，$\overline{C}$ 为低电平。

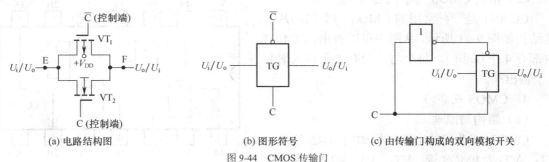

(a) 电路结构图　　　　　　　　(b) 图形符号　　　　　　　(c) 由传输门构成的双向模拟开关

图 9-44　CMOS 传输门

（2）CMOS 传输门工作原理

当控制信号为高电平（即 C=1，$\overline{C}$=0）时，VT_1（PMOS 管）的 G 极为低电平，VT_1 导通，VT_2（NMOS 管）的 G 极为高电平，VT_2 导通，CMOS 传输门开通，E 端输入电压 U_i 经

导通的 VT_1、VT_2 送到 F 端输出。

当控制信号为低电平（即 C=0，$\overline{C}$=1）时，VT_1（PMOS 管）的 G 极为高电平，VT_1 截止，VT_2（NMOS 管）的 G 极为低电平，VT_2 截止，CMOS 传输门关断，输入电压 U_i 无法通过。

由于两个 MOS 管漏极 D 与源极 S 具有互换性，故也可将 F 端作为输入端，E 端作为输出端，那么信号电压就可以双向传送，所以 CMOS 传输门又称双向开关。

为了控制方便，CMOS 传输门常和非门组合构成双向模拟开关，其结构如图 9-44（c）所示。当 C=1 时，开关接通；当 C=0 时，开关断开。

（3）常用 CMOS 传输门芯片

CC4016 是一种常用的 CMOS 传输门芯片（双向模拟开关），其结构如图 9-45 所示。从图中可以看出，CC4016 内部有 4 个传输门，每个传输门有 1 个输入/输出端、1 个输出/输入端和 1 个控制端。

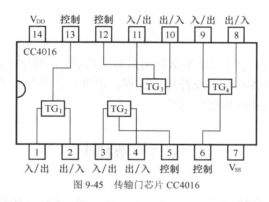

图 9-45　传输门芯片 CC4016

6. CMOS 器件使用注意事项

在使用 CMOS 器件时要注意以下事项。

① 电源电压。电源电压不能接反，规定+V_{DD} 接电源正极，V_{SS} 接电源负极（通常为地）。

② 输入端的连接。输入端的信号电压 U_i 应为 $V_{DD} \geq U_i \geq V_{SS}$，超出该范围易损坏 CMOS 内部的保护二极管或栅极，可在输入端串接一个 $10 \sim 100\text{k}\Omega$ 的限流电阻，所有多余的输入端应根据逻辑要求接 V_{DD} 或 V_{SS}，对器件工作速度要求不高时输入端允许并联使用。

③ 输出端的连接。输出端禁止直接接电源或接地，除三态门外，其他门电路的输出端禁止并联使用。

④ 测试。在测试 CMOS 器件时，应先加电源 V_{DD}，然后加输入信号，停止测试时，要先撤去输入信号，再切断电源，另外要求所有测试仪器的外壳必须良好接地。

⑤ 存放与焊接。由于 CMOS 器件的输入阻抗很高，易被静电击穿，存放时应尽量让所有引脚短接（如用金属箔包装），焊接时电烙铁要良好接地，也可用烙铁余温焊接。

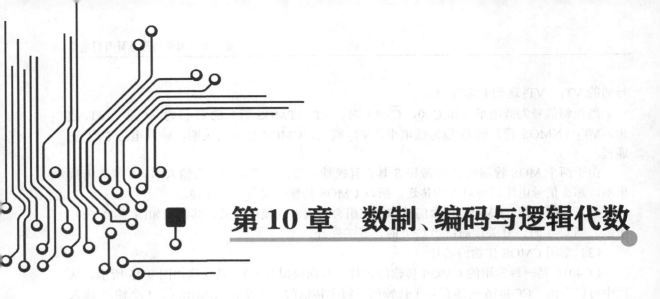

第10章 数制、编码与逻辑代数

数制就是数的进位制,十进制是平常使用最多的数制,而数字电路系统中常使用二进制。编码是指用二进制数表示各种数字或符号的过程。逻辑代数是分析数字电路的数学工具。在分析和设计数字电路时需要应用逻辑代数。

10.1 数制

在日常生活中,经常会接触到 0、7、8、9、168、295 等这样的数字,这些数字就是一种数制——十进制数。另外,数制还有二进制数和十六进制数等。

10.1.1 十进制数

十进制数有以下两个特点。

① 有 **10** 个不同的数码:**0、1、2、3、4、5、6、7、8、9**。任意一个十进制数均可以由这 **10** 个数码组成。

② 遵循"逢十进一"的计数原则。对于任意一个十进制数 N,它都可以表示成 $N=a_{n-1}\times 10^{n-1}+a_{n-2}\times 10^{n-2}+\cdots+a_1\times 10^1+a_0\times 10^0+a_{-1}\times 10^{-1}+\cdots+a_{-m}\times 10^{-m}$。

其中 m 和 n 为正整数。

这里的 a_{n-1},a_{n-2},$\cdots$,a_{-m} 称为数码,**10** 称为基数,10^{n-1},10^{n-2},$\cdots$,10^{-m} 是各位数码的位权。

例如,根据上面的方法可以将十进制数 3 259.46 表示成 $(3\,259.46)_{10}=3\times 10^3+2\times 10^2+5\times 10^1+9\times 10^0+4\times 10^{-1}+6\times 10^{-2}$。

请写出 $(8\,436.051)_{10}$ 的展开式:

8 436.051=_____。

10.1.2　二进制数

十进制数是最常见的数制，除此以外，还有二进制数、八进制数、十六进制数等。在数字电路中，二进制数用得最多。

1. 二进制数的特点

二进制数有以下两个特点。

① 有两个数码：0 和 1。任何一个二进制数都可以由这两个数码组成。

② 遵循"逢二进一"的计数原则。对于任意一个二进制数 N，它都可表示成

$$N=a_{n-1}\times2^{n-1}+a_{n-2}\times2^{n-2}+\cdots+a_0\times2^0+a_{-1}\times2^{-1}+\cdots+a_{-m}\times2^{-m}$$

其中 m 和 n 为正整数。

这里的 a_{n-1}，a_{n-2}，$\cdots$，a_{-m} 称为数码，2 称为基数，2^{n-1}，2^{n-2}，$\cdots$，2^{-m} 是各位数码的位权。

例如，二进制数 11011.01 可表示为 $(11011.01)_2=1\times2^4+1\times2^3+0\times2^2+1\times2^1+1\times2^0+0\times2^{-1}+1\times2^{-2}$。

请写出$(1011.101)_2$ 的展开式：

$(1011.101)_2=$ _____ 。

2. 二进制的四则运算

（1）加法运算

加法运算法则是"逢二进一"。运算规律如下。

$$0+0=0 \quad 0+1=1 \quad 1+0=1 \quad 1+1=10$$

当遇到"1+1"时就向相邻高位进 1。

例如，求$(1011)_2+(1011)_2$，可以用与十进制数相同的竖式计算

```
      1011
  +   1011
  ---------
     10110
```

即$(1011)_2+(1011)_2=(10110)_2$。

（2）减法运算

减法运算法则是"借一当二"。运算规律如下。

$$0-0=0 \quad 1-0=1 \quad 1-1=0 \quad 10-1=1$$

当遇到"0-1"时，需向高位借 1 当"2"用。

例如，求$(1100)_2-(111)_2$

```
      1100
  -    111
  ---------
       101
```

即$(1100)_2-(111)_2=(101)_2$。

（3）乘法运算

乘法运算法则是"各数相乘，再作加法运算"。运算规律如下。

$$0\times0=0 \quad 1\times0=0 \quad 0\times1=0 \quad 1\times1=1$$

例如，求$(1101)_2\times(101)_2$

$$
\begin{array}{r}
1101 \\
\times \quad 101 \\
\hline
1101 \\
1101 \quad \\
\hline
1000001
\end{array}
$$

即 $(1101)_2 \times (101)_2 = (1000001)_2$。

（4）除法运算

除法运算法则是"各数相除，再作减法运算"。运算规律如下。

$$0 \div 1 = 0 \qquad 1 \div 1 = 1$$

例如，求 $(1111)_2 \div (101)_2$

$$
\begin{array}{r}
11 \\
101 \overline{)1111} \\
\underline{101} \quad \\
101 \\
\underline{101} \\
0
\end{array}
$$

即 $(1111)_2 \div (101)_2 = (11)_2$。

10.1.3　十六进制数

十六进制数有以下两个特点。

① 有 **16** 个数码：**0、1、2、3、4、5、6、7、8、9、A、B、C、D、E、F**，这里的 **A、B、C、D、E、F** 分别代表 **10、11、12、13、14、15**。

② 遵循"逢十六进一"的计数原则。对于任意一个十六进制数 N，它都可表示成

$$N = a_{n-1} \times 16^{n-1} + a_{n-2} \times 16^{n-2} + \cdots + a_0 \times 16^0 + a_{-1} \times 16^{-1} + \cdots + a_{-m} \times 16^{-m}$$

其中 m 和 n 为正整数。

这里的 a_{n-1}，a_{n-2}，$\cdots$，a_{-m} 称为数码，**16** 称为基数，16^{n-1}，16^{n-2}，$\cdots$，16^{-m} 是各位数码的位权。

例如，十六进制数可表示为 $(3A6.D)_{16} = 3 \times 16^2 + 10 \times 16^1 + 6 \times 16^0 + 13 \times 16^{-1}$。

十六进制常用字母 H 表示，故 $(3A6.D)_{16}$ 也可表示成 3A6.DH。

请写出 $(B65F.6)_{16}$ 的展开式：

$(B65F.6)_{16} =$ _____。

10.1.4　数制转换

不同数制之间可以相互转换，下面介绍几种数制之间的转换方法。

1．二进制数转换成十进制数

二进制数转换成十进制数的方法是：将二进制数各位数码与位权相乘后求和，就能得到十进制数。

例如，$(101.1)_2 = 1 \times 2^2 + 0 \times 2^1 + 1 \times 2^0 + 1 \times 2^{-1} = 4 + 0 + 1 + 0.5 = (5.5)_{10}$

2．十进制数转换成二进制数

十进制数转换成二进制数的方法是：采用除 **2** 取余法，即将十进制数依次除 **2**，并依次

记下余数，一直除到商数为 **0**，最后把全部余数按相反次序排列，就能得到二进制数。

例如，将十进制数 $(29)_{10}$ 转换成二进制数，方法如下。

$$
\begin{array}{rll}
2\,\underline{|\,29} & \text{余 1} & a_0 \quad \text{低位} \\
2\,\underline{|\,14} & \text{余 0} & a_1 \\
2\,\underline{|\,7} & \text{余 1} & a_2 \\
2\,\underline{|\,3} & \text{余 1} & a_3 \\
2\,\underline{|\,1} & \text{余 1} & a_4 \quad \text{高位} \\
0 & &
\end{array}
$$

即 $(29)_{10}=(11101)_2$。

3. 二进制与十六进制的相互转换

（1）二进制数转换成十六进制数

二进制数转换成十六进制数的方法是：从小数点起向左、向右按 4 位分组，不足 4 位的，整数部分可在最高位的左边加"0"补齐，小数点部分不足 4 位的，可在最低位右边加"0"补齐，每组以其对应的十六进制数代替，将各个十六进制数依次写出即可。

例如，将二进制数 $(1011000110.111101)_2$ 转换为十六进制数，转换过程如下。

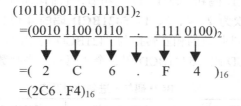

$$
\begin{aligned}
&(1011000110.111101)_2 \\
&=(0010\ 1100\ 0110\ .\ 1111\ 0100)_2 \\
&=(\ 2\quad C\quad 6\quad .\quad F\quad 4\ )_{16} \\
&=(2C6.F4)_{16}
\end{aligned}
$$

注：十六进制的 16 位数码为 0、1、2、3、4、5、6、7、8、9、A、B、C、D、E、F，它们分别与二进制数 0000、0001、0010、0011、0100、0101、0110、0111、1000、1001、1010、1011、1100、1101、1110、1111 相对应。

（2）十六进制数转换成二进制数

十六进制数转换成二进制数的方法是：从左到右将待转换的十六进制数中的每个数依次用 4 位二进制数表示。

例如，将十六进制数 $(13AB.6D)_{16}$ 转换成二进制数

$$
\begin{aligned}
&(\ 1\quad 3\quad A\quad B\quad .\quad 6\quad D\ )_{16} \\
&=(0001\ 0011\ 1010\ 1011\ .\ 0110\ 1101)_2 \\
&=(0001001110101011.01101101)_2
\end{aligned}
$$

10.2　编码

数字电路只能处理二进制形式的信息，而实际上经常会遇到其他形式的信息，如十进制

数字、字母和文字等，数字电路是无法直接处理这些信息的，必须要将其先转换成二进制数。用二进制数表示各种数字或符号的过程称为编码。编码是由编码电路来完成的。

编码电路的种类很多，在本节主要介绍二—十进制编码。利用 **4** 位二进制数组合表示十进制 **10** 个数的编码，称为二—十进制编码，简称 **BCD** 码。根据编码方式不同，可分为 8421BCD 码、2421BCD 码、5421BCD 码、余 3 码、格雷码和奇偶校验码。

10.2.1　8421BCD 码、2421BCD 码和 5421BCD 码

1. 8421BCD 码

8421BCD 码是一种有权码，它的 **4** 位二进制从高到低的位权依次为 $2^3=8$、$2^2=4$、$2^1=2$、$2^0=1$。8421BCD 码转换成十进制数举例说明如下。

$$(0110)_{8421BCD}=0\times2^3+1\times2^2+1\times2^1+0\times2^0=0\times8+1\times4+1\times2+0\times1=(6)_{10}$$

$(011001011000.01000010)_{8421BCD}=(0110\ 0101\ 1000\ .0100\ 0010)_{8421BCD}=(6\ 5\ 8\ .4\ 2)_{10}=(658.42)_{10}$。
十进制数转换成 8421BCD 码举例说明如下。

$$(7)_{10}=(0111)_{8421BCD}$$

$(901.73)_{10}=(1001\ 0000\ 0001.0111\ 0011)_{8421BCD}=(100100000001.01110011)_{8421BCD}$

2. 2421BCD 码和 5421BCD 码

2421BCD 码、5421BCD 码和 8421BCD 码相似，它们都是有权码。**2421BCD** 码的 **4** 位二进制从高到低的位权依次为 **2、4、2、1**。**5421BCD** 码的 **4** 位二进制从高到低的位权依次为 **5、4、2、1**。它们与十进制数的相互转换与 8421BCD 码相同。

8421BCD 码、2421BCD 码、5421BCD 码、余 3 码与十进制数的对应关系见表 10-1。

表 10-1　　　　　　　　常见 **BCD** 码与十进制数对照表

十 进 制 数	8421BCD 码	2421BCD 码	5421BCD 码	余 3 码
0	0000	0000	0000	0011
1	0001	0001	0001	0100
2	0010	0010	0010	0101
3	0011	0011	0011	0110
4	0100	0100	0100	0111
5	0101	1011	1000	1000
6	0110	1100	1001	1001
7	0111	1101	1010	1010
8	1000	1110	1011	1011
9	1001	1111	1100	1100
权	8、4、2、1	2、4、2、1	5、4、2、1	无权

2421BCD 码与十进制数的相互转换举例如下。

$$(1010)_{2421BCD}=1\times2+0\times4+1\times2+0\times1=2+0+2+0=(4)_{10}$$
$$(702.54)_{10}=(1101\ 0000\ 0010.1011\ 0100)_{2421BCD}$$

5421BCD 码与十进制数的相互转换举例如下。

$$(1010)_{5421BCD}=1\times5+0\times4+1\times2+0\times1=5+0+2+0=(7)_{10}$$
$$(702.54)_{10}=(1010\ 0000\ 0010.1000\ 0100)_{5421BCD}$$

10.2.2　余 3 码

余 3 码是由 8421BCD 码加上 3(0011)得来的，它是一种无权码。余 3 码与十进制数的相互转换举例如下。

$$(0111)_{余3码}=(0111-0011)_{8421BCD}=(0100)_{8421BCD}=(4)_{10}$$
$$(6)_{10}=(0110)_{8421BCD}=(0110+0011)_{余3码}=(1001)_{余3码}$$
$$(7.5)_{10}=(0111.0101)_{8421BCD}=(1010.1000)_{余3码}$$

10.2.3　格雷码

两个相邻代码之间仅有 1 位数码不同的无权码称为格雷码。十进制数与格雷码的对应关系见表 10-2。

表 10-2　　　　　　　　　　　　十进制数与格雷码对照表

十 进 制 数	格 雷 码	十 进 制 数	格 雷 码
0	0000	9	1101
1	0001	10	1111
2	0011	11	1110
3	0010	12	1010
4	0110	13	1011
5	0111	14	1001
6	0101	15	1000
7	0100	权	无权
8	1100		

从表 10-2 中可以看出，相邻的两个格雷码之间仅有 1 位数码不同，如 5 的格雷码是 0111，它与 4 的格雷码 0110 仅最后 1 位不同，与 6 的格雷码 0101 仅倒数第 2 位不同。其他的编码方法表示的数码在递增或递减时，往往多位发生变化，3 的 8421BCD 码 0011 与 4 的 8421BCD 码 0100 同时有 3 位发生变化，这样在数字电路处理中很容易出错，而格雷码在递增或递减时，仅有 1 位发生变化，这样不容易出错，所以格雷码常用于高分辨率的设备中。

10.2.4　奇偶校验码

二进制数据在传送、存储过程中，可能会发生错误，即有时"1"变成"0"或"0"变成"1"。为了检查二进制数有无错误，可以采用奇偶校验码。

奇偶校验码由信息位和校验位组成。信息位就是数据本身，可以是位数不受限的任意二进制数；校验位是根据信息位中的"1"或"0"的个数加在信息位后面的 1 位二进制数。

奇偶校验码可分为奇校验码和偶校验码两种。校验位产生的规则是：对于奇校验，若信息位中有奇数个"1"，则校验位为"0"，若信息位中有偶数个"1"，则校验位为"1"；对于偶校验，若信息位中有偶数个"1"，则校验位为"0"，若信息位中有奇数个"1"，则校验位为"1"。

下面以图 10-1 来说明奇偶校验码的形成过程。

图 10-1（a）所示为奇校验编码，十进制数 6 先经 8421BCD 编码器转换成 0110，再送到

奇校验编码器，因为 0110 中 1 的个数是偶数，为保证整个奇偶校验码 "1" 的个数为奇数，校验位应为 "1"，编码输出的数据为 01101。

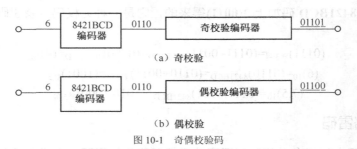

（a）奇校验

（b）偶校验

图 10-1　奇偶校验码

图 10-1（b）所示为偶校验编码，十进制数 6 先经 8421BCD 编码器转换成 0110，再送到偶校验编码器，因为 0110 中 1 的个数是偶数，所以校验位为 "0"，编码输出的数据为 01100。

在传递奇偶校验码数据时，如果数据中的某位发生了错误，如奇校验码 01101 在传递时变成了 01001，这样信息位 "1" 的个数为奇数，按奇校验规则校验位应为 "0"，但校验位为 "1"，这样信息位与校验位不相符，说明该数据出错。

奇偶校验编码只能发现 1 位数出错，不能发现 2 位以上（偶数位）数字出错，不过 2 位数字同时出错的可能性很小。另外，奇偶校验编码不能发现是数据中的哪 1 位出错。目前有一种汉明校验码，它既能发现错误又能查出错误数的位置，这种编码是在奇偶校验码的基础上改进的，如果有兴趣，读者可以查阅有关资料。

奇偶校验码虽然有一些缺陷，但它编码简单、实现容易，在要求不是很高的数字电路系统中仍被广泛采用。

10.3　逻辑代数

逻辑代数又称开关代数，是 19 世纪一位英国数学家布尔创立的，因而又称布尔代数。逻辑代数是按一定逻辑规律进行运算的代数，它是研究数字电路的数学工具，为分析和设计数字电路提供了理论基础。

10.3.1　逻辑代数的常量和变量

常量是指不变化的量，如 **2**、**15** 等都是常量；变量是指会发生变化的量，如 **A** 既可以代表 **8**，也可以代表 **17**，这里的 A 就是变量，它可以根据需要取不同的值，变量常用字母表示。

逻辑代数有以下两个特点。

① 逻辑代数的常量有两个："**1**" 和 "**0**"；而变量只能有两个值："**1**" 和 "**0**"。

② 逻辑代数中的 "**1**" 和 "**0**" 不是表示数量大小，而是表示两种对立的逻辑状态（如真或假，高或低，开或关等）。

10.3.2　逻辑代数的基本运算规律

普通的代数在运算时有一定的规律，逻辑代数在运算是也有一定的规律，其基本运算定律和常用的恒等式如下所述。

1. 逻辑代数的基本运算定律

逻辑代数的基本运算定律见表 10-3。

表 10-3　　　　　　　　　　　　逻辑代数的基本运算定律

自等律	$A+0=A$　　$A \cdot 1=A$
0-1 律	$A+1=1$　　$A \cdot 0=0$
重叠律	$A+A=A$　　$A \cdot A=A$
互补律	$A+\overline{A}=1$　　$A \cdot \overline{A}=0$
吸收律	$A+AB=A$　　$A(A+B)=A$
非非律	$\overline{\overline{A}}=A$
交换律	$A+B=B+A$　　$AB=BA$
结合律	$(A+B)+C=A+(B+C)$　　　$(AB)C=A(BC)$
分配律	$A(B+C)=AB+AC$　　$A+BC=(A+B)(A+C)$
反演律（摩根定理）	$\overline{AB}=\overline{A}+\overline{B}$　　　$\overline{A+B}=\overline{A} \cdot \overline{B}$

若要证明以上各个定律是否正确，可将各变量的取值代入相应的式子中，再计算等号左右的值是否相等。例如证明自等律 $A+0=A$，可先设 $A=1$，会有 $1+0=1$，再假设 $A=0$，就有 $0+0=0$，结果都符合 $A+0=A$，所以 $A+0=A$ 是正确的。

2. 常用的恒等式

在进行逻辑代数运算时，可运用前面介绍的各种定律，另外，逻辑代数中还有一些常见的恒等式，在某些情况下应用这些等式可以使逻辑代数运算更为简单快捷。下面介绍几种最常用的恒等式。

（1）$AB+A\overline{B}=A$

该恒等式证明

$$AB+A\overline{B}$$
$$=A(B+\overline{B})$$
$$=A$$

此等式又称为合并律。

（2）$A+\overline{A}B=A+B$

该恒等式证明

$$A+\overline{A}B=A(1+B)+\overline{A}B$$
$$=A+AB+\overline{A}B=A+B(A+\overline{A})$$
$$=A+B$$

以上等式说明，在一个与或表达式中，如果一项（A）的非是另一项（$\overline{A}B$）的因子，则此因子（$\overline{A}$）是多余的，故它是另一种形式的吸收律。

（3）$AB+\overline{A}C+BC=AB+\overline{A}C$

该恒等式证明

$$AB+\overline{A}C+BC=AB+\overline{A}C+BC(A+\overline{A})$$
$$=AB+\overline{A}C+ABC+\overline{A}BC$$

$$= AB(1+C)+\overline{A}C\ (1+B)$$
$$=AB+\overline{A}C$$

此等式有一个推论

$$AB+\overline{A}C +BCD=AB+\overline{A}C$$

以上等式说明，在一个与或表达式中，如果两项分别包含 A 和 $\overline{A}$，而其余的因子（B、C）为第 3 项的因子，则第 3 项是多余的。此等式又称为添加律。

（4） $\overline{A\overline{B}+\overline{A}B}=AB+\overline{A}\ \overline{B}$

该恒等式证明

$$\overline{AB+\overline{A}B}=\overline{A\overline{B}}\cdot\overline{\overline{A}B}=(\overline{A}+\overline{\overline{B}})\cdot(\overline{\overline{A}}+\overline{B})=(\overline{A}+B)\cdot(A+\overline{B})$$
$$=\overline{A}A+\overline{A}\ \overline{B}+BA+B\overline{B}$$
$$=0+\overline{A}\ \overline{B}+AB+0$$
$$=AB+\overline{A}\ \overline{B}$$

此等式还有一个推论

$$\overline{AB+\overline{A}B}=A\overline{B}+\overline{A}\ \overline{B}$$

上面等式说明，由两项组成的与或表达式中（如 $A\overline{B}+\overline{A}B$），如果两项中的部分因子互补（$A\overline{B}$、$\overline{A}B$ 两项中 A 与 $\overline{A}$ 互补），那么将这两项其余部分（$\overline{B}$）各自取反，就得到这个函数的反函数（$AB+\overline{A}B$）。

10.3.3 逻辑表达式的化简

1. 逻辑表达式化简的意义

利用逻辑表达式可以分析数字电路，逻辑表达式又是设计数字电路的依据。但同一逻辑关系往往可以有几种不同的表达式，有的表达式简单些，有的则较复杂，如下面两个表达式

$$Y=A+\overline{A}B$$
$$Y = A + B$$

上面两个表达式的逻辑关系是完全一样的，可以明显看出第 2 个表达式要比第 1 个简单。逻辑表达式越简单，与之对应的电路也就越简单。逻辑表达式化简就是将比较复杂的表达式转化成最简单的表达式。那么什么才是最简表达式呢？所谓最简表达式就是：式子中的乘积项最少；在满足乘积项最少的条件下，每个乘积项中的变量个数最少。

2. 逻辑表达式化简的方法

根据逻辑表达式可以设计数字逻辑电路，为了使设计出来的电路最简单，需要将逻辑表达式转化为最简表达式，这就要求对逻辑表达式进行化简。逻辑表达式化简的方法主要有公式法和卡诺图法，下面仅介绍公式法。

公式法是根据逻辑代数基本定律公式和恒等式，将逻辑表达式转换为最简式。利用公式法化简逻辑表达式的常用方法有并项法、吸收法、消去法和配项法。

（1）并项法

它是利用公式 $AB+A\overline{B} =A(B+\overline{B})=A$，将两个乘积项合并成一项，合并时消去互补变量。

例如：

① $A(BC+B\overline{C})+A(\overline{B}C+\overline{B}\,\overline{C})$

$$= ABC+AB\overline{C}+A\overline{B}C+A\overline{B}\,\overline{C}$$
$$= AB(C+\overline{C})+A\overline{B}(C+\overline{C})\,(\text{利用公式}\,A+\overline{A}=1)$$
$$= AB+A\overline{B}$$
$$= A(B+\overline{B})\,(\text{利用公式}\,A+\overline{A}=1)$$
$$= A$$

② $A\overline{B}C+\overline{A}\,\overline{B}C$

$$= C(A\overline{B}+\overline{A}\,\overline{B})\,（\text{利用}\,A+\overline{A}=1）$$
$$= C$$

（2）吸收法

它是利用公式 $A+AB=A(1+B)=A$，消去多余项。

① $A\overline{B}+A\overline{B}CD(E+F)$

$$= A\overline{B}\,[1+CD(E+F)]\,（\text{利用}\,1+A=1）$$
$$= A\overline{B}$$

② $\overline{C}+AB\overline{C}D$

$$= \overline{C}(1+\overline{A}BD)\,(\text{利用}\,1+A=1)$$
$$= \overline{C}$$

（3）消去法

它是利用 $A+\overline{A}B=A+B$，消去多余项。

① $AB+\overline{A}C+\overline{B}C$

$$= AB+C(\overline{A}+\overline{B})\,（\text{利用}\,\overline{A}+\overline{B}=\overline{AB}）$$
$$= AB+\overline{AB}C\,（\text{利用}\,A+\overline{A}B=A+B）$$
$$= AB+C$$

② $A\overline{B}+\overline{A}B+ABCD+\overline{A}\,\overline{B}CD$

$$= (A\overline{B}+\overline{A}B)+CD(AB+\overline{A}\,\overline{B})\,（\text{利用}\,AB+\overline{A}\,\overline{B}=\overline{A\overline{B}+\overline{A}B}）$$
$$= (A\overline{B}+\overline{A}B)+CD(\overline{A\overline{B}+\overline{A}B})\,（\text{利用}\,A+\overline{A}B=A+B）$$
$$= A\overline{B}+\overline{A}B+CD$$

（4）配项法

有些表达式不能直接利用公式化简，这时往往可以用 $A=A(B+\overline{B})=AB+A\overline{B}$ 的方式将部分乘积项变为两项，或利用 $AB+\overline{A}C=AB+\overline{A}C+BC$ 增加一个项，再利用公式进行化简。

① $A\overline{B}+B\overline{C}+\overline{B}C+\overline{A}B$

$$= A\overline{B}+B\overline{C}+(A+\overline{A})\overline{B}C+\overline{A}B(C+\overline{C})$$
$$= A\overline{B}+B\overline{C}+A\overline{B}C+\overline{A}\,\overline{B}C+\overline{A}BC+\overline{A}B\overline{C}$$
$$= (A\overline{B}+A\overline{B}C)+(B\overline{C}+\overline{A}B\overline{C})+(\overline{A}BC+\overline{A}\,\overline{B}C)\,（\text{利用}\,A+AB=A）$$
$$= A\overline{B}+B\overline{C}+\overline{A}B$$

② $A\overline{B}+B\overline{C}+\overline{B}C+\overline{A}B$

$=A\overline{B}+B\overline{C}+\overline{B}C+\overline{A}B+\overline{A}C$ （利用恒等式 $AB+\overline{A}C=AB+\overline{A}C+BC$ 增加一项 $\overline{A}C$ ）

$=A\overline{B}+\overline{A}C+\overline{B}C+B\overline{C}+\overline{A}B$

$=A\overline{B}+\overline{A}C+B\overline{C}+\overline{A}B$ （利用恒等式 $AB+\overline{A}C+BC=AB+\overline{A}C$ 消去一项 $\overline{B}C$ ）

$=A\overline{B}+(\overline{A}C+B\overline{C}+\overline{A}B)$

$=A\overline{B}+\overline{A}C+B\overline{C}$ （利用恒等式 $AB+\overline{A}C+BC=AB+\overline{A}C$ 消去一项 $\overline{A}B$ ）

10.3.4 逻辑表达式、逻辑电路和真值表相互转换

任何一个逻辑电路，它的输入与输出关系都可以用逻辑表达式表示出来，反之，任何一个逻辑表达式总可以设计出一个逻辑电路来对它进行运算；逻辑表达式可以用真值表直观显示各种输入及对应的输出情况，而根据真值表也可以写出逻辑表达式。总之，逻辑表达式、逻辑电路和真值表之间是可以相互转换的，了解它们的互相转换方法对设计和分析数字电路非常重要。

1. 逻辑表达式与逻辑电路的相互转换

（1）根据逻辑电路写出逻辑表达式

根据逻辑电路写出逻辑表达式比较简单，下面以图 10-2 所示的逻辑电路来说明。根据逻辑电路写出逻辑表达式过程一般分为以下两步。

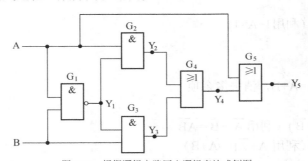

图 10-2   根据逻辑电路写出逻辑表达式例图

① 从前往后依次写出逻辑电路中各门电路的逻辑表达式。

门电路 G_1： $Y_1=\overline{AB}$ ；

门电路 G_2： $Y_2=AY_1$ ；

门电路 G_3： $Y_3=Y_1B$ ；

门电路 G_4： $Y_4=Y_2+Y_3$ ；

门电路 G_5： $Y_5=A+Y_4$ 。

② 依次将前一个门电路的表达式代入后一个门电路的表达式中，最终就能得到整个逻辑电路的表达式。

将 $Y_1=\overline{AB}$ 代入 $Y_2=AY_1$ 中，得到 $Y_2=A\overline{AB}$ ；

将 $Y_1=\overline{AB}$ 代入 $Y_3=Y_1B$ 中，得到 $Y_3=\overline{AB}B$ ；

将 $Y_2=A\overline{AB}$ 和 $Y_3=\overline{AB}B$ 代入到 $Y_4=Y_2+Y_3$ 中，得到 $Y_4=A\overline{AB}+\overline{AB}B$ ；

将 $Y_4=A\overline{AB}+\overline{AB}B$ 代入 $Y_5=A+Y_4$ 中，得到 $Y_5=A+(A\overline{AB}+\overline{AB}B)$ 。

最终得到的 Y_5=A+($\overline{AAB}$ + $\overline{ABB}$)就是图 10-2 所示逻辑电路的逻辑表达式。

（2）根据逻辑表达式画出逻辑电路

由逻辑表达式画出逻辑电路的过程与逻辑表达式的运算过程相似。下面以画逻辑表达式 Y=(A+B) $\overline{AB}$ 的逻辑电路为例来说明。

Y=(A+B) $\overline{AB}$ 的运算顺序：先将 A 和 B 进行或运算（A+B），同时将 A 和 B 进行与非运算（ $\overline{AB}$ ）；然后将 A、B 或运算的结果和 A、B 与非运算的结果进行与运算，就可以得出表达式的最终结果。

Y=(A+B) $\overline{AB}$ 的逻辑电路图的绘制过程：先画出 A、B 的或门电路（完成 A+B 运算），再在垂直并列的位置画出 A、B 的与非门电路（完成 $\overline{AB}$ 运算），然后以这两个门电路输出端作为后级的输入端在后面画一个与门电路（完成(A+B) $\overline{AB}$ 运算），这样画出的电路就是 Y=(A+B) $\overline{AB}$ 的逻辑电路图，如图 10-3 所示。

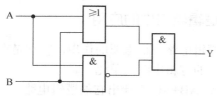

图 10-3　根据逻辑表达式画出逻辑电路例图

2. 逻辑表达式与真值表的相互转换

（1）根据逻辑表达式列出真值表

真值表是描述数字电路输入、输出逻辑关系的表格，依据真值表可以很直观地看出输入与输出之间的逻辑关系。下面以列逻辑表达式 Y= $\overline{A}$ B+A $\overline{B}$ 的真值表为例来说明，具体过程如下。

① 首先画 1 个 2 行多列表格，第 2 行行距较大，列数与逻辑表达式的变量个数一致，Y= $\overline{A}$ B+A $\overline{B}$ 中的变量数有 3 个，即 A、B、Y，所以列出 1 个 2 行 3 列的表格，见表 10-4。

② 将所有的变量符号写入第 1 行的表格中。

③ 将输入变量的各种可能值写入第 2 行表格内，并根据逻辑表达式写出相应的输出变量值，见表 10-5。

表 10-5 即为逻辑表达式 Y= $\overline{A}$ B+A $\overline{B}$ 的真值表。

（2）根据真值表写出逻辑表达式

根据真值表写逻辑表达式的过程如下。

表 10-4　　2 行 3 列表

表 10-5　　Y= $\overline{A}$ B+A $\overline{B}$ 真值表

A	B	Y
0	0	0
0	1	1
1	0	1
1	1	0

① 从真值表上找出输出为 1 的各行，再把这些行的输入变量写成乘积的形式，如果变量值为 0，要在变量上加非。

② 把以上各行的乘积项相加。

下面以表 10-6 为例来说明由真值表写逻辑表达式的过程。

表 10-6   由真值表写出逻辑表达式例表

A	B	C	Y	A	B	C	Y
0	0	0	0	1	0	0	1
0	0	1	0	1	0	1	0
0	1	0	0	1	1	0	0
0	1	1	1	1	1	1	1

首先在真值表中找到输出变量值为 1 的各行，表中共有 3 行输出变量为 1，将这些行的输入变量写成乘积形式：$\overline{A}BC$、$A\overline{B}\,\overline{C}$、$ABC$，然后将这 3 个乘积项相加，得到表达式 $Y=A\overline{B}\,\overline{C}+\overline{A}BC+ABC$。此表达式就是真值表 10-6 的逻辑表达式。

10.3.5 逻辑代数在逻辑电路中的应用

逻辑代数对分析和设计逻辑电路有很重要的作用，特别是在设计逻辑电路时，逻辑表达式化简的应用可以使设计出来的逻辑电路简单化。

例如，根据逻辑表达式 $Y=AB+AC$ 设计出它的逻辑电路。

方法一：并列画出 A、B 的与门电路和 A、C 的与门电路，再以这两个与门电路的输出端作为后级电路的输入端在它们后面画一个或门电路，画出的逻辑电路如图 10-4 所示。

方法二：观察到 $Y=AB+AC$ 不是最简式，先对它化简，得到 $Y=A(B+C)$，再画出它的逻辑电路，如图 10-5 所示。

从上面的情况可以得出这样的结论：当需要根据逻辑表达式设计逻辑电路时，首先观察其是否为最简表达式，如果不是，要将它化简成最简表达式，再依据最简式设计出逻辑电路。

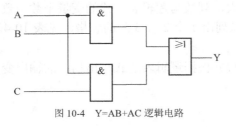

图 10-4   Y=AB+AC 逻辑电路

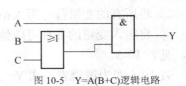

图 10-5   Y=A(B+C)逻辑电路

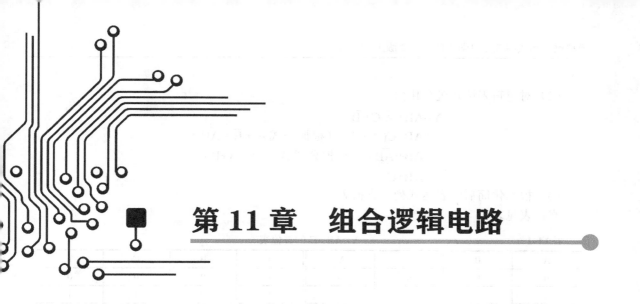

第11章 组合逻辑电路

组合逻辑电路又称组合电路，它任何时刻的输出只由当时的输入决定，而与电路的原状态（以前的状态）无关，电路没有记忆功能。

常见的组合逻辑电路有编码器、译码器、加法器、数值比较器、数据选择器和奇偶校验器等。

11.1 组合逻辑电路分析与设计

组合逻辑电路的分析是指根据逻辑电路分析出它具有的功能；而其设计则是指为了完成某些功能而设计出具体的逻辑电路。

11.1.1 组合逻辑电路的分析

1. 分析步骤

组合逻辑电路的分析一般按以下步骤进行：

① 根据逻辑电路写出逻辑表达式；

② 对逻辑表达式进行化简；

③ 根据化简后的表达式列出真值表；

④ 描述逻辑电路的功能（若功能较复杂，难以描述，该步骤可省略）。

2. 分析举例

下面以图 11-1 所示电路为例来说明组合逻辑电路分析过程。

分析过程如下。

（1）根据逻辑电路写出逻辑表达式

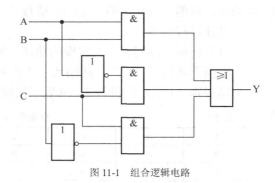

图 11-1 组合逻辑电路

$$Y=AB+\overline{A}C+\overline{B}\,C$$

（2）对逻辑表达式进行化简

$$Y=AB+\overline{A}C+\overline{B}C$$
$$=AB+C(\overline{A}+\overline{B})（根据公式 \overline{A}+\overline{B}=\overline{AB}）$$
$$=AB+\overline{AB}C（根据公式 A+\overline{A}B=A+B）$$
$$=AB+C$$

（3）根据化简后的表达式列出真值表。

真值表见表 11-1。

表 11-1   **Y=AB+C 的真值表**

A	B	C	Y	A	B	C	Y
0	0	0	0	1	0	0	0
0	0	1	1	1	0	1	1
0	1	0	0	1	1	0	1
0	1	1	1	1	1	1	1

（4）描述逻辑电路的功能

从表 11-1 真值表可以看出，图 11-1 所示电路的逻辑功能是：当输入端 C 为 1 时，输出端一定为 1；当输入端 C 为 0 时，只有 A、B 同时输入为 1，输出端才会输出 1。

11.1.2　组合逻辑电路的设计

1. 设计步骤

组合逻辑电路的设计步骤如下：

① 根据实际问题需要实现的功能，列出相应的真值表；

② 依据真值表写出逻辑表达式；

③ 化简逻辑表达式；

④ 根据化简后的逻辑表达式画出逻辑电路图。

2. 设计举例

下面举例来说明组合逻辑电路的设计。

某运动会举行举重比赛，比赛有 3 个裁判，A 为主裁判，B、C 为副裁判。举重是否成功由每个裁判按面前的按键来决定，只有两个以上裁判（其中必须有主裁判）按下按键确定成功时，表明"成功"的灯才亮。请设计一个逻辑电路来实现上述功能。

设计过程如下。

（1）根据实际问题需要实现的功能，列出相应的真值表

根据上述问题，设 Y 为指示灯，1 表示灯亮，0 表示灯不亮；A 表示主裁判，B、C 表示两个副裁判，1 表示按键按下，0 表示按键未按下。列出的真值表见表 11-2。

表 11-2   **举重裁判判定问题的真值表**

A	B	C	Y	A	B	C	Y
0	0	0	0	1	0	0	0
0	0	1	0	1	0	1	1
0	1	0	0	1	1	0	1
0	1	1	0	1	1	1	1

（2）根据真值表写出逻辑表达式

根据真值表写逻辑表达式的方法是：①从真值表上找出输出为 1 的各行，再把这些行的输入变量写成乘积的形式，如果变量值为 0，要在变量上加非；②把以上各行的乘积项相加，写出的逻辑表达式为：

$$Y=A\overline{B}C+AB\overline{C}+ABC$$

（3）化简逻辑表达式为：

$$
\begin{aligned}
Y &= A\overline{B}C+AB\overline{C}+ABC \\
&= A\overline{B}C+AB(\overline{C}+C) \quad （根据\ A+\overline{A}=1） \\
&= A\overline{B}C+AB \\
&= A(\overline{B}C+B) \quad （根据\ A+\overline{A}B=A+B） \\
&= A(B+C)
\end{aligned}
$$

（4）根据化简后的逻辑表达式画出逻辑电路图

图 11-2 所示的逻辑电路能满足裁判判决的逻辑关系，但还不是一个可以实际应用的电路，在图 11-2 所示电路中再增加一些电路就可以构成具有实用价值的电路。举重比赛裁判裁决实用电路如图 11-3 所示。

在图 11-3 所示电路中，当按下按键 S_A 和 S_B 时，A、B 端分别输入高电平（即 "1"），C 端为低电平，结果逻辑电路 Y 端输出高电平（即 "1"），使晶体管 VT 导通，有电流流过灯，灯亮，表明判决成功。其他各种情况请读者自行分析。

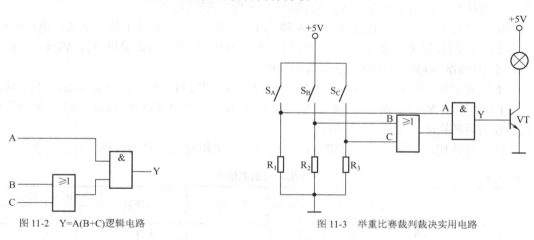

图 11-2　Y=A(B+C)逻辑电路　　　　　　图 11-3　举重比赛裁判裁决实用电路

11.2　编码器

在数字电路中，将输入信号转换成一组二进制代码的过程称为编码。编码器是指能实现编码功能的电路。计算机键盘内部就用到编码器，当按下某个按键时，会给编码器输入一个信号，编码器会将该信号转换成一串由 1、0 组成的二进制代码送入计算机，按压不同的按键时，编码器转换成的二进制代码不同，计算机根据代码来识别按下的是哪个按键。编码器的种类很多，主要分为两类：普通编码器和优先编码器。

11.2.1　普通编码器

普通编码器任何时刻只允许输入一个信号，若同时输入多个信号，编码输出就会产生混乱。图 11-4 所示是一个典型普通编码器的电路结构。工作原理如下：

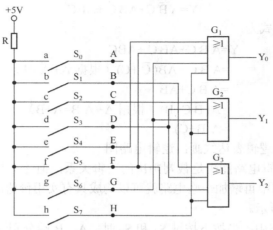

图 11-4　典型普通编码器的电路结构

图 11-4 中的 $S_0 \sim S_7$ 8 个按键分别代表 a～h 8 个字母（各个按键上刻有相应的字母），当按下不同的按键时，编码器 $Y_0 \sim Y_2$ 端会输出不同的二进制代码。

当按下代表字母"a"的按键 S_0 时，A 端为 1（高电平），但 A 端不与 3 个或门电路相连，又因为 $S_1 \sim S_7$ 的按键都未按下，故 3 个或门输入都为 0，结果编码器输出 $Y_2Y_1Y_0$=000。即字母"a"经编码器编码后转换成二进制代码 000。

按下代表字母"f"的按键 S_5 时，F 端为 1，F=1 加到门 G_1 和门 G_3 的输入端，门 G_1 输出 Y_0=1，门 G_3 输出 Y_2=1，而门 G_2 输出 Y_1=0，结果编码器输出 $Y_2Y_1Y_0$=101。即字母"f"经编码器编码后转换成二进制代码 101。

当按下其他代表不同字母的按键时，编码器会输出相应的二进制代码，具体见表 11-3。

表 11-3　　　　　　　　　　　普通编码器的真值表

代表符号	输入变量	编码输出代码			代表符号	输入变量	编码输出代码		
		Y_0	Y_1	Y_2			Y_0	Y_1	Y_2
a	A=1	0	0	0	e	E=1	1	0	0
b	B=1	0	0	1	f	F=1	1	0	1
c	C=1	0	1	0	g	G=1	1	1	0
d	D=1	0	1	1	h	H=1	1	1	1

在图 11-4 所示的编码器中，如果同时按下多个按键，如同时按下"b"、"c"键，编码输出的代码为 $Y_2Y_1Y_0$=110，它与按下"d"键时的编码输出相同。因此普通编码器在任意时刻只允许输入一个信号。

11.2.2　优先编码器

普通编码器在任意时刻只允许输入一个信号，而优先编码器同一时刻允许输入多个信号，

但仅对输入信号中优先级别最高的一个信号进行编码输出。

1. 8 线—3 线优先编码器芯片

74LS148 是一种常用的 8 线—3 线优先编码器芯片，其各引脚功能如图 11-5 所示。74LS148 有 8 个编码输入端（0~7）、3 个编码输出端（A_0~A_2）、一个输入使能端（EI）、一个输出使能端（EO）和一个片扩展输出端（GS）。由于该编码器芯片有 8 个输入端和 3 个输出端，故称为 8 线—3 线编码器。

表 11-4 为 74LS148 的真值表，表中的×表示无论输入何值，均不影响输出。

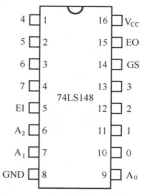

图 11-5　8 线—3 线优先编码器芯片

表 11-4　　　　　　　　　　74LS148 的真值表

输　入									输　出				
EI	0	1	2	3	4	5	6	7	A_2	A_1	A_0	GS	EO
H	×	×	×	×	×	×	×	×	H	H	H	H	H
L	H	H	H	H	H	H	H	H	H	H	H	H	L
L	×	×	×	×	×	×	×	L	L	L	L	L	H
L	×	×	×	×	×	×	L	H	L	L	H	L	H
L	×	×	×	×	×	L	H	H	L	H	L	L	H
L	×	×	×	×	L	H	H	H	L	H	H	L	H
L	×	×	×	L	H	H	H	H	H	L	L	L	H
L	×	×	L	H	H	H	H	H	H	L	H	L	H
L	×	L	H	H	H	H	H	H	H	H	L	L	H
L	L	H	H	H	H	H	H	H	H	H	H	L	H

从表 11-4 中不难看出：

① 当输入使能端 EI=H 时，0~7 端无论输入何值，输出端均为 H。即 EI=H 时，编码器无法编码。

② 当 EI=L 时，编码器可以对输入信号进行编码。在 8 个输入端中，优先级别由高到低依次是 7，6，…，1，0，当优先级别高的端子有信号输入时（端子为低电平 L 时表示有信号输入），编码器仅对该端信号进行编码，而不理睬优先级别低的端子。例如端子 7 输入信号时，编码器仅对该端输入进行编码，输出 $A_2A_1A_0=000$，若这时 0~6 端子有信号输入，编码器不予理睬。

另外，在编码器有编码输入时，会使 GS=L、EO=H，无编码输入时，GS=H、EO=L。

2. 8 线—3 线优先编码器

图 11-6 所示是一个由 74LS148 芯片组成的 8 线—3 线优先编码器，其输入使能端 EI 接地（EI=L），让芯片能进行编码，GS、EO 端悬空未用。

当按键 S_0~S_7 均未按下时，编码器 0~7 端子均为高电平，编码器无输入。

当 S_6 按下时，编码器 6 端变为低电平，表示 6 端有编码输入，编码器编码输出 $A_2A_1A_0=001$，经非门反相后变为 110。

当 S_6、S_5 同时按下时，编码器 6、5 端均为低电平，但编码器仅对 6 端输入进行编码，编码输出 $A_2A_1A_0$ 仍为 001。

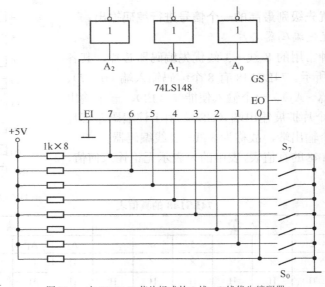

图 11-6　由 74LS148 芯片组成的 8 线—3 线优先编码器

3. 16 线—4 线优先编码器

图 11-7 所示是由两片 74LS148 芯片组成的 16 线—4 线优先编码器，它可以将 $D_{15} \sim D_0$ 分别编码成 $1111 \sim 0000$ 4 位代码输出。在两片 74LS148 中 74LS148（2）为高位片，74LS148（1）为低位片，高位片的优先级别高，低位片的优先级别低。该优先编码器的工作原理如下所述。

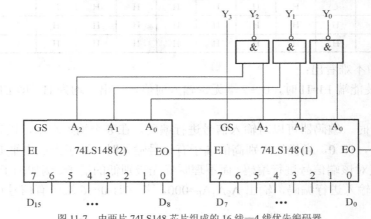

图 11-7　由两片 74LS148 芯片组成的 16 线—4 线优先编码器

当高位片 EI=1 时，高位片禁止编码，高位片所有输出均为 1，高位片的 EO 也为 1，它使低位片的 EI 为 1，低位片也被禁止编码，低位片所有输出均为 1。

当高位片 EI=0 时，高位片允许编码。若此时高位片有编码输入（$D_{15} \sim D_8$ 端有低电平输入），高位片的 EO 为 1，它使低位片的 EI 为 1，优先级别低的低位片被禁止编码。若高位片无编码输入，高位片的 EO 为 0，它使低位片 EI 为 0，低位片允许编码。

在高位片 EI=0 时，若 $D_{15}=0$，高位片的 $A_2A_1A_0=000$，高位片有编码输入，其 EO=1 使低位片禁止编码，低位片的 $A_2A_1A_0=111$，高、低位片输出经与非门后 $Y_2Y_1Y_0=111$，由于低位片 GS=1，故 $Y_3Y_2Y_1Y_0=1111$。

在高位片 EI=0 时，若 D_6=0，高位片无编码输入，其 $A_2A_1A_0$=111，高位片的 EO=0 使低位片允许编码，低位片的 $A_2A_1A_0$=001，高、低位片输出经与非门后 $Y_2Y_1Y_0$=110，由于低位片 GS=0，故 $Y_3Y_2Y_1Y_0$=0110。

11.3　译码器

“译码”是编码的逆过程，编码是将输入信号转换成二进制代码，而**译码是将二进制代码翻译成特定输出信号的过程。能完成译码功能的电路称为译码器。**常见的译码器有二进制译码器、二—十进制译码器和显示译码器等。

11.3.1　二进制译码器

1. 二进制译码器工作原理

二进制译码器是一种能将不同组合的二进制代码译成相应输出信号的电路。下面以 2 位二进制译码器为例来说明二进制译码器的工作原理。2 位二进制译码器框图如图 11-8 所示，其真值表见表 11-5。

当 AB=00 时，译码器 Y_0 端输出“1”，Y_1、Y_2、Y_3 均为“0”；

当 AB=01 时，译码器 Y_1 端输出“1”，Y_0、Y_2、Y_3 均为“0”；

当 AB=10 时，译码器 Y_2 端输出“1”，Y_0、Y_1、Y_3 均为“0”；

当 AB=11 时，译码器 Y_3 端输出“1”，Y_0、Y_1、Y_2 均为“0”。

表 11-5　　2 位二进制译码器真值表

输入		输出				输入		输出			
A	B	Y_3	Y_2	Y_1	Y_0	A	B	Y_3	Y_2	Y_1	Y_0
0	0	0	0	0	1	1	0	0	1	0	0
0	1	0	0	1	0	1	1	1	0	0	0

通过上面的过程了解二进制译码器后，下面再来分析 2 位二进制译码器的电路工作原理。2 位二进制译码器的电路结构如图 11-9 所示。

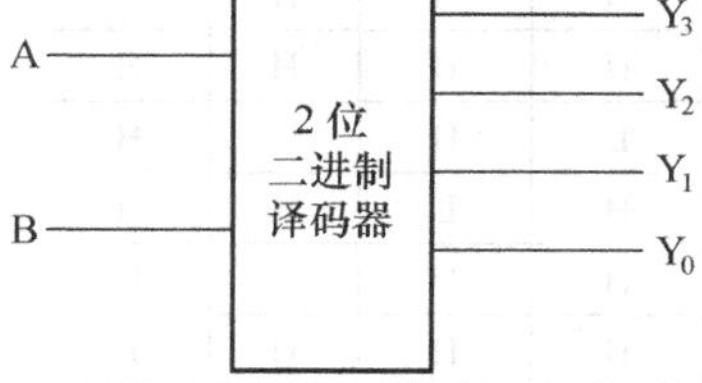

图 11-8　2 位二进制译码器框图

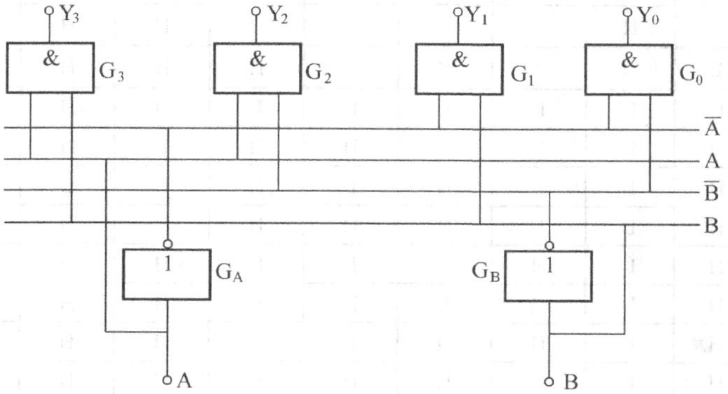

图 11-9　2 位二进制译码器电路结构

当 A=0、B=0 时，非门 G_A 输出 "1"，非门 G_B 输出 "1"，与门 G_3 两个输入端同时输入 "0"，故输出端 $Y_3=0$；与门 G_2 两个输入端一个为 "0"，另一个为 "1"，输出端 $Y_2=0$；与门 G_1 两个输入端一个为 "0"，另一个为 "1"，输出端 $Y_1=0$；与门 G_0 两个输入端同时输入 "1"，故输出端 $Y_0=1$。也就是说，当 AB=00 时，只有 Y_0 输出为 "1"。

当 A=0、B=1 时，非门 G_A 输出 "1"，非门 G_B 输出 "0"，与门 G_3 两个输入端一个为 "0"，另一个为 "1"，输出端 $Y_3=0$；与门 G_2 两个输入端同时输入 "0"，输出端 $Y_2=0$；与门 G_1 两个输入端同时输入 "1"，输出端 $Y_1=1$；与门 G_0 两个输入端一个为 "0"，另一个为 "1"，输出端 $Y_0=0$。也就是说，当 AB=01 时，只有 Y_1 输出为 "1"。

当 A=1、B=0 时，只有 $Y_2=1$；当 A=1、B=1 时，只有 $Y_3=1$；分析过程与上述过程相同，这里不再叙述。

2 位二进制译码器可以将 2 位代码译成 4 种输出状态，故又称 2 线—4 线译码器，而 n 位二进制译码器可以译成 2^n 种输出状态。

2. 3 线—8 线译码器芯片

74LS138 是一种常用的 3 线—8 线译码器芯片，其各引脚功能如图 11-10 所示。74LS138 有 3 个译码输入端（A、B、C）、8 个译码输出端（$Y_0 \sim Y_7$）和 3 个使能端（G_{2A}、G_{2B}、G_1）。74LS138 的真值表见表 11-6。

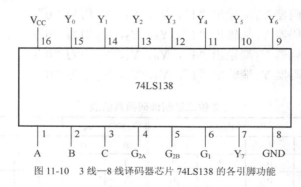

图 11-10　3 线—8 线译码器芯片 74LS138 的各引脚功能

表 11-6 　　　　　　　　　　　　　**74LS138 的真值表**

| 输　入 | | | | | 输　出 | | | | | | | |
| 使　能 | | 选　择 | | | | | | | | | | |
G_1	G_2^*	C	B	A	Y_0	Y_1	Y_2	Y_3	Y_4	Y_5	Y_6	Y_7
×	H	×	×	×	H	H	H	H	H	H	H	H
L	×	×	×	×	H	H	H	H	H	H	H	H
H	L	L	L	L	L	H	H	H	H	H	H	H
H	L	L	L	H	H	L	H	H	H	H	H	H
H	L	L	H	L	H	H	L	H	H	H	H	H
H	L	L	H	H	H	H	H	L	H	H	H	H
H	L	H	L	L	H	H	H	H	L	H	H	H
H	L	H	L	H	H	H	H	H	H	L	H	H
H	L	H	H	L	H	H	H	H	H	H	L	H
H	L	H	H	H	H	H	H	H	H	H	H	L

$*G_2 = G_{2A} + G_{2B}$

从表 11-6 中不难看出：① 当 G_1=L 或 G_2=H（G_2=G_{2A}+G_{2B}）时，C、B、A 端无论输入何值，输出端均为 H。即 G_1=L 或 G_2=H 时，译码器无法译码。② 当 G_1=H、G_2=L 时，译码器允许译码，当 C、B、A 端输入不同的代码时，相应的输出端会输出低电平，如 CBA=001 时，Y_1 端会输出低电平（其他输出端均为高电平）。

3. 4 线—16 线译码器

图 11-11 所示是由两片 74LS138 芯片组成的 4 线—16 线译码器，当 D_3～D_0 端输入不同的 4 位二进制代码时，经译码后，会从 Z_{15}～Z_0 相应端输出低电平。该译码器的工作原理如下。

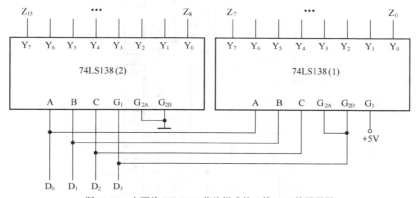

图 11-11 由两片 74LS138 芯片组成的 4 线—16 线译码器

当 D_3=0 时，第 2 片 74LS138 的 G_1=0，该片禁止译码，Z_{15}～Z_8 端全为 1，第 1 片 74LS138 的 G_2=0（G_2=G_{2A}+G_{2B}=0+0=0）、G_1=1，该片允许译码。

例如，在 $D_3D_2D_1D_0$=0101 时，第 2 片 74LS148 禁止译码，第 1 片 74LS148 的 ABC=101，Y_5 端输出低电平，即 Z_5=0。

当 D_3=1 时，第 2 片 74LS138 的 G_1=1、G_2=0，该片允许译码，第 1 片 74LS138 的 G_2=1，该片禁止译码。

例如，在 $D_3D_2D_1D_0$=1101 时，第 1 片 74LS138 禁止译码，第 2 片 74LS138 的 ABC=101，该片的 Y_5 端输出低电平，即 Z_{13}=0。

11.3.2 二—十进制译码器

二—十进制译码器的功能是将 8421BCD 码中的 10 个代码译成 10 个相应的输出信号。

1. 结构与原理

二—十进制译码器电路结构如图 11-12 所示，其真值表见表 11-7。

工作原理说明如下。

当输入二进制代码 ABCD=0000 时，非门 G_A、G_B、G_C、G_D 输出都为"1"，与非门 G_0 4 个输入端都为"1"，故 G_0 输出端 Y_0=0，该端代表十进制数"0"，其他的与非门 G_1～G_9 都至少有一个输入为"0"，所以 G_1～G_9 都输出"1"。注：该译码器输出端为"1"表示无输出，而输出端为"0"表示有输出。

当输入二进制代码 ABCD=0011 时，非门 G_A、G_B 输出都为"1"，非门 G_C、G_D 输出都为"0"，与非门 G_3 4 个输入端都为"1"，故 G_3 输出端 Y_3=0，该端代表十进制数 3，其他的与非门 G_0、G_1、G_2、G_4～G_9 都至少有 1 个输入为"0"，所以 G_0、G_1、G_2、G_4～G_9 都输出"1"。

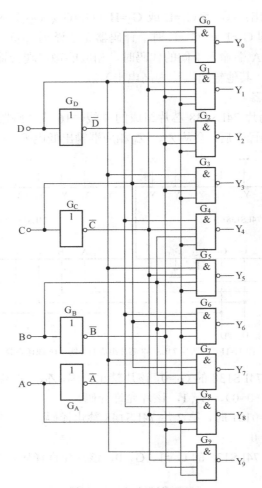

图 11-12　二—十进制译码器

表 11-7　　　　　　　　　　　　**二—十进制译码器的真值表**

输 入				输 出										十进制数
A	B	C	D	Y_0	Y_1	Y_2	Y_3	Y_4	Y_5	Y_6	Y_7	Y_8	Y_9	
0	0	0	0	0	1	1	1	1	1	1	1	1	1	0
0	0	0	1	1	0	1	1	1	1	1	1	1	1	1
0	0	1	0	1	1	0	1	1	1	1	1	1	1	2
0	0	1	1	1	1	1	0	1	1	1	1	1	1	3
0	1	0	0	1	1	1	1	0	1	1	1	1	1	4
0	1	0	1	1	1	1	1	1	0	1	1	1	1	5
0	1	1	0	1	1	1	1	1	1	0	1	1	1	6
0	1	1	1	1	1	1	1	1	1	1	0	1	1	7
1	0	0	0	1	1	1	1	1	1	1	1	0	1	8
1	0	0	1	1	1	1	1	1	1	1	1	1	0	9
1	0	1	0	1	1	1	1	1	1	1	1	1	1	伪码
1	0	1	1	1	1	1	1	1	1	1	1	1	1	伪码

续表

输　入				输　出										十进制数
A	B	C	D	Y_0	Y_1	Y_2	Y_3	Y_4	Y_5	Y_6	Y_7	Y_8	Y_9	
1	1	0	0	1	1	1	1	1	1	1	1	1	1	伪码
1	1	0	1	1	1	1	1	1	1	1	1	1	1	伪码
1	1	1	0	1	1	1	1	1	1	1	1	1	1	伪码
1	1	1	1	1	1	1	1	1	1	1	1	1	1	伪码

当输入二进制代码 ABCD=1010 时，非门 G_A、G_C 输出都为 "0"，非门 G_B、G_D 输出都为 "1"，与非门 $G_0 \sim G_9$ 都至少有 1 个输入为 "0"，$G_0 \sim G_9$ 都输出 "1"。也就是说，当二—十进制译码器输入 1010 时，译码器无输出。实际上，当 ABCD 为 1010、1011、1100、1101、1110、1111 时，译码器都无输出，这些代码称之为伪码。

2. 常用的二—十进制译码器芯片

74LS42 是一种常用的二—十进制译码器芯片，其各引脚功能如图 11-13 所示，其真值表见表 11-8。

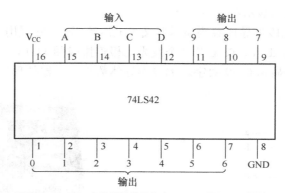

图 11-13　二—十进制译码器芯片 74LS42 的各引脚功能

表 11-8　　　　　　　　　　　　　74LS42 的真值表

BCD 码输入				译码输出										对应十进制数
D	C	B	A	0	1	2	3	4	5	6	7	8	9	
L	L	L	L	L	H	H	H	H	H	H	H	H	H	0
L	L	L	H	H	L	H	H	H	H	H	H	H	H	1
L	L	H	L	H	H	L	H	H	H	H	H	H	H	2
L	L	H	H	H	H	H	L	H	H	H	H	H	H	3
L	H	L	L	H	H	H	H	L	H	H	H	H	H	4
L	H	L	H	H	H	H	H	H	L	H	H	H	H	5
L	H	H	L	H	H	H	H	H	H	L	H	H	H	6
L	H	H	H	H	H	H	H	H	H	H	L	H	H	7
H	L	L	L	H	H	H	H	H	H	H	H	L	H	8
H	L	L	H	H	H	H	H	H	H	H	H	H	L	9
H	L	H	L	H	H	H	H	H	H	H	H	H	H	伪码
H	L	H	H	H	H	H	H	H	H	H	H	H	H	
H	H	L	L	H	H	H	H	H	H	H	H	H	H	

续表

BCD 码输入				译码输出										对应十进制数
D	C	B	A	0	1	2	3	4	5	6	7	8	9	
H	H	L	H	H	H	H	H	H	H	H	H	H	H	
H	H	H	L	H	H	H	H	H	H	H	H	H	H	
H	H	H	H	H	H	H	H	H	H	H	H	H	H	

11.3.3　数码显示器与显示译码器

数码显示器的功能是在显示译码器送来的信号驱动下直观显示十进制数码。显示译码器的功能是将输入二进制代码译成一定的输出信号，让该信号驱动显示器显示与输入代码相对应的字符。

1. 数码显示器

数码显示器用来显示十进制数码。七段数码显示器是一种最常见的数码显示器，它可分为半导体数码显示器、荧光数码显示器和液晶数码显示器等。

（1）七段半导体数码显示器

① 结构与原理。七段半导体数码显示器又称七段数码管，它采用 7 个半导体发光二极管（LED），它将 a、b、c、d、e、f、g 共 7 个发光二极管排成图 11-14 所示的 "$\boxminus$" 字形，这种显示器采用七段组合来显示 0～9 数字。七段半导体数码显示器外形如图 11-15 所示。

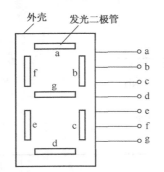

图 11-14　七段数码显示器七段排列图

图 11-15　七段半导体数码显示器外形

由于 7 个发光二极管共有 14 个引脚，为了减少显示器的引脚数，在显示器内部将 **7 个发光二极管正极或负极引脚连接起来，接成一个公共端，根据公共端是发光二极管正极还是负极，可分为共阳极接法（正极相连）和共阴极接法（负极相连）**，如图 11-16 所示。

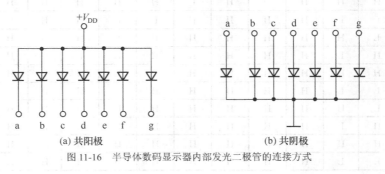

(a) 共阳极　　　　　　　　　(b) 共阴极

图 11-16　半导体数码显示器内部发光二极管的连接方式

对于共阳极接法的显示器，需要给发光二极管加低电平才能发光；而对于共阴极接法的显示器，需要给发光二极管加高电平才能发光。假设图 11-14 是一个共阴极接法的显示器，如果让它显示一个"5"字，那么需要给 a、c、d、f、g 引脚加高电平，b、e 引脚加低电平，这样 a、c、d、f、g 段的发光二极管有电流通过而发光，b、e 段的发光二极管不发光，显示器就会显示出数字"5"。

② 检测。实际的七段数码管有 10 个引脚，分作两排，每排中间的一个引脚为公共引脚 com，其他 8 个引脚分别为 a、b、c、d、e、f、g 和小数点。在安装数码管前，先要检测该数码管极性（共阳极或共阴极），再检测各引脚对应的段位。

在检测七段数码管极性时，万用表选择×10kΩ挡，黑表笔接 com 引脚（公共引脚），红表笔接 com 引脚外的任意一脚，如图 11-17 所示。若测得阻值小，则该数码管为共阳极；若测得阻值接近无穷大，则为共阴极。

七段数码管引脚与内部段位对应关系检测与极性检测基本相同，对于共阳极数码管，万用表选择×10kΩ挡，黑表笔接 com 引脚，红表笔接其他某个引脚，这时会发现数码管某段会有微弱的亮光，如 a 段有亮光，表明红表笔接的引脚与 a 段负极连接；对于共阴极数码管，万用表仍选择×10kΩ挡，红表笔接 com 引脚，黑表笔接其他某个引脚，会发现数码管某段会有微弱的亮光，则黑表笔接的引脚与该段正极连接。

（2）荧光数码显示器

荧光数码显示器常用在一些家用电器中（如影碟机、录像机和音响设备），用来显示机器的状态和时间等。荧光数码显示器有 1 位荧光数码显示器和多位荧光数码显示器。

① 1 位荧光数码显示器。荧光数码显示器是一种真空器件，1 位荧光数码显示器的结构示意图如图 11-18 所示。它内部有灯丝、栅极（控制极）和 a、b、c、d、e、f、g 7 个阳极，这 7 个阳极上都涂有荧光粉并排列成"8"字样，灯丝的作用是发射电子，栅极处于灯丝和阳极之间，灯丝发射出来的电子能否到达到阳极受栅极的控制，阳极上涂有荧光粉，当电子轰击荧光粉时，阳极上的荧光粉发光。

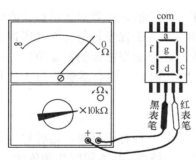

图 11-17　七段数码管的检测

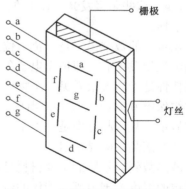

图 11-18　1 位荧光数码显示器结构示意图

在荧光数码显示器工作时，要给灯丝提供约 6.3V 的交流电压，灯丝发热后才能发射电子，栅极要加上较高的电压才能吸引电子，让它穿过栅极并往阳极方向运动。电子要轰击某个阳极，该阳极必须有高电压。

当要显示"3"字样时，译码器给荧光数码显示器的 a、b、c、d、e、f、g 7 个阳极分别送1、1、1、1、0、0、1，即给a、b、c、d、g 5个阳极送高电压，另外给栅极也加上高电压，于是灯丝发射的电子穿过栅极后轰击加有高电平的a、b、c、d、g阳极，由于这些阳极上涂有荧光粉，在电子的轰击下，这些阳极发光，显示器显示"3"的字样。

② 多位荧光数码显示器。1位荧光数码显示器能显示1位数字，当需要同时显示多位数字时就要用到多位荧光数码显示器。下面以4位荧光数码显示器为例来说明其工作原理。4位荧光数码显示器的结构示意图如图11-19所示。

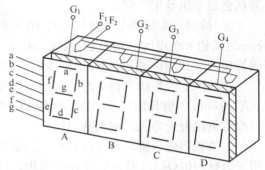

4位荧光数码显示器有A、B、C、D 4个位区，每个位区可以看成是1位荧光数码显示器，每个位区都有单独的栅极、灯丝和a、b、c、d、e、f、g 7个阳极。4个位区的栅极引出脚分别为G_1、G_2、G_3、G_4；每个位区的灯丝在内部以并联的形式连接起来，对外只引出两个引脚；每个位区相应各段的阳极都连接在一起，再与外面的引脚相连，例如D位区的阳极a与C、B、A位内的阳极a都连接起来，再与显示器外引脚a连接。

图11-19　4位荧光数码显示器结构示意图

多位荧光数码显示器采用了扫描显示原理。为了让大家理解这种显示原理，这里以在图11-19所示显示器上显示"1278"这4位数为例来说明。

首先给灯丝引脚F_1、F_2通电，再给G_1引脚加一个高电平，此时G_2、G_3、G_4均为低电平，然后分别给b、c引脚加高电平。灯丝通电发热后发射电子，电子穿过G_1栅极轰击A位阳极b、c，这两个电极的荧光粉发光，在A位显示"1"字样，这时虽然b、c引脚的电压也会加到B、C、D位的阳极b、c上，但因为B、C、D位的栅极为低电平，这些位的灯丝发射的电子无法穿过栅极轰击阳极，故B、C、D位无显示；接着给G_2脚加高电平，此时G_1、G_3、G_4引脚均为低电平，再给阳极a、b、d、e、g加高电平，灯丝发射的电子轰击B位阳极a、b、d、e、g，这些阳极发光，在B位显示"2"字样。同样原理，在C位和D位分别显示"7"、"8"字样。

显示器的数字虽然是一位一位地显示出来的，但由于荧光粉的余晖效应（所谓余晖效应是指荧光粉发光后，即使无电子轰击光亮还保持一定时间）和人眼视觉暂留特性（所谓视觉暂留特性是指当人眼看见一个物体后，如果物体消失，人眼还会觉得物体仍在原位置，这种感觉约保留0.04s的时间），当显示器显示最后1位数字"8"时，人眼会感觉前面3位数字还在显示，故看起好像是一下子显示"1278"4位数。

（3）液晶数码显示器

液晶数码显示器的主要材料是液态晶体，简称液晶，它是一种有机材料，这种材料在一个特定的温度范围内既有液体的流动性，又有晶体的某些光学特性，其透明度和颜色随电场、磁场、光和温度等外界条件变化而变化。液晶数码显示器是利用液晶在电场作用下光学性能变化的特性制成的。

液晶数码显示器的结构如图11-20所示，它是将液晶材料封装在两块玻璃之间，在上玻璃内表面涂上"8"字形的7段透明导电层，在下玻璃内表面整个涂上导电层（反射层）。

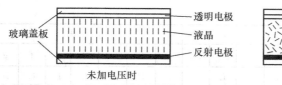
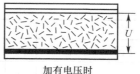

图 11-20　液晶显示器结构

　　当给液晶显示器正面（也即上面）玻璃板上的某段电极与下面玻璃的导电层之间加上适当大小的电压时，该段电极与下玻璃导电层所夹持的液晶会产生"散射效应"，夹持的液晶不透明，就会显示出该段形状。例如给下玻璃层的导电层加一个低电压，而给上玻璃层的 a、b 段透明导电极加高电压，这两段电极与下玻璃上的导电层存在电压差，它们中间夹持的液晶特性改变，a、b 段下面液晶变为不透明，显示"1"字样。

　　液晶显示器工作时不需要电流，耗电很少，但由于本身不发光，所以需借助外界光源照射显示数码。

　　半导体数码显示器工作电压低、字形清晰、体积小、寿命长；荧光数码显示器字形清晰，工作电压较低且驱动电流不大，但工作时由于需要灯丝发热，故功耗很大；液晶数码显示器工作电压和电流都很小，制作工艺简单、体积小，但清晰度较低。

　　2. 显示译码器

　　显示译码器的功能是将输入的二进制代码译成一定的输出信号，让输出信号驱动显示器来显示与输入代码相对应的字符。显示译码器种类很多，这里介绍 BCD—七段显示译码器，它可以将 BCD 码译成一定的输出信号，该信号能驱动七段数码显示器显示与 BCD 码对应的十进制数。

　　（1）常用的 BCD—七段显示译码器芯片

　　74LS48 是一种常用的 BCD—七段显示译码器芯片，其各引脚功能如图 11-21 所示，其真值表见表 11-9。

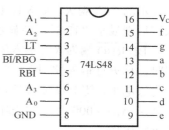

图 11-21　74LS48 芯片的各引脚功能

表 11-9　　　　　　　　　　　　　　　**74LS48 的真值表**

十进制数	控制			输入				输出							字形
	$\overline{LT}$	$\overline{RBI}$	$\overline{BI}/\overline{RBO}$	A_3	A_2	A_1	A_0	a	b	c	d	e	f	g	
0	H	H	H	L	L	L	L	H	H	H	H	H	H	L	0
1	H	×	H	L	L	L	H	L	H	H	L	L	L	L	1
2	H	×	H	L	L	H	L	H	H	L	H	H	L	H	2
3	H	×	H	L	L	H	H	H	H	H	H	L	L	H	3
4	H	×	H	L	H	L	L	L	H	H	L	L	H	H	4
5	H	×	H	L	H	L	H	H	L	H	H	L	H	H	5
6	H	×	H	L	H	H	L	L	L	H	H	H	H	H	6
7	H	×	H	L	H	H	H	H	H	H	L	L	L	L	7
8	H	×	H	H	L	L	L	H	H	H	H	H	H	H	8
9	H	×	H	H	L	L	H	H	H	H	L	L	H	H	9
10	H	×	H	H	L	H	L	L	L	L	H	H	L	H	c
11	H	×	H	H	L	H	H	L	L	H	H	L	L	H	⊐

续表

十进制数	控制			输入				输出							字形
	$\overline{LT}$	$\overline{RBI}$	$\overline{BI}/\overline{RBO}$	A_3	A_2	A_1	A_0	a	b	c	d	e	f	g	
12	H	×	H	H	H	L	L	L	H	L	L	L	H	H	⊔
13	H	×	H	H	H	L	H	H	L	L	H	L	H	H	ᴝ
14	H	×	H	H	H	H	L	L	L	L	H	H	H	H	ᵗ
15	H	×	H	H	H	H	H	L	L	L	L	L	L	L	全暗
	×	×	L	×	×	×	×	L	L	L	L	L	L	L	全暗
	H	L	L	L	L	L	L	L	L	L	L	L	L	L	全暗
	L	×	H	×	×	×	×	H	H	H	H	H	H	H	8

74LS48 有 3 类端子：输入端、输出端和控制端。$A_3 \sim A_0$ 为输入端，用来输入 8421BCD 码；$a \sim g$ 为输出端，芯片对输入的 BCD 码译码后，会从 $a \sim g$ 端输出相应的信号，来驱动七段显示器显示与 BCD 码对应的十进制数。$\overline{LT}$、$\overline{RBI}$ 和 $\overline{BI}/\overline{RBO}$ 为控制端。

$\overline{LT}$ 端为灯测试输入端。只要 $\overline{LT} = 0$，就可以使 $a \sim g$ 端输出全为高电平，将七段显示器所有段全部点亮，以检查显示器各段显示是否正常。

$\overline{RBI}$ 端为灭零输入端。当多位七段显示器显示多位数字时，利用该端 $\overline{RBI} = 0$ 可以将不希望显示的"0"熄灭，如 8 位七段显示器显示数字"12.3"，如果不灭零，会显示"0012.3000"，灭零后则显示"12.3"，使显示更醒目。

$\overline{BI}/\overline{RBO}$ 端为灭灯输入/灭零输出端，它是一个双功能端子。当 $\overline{BI}/\overline{RBO}$ 端用作输入端使用时，称灭灯输入控制端，只要 $\overline{BI}/\overline{RBO} = 0$，无论 A_3、A_2、A_1、A_0 输入什么，$a \sim g$ 端输出全为低电平，使七段显示器的各段同时熄灭。当 $\overline{BI}/\overline{RBO}$ 作为输出端使用时，称灭零输出端。当 $A_3 A_2 A_1 A_0 = 0000$ 且有灭零信号输入（$\overline{RBI} = 0$）时，该端会输出低电平，表示译码器已进行了灭零操作。

（2）1 位译码显示电路

图 11-22 所示是一个由 74LS48 芯片和 BS202 型共阴极半导体数码管组成的 1 位译码显示电路。

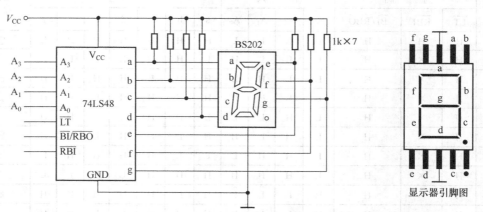

图 11-22　由 74LS48 芯片和 BS202 型共阴极半导体数码管组成的 1 位译码显示电路

如果要检测数码管各段是否显示正常，可让 $\overline{LT} = 0$，74LS48 芯片的 $a \sim g$ 端输出全为高电平，数码管各段同时点亮。若某段不显示，而芯片相应输出端又为高电平，则为数码管该段有故障。

当 $A_3A_2A_1A_0$=0000 时，74LS48 芯片的 a～f 端输出为高电平，g 端为低电平，数码管显示 "0"，如果要将该 "0" 熄灭，可让 $\overline{RBI}$=0，芯片 a～g 端输出全为低电平。

在数码管显示任何数字时，若让 $\overline{BI}/\overline{RBO}$=0，74LS48 芯片 a～g 端输出全变为低电平，数码管原先显示的数字将消失。

当 $A_3A_2A_1A_0$=0000 且 $\overline{RBI}$=0（有灭零信号输入）时，74LS48 芯片 a～g 端输出全为低电平，同时 $\overline{BI}/\overline{RBO}$ 会输出低电平，表示译码器已进行了灭零操作。

在正常工作时，可将 $\overline{LT}$、$\overline{RBI}$ 和 $\overline{BI}/\overline{RBO}$ 三端连接在一起，并接高电平，数码管的显示会随 $A_3A_2A_1A_0$ 的变化而变化。

（3）多位译码显示电路

图 11-23 所示是一个由 74LS48 芯片和半导体数码管组成的 8 位译码显示电路。该电路将 74LS48 的灭零输入端与灭零输出端配合使用，来实现多位数码显示控制。

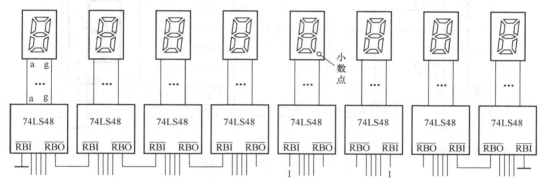

图 11-23　由 74LS48 芯片和半导体数码管组成的 8 位译码显示电路

在使用时，只需在整数部分将高位的 $\overline{RBO}$ 与低位的 $\overline{RBI}$ 相连，而在小数部分将低位的 $\overline{RBO}$ 与高位的 $\overline{RBI}$ 相连，就可以把前后多余的零熄灭。下面以显示 "00381.560" 为例进行说明。

在整数部分，最高位 74LS48 输入为 0000 且灭零端 $\overline{RBI}$=0（$\overline{RBI}$ 接地），最高位数码管灭零，同时最高位 74LS48 的灭零输出端 $\overline{RBO}$=0，它使次高位 74LS48 的 $\overline{RBI}$=0，因为次高位 74LS48 的输入也为 0000，故次高位数码管也被灭零，次高位 74LS48 的灭零输出端 $\overline{RBO}$=0，它使第 3 高位 74LS48 的 $\overline{RBI}$=0，但因第 3 高位 74LS48 输入不为 0000（为 0011），故第 3 高位数码管正常显示 "3"。

在小数部分，最低位 74LS48 输入为 0000 且灭零端 $\overline{RBI}$=0（$\overline{RBI}$ 接地），最低位数码管灭零，同时最低位 74LS48 的灭零输出端 $\overline{RBO}$=0，它使次低位 74LS48 的 $\overline{RBI}$=0，但因次低位 74LS48 输入不为 0000（为 0110），故次低位数码管正常显示 "6"。

11.4　数码管译码控制器的电路原理与实验

数码管译码控制器是一种将 8421BCD 码进行译码并驱动七段数码管显示数字 0～9 的电

路，该控制器还能对数码管进行试灯、灭灯和灭零控制。

11.4.1 电路原理

图 11-24 所示为数码管译码控制器的电路原理图。在电路中，5161BS 为共阳极七段数码管，74LS47 为 BCD-七段显示译码器芯片，表 11-10 为 74LS47 的真值表。S_RBI 为灭零按钮，S_LT 为试灯按钮，S_BI/RBO 为灭灯输入/灭零输出按钮，这 3 个按钮在未按下时，74LS47 的 $\overline{LT}$、$\overline{RBI}$ 和 $\overline{BI}/\overline{RBO}$ 引脚均为高电平；$S_0 \sim S_3$ 按钮分别为 74LS47 的 $A_0 \sim A_3$ 引脚提供输入信号，按钮未按下时，输入为低电平，按下时输入为高电平。

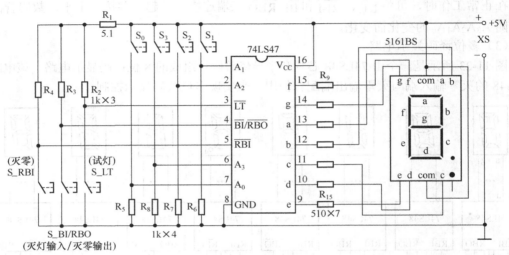

图 11-24　数码管译码控制器的电路原理图

表 11-10　　　　　　　　　　　　　　**74LS49 真值表**

十进制数	输入及控制							输 出						
	$\overline{LT}$	$\overline{RBI}$	A_3	A_2	A_1	A_0	$\overline{BI}/\overline{RBO}$	a	b	c	d	e	f	g
0	H	H	L	L	L	L	H	L	L	L	L	L	L	H
1	H	×	L	L	L	H	H	H	L	L	H	H	H	H
2	H	×	L	L	H	L	H	L	L	H	L	L	H	L
3	H	×	L	L	H	H	H	L	L	L	L	H	H	L
4	H	×	L	H	L	L	H	H	L	L	H	H	L	L
5	H	×	L	H	L	H	H	L	H	L	L	H	L	L
6	H	×	L	H	H	L	H	H	H	L	L	L	L	L
7	H	×	L	H	H	H	H	L	L	L	H	H	H	H
8	H	×	H	L	L	L	H	L	L	L	L	L	L	L
9	H	×	H	L	L	H	H	L	L	L	H	H	L	L
10	H	×	H	L	H	L	H	H	H	H	L	L	H	L
11	H	×	H	L	H	H	H	H	H	L	L	H	H	L
12	H	×	H	H	L	L	H	L	H	H	H	H	L	L
13	H	×	H	H	L	H	H	L	H	H	L	H	L	L

十进制数	输入及控制							输　　出						
	$\overline{LT}$	$\overline{RBI}$	A_3	A_2	A_1	A_0	$\overline{BI}/\overline{RBO}$	a	b	c	d	e	f	g
14	H	×	H	H	H	L	H	H	H	H	L	L	L	L
15	H	×	H	H	H	H	H	H	H	H	H	H	H	H
$\overline{BI}$	×	×	×	×	×	×	L	H	H	H	H	H	H	H
$\overline{RBI}$	H	L	L	L	L	L	L	H	H	H	H	H	H	H
$\overline{LT}$	L	×	×	×	×	×	H	L	L	L	L	L	L	L

11.4.2　实验操作

根据数码管译码控制器电路原理图和 74LS47 真值表分析下面的实验操作结果。

第 1 步：将数码管译码控制器与 5V 电源连接好，数码管显示的字形为_____。

第 2 步：按下按键 S_0，数码管显示字形为_____。

第 3 步：按下按键 S_1、S_0，数码管显示字形为_____。

第 4 步：按下按键 S_2，数码管显示字形为_____。

第 5 步：按下按键 S_2、S_0，数码管显示字形为_____。

第 6 步：按下按键 S_3、S_1，数码管显示字形为_____。

第 7 步：按下按键 S_3、S_2、S_1、S_0，数码管显示字形为_____。

第 8 步：按下按键 S_LT，数码管显示字形为_____。

第 9 步：按下按键 S_RBI，数码管显示字形为_____。

第 10 步：按下按键 S_BI/RBO，数码管显示字形为_____。

11.5　加法器

计算机等数字电子设备最基本的任务是进行算术运算，数字电子设备中的加、减、乘、除四则运算都是分解成加法运算进行的，所以加法器是数字电子设备中最基本的运算单元。加法器又分半加器和全加器。

11.5.1　半加器

两个 1 位二进制数相加运算，称为半加，实现半加运算功能的电路称为半加器。半加器可以由一个异或门和一个与门组成，如图 11-25（a）所示；也可以由一个异或门、一个与非门及一个非门组成，如图 11-25（b）所示。半加器的图形符号如图 11-25（c）所示，其中 A、B 表示加数，S 表示半加和，C 表示进位数。下面以图 11-25（a）所示的半加器为例来说明其工作原理。

当 A 端输入"0"，B 端输入"1"时，异或门的 S 端输出"1"（异或门的功能是输入相同时输出为"0"，输入相异时输出为"1"），而与门的 C 端输出"0"，即"0+1=1"。

当 A、B 端都输入"1"时，异或门的 S 端输出"0"，与门的 C 端输出"1"，即"1+1=10"。

A、B 端其他的输入情况不再叙述，请读者自己分析。半加器的真值表见表 11-11。

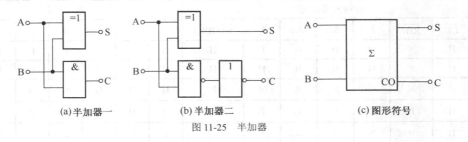

(a)半加器一　　　　　　(b)半加器二　　　　　　(c)图形符号

图 11-25　半加器

表 11-11　　　　　　　　　　　　　　　半加器的真值表

输　　入		输　　出		输　　入		输　　出	
A	B	S	C	A	B	S	C
0	0	0	0	1	0	1	0
0	1	1	0	1	1	0	1

11.5.2　全加器

在实际的二进制加法运算中，经常会遇到多位数相加的情况，例如两位数 11+01 的运算，两个数的低位 1 和 1 相加时会产生进位 1，而两个数的高位除了要进行 1+0 外，还要加上低位的进位数 1，这是半加器无法完成的，需要由全加器来完成。

全加是带进位的加法运算，它除了要将两个同位数相加外，还要加上低位送来的进位数。全加器是用来实现全加运算的电路。全加器具有 3 个输入端：加数 A、B 和低位来的进位数 C_{n-1}；两个输出端：和数 S_n 和向高位进位数 C_n。全加器由两个半加器和一个或门组成，如图 11-26（a）所示，全加器的图形符号如图 11-26（b）所示。下面来分析图 11-26（a）所示全加器的工作原理。A、B 为两个加数，C_{n-1} 为低位来的进位数，S_n 为和数，C_n 为高位进位数，Σ_1 和 Σ_2 均为半加器。

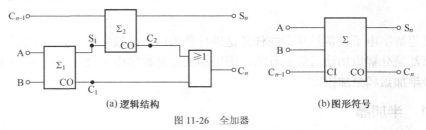

(a)逻辑结构　　　　　　　　　　　　　(b)图形符号

图 11-26　全加器

当 A 端输入"1"、B 端输入"0"、C_{n-1} 端输入"0"（即低位无进位）时，半加器 Σ_1 的进位 C_1 端输出"0"去或门，和数 S_1 端输出"1"去半加器 Σ_2 的一个输入端，同时低位进位数 C_{n-1} 的"0"送到半加器 Σ_2 的另一个输入端，结果半加器 Σ_2 的和数 S_n 端输出"1"，进位 C_2 端输出"0"。$C_1=0$ 和 $C_2=0$ 送到或门的输入端，或门 C_n 端输出"0"。即当 A 端输入"1"、B 端输入"0"、C_{n-1} 端输入"0"时，全加器的 $S_n=1$，高位进位数 $C_n=0$。

当 A=1、B=1、低位进位数 $C_{n-1}=1$（即低位有进位数）时，半加器 Σ_1 的和数端 $S_1=0$，进位输出端 $C_1=1$。$S_1=0$ 和 $C_{n-1}=1$ 送到半加器 Σ_2 输入端，半加器 Σ_2 的和数端 $S_n=1$，进位数端 $C_2=0$。$C_2=0$ 和 $C_1=1$ 去或门，或门输出端 C_n 为"1"。即当 A=1、B=1、低位进位数 $C_{n-1}=1$

时，全加器的 $S_n=1$，高位进位数 $C_n=1$。全加器的真值表见表 11-12。

表 11-12 　　　　　　　　　　　　　　　　全加器的真值表

输　　入			输　　出		输　　入			输　　出	
A	B	C_{n-1}	S_n	C_n	A	B	C_{n-1}	S_n	C_n
0	0	0	0	0	1	0	0	1	0
0	0	1	1	0	1	0	1	0	1
0	1	0	1	0	1	1	0	0	1
0	1	1	0	1	1	1	1	1	1

11.5.3　多位加法器

半加器和全加器只能实现 1 位二进制数相加，而实际更多的是多位二进制数进行相加，这就要用到多位加法器。**多位加法器由多个全加器或者全加器与半加器混合组成。**

1. 结构与原理

图 11-27 所示为 4 位串行二进制加法器的电路结构，它由 4 个全加器$\Sigma_1 \sim \Sigma_4$组成。下面以 "$A_4A_3A_2A_1 + B_4B_3B_2B_1$" 为例来说明其工作过程，这里设 $A_4A_3A_2A_1=1011$、$B_4B_3B_2B_1=1110$。

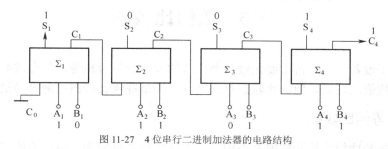

图 11-27　4 位串行二进制加法器的电路结构

多位加法器的相加过程就像用竖式计算一样，先将低位数相加，得到和数，若有进位，则向高位进位，高位相加时则要考虑有无进位，1011 与 1110 相加的竖式计算过程如下：

$$
\begin{array}{r}
1011 \\
+\ 1110 \\
\hline
11001
\end{array}
$$

在全加器Σ_1中进行 "A_1+B_1（1+0）" 运算，其进位数 $C_1=0$（无进位），和数 $S_1=1$；在全加器Σ_2中进行 "A_2+B_2（1+1）" 运算，其进位数 $C_2=1$（有进位），和数 $S_2=0$；在全加器Σ_3中进行 "A_3+B_3（0+1）" 并加低位进位数 $C_2=1$ 运算，得到和数 $S_3=0$，同时产生高位进位数 $C_3=1$；在全加器Σ_4中进行 "A_4+B_4（1+1）" 并加Σ_3送来的进位数 $C_3=1$ 运算，结果和数 $S_4=1$，高位进位数 $C_4=1$。

通过上述过程，4 位二进制加法器的输出端 $C_4S_4S_3S_2S_1=11001$，从而完成了 "1011+1110=11001" 的运算。

2. 常用多位加法器芯片

74LS83 是一个常用的 4 位加法器芯片，内部由 4 个全加器组成，如图 11-28 所示。

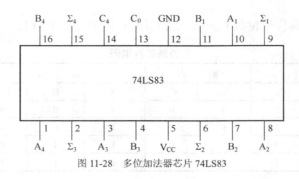

图 11-28　多位加法器芯片 74LS83

74LS83 的 $\Sigma_4 \sim \Sigma_1$ 端分别为各全加器的和输出端，相当于图 11-27 中的 $S_4 \sim S_1$ 端；$A_4 \sim A_1$ 端和 $B_4 \sim B_1$ 端用于输入两组相加数；C_0 端用于接受低位进位数，不使用时接地，C_4 为最高位进位数。

使用举例：在使用 74LS83 进行 "1011+1110=11001" 运算时，可让 $A_4A_3A_2A_1$=1011、$B_4B_3B_2B_1$=1110，并将 C_0 端接地（即让 C_0=0），芯片对两组数进行相加运算后，$\Sigma_4\Sigma_3\Sigma_2\Sigma_1$=1001，同时 C_4=1。

11.6　数值比较器

在数字电子设备中，经常需要比较两个数值的大小及是否相等，能完成数据比较功能的逻辑电路称为数值比较器。**数值比较器有两类：一种是等值比较器；另一种是数值比较器。**

11.6.1　等值比较器

等值比较器的功能是检验数据是否相等。等值比较器可分为一位等值比较器和多位等值比较器。

1. 1 位等值比较器

1 位等值比较器如图 11-29 所示，其中图 11-29（a）所示为异或非门构成的 1 位等值比较器，图 11-29（b）所示为与或非门构成的 1 位等值比较器。

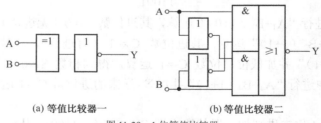

(a) 等值比较器一　　　　　　　　　　(b) 等值比较器二

图 11-29　1 位等值比较器

异或非门又称同或门，在第 2 章已经介绍过，其逻辑功能是：当 A、B 输入相同（相等）时，输出为 "1"，否则为 "0"。因此可以根据异或非门的输出来判断 A、B 是否相等，在图 11-29（a）中，当输出为 "1" 时，表明 A、B 相等；当输出为 "0" 时，表明 A、B 不相等。

　　图 11-29（b）中的等值比较器由两个非门和一个与或非门构成。与或非门的逻辑功能是：两个与门中有一组全为"1"时，输出就为"0"，否则为"1"。在图 11-29（b）中，如果 A、B 相同（等值）时，两个与门的两个输入值必不相同（即 A、B 相同时，A 和 $\overline{B}$ 必不相同，B 和 $\overline{A}$ 也不相同），输出 Y=1；如果 A、B 不相同时，两个与门的两个输入值必然相同，输出 Y=0。

　　2. 多位等值比较器

　　在实际的数字电路中经常需要进行多位数值的比较，这就要用到多位等值比较器。图 11-30 所示为 4 位等值比较器，它由 4 个同或门（即异或非门）和 1 个与门构成的。

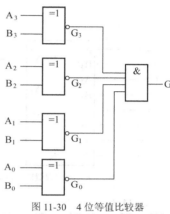

　　这里以比较 $A_3A_2A_1A_0$ 和 $B_3B_2B_1B_0$ 两个数为例来说明比较器的工作过程。比较器采用逐位比较的方法来判断整个 4 位数是否相等。当 A_0、B_0 相等时，同或门 G_0 输出"1"到与门，同样地，只有 A_1 和 B_1、A_2 和 B_2、A_3 和 B_3 都相等，同或门 G_1、G_2、G_3 都输出"1"到与门，与门才会输出"1"。如果 A_0 和 B_0、A_1 和 B_1、A_2 和 B_2、A_3 和 B_3 中有一组不相同，相应的同或门就会输出"0"到与门，与门则输出"0"。即当两个 4 位数各位数都相同时，这两个 4 位数才相等，比较器输出为"1"；否则，比较器输出为"0"。

图 11-30　4 位等值比较器

11.6.2　数值比较器

　　数值比较器又称为大小比较器，它不但能检验两个数据是否相等，还能比较它们的大小。

　　1. 1 位数值比较器

　　1 位数值比较器电路结构如图 11-31 所示，它由一个异或非门、两个与门和两个非门构成的。数值比较过程如下。

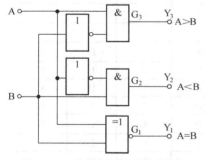

图 11-31　1 位数值比较器的电路结构

　　当 A=B，即 A、B 同时为"1"或"0"时，与门 G_3 两个输入不同，其输出 $Y_3=0$；与门 G_2 两个输入也不同，其输出 $Y_2=0$；而与异或非门两输入相同，其输出 $Y_1=1$。

　　当 A>B，即 A=1、B=0 时，与门 G_3 两个输入都为"1"，其输出 $Y_3=1$；与门 G_2 两个输入均为"0"，其输出 $Y_2=0$；异或非门两输入不同，其输出 $Y_1=0$。

　　当 A<B，即 A=0、B=1 时，与门 G_3 两个输入都为"0"，其输出 $Y_3=0$；与门 G_2 两个输入均为"1"，其输出 $Y_2=1$；异或非门两输入不同，其输出 $Y_1=0$。

　　也就是说，当数值比较器的 $Y_1=1$ 时，表明输入值 A=B；当数值比较器的 $Y_3=1$ 时，表明输入值 A>B；当数值比较器的 $Y_2=1$ 时，表明输入值 A<B。

　　2. 多位数值比较器

　　（1）多位数值比较原理

　　多位数值比较器采用由高位到低位逐次比较的方式，当高位数值大时，则整个多位数数值都大，若高位相等，再比较下一位，下一位数值大的整个多位数数值大，这样依次逐位进行比较，当所有的位都相等时，则两个多位数相等。图 11-32 所示是一个 4 位数值比较器框图。

4 位数值比较器内部逻辑电路比较复杂，这里只简单说明它的比较过程。设其中的一个 4 位数 $A_3A_2A_1A_0$ 为 1011，另一个 4 位数 $B_3B_2B_1B_0$ 为 1100，比较器首先比较 A_3 和 B_3 的大小，因为 A_3 和 B_3 相等，比较器接着比较 A_2 和 B_2，由于 $A_2=0$，而 $B_2=1$，$A_2<B_2$，所以数 $A_3A_2A_1A_0$（1011）小于 $B_3B_2B_1B_0$（1100），比较器从 Y_1 端输出 "1"，而 Y_2、Y_0 均为 "0"。

（2）多位数值比较器芯片

74LS85 是一个常用的 4 位数值比较器芯片，如图 11-33 所示，其真值表见表 11-13。

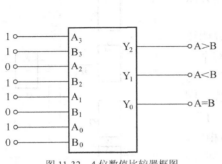
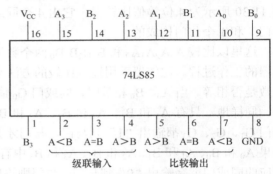

图 11-32　4 位数值比较器框图　　　　　　图 11-33　4 位数值比较器芯片 74LS85

表 11-13　　　　　　　　　　　　**74LS85 的真值表**

比 较 输 入				级 联 输 入			比 较 输 出		
A_3, B_3	A_2, B_2	A_1, B_1	A_0, B_0	A>B	A<B	A=B	A>B	A<B	A=B
$A_3>B_3$	×	×	×	×	×	×	H	L	L
$A_3<B_3$	×	×	×	×	×	×	L	H	L
$A_3=B_3$	$A_2>B_2$	×	×	×	×	×	H	L	L
$A_3=B_3$	$A_2<B_2$	×	×	×	×	×	L	H	L
$A_3=B_3$	$A_2=B_2$	$A_1>B_1$	×	×	×	×	H	L	L
$A_3=B_3$	$A_2=B_2$	$A_1<B_1$	×	×	×	×	L	H	L
$A_3=B_3$	$A_2=B_2$	$A_1=B_1$	$A_0>B_0$	×	×	×	H	L	L
$A_3=B_3$	$A_2=B_2$	$A_1=B_1$	$A_0<B_0$	×	×	×	L	H	L
$A_3=B_3$	$A_2=B_2$	$A_1=B_1$	$A_0=B_0$	H	L	L	H	L	L
$A_3=B_3$	$A_2=B_2$	$A_1=B_1$	$A_0=B_0$	L	H	L	L	H	L
$A_3=B_3$	$A_2=B_2$	$A_1=B_1$	$A_0=B_0$	L	L	H	L	L	H
$A_3=B_3$	$A_2=B_2$	$A_1=B_1$	$A_0=B_0$	×	×	H	L	L	H
$A_3=B_3$	$A_2=B_2$	$A_1=B_1$	$A_0=B_0$	H	H	L	L	L	L
$A_3=B_3$	$A_2=B_2$	$A_1=B_1$	$A_0=B_0$	L	L	L	H	H	L

74LS85 的 $A_3\sim A_0$ 和 $B_3\sim B_0$ 为比较输入端，可同时输入两组 4 位二进制数；74LS85 的 ⑤、⑥、⑦脚为比较输出端，②、③、④脚为级联输入端，当使用多片 74LS85 组成 8 位或更高位数值比较器时，高位片 74LS85 级联输入端接低位片的比较输出端。

从真值表可以看出，当 74LS85 的 $A_3A_2A_1A_0\neq B_3B_2B_1B_0$ 时，级联输入端输入无效（即不管输入何值都不会影响比较输出），当 74LS85 的 $A_3A_2A_1A_0=B_3B_2B_1B_0$ 时，级联输入端输入会影响比较输出。

（3）数值比较器的扩展

在进行多位数值比较时，单个芯片常常无法胜任，采用多个芯片进行级联可以解决这个问题。图 11-34 所示是一个由两片 74LS85 级联构成的 8 位数值比较器，从图中可以看出，低位片的级联输入端均接地，而比较输出端接高位片的级联输入端。

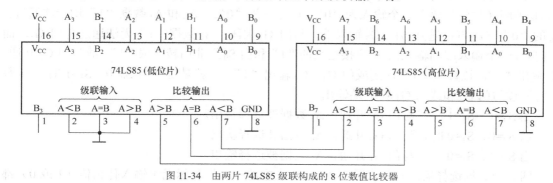

图 11-34 由两片 74LS85 级联构成的 8 位数值比较器

11.7 数据选择器

数据选择器又称为多路选择开关，它是一个多路输入、一路输出的电路，其功能是在选择控制信号的作用下，能从多路输入的数据中选择其中一路输出。数据选择器在音响设备、电视机、计算机和通信设备中广泛应用。

11.7.1 结构与原理

图 11-35（a）所示是典型的四选一数据选择器电路结构，图 11-35（b）所示为其等效图。

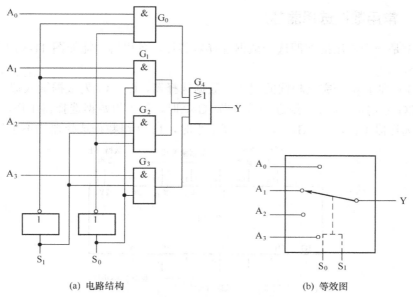

(a) 电路结构   (b) 等效图

图 11-35 四选一数据选择器

　　A_0、A_1、A_2、A_3 为数据选择器的 4 个输入端，Y 为数据选择器的输出端，S_0、S_1 为数据选择控制端，用来控制数据选择器选择 4 路数据中的某一路数据输出。为了分析更直观，假设数据选择器的 4 路输入端 A_0、A_1、A_2、A_3 分别输入 1、1、1、1。

　　当 $S_0=0$、$S_1=1$ 时，S_1 的"1"经非门后变成"0"送到与门 G_0 和 G_1 的输入端，与门 G_0 和 G_4 关闭（与门只要有一个输入为"0"，输出就为"0"），A_0 和 A_1 数据"1"均无法通过；S_0 的"0"一路直接送到与门 G_3 输入端，与门 G_3 关闭，A_3 数据"1"无法通过与门 G_3；而与门 G_2 两个输入端则输入由 S_1 直接送来的"1"和由 S_0 经非门转变成"1"，故与门 G_2 开通，G_2 输出"1"，该数据"1"送到或门 G_4，G_4 输出"1"。也就是说，当 $S_0=0$、$S_1=1$ 时，A_2 数据能通过与门 G_2 和或门 G_4 从 Y 端输出。

　　当 $S_0=1$、$S_1=1$ 时，与门 G_3 开通，A_3 数据被选择输出。

　　当 $S_0=0$、$S_1=0$ 时，与门 G_0 开通，A_0 数据被选择输出。

　　当 $S_0=1$、$S_1=0$ 时，与门 G_1 开通，A_1 数据被选择输出。

　　四选一数据选择器的真值表见表 11-14。表中的"×"表示无论输入什么值（1 或 0）都不影响输出结果。

表 11-14　　　　　　　　　　　四选一数据选择器的真值表

选择控制输入		输　　入				输　　出
S_1	S_0	A_0	A_1	A_2	A_3	Y
0	0	A_0	×	×	×	A_0
0	1	×	A_1	×	×	A_1
1	0	×	×	A_2	×	A_2
1	1	×	×	×	A_3	A_3

　　除了四选一数据选择器外，还有八选一数据选择器和十六选一数据选择器。八选一数据选择器需要 3 个数据选择控制端，而十六选一数据选择器需要 4 个数据选择控制端。

11.7.2　常用数据选择器芯片

　　74LS153 是一个常用的双四选一数据选择器芯片，各引脚功能如图 11-36 所示，其真值表见表 11-15。

　　74LS153 内部有两个完全相同的四选一数据选择器，$C_3 \sim C_0$ 为数据输入端，Y 为数据输出端。1G、2G 分别是 1 组、2 组选通端，当 1G=0 时，第 1 组数据选择器工作，当 2G=0 时，第 2 组数据选择器工作，当 1G、2G 均为高电平时，1、2 组数据选择器均不工作。

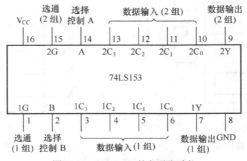

图 11-36　74LS153 的各引脚功能

表 11-15　　　　　　　　　　　　**74LS153 的真值表**

选择控制		数据输入				选通	数据输出
B	A	C_0	C_1	C_2	C_3	G	Y
×	×	×	×	×	×	H	L
L	L	L	×	×	×	L	L
L	L	H	×	×	×	L	H
L	H	×	L	×	×	L	L
L	H	×	H	×	×	L	H
H	L	×	×	L	×	L	L
H	L	×	×	H	×	L	H
H	H	×	×	×	L	L	L
H	H	×	×	×	H	L	H

A、B 为选择控制端，在 G 端为低电平时，可以选择某路输入数据并输出。例如当 1G=0 时，若 AB=10，$1C_1$ 端输入的数据会被选择并从 1Y 端输出。

11.8　奇偶校验器

在数字电子设备中，数字电路之间经常要进行数据传递，由于受一些因素的影响，数据在传送过程中可能会产生错误，从而会引起设备工作不正常。为了解决这个问题，常常在数据传送电路中设置奇偶校验器。

11.8.1　奇偶校验原理

奇偶校验是检验数据传递是否发生错误的方法之一。它是通过检验传递数据中"1"的个数是奇数还是偶数来判断传递数据是否有错误。

奇偶校验有奇校验和偶校验之分。对于奇校验，若数据中有奇数个"1"，则校验结果为 0，若数据中有偶数个"1"，则校验结果为 1；对于偶校验，若数据中有偶数个"1"，则校验结果为 0，若数据中有奇数个"1"，则校验结果为 1。

下面以图 11-37 所示的 8 位并行传递奇偶校验示意图为例来说明奇偶校验原理。

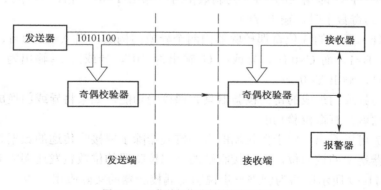

图 11-37　8 位并行传递奇偶校验示意图

在图 11-37 中，发送器通过 8 根数据线同时向接收器传递 8 位数据，这种通过多根数据线同时传递多位数的数据传递方式称为并行传递。发送器在往接收器传递数据的同时，也会把数据传递给发送端的奇偶校验器，假设发送端要传递的数据是 10101100。

若图 11-37 中所示的奇偶校验器为奇校验，发送器的数据 10101100 送到奇偶校验器，由于数据中的"1"的个数是偶数个，奇偶校验器输出 1，它送到接收端的奇偶校验器，与此同时，发送端的数据 10101100 也送到接收端的奇偶校验器，这样送到接收端的奇偶校验器的数据中"1"的个数为奇数个（含发送端奇偶校验器送来的"1"），接收端的奇偶校验器输出 0，它去控制接收器工作，接收发送过来的数据。如果数据在传递过程中发生了错误，数据由 10101100 变为 10101000，那么送到接收端奇偶校验器的数据中的"1"的个数是偶数个（含发送端奇偶校验器送来的"1"），校验器输出为 1，它一方面控制接收器，禁止接收器接收错误的数据，同时还去触发报警器，让它发出数据错误报警。

若图 11-37 中的奇偶校验器为偶校验，发送器的数据为 10101100 时，发送端的奇偶校验器会输出 0。如果传递的数据没有发生错误，接收端的奇偶校验器会输出 0；如果传递的数据发生错误，10101100 变成了 10101000，接收端的奇偶校验器会输出 1。

11.8.2 奇偶校验器

奇偶校验器可采用异或门构成，2 位奇偶校验器和 3 位奇偶校验器分别如图 11-38（a）、图 11-38（b）所示。

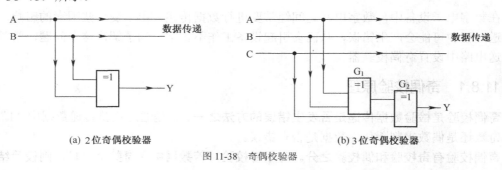

(a) 2 位奇偶校验器   (b) 3 位奇偶校验器

图 11-38 奇偶校验器

图 11-38 中所示的奇偶校验器是由异或门构成的，异或门具有的特点是：输入相同时输出为"0"，输入相异时输出为"1"。图 11-38（a）所示的 2 位奇偶校验器由一个异或门构成，当 A、B 都输入"1"，即输入的"1"为偶数个时，输出 Y=0；当 A、B 中只有一个为"1"，即输入的"1"为奇数个时，输出 Y=1。

图 11-38（b）所示的 3 位奇偶校验器由两个异或门构成，当 A=1、B=1、C=1 时，输出 Y=1；当 A=1、B=1，而 C=0 时，异或门 G_1 输出为"0"，异或门 G_2 输出为"0"，即输入的"1"为偶数个时，输出 Y=0。

以上两种由异或门组成的奇偶校验器具有偶校验功能，如果将异或门换成异或非门组成奇偶校验器，它就具有奇校验功能。

从图 11-37 可以看出，由于接收端的奇偶校验器除了要接收传递的数据外，还要接收发送端奇偶校验器送来的校验位，所以接收端的奇偶校验器的位数较发送端的多 1 位。

下面以图 11-39 所示电路为例进一步说明奇偶校验器的实际应用。

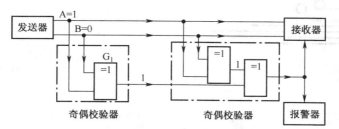

图 11-39　2 位并行传递奇偶校验电路

图 11-39 中所示的发送器要送 2 位数 AB=10 到接收器，A=1、B=0 一方面通过数据线往接收器传递，另一方面送到发送端的奇偶校验器，该校验器为偶校验，它输出的校验位为 1。校验位 1 与 A=1、B=0 送到接收端奇偶校验器，此校验器校验输出为"0"，该校验位 0 去控制接收器，让接收器接收数据线送到的正确数据。

如果数据在传递过程中，AB 由 10 变为 11（注：送到发送端奇偶校验器的数据 AB 是正确的，仍为 10，只是数据传送到接收器的途中发生了错误，由 10 变成 11），发送端的奇偶校验器输出的校验位仍为 1，而由于传送到接收端的数据 10 变成了 11，所以接收端的奇偶校验器输出校验位为 1，它去禁止接收器接收错误的数据，同时控制报警器报警。

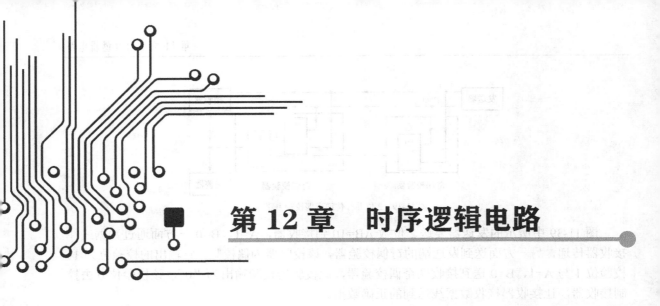

第 12 章　时序逻辑电路

时序逻辑电路简称时序电路，它是一种具有记忆功能的电路。时序逻辑电路是由组合逻辑电路与记忆电路（又称存储电路）组合而成的。常见时序逻辑电路有触发器、寄存器和计数器等。

12.1　触发器

触发器是一种具有记忆功能的电路，它是时序逻辑电路中的基本单元电路。触发器的种类很多，常见的有基本 RS 触发器、同步 RS 触发器、D 触发器、JK 触发器、T 触发器和主从触发器等。

12.1.1　基本 RS 触发器

基本 RS 触发器是一种结构最简单的触发器，其他类型触发器大多是在基本 RS 触发器的基础上进行改进而得到的。

1. 结构与原理

基本 RS 触发器如图 12-1 所示。

基本 RS 触发器由两个交叉的与非门组成，它有 $\overline{R}$ 端（称为置"0"端）和 $\overline{S}$ 端（称为置"1"端），字母上标"–"表示该端低电平有效。图形符号的输入端加上圆圈也表示低电平有效。另外，基本 RS 触发器有两个输出端 Q 和 $\overline{Q}$，Q 和 $\overline{Q}$ 的值总是相反的，以 Q 端输出的值作为触发器的状态，当 Q 端为 "0" 时（此时 $\overline{Q}=1$），就说触发器处于"0"状态；若 Q=1，则触发器处于"1"状态。

基本 RS 触发器工作原理说明如下。

（1）当 $\overline{R}$ =1、$\overline{S}$ =1 时

若触发器原状态为"1"，即 Q=1（$\overline{Q}$ =0）。与非门 G_1 的两个输入端均为"1"（$\overline{R}$ =1、

（a）逻辑结构　　（b）图形符号

图 12-1　基本 RS 触发器

Q=1），与非门 G_1 输出为"0"。与非门 G_2 两个输入端 $\overline{S}$ =1、$\overline{Q}$ =0，与非门 G_2 输出则为"1"。此时的 Q=1、$\overline{Q}$ =0，电路状态不变。

若触发器原状态为"0"，即 Q=0（$\overline{Q}$ =1）。与非门 G_1 两个输入端 $\overline{R}$ =1、Q=0，则输出端 $\overline{Q}$ =1；与非门 G_2 两个输入端 $\overline{S}$ =1、$\overline{Q}$ =1，输出端 Q=0，电路状态仍保持不变。

也就是说，当 $\overline{R}$、$\overline{S}$ 输入端输入都为"1"（即 $\overline{R}$ =1、$\overline{S}$ =1）时，触发器保持原状态不变。

（2）当 $\overline{R}$ =0、$\overline{S}$ =1 时

若触发器原状态为"1"，即 Q=1（$\overline{Q}$ =0）。与非门 G_1 两个输入端 $\overline{R}$ =0、Q=1，输出端 $\overline{Q}$ 由"0"变为"1"；与非门 G_2 两个输入端均为"1"（$\overline{S}$ =1、$\overline{Q}$ =1），输出端 Q 由"1"变为"0"，电路状态由"1"变为"0"。

若触发器原状态为"0"，即 Q=0（$\overline{Q}$ =1）。与非门 G_1 两个输入端 $\overline{R}$ =0、Q=0，输出端 $\overline{Q}$ 仍为"1"；与非门 G_2 两个输入端均为"1"（$\overline{S}$ =1、$\overline{Q}$ =1），输出端 Q 仍为"0"，即电路状态仍为"0"。

由上述过程可以看出，不管触发器原状态如何，只要 $\overline{R}$ =0、$\overline{S}$ =1，触发器状态马上变为"0"，所以 $\overline{R}$ 端称为置"0"端（或称复位端）。

（3）当 $\overline{R}$ =1、$\overline{S}$ =0 时

若触发器原状态为"1"，即 Q=1（$\overline{Q}$ =0）。与非门 G_1 两个输入端均为"1"（$\overline{R}$ =1、Q=1），输出端 $\overline{Q}$ 仍为"0"，与非门 G_2 两个输入端 $\overline{S}$ =0、$\overline{Q}$ =0，输出端 Q 为"1"，即电路状态仍为"1"。

若触发器原状态为"0"，即 Q=0（$\overline{Q}$ =1）。与非门 G_1 两个输入端 $\overline{R}$ =1、Q=0，输出端 $\overline{Q}$ =1；与非门 G_2 两个输入端 $\overline{S}$ =0、$\overline{Q}$ =1，输出端 Q=1，这是不稳定的，Q=1 反馈到与非门 G_1 输入非端，与非门 G_1 输入端现在变为 $\overline{R}$ =1、Q=1，其输出端 $\overline{Q}$ =0，$\overline{Q}$ =0 反馈到与非门 G_2 输入端，与非门 G_2 输入端为 $\overline{S}$ =1、$\overline{Q}$ =0，其输出端 Q=1，电路此刻达到稳定（即触发器状态不再变化），其状态为"1"。

由此可见，不管触发器原状态如何，只要 $\overline{R}$ =1、$\overline{S}$ =0，触发器状态马上变为"1"。若触发器原状态为"0"，现变为"1"；若触发器原状态为"1"，则仍为"1"。所以 $\overline{S}$ 端称为置"1"端，即 $\overline{S}$ 为低电平时，能将触发器状态置为"1"。

（4）当 $\overline{R}$ =0、$\overline{S}$ =0 时

此时与非门 G_1、G_2 的输入端都至少有一个为"0"，这样会出现 $\overline{Q}$ =1、Q=1，这种情况是不允许的。

综上所述，**基本 RS 触发器具的逻辑功能是：置"0"、置"1"和保持。**

2．功能表

基本 RS 触发器的功能表见表 12-1。

表 12-1　　　　　　　　　　　　　　基本 RS 触发器的功能表

$\overline{R}$	$\overline{S}$	Q	逻辑功能	$\overline{R}$	$\overline{S}$	Q	逻辑功能
0	1	0	置"0"	1	1	不变	保持
1	0	1	置"1"	0	0	不定	不允许

3．特征方程

基本 RS 触发器的输入、输出和原状态之间的关系也可以用特征方程来表示。基本 RS

触发器的特征方程为

$$\begin{cases} Q^{n+1} = S + \overline{R}Q^n \\ \overline{R} + \overline{S} = 1 \end{cases}$$

特征方程中的 $\overline{R} + \overline{S} = 1$ 是约束条件，它的作用是规定 $\overline{R}$、$\overline{S}$ 不能同时为"0"。在知道基本 RS 触发器的输入和原状态的情况下，不用分析触发器的工作过程，仅利用上述特征方程就能知道触发器的输出状态。例如已知触发器原状态为"1"（$Q^n=1$），当 $\overline{R}$ 为"0"、$\overline{S}$ 为"1"时，只要将 $Q^n=1$、$\overline{R}=0$、$\overline{S}=1$（S=0）代入方程即可得 $Q^{n+1}=0$。也就是说，在知道 $Q^n=1$、$\overline{R}$ 为"0"、$\overline{S}$ 为"1"时，通过特征方程计算出来的结果可知触发器状态应为"0"。

12.1.2 同步 RS 触发器

1. CP 脉冲

在数字电路系统中，往往有很多的触发器，为了使它们能按统一的节拍工作，大多需要在电路中添加控制脉冲控制各个触发器，只有当控制脉冲来时，各触发器才能工作，该控制脉冲称为时钟脉冲，简称 **CP**，其波形如图 12-2 所示。

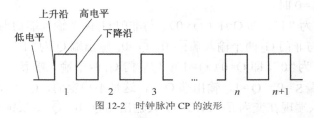

图 12-2　时钟脉冲 CP 的波形

时钟脉冲每个周期可分为 4 个部分：低电平部分、高电平部分、上升沿部分（由低电平变为高电平的部分）和下降沿部分（由高电平变为低电平的部分）。

2. 同步 RS 触发器

（1）结构与原理

同步 RS 触发器是在基本 RS 触发器的基础上增加了两个与非门和时钟脉冲输入端构成的，其逻辑结构和图形符号分别如图 12-3（a）、图 12-3（b）所示。

同步 RS 触发器就好像是在基本 RS 触发器上加了两道门（与非门），该门的开与关受时钟脉冲的控制。

当无时钟脉冲 CP 时，与非门 G_3、G_4 的输入端 CP 都为"0"，这时无论 R、S 端输入什么信号，与非门 G_3、G_4 输出都为"1"，这两个"1"送到基本 RS 触发器的输入端，基本 RS 触发器状态保持不变。即无时钟脉冲到来时，无论 R、S 端输入什么信号，触发器的输出状态都不改变，即触发器不工作。

当有时钟脉冲 CP 到来时，时钟脉冲高电平加到与非门 G_3、G_4 输入端，相当于两个与非门 CP 端都输入"1"，它们开始工作，R、S 端输入的信号到与非门 G_3、G_4，与时钟脉冲的高电平进行与非运算后再送到基本 RS 触发器输入端。这时的同步触发器就相当一个基本的 RS 触发器。

$\overline{R}_D$ 为同步 RS 触发器置"0"端，$\overline{S}_D$ 为置"1"端。当 $\overline{R}_D$ 为"0"时，将触发器置"0"态（Q=0）；当 $\overline{S}_D$ 为"0"时，将触发器置"1"态（Q=1）；在不需要置"0"和置"1"时，

让 $\overline{R}_D$、$\overline{S}_D$ 都为 "1"，不影响触发器的工作。

综上所述，同步 **RS** 触发器在无时钟脉冲时不工作，在有时钟脉冲时，其逻辑功能与基本 **RS** 触发器相同：置 "0"、置 "1" 和保持。

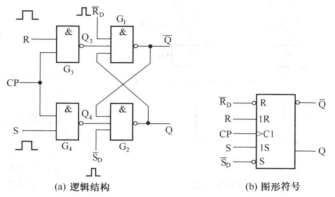

(a) 逻辑结构 　　　　　　　　　　(b) 图形符号

图 12-3　同步 RS 触发器

（2）功能表

同步 RS 触发器的功能表见表 12-2。

表 **12-2**　　　　　　　　　　　　　同步 **RS** 触发器的功能表

R	S	Q^{n+1}	逻辑功能	R	S	Q^{n+1}	逻辑功能
0	0	Q^n	保持	1	0	0	置 "0"
0	1	1	置 "1"	1	1	不定	不允许

（3）特征方程

同步 RS 触发器的特征方程为：

$$\begin{cases} Q^{n+1} = S + \overline{R}Q^n \\ R \cdot S = 1 \end{cases}$$

特征方程中的约束条件是 $R \cdot S = 0$，它规定 R 和 S 不能同时为 "1"，因为 R、S 同时为 "1" 会使送到基本 RS 触发器两个输入端的信号同时为 "0"，从而会出现基本 RS 触发器工作状态不定的情况。

12.1.3　D 触发器

D 触发器又称为延时触发器或数据锁存触发器，这种触发器在数字系统应用十分广泛，它可以组成锁存器、寄存器和计数器等部件。

1．结构与原理

图 12-4（a）所示是 D 触发器的典型逻辑结构，它是在同步 RS 触发器的基础上增加一个非门构成的。D 触发器常用图 12-4（b）所示的图形符号表示。

从图中可以看出，D 触发器是在同步 RS 触发器的基础上增加一个非门构成的，由于非门倒相作用，使得门 G_3 和 G_4 的输入始终相反，有效地避免了同步 RS 触发器的 R、S 端同时输入 "1" 导致触发器出现不定状态。D 触发器与同步 RS 触发器一样，只有时钟脉冲来时才能工作。

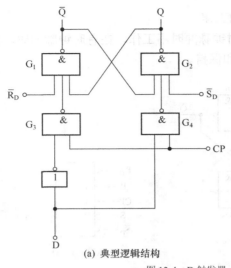

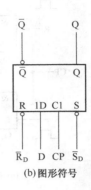

(a) 典型逻辑结构　　　　　　　(b) 图形符号

图 12-4　D 触发器

D 触发器工作原理说明如下。

（1）当无时钟脉冲到来时（即 CP=0）

与非门 G_3、G_4 都处于关闭状态，无论 D 端输入何值，均不会影响与非门 G_1、G_2，触发器保持原状态。

（2）当有时钟脉冲到来时（即 CP=1）

这时触发器的工作可分两种情况：

若 D=0，则与非门 G_3、G_4 输入分别为"1"和"0"，相当于同步 RS 触发器 R=1、S=0，触发器的状态变为"0"，即 Q=0。

若 D=1，则与非门 G_3、G_4 输入分别为"0"和"1"，相当于同步 RS 触发器的 R=0、S=1，触发器的状态变为"1"，即 Q=1。

综上所述，**D 触发器的逻辑功能是：在无 CP 脉冲时不工作；在有 CP 脉冲时，触发器的输出 Q 与输入 D 的状态相同。**

2. 状态表

D 触发器的状态表见表 12-3。

表 12-3　　　　　　　　　　　　　　　**D 触发器的状态表**

D	Q^{n+1}
0	0
1	1

3. 特征方程

D 触发器的特征方程为：$Q^{n+1}=D$。

4. 常用 D 触发器芯片

74LS374 是一种常用 D 触发器芯片，内部有 8 个相同的 D 触发器，其各引脚功能如图 12-5 所示，其状态表见表 12-4。

74LS374 的 1D～8D 和 1Q～8Q 分别为内部 8 个触发器的输入、输出端。CLK 为时钟脉冲输入端，该端输入的脉冲会送到内部每个 D 触发器的 CP 端，CLK 端标注的 "∨" 表示当时钟信号上升沿来时，触发器输入有效。OE 为公共输出控制端。当 OE=H 时，8 个触发器的输入端和输出端之间处于高阻状态；当 OE=L 且 CLK 脉冲上升沿来时，D 端数据通过触发器从 Q 端输出；当 OE=L 且 CLK 脉冲为低电平时，Q 端输出保持不变。

74LS374 内部有 8 个 D 触发器，可以根据需要全部使用或个别使用。例如使用第 7、8 个触发器，若 8D=1、7D=0，当 OE=L 且 CLK 端 CP 脉冲上升沿来时，输入端数据通过触发器，输出端 8Q=1、7Q=0，当 CP 脉冲变为低电平后，即使 D 端数据变化，Q 端数据不再变化，即输出数据被锁定，因此 D 触发器常用来构成数据锁存器。

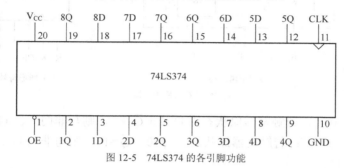

图 12-5　74LS374 的各引脚功能

表 12-4　　　　　　　　　　　　　　　　**74LS374 的状态表**

OE	CLK	D	Q
L	↑	H	H
L	↑	L	L
L	L	×	Q_0
H	×	×	Z

12.1.4　JK 触发器

1. 结构与原理

图 12-6（a）所示是 JK 触发器的典型逻辑结构，它是在同步 RS 触发器的基础上从输出端引出两条反馈线，将 Q 端与 R 端相连，$\overline{Q}$ 端与 S 端相连，再加上两个输入端 J 和 K 构成的。JK 触发器常用图 12-6（b）所示的图形符号表示。JK 触发器工作原理如下。

（1）当无时钟脉冲到来时（即 CP=0）

与非门 G_3、G_4 均处于关闭状态，无论 J、K 输入何值均不影响与非门 G_1、G_2，触发器状态保持不变。

（2）当有时钟脉冲到来时（即 CP=1）

这时触发器工作的可分为以下 4 种情况。

① 当 J=1、K=1 时。若触发器原状态为 Q=0（$\overline{Q}$=1），通过反馈线使与非门 G_3 输出为 "1"，与非门 G_4 输出为 "0"，与非门 G_3 的 "1" 和与非门 G_4 的 "0" 加到 G_1、G_2 构成的基本 RS 触发器输入端，触发器状态由 "0" 变为 "1"；若触发原状态为 Q=1（$\overline{Q}$=0），通过反馈线使与非门 G_3 输出为 "0"，与非门 G_4 输出为 "1"，触发器状态由 "1" 变为 "0"。

由此可以看出，当 J=1、K=1，并且有时钟脉冲到来时（即 CP=1），触发器状态翻转（即新状态与原状态相反）。

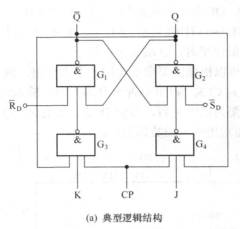

(a) 典型逻辑结构　　　　　　　　(b) 图形符号

图 12-6　JK 触发器

② 当 J=1、K=0 时。若触发器原状态为 Q=1（$\overline{Q}$=0），则与非门 G_3、G_4 均输出"1"，触发器状态不变，仍为"1"；若触发器原状态为 Q=0（$\overline{Q}$=1），则与非门 G_3、G_4 均输出"1"，触发器状态变为"1"。

由此可以看出，当 J=1、K=0，并且有时钟脉冲到来时，无论触发器原状态为"0"还是"1"，现均变为"1"。

③ 当 J=0、K=1 时。若触发器原状态为 Q=0（$\overline{Q}$=1），与非门 G_3、G_4 输出均为"1"，触发器状态不变（Q 仍为"0"）；若触发器原状态为 Q=1（$\overline{Q}$=0），则与非门 G_3 输出为"0"，与非门 G_4 输出"1"，触发器状态变为"0"。

由此可见，当 J=0、K=1，并且有时钟脉冲到来时，无论触发器原状态如何，现均变为"0"。

④ 当 J=0、K=0 时。无论触发器原状态如何，与非门 G_3、G_4 均输出为"1"，触发器保持原状态不变。

由此可见，当 J=0、K=0，触发器的状态保持不变。

从上面的分析可以看出，**JK 触发器具有的逻辑功能是：翻转、置"1"、置"0"和保持**。

2. 功能表

JK 触发器的功能表见表 12-5。

表 12-5　　　　　　　　　　JK 触发器的功能表

J	K	Q^{n+1}	J	K	Q^{n+1}
0	0	Q^n（保持）	1	0	1（置"1"）
0	1	0（置"0"）	1	1	$\overline{Q}^n$（翻转）

3. 特征方程

JK 触发器特征方程为：$Q^{n+1}=J\overline{Q}^n+\overline{K}Q^n$。

4. 常用 JK 触发器芯片

74LS73 是一种常用 JK 触发器芯片，内部有两个相同的 JK 触发器，其各引脚功能及内部结构如图 12-7 所示，其状态表见表 12-6。

74LS73 的 CLR 端为清 0 端，当 CLR=0 时，无论 J、K 端输入为何值，Q 端输出都为 0。CLK 端为时钟脉冲 CP 输入端，当 CP 为高电平时，J、K 端输入无效，触发器输出状态不变；在 CP 下降沿来且 CLR=1 时，J、K 端输入不同值，触发器具有保持、翻转、置"1"和置"0"功能。

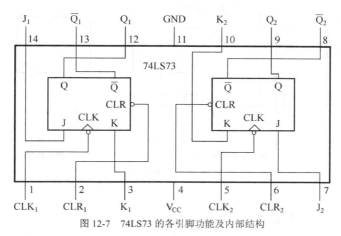

图 12-7　74LS73 的各引脚功能及内部结构

表 12-6　　　　　　　　　　　　　　　**74LS73 的状态表**

输　　入				输出及功能	
CLR	CLK	J	K	Q	$\overline{Q}$
L	×	×	×	L	H（清 0）
H	↓	L	L	Q_0	$\overline{Q}_0$（保持）
H	↓	H	H	$\overline{Q}_0$	Q_0（翻转）
H	↓	H	L	H	L（置 1）
H	↓	L	H	L	H（置 0）
H	H	×	×	Q_0	$\overline{Q}_0$

12.1.5　T 触发器

T 触发器又称计数型触发器，将 JK 触发器的 J、K 两个输入端连接在一起作为一个输入端就构成了 T 触发器。

1. 结构与原理

图 12-8（a）所示是 T 触发器的典型逻辑结构，T 触发器常用图 12-8（b）所示的图形符号表示。

由图 12-8（a）可以看出，T 触发器可以看作是 JK 触发器在 J=0、K=0 和 J=1、K=1 时的情况。从 JK 触发器工作原理可知：当 T 触发器 T 端输入为"0"时，相当于 J=0、K=0，触发器的状态保持不变；当 T 触发器 T 端输入为"1"时，相当于 J=1、K=1，触发器的状态翻转（即新状态与原状态相反）。因此，**T 触发器具有的逻辑功能是："保持"和"翻转"**。

如果将 T 端固定接高电平"1"（即 T=1），这样的触发器称为 **T′触发器**，因为 T 端始终为"1"，所以其输出状态仅与时钟脉冲 CP 有关，每到来一个时钟脉冲，CP 端就会由"0"

变为"1"一次，触发器状态就会变化一次。

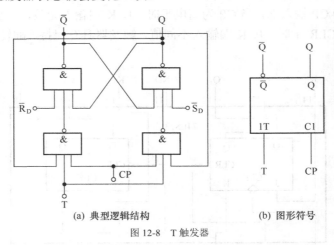

(a) 典型逻辑结构　　(b) 图形符号

图 12-8　T 触发器

2. 功能表

T 触发器的功能表见表 12-7。

表 12-7　　　　　　　　　　　　　　　**T 触发器的功能表**

T	Q^{n+1}
0	Q^n（保持）
1	$\overline{Q}^n$（翻转）

3. 特征方程

T 触发器的特征方程为：$Q^{n+1}=T\overline{Q}^n+\overline{T}Q^n$。

12.1.6　主从触发器和边沿触发器

大多数触发器都加有时钟脉冲 CP，当 CP 来到时触发器工作，CP 过后触发器不工作。给触发器加时钟脉冲的目的是让触发器每来一个时钟脉冲状态就变化一次，但如果在时钟脉冲持续期间，输入信号连续发生变化，那么触发器的状态也会随之连续发生变化。在一个时钟脉冲持续期间，触发器的状态连续多次变化的现象称为空翻。克服空翻常用的方法是采用主从触发器或边沿触发器。

1. 主从触发器

主从触发器的种类比较多，常见的有主从 RS 触发器、主从 JK 触发器等，这里以图 12-9 所示的主从 JK 触发器为例来说明主从触发器工作原理。

主从 JK 触发器由主触发器和从触发器组成，其中与非门 $G_1 \sim G_4$ 构成的触发器称为从触发器，与非门 $G_5 \sim G_8$ 构成的触发器称为主触发器，非门 G_9 的作用是让加到与非门 G_3、G_4 的时钟信号与加到与非门 G_7、G_8 的时钟信号始终相反，$\overline{R}_D$、$\overline{S}_D$ 正常时为高电平。

（1）当 J=1、K=1 时

① 若触发器原状态为 Q=0（$\overline{Q}$=1）。在 CP=1 时，与非门 G_7、G_8 开通，主触发器工作，而 CP=1 经非门后变为 $\overline{CP}$=0，与非门 G_3、G_4 关闭，从触发器不工作，Q=0 通过反馈线送至

与非门 G_7，G_7 输出为 "1"（G_7 输入 Q=0、K=1），$\overline{Q}$ =1 通过反馈线送至与非门 G_8，G_8 输出为 "0"（G_8 输入 $\overline{Q}$ =1，J=1）。与非门 G_7、G_8 输出的 "1" 和 "0" 送到由 G_5、G_6 构成的基本 RS 触发器的输入端，进行置 "1"，Q' =1，而 $\overline{Q}'$ =0。主触发器状态由 "0" 变为 "1"。

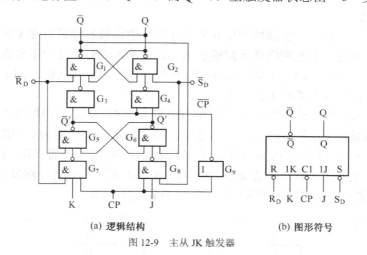

(a) 逻辑结构　　　　　　　　(b) 图形符号

图 12-9　主从 JK 触发器

在 CP=0 时，与非门 G_7、G_8 关闭，主触发器不工作，而 CP=0 经非门后变为 $\overline{CP}$ =1，与非门 G_3、G_4 开通，$\overline{Q}'$ =0 送到与非门 G_3，G_3 输出 "1"，而 $\overline{Q}'$ =1 送到与非门 G_4，G_4 输出 "0"。与非门 G_3、G_4 输出的 "1" 和 "0" 送到由 G_1、G_2 构成的基本 RS 触发器的输入端，对它进行置 "1"，即 Q=1、$\overline{Q}$ =0。

② 若触发器原状态为 Q=1（$\overline{Q}$ =0）。在 CP=1 时，与非门 G_7、G_8 开通，主触发器工作，而 CP=1 经非门后变为 $\overline{CP}$ =0，与非门 G_3、G_4 关闭，从触发器不工作，Q=1 通过反馈线送至与非门 G_7，G_7 输出为 "0"，$\overline{Q}$ =0 通过反馈线送至与非门 G_8，G_8 输出为 "1"。与非门 G_7、G_8 输出的 "0" 和 "1" 送到由与非门 G_5、G_6 构成的基本 RS 触发器的输入端，对该基本 RS 触发器进行置 "0"，$\overline{Q}'$ =0，而 $\overline{Q}'$ =1。主触发器状态由 "1" 变为 "0"。

在 CP=0 时，与非门 G_7、G_8 关闭，主触发器不工作，而 CP=0 经非门后变为 $\overline{CP}$ =1，与非门 G_3、G_4 开通，$\overline{Q}'$ =1 送到与非门 G_3，G_3 输出 0，而 $\overline{Q}'$ =0 送到与非门 G_4，G_4 输出 "1"。与非门 G_3、G_4 输出的 "0" 和 "1" 送到由与非门 G_1、G_2 构成的基本 RS 触发器的输入端，对它进行置 "0"，即 Q=0、$\overline{Q}$ =1。

由以上分析可以看出：当 J=1、K=1，并且在时钟脉冲 CP 到来时（CP=1），主触发器工作，从触发器不工作；而时钟脉冲过后（CP 由 "1" 变为 "0"），主触发器不工作，从触发器工作。在 J=1、K=1 时，主从 JK 触发器的逻辑功能是翻转。

（2）当 J=1、K=0 时

当 J=1、K=0 时，主从 JK 触发器的功能是置 "1"。工作过程分析与上述相同。

（3）当 J=0、K=1 时

当 J=0、K=1 时，主从 JK 触发器的功能是置 "0"。

（4）当 J=0、K=0 时

当 J=0、K=0 时，主从 JK 触发器的功能是保持。

由此可见，主从 JK 触发器的逻辑功能与 JK 触发器是一样的，都具有翻转、置 "1"、置

"0"和保持的功能。但因为主从 JK 触发器同时拥有主触发器和从触发器，当一个触发器工作时，另一个触发器不工作，将输入端与输出端隔离开来，有效地解决了输入信号变化对输出的影响问题。

2. 边沿触发器

边沿触发器是一种克服空翻性能更好的触发器。**边沿触发器只有在 CP 脉冲上升沿或下降沿来时输入才有效，其他期间处于封锁状态，即使输入信号变化也不会影响触发器的输出状态**，因为 CP 脉冲上升沿或下降沿持续时间很短，在短时间输入信号因干扰发生变化的可能性很小，故边沿触发器的抗干扰性很强。

图 12-10 所示是两种常见的边沿触发器，CP 端的"∧"表示边沿触发方式，同时带小圆圈表示下降沿触发，无小圆圈表示上升沿触发。图 12-10（a）所示为下降沿触发型 JK 触发器，当 CP 脉冲下降沿来时，JK 触发器的输出状态会随 JK 端输入而变化，CP 脉冲下降沿过后，即使输入发生变化，输出不会变化。图 12-10（b）所示为上升沿触发型 D 触发器，当 CP 脉冲上升沿来时，D 触发器的输出状态会随 D 端输入而变化。

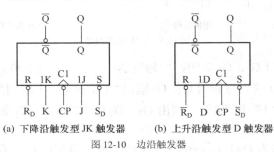

(a) 下降沿触发型 JK 触发器　　(b) 上升沿触发型 D 触发器

图 12-10　边沿触发器

12.2　寄存器与移位寄存器

12.2.1　寄存器

寄存器是一种能存取二进制数据的电路。将数据存入寄存器的过程称为"写"，当往寄存器中"写"入新数据时，以前存储的数据会消失。将数据从寄存器中取出的过程称为"读"，数据被"读"出后，寄存器中的该数据并不会消失，这就像阅读图书，书上的文字被人读取后，文字仍在书上。

寄存器能存储数据是因为它采用了具有记忆功能的电路——触发器，一个触发器能存放 1 位二进制数。一个 8 位寄存器至少需要 8 个触发器组成，它能存放 8 个 0、1 这样的二进制数。

1. 结构与原理

寄存器主要由触发器组成，图 12-11 所示是一个由 D 触发器构成的 4 位寄存器，它用到了 4 个 D 触发器，这些触发器在 CP 脉冲的下降沿到来时才能工作，$\overline{C_r}$ 为复位端，它同时接到 4 个触发器的复位端。

下面分析图 12-11 所示寄存器的工作原理，为了分析方便，这里假设输入的 4 位数码 $D_3D_2D_1D_0 = 1011$。

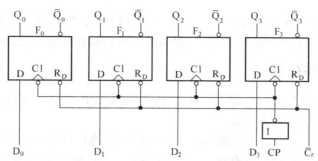

图 12-11　由 D 触发器构成的 4 位寄存器

当时钟脉冲 CP 为低电平时，CP=0，经非门后变成高电平，高电平送到 4 个触发器的 C1 端（时钟控制端），由于这 4 个触发器是下降沿触发有效，现 C1=1，故它们不工作。

当时钟脉冲 CP 上升沿来时，经非门后脉冲变成下降沿，它送到 4 个触发器的 C1 端，4 个触发器工作，如果这时输入的 4 位数码 $D_3D_2D_1D_0$=1011，因为 D 触发器的输出和输入是相同的，所以 4 个 D 触发器的输出 $Q_3Q_2Q_1Q_0$=1101。

CP 时钟脉冲上升沿过后，4 个 D 触发器都不工作，输出 $Q_3Q_2Q_1Q_0$=1101 不会变化，即输入的 4 位数码 1101 被保存下来了。

$\overline{C}_r$ 为复位端，当需要将 4 个触发器进行清零时，可以在 $\overline{C}_r$ 端加一个低电平，该低电平同时加到 4 个触发器的复位端，对它们进行复位，结果 $Q_3Q_2Q_1Q_0$=0000。

2. 常用寄存器芯片

74LS175 是一个由 D 触发器构成的 4 位寄存器芯片，内部有 4 个 D 触发器，其各引脚功能如图 12-12 所示，其状态表见表 12-8。

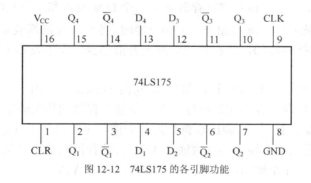

图 12-12　74LS175 的各引脚功能

表 12-8　　　　　　　　　　　　　　　　**74LS175 状态表**

输　入			输　出	
CLR	CLK	D	Q	$\overline{Q}$
L	×	×	L	H
H	↑	H	H	L
H	↑	L	L	H
H	L	×	Q_0	$\overline{Q}_0$

74LS175 的 CLR 端为清 0 端，当 CLR=0 时，对寄存器进行清 0，Q 端输出都为 0（$\overline{Q}$ 都

为 1）。CLK 端为时钟脉冲 CP 输入端，当 CP 为低电平时，D 端输入无效，触发器输出状态不变；在 CP 上升沿来且 CLR=1 时，D 端输入数据被寄存器保存下来，Q=D。

12.2.2 移位寄存器

移位寄存器简称移存器，它除了具有寄存器存储数据的功能，还有对数据进行移位的功能。移位寄存器可按下列方式分类。

按数据的移动方向来分，有左移寄存器、右移寄存器和双向移位寄存器。

按输入、输出方式来分，有串行输入-并行输出、串行输入-串行输出、并行输入-并行输出和并行输入-串行输出方式。

1. 左移寄存器

图 12-13 所示是一个由 D 触发器构成的 4 位左移寄存器。

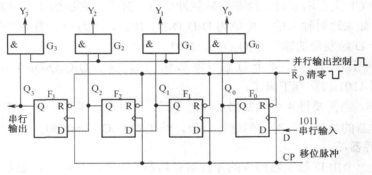

图 12-13　4 位左移寄存器

从图 12-13 中可以看出，该左移寄存器是由 4 个 D 触发器和 4 个与门电路构成的。$\overline{R}_D$ 端为复位清零端，当负脉冲通过该端加到 4 个触发器时，各个触发器都被复位，状态都变为"0"。CP 端为移位脉冲（时钟脉冲），只有移位脉冲上升沿加到各个触发器 CP 端时，这些触发器才能工作。

左移寄存器的数据从右端第一个 D 触发器 F_0 的 D 端输入，由于数据是一个接一个输入 D 端，这种逐位输入数据的方式称为串行输入。左移寄存器的数据输出有两种方式：

① 从最左端触发器 F_3 的 Q_3 输出端将数据一个接一个输出（串行输出）；

② 从 4 个触发器的 4 个输出端同时输出 4 位数，这种同时输出多位数据的方式称为并行输出，这 4 位数再通过 4 个输出门传送到 4 个输出端 $Y_3Y_2Y_1Y_0$。

左移寄存器的工作过程分两步进行。

第 1 步：先对寄存器进行复位清零。在 $\overline{R}_D$ 端输入一个负脉冲，该脉冲分别加到 4 个触发器的复位清零端（R 端），4 个触发器的状态都变为"0"，即 $Q_0=0$、$Q_1=0$、$Q_2=0$、$Q_3=0$。

第 2 步：从输入端逐位输入数据，设输入数据是 1011。

当第 1 个移位脉冲上升沿送到 4 个 D 触发器时，各个触发器开始工作，此时第 1 位输入数"1"送到第 1 个触发器 F_0 的 D 端，F_0 输出 $Q_0=1$（D 触发器的输入与输出相同），移位脉冲过后各触发器不工作。

当第 2 个移位脉冲上升沿到来时，各个触发器又开始工作，触发器 F_0 的输出 $Q_0=1$ 送到第 2 个触发器 F_1 的 D 端，F_1 输出 $Q_1=1$，与此同时，触发器 F_0 的 D 端输入第 2 位数据"0"，

F_0 输出 $Q_0=0$，移位脉冲过后各触发器不工作。

当第 3 个移位脉冲到上升沿来时，触发器 F_1 输出端 $Q_1=1$ 移至触发器 F_2 输出端，$Q_2=1$，而触发器 F_0 的 $Q_0=0$ 移至触发器 F_1 输出端，$Q_1=0$，触发器 F_0 输入的第 3 位数 "1" 移到输出端，$Q_0=1$。

当第 4 个移位脉冲上升沿到来时，触发器 F_2 输出端 $Q_2=1$ 移至触发器 F_3 输出端，$Q_3=1$，触发器 F_1 的 $Q_1=0$ 移至触发器 F_2 输出端，$Q_2=0$，触发器 F_0 的 $Q_0=1$ 移至触发器 F_1 输出端，$Q_1=1$，触发器 F_0 输入的第 4 位数 "1" 移到输出端，$Q_0=1$。

4 个移位脉冲过后，4 个触发器的输出端 $Q_3Q_2Q_1Q_0=1011$，它们加到 4 个与门 $G_3\sim G_0$ 的输入端，如果这时有并行输出控制正脉冲（即为 1）加到各与门，这些与门打开，1011 这 4 位数会同时送到输出端，而使 $Y_3Y_2Y_1Y_0=1011$。

如果需要将 1011 这 4 位数从 Q_3 端逐个移出（串行输出），必须再用 4 个移位脉冲对寄存器进行移位。从某一位数输入寄存器开始，需要再来 4 个脉冲该位数才能从寄存器串行输出端输出，也就是说移位寄存器具有延时功能，其延迟时间与时钟脉冲周期有关，在数字电路系统中常将它作为数字延时器。

2. 右移寄存器

图 12-14 所示是一个由 JK 触发器构成的 4 位右移寄存器。

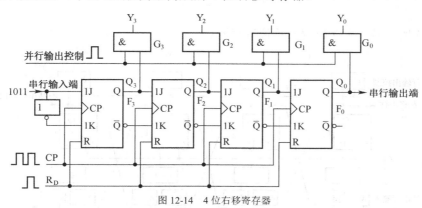

图 12-14　4 位右移寄存器

从图 12-14 中可以看出，该寄存器是由 4 个 JK 触发器、4 个与门和一个非门构成的。数据从左端 JK 触发器 F_3 的 J 端输入，如果要输入 4 位数 $D_3D_2D_1D_0$，其逐位输入的顺序是 D_0、D_1、D_2、D_3，即由低位到高位，而左移寄存器恰好相反，是先高位再低位。

输入端的 JK 触发器的 J、K 端之间接了一个非门，后面几个 JK 触发器的 J、K 端则依次接前一个触发器的 Q 端和 $\overline{Q}$ 端，这样 4 个触发器的 J、K 端的输入始终相反。因为 JK 触发器具有置 "1"（J=1、K=0 时）、置 "0"（J=0、K=1 时）和翻转（J=1、K=1）、保持（J=0、K=0 时）的逻辑功能，而当 J、K 端相反时具有的功能是置 "1"（Q=1）和置 "0"（Q=0），并且这种情况下 Q 的状态和 J 的输入状态相同，这与 D 触发器功能是一样的，这里的 J 端相当于 D 触发器的 D 端。右移寄存器的工作过程与左移寄存器大致相同，也分如下两步进行。

第 1 步：先对寄存器进行复位清零。在 R_D 端输入一个正脉冲，该脉冲分别加到 4 个 JK 触发器的复位清零端（R 端），4 个触发器的状态都变为 "0"，即 $Q_0=0$、$Q_1=0$、$Q_2=0$、$Q_3=0$。

第 2 步：从输入端逐位输入数据，这里仍假设输入数据是 1011。

当第 1 个时钟脉冲上升沿送到 4 个 JK 触发器时，各个触发器开始工作，此时第 1 位输入数 "1"（最低位的 1）送到触发器 F_3 的 J 端，经非门后 K=0，JK 触发器 F_3 相当于 D 触发器，输出端 Q_3 与 J 端相同，F_3 输出为 $Q_3=1$，时钟脉冲过后各触发器不工作，此时 $Q_3Q_2Q_1Q_0=1000$。

当第 2 个时钟脉冲上升沿到来时，各个触发器又开始工作，触发器 F_3 的输出 $Q_3=1$ 送到触发器 F_2 的 J 端，F_2 输出 $Q_2=1$，与此同时，触发器 F_3 的 J 端输入第 2 位数据 "1"，F_3 输出 $Q_3=1$，时钟脉冲过后各触发器不工作，此时 $Q_3Q_2Q_1Q_0=1100$。

当第 3 个时钟脉冲上升沿到来时，寄存器工作过程与上述相同，$Q_3Q_2Q_1Q_0=0110$。

当第 4 个时钟脉冲上升沿到来时，寄存器工作，结果 $Q_3Q_2Q_1Q_0=1011$。

4 个时钟脉冲过后，4 个触发器的输出端 $Q_3Q_2Q_1Q_0=1011$，它们加到 4 个与门 $G_3 \sim G_0$ 的输入端，如果这时有并行输出控制正脉冲（即为 1）加到各与门，这些与门打开，1011 这 4 位数会同时送到输出端，而使 $Y_3Y_2Y_1Y_0=1011$。

与左移寄存器一样，右移寄存器除了具有能从 $Y_3Y_2Y_1Y_0$ 同时输出数据的并行输出功能外，也有从 Q_0 端逐位输出数据的串行输出功能。

3．双向移位寄存器

前面介绍的两种移位寄存器只能单独向左或向右移动数据，所以常统称为单向移位寄存器。而双向移位寄存器解决了单向移位问题，在移位方向控制信号的控制下，既可以左移又可以右移。

图 12-15 所示是一个 4 位双向移位寄存器。

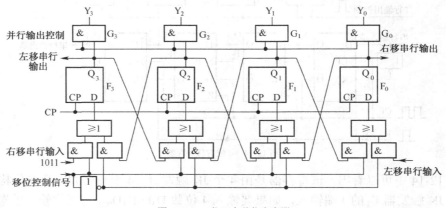

图 12-15　4 位双向移位寄存器

从图 12-15 中可以看出，该寄存器主要由 4 个 D 触发器和一些与门、或门及非门构成。双向移位寄存器有左移串行输入端、左移串行输出端和右移串行输入端、右移串行输出端，另外还有并行输出端。双向移位寄存器的移位方向是受移位控制信号控制的。

（1）右移工作过程

当移位控制信号端为 "1" 时，"1" 加给右移串行输入端的与门，该与门打开，而 "1" 经非门变为 "0" 后加到左移串行输入端的与门，此与门关闭，寄存器工作在右移状态。下面分析假设右移输入端输入数据 1011。

当第 1 个时钟脉冲到来时，4 个 D 触发器开始工作，这时从右移输入端输入数据 "1"，它经与门和或门后仍为 "1"，送到触发器 F_3 的 D 端，F_3 输出 $Q_3=1$。

当第 2 个时钟脉冲到来时，4 个 D 触发器开始工作，F_3 的 $Q_3=1$ 加到触发器 F_2 下面的与门，再经与门和或门后送到触发器 F_2 的 D 端，F_2 输出 $Q_2=1$，与此同时，从右移输入端输入第 2 位数 "1"，它经与门和或门后仍为 "1"，送到触发器 F_3 的 D 端，F_3 输出 $Q_3=1$。

当第 3 个时钟脉冲到来时，F_2 的 $Q_2=1$ 加到触发器 F_1 下面的与门，再经与门和或门后送到触发器 F_1 的 D 端，F_1 输出 $Q_1=1$，F_3 的 $Q_3=1$ 加到触发器 F_2 下面的与门，再经与门和或门后送到触发器 F_2 的 D 端，F_2 输出 $Q_2=1$。与此同时，从右移输入端输入第 3 位数 "0"，它经与门和或门后仍为 0，送到触发器 F_3 的 D 端，F_3 输出 $Q_3=0$。

当第 4 个时钟脉冲到来时，F_1 的 $Q_1=1$ 加到触发器 F_0 下面的与门，再经与门和或门后送到触发器 F_0 的 D 端，F_0 输出 $Q_0=1$，F_2 的 $Q_2=1$ 加到触发器 F_1 下面的与门，再经与门和或门后送到触发器 F_1 的 D 端，F_1 输出 $Q_1=1$，F_3 的 $Q_3=0$ 加到触发器 F_2 下面的与门，再经与门和或门后送到触发器 F_2 的 D 端，F_2 输出 $Q_2=0$，与此同时，从右移输入端输入第 4 位数 "1"，它经与门和或门后仍为 "1"，送到触发器 F_3 的 D 端，F_3 输出 $Q_3=1$。

4 个时钟脉冲过后，4 个触发器的输出端 $Q_3Q_2Q_1Q_0=1011$，它们加到 4 个与门 $G_3 \sim G_0$ 的输入端，如果这时有并行输出控制正脉冲（即为 "1"）加到各与门，这些与门打开，1011 这 4 位数会同时送到输出端，而使 $Y_3Y_2Y_1Y_0=1011$。

如果再依次来 4 个时钟脉冲，就会从右移串行输出端由低位到高位依次输出 1011。

（2）左移工作过程

当移位控制信号端为 "0" 时，"0" 加给右移串行输入端的与门，该与门关闭，而 "0" 经非门变为 "1" 后加到左移串行输入端的与门，此与门打开，寄存器工作在左移状态。

设输入的 4 位数据为 1011，它送到左移串行输入端，每到来一个时钟脉冲，4 位数据就按从左到右（也即从高位到低位）的顺序依次移入寄存器。当 4 个时钟脉冲过后，4 位全被移入寄存器，4 个触发器的输出端 $Q_3Q_2Q_1Q_0=1011$，这 4 位数据可以通过 4 个与门 $G_3 \sim G_0$ 以并行的形式送到输出端。如果再依次来 4 个时钟脉冲，就会从左移串行输出端由高位到低位依次输出 1011。

双向移位寄存器的左移工作原理与右移基本相同，详细的工作过程可参照右移工作过程分析。

4. 常用双向移位寄存器芯片 74LS194

74LS194 是一个由 RS 触发器构成的 4 位双向移位寄存器芯片，内部有 4 个 RS 触发器及有关控制电路组成，其各引脚功能如图 12-16 所示，其状态表见表 12-9。

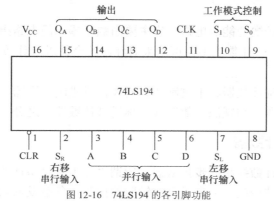

图 12-16　74LS194 的各引脚功能

表 12-9 　　　　　　　　　　　　　　**74LS194 状态表**

CLR	模式控制 S₁	模式控制 S₀	CLK	串行输入 S_L	串行输入 S_R	并行输入 A B C D	输出 Q_A Q_B Q_C Q_D
L	×	×	×	×	×	× × × ×	L L L L
H	×	×	L	×	×	× × × ×	Q_A0 Q_B0 Q_C0 Q_D0
H	H	H	↑	×	×	a b c d	a b c d
H	L	H	↑	×	H	× × × ×	H Q_An Q_Bn Q_Cn
H	L	H	↑	×	L	× × × ×	L Q_An Q_Bn Q_Cn
H	H	L	↑	H	×	× × × ×	Q_Bn Q_Cn Q_Dn H
H	H	L	↑	L	×	× × × ×	Q_Bn Q_Cn Q_Dn L
H	L	L	×	×	×	× × × ×	Q_A0 Q_B0 Q_C0 Q_D0

74LS194 的 CLR 端为清 0 端，当 CLR=0 时，对寄存器进行清 0，$Q_A \sim Q_D$ 端输出都为 0。CLK 端为时钟脉冲 CP 输入端，CP 上升沿触发有效。74LS194 有并行预置、左移、右移和禁止移位 4 种工作模式，工作在何种模式受 S_1、S_0 端控制。S_R 为右移数据输入端，S_L 为左移数据输入端，A、B、C、D 为并行数据输入端。

当 CLR=1 且 $S_1=S_0=1$ 时，寄存器工作在并行预置模式，在 CP 上升沿来时，A~D 端输入的数据 a、b、c、d 从 $Q_A \sim Q_D$ 端输出，CP 上升沿过后，$Q_A \sim Q_D$ 端数据保持不变。

当 CLR=1 且 $S_1=0$、$S_0=1$ 时，寄存器工作在右移模式，在 CP 上升沿来时，S_R 端输入的数据（如 1）被移入寄存器，若移位前 Q_A、Q_B、Q_C、Q_D 端数据为 Q_{An}、Q_{Bn}、Q_{Cn}、Q_{Dn}，右移后，Q_A、Q_B、Q_C、Q_D 端数据变为 1、Q_{An}、Q_{Bn}、Q_{Cn}。

当 CLR=1 且 $S_1=1$、$S_0=0$ 时，寄存器工作在左移模式，在 CP 上升沿来时，S_L 端输入的数据（如 0）被移入寄存器，若移位前 Q_A、Q_B、Q_C、Q_D 端数据为 Q_{An}、Q_{Bn}、Q_{Cn}、Q_{Dn}，左移后，Q_A、Q_B、Q_C、Q_D 端数据变为 Q_{Bn}、Q_{Cn}、Q_{Dn}、0。

当 CLR=1 且 $S_1=0$、$S_0=0$ 时，寄存器工作在禁止移位模式，CP 脉冲触发无效，并行和左移、右移串行输入均无效，Q_A、Q_B、Q_C、Q_D 端数据保持不变。

12.3　计数器

计数器是一种具有计数功能的电路，它主要由触发器和门电路组成，是数字系统中使用最多的时序逻辑电路之一。计数器不但可用来对脉冲的个数进行计数，还可以用作数字运算、分频、定时控制等。

计数器种类有二进制计数器、十进制计数器和任意进制计数器，这些计数器中又有加法计数器（又称递增计数器）和减法计数器（也称递减计数器）之分。

12.3.1　二进制计数器

计数器可分为异步计数器和同步计数器。所谓"异步"是指计数器中各电路（一般为触发器）没有统一时钟脉冲控制，或者没有时钟脉冲控制，各触发器状态变化不是发生在同一时刻。而"同步"是指计数器中的各触发器都受到同一时钟脉冲的控制，所有触发器的状态变化都在同一时刻发生。

1. 异步二进制加法计数器

图 12-17 所示是一个 3 位二进制异步加法计数器的电路结构，它由 3 个 JK 触发器组成，其中 J、K 端都悬空，相当于 J=1、K=1，时钟脉冲输入端的"<"和小圆圈表示脉冲下降沿（由"1"变为"0"时）来时工作有效。计数器的工作过程分为如下两步。

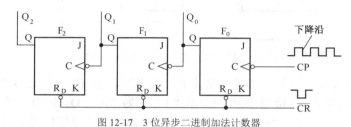

图 12-17　3 位异步二进制加法计数器

第 1 步：计数器复位清零。

在工作前应先对计数器进行复位清零。在复位控制 $\overline{CR}$ 端送一个负脉冲到各触发器 R_D 端，触发器状态都变为"0"，即 $Q_2Q_1Q_0=000$。

第 2 步：计数器开始计数。

当第 1 个时钟脉冲的下降沿到触发器 F_0 的 CP 端时，触发器 F_0 开始工作，由于 J=K=1，JK 触发器的功能是"翻转"，触发器 F_0 的状态由"0"变为"1"，即 $Q_0=1$，其他触发器状态不变，计数器的输出为 $Q_2Q_1Q_0=001$。

当第 2 个时钟脉冲的下降沿到触发器 F_0 的 CP 端时，F_0 触发器状态又翻转，Q_0 由"1"变为"0"，这相当于给触发器 F_1 的 CP 端加了一个脉冲的下降沿，触发器 F_1 状态翻转，Q_1 由"0"变为"1"，计数器的输出为 $Q_2Q_1Q_0=010$。

当第 3 个时钟脉冲下降沿到触发器 F_0 的 CP 端时，F_0 触发器状态又翻转，Q_0 由"0"变为"1"，F_1 触发器状态不变 $Q_1=1$，计数器的输出为 011。

同样道理，当第 4～7 个脉冲到来时，计数器的 $Q_2Q_1Q_0$ 依次变为 100、101、110、111。由此可见，随着脉冲的不断到来，计数器的计数值不断递增，这种计数器称为加法计数器。当再输入一个脉冲时，$Q_2Q_1Q_0$ 又变为 000，随着时钟脉冲的不断到来，计数器又重新开始对脉冲进行计数。3 位二进制异步加法计数器的时钟脉冲输入个数与计数器的状态见表 12-10。

表 12-10　　　　　　　　　　**3 位二进制异步加法计数器状态表**

输入 CP 脉冲序号	计数器状态			输入 CP 脉冲序号	计数器状态		
	Q_2	Q_1	Q_0		Q_2	Q_1	Q_0
0	0	0	0	5	1	0	1
1	0	0	1	6	1	1	0
2	0	1	0	7	1	1	1
3	0	1	1	8	0	0	0
4	1	0	0				

n 位二进制加法器计数器的最大计数为 2^n-1 个，所以 3 位异步二进制加法计数器最大计数为 $2^3-1=7$ 个。

异步二进制加法计数器除了能计数外，还具有分频作用。3 位异步二进制加法计数器的 CP 脉冲和各触发器输出波形如图 12-18 所示。

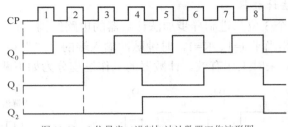

图 12-18　3 位异步二进制加法计数器工作波形图

从波形图可以看出，当第 1 个时钟脉冲下降沿来时，Q_0 由 "0" 变为 "1"，Q_1、Q_2 状态不变；当第 2 个时钟脉冲下降沿来时，Q_0 由 "1" 变为 "0"，Q_1 由 "0" 变为 "1"，Q_3 状态不变。观察波形还可以发现：每个触发器输出端（Q 端）的脉冲信号频率只有输入端（C 端）脉冲信号一半，也就是说，信号每经一个触发器后频率会降低一半，这种功能称为 "二分频"。由于每个触发器能将输入信号的频率降低一半，3 位二进制计数器采用 3 个触发器，它最多能将信号频率降低 2^3=8 倍。例如图 12-18 中的 CP 脉冲频率为 1 000Hz，那么 Q_0、Q_1、Q_2 端输出的脉冲频率分别是 500Hz、250Hz、125Hz。

2. 异步二进制减法计数器

异步二进制减法计数器如图 12-19 所示。

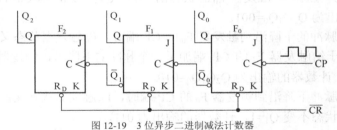

图 12-19　3 位异步二进制减法计数器

该计数器是一个 3 位二进制异步减法计数器，它与前面介绍过的 3 位二进制异步加法计数器一样，是由 3 个 JK 触发器组成，其中 J、K 端都悬空（相当于 J=1、K=1），两者的不同之处在于，减法计数器是将前一个触发器的 $\overline{Q}$ 端与下一个触发器的 CP 端相连。

计数器的工作过程分为两步。

第 1 步：计数器复位清零。

在工作前应先对计数器进行复位清零。在复位控制 $\overline{CR}$ 端送一个负脉冲到各触发器 R_D 端，触发器状态都变为 "0"，即 $Q_2Q_1Q_0$=000（$\overline{Q}_2\overline{Q}_1\overline{Q}_0=111$）。

第 2 步：计数器开始计数。

当第 1 个时钟脉冲的下降沿到触发器 F_0 的 CP 端（即 C 端）时，触发器 F_0 开始工作，由于 J=K=1，JK 触发器的功能是翻转，触发器 F_0 的状态由 "0" 变为 "1"，即 Q_0=1，$\overline{Q}_0$ 由 "1" 变为 "0"，这相当于一个脉冲的下降沿，它送到触发器 F_1 的 CP 端，触发器 F_1 的状态由 "0" 变为 "1"，即 Q_1=1，$\overline{Q}_1$ 由 "1" 变为 "0"，它送到触发器 F_2 的 CP 端，触发器 F_2 的状态由 "0" 变为 "1"，Q_2=1，3 个触发器的状态均为 "1"，计数器的输出为 $Q_2Q_1Q_0$=111。

当第 2 个时钟脉冲的下降沿到触发器 F_0 的 CP 端时，触发器 F_0 状态翻转，Q_0 由 "1" 变为 "0"，$\overline{Q}_0$ 则由 "0" 变为 "1"，触发器 F_1 的状态不变，触发器 F_2 的状态也不变，计数器的输出为 $Q_2Q_1Q_0=110$。

当第 3 个时钟脉冲下降沿到触发器 F_0 的 CP 端时，F_0 触发器状态又翻转，Q_0 由 "0" 变为 "1"，$\overline{Q}_0$ 则由 "1" 变为 "0"（相当于脉冲的下降沿），它送到 F_1 的 CP 端，触发器 F_1 状态翻转，Q_1 由 "1" 变为 "0"，$\overline{Q}_1$ 则由 "0" 变为 "1"，触发器 F_2 状态不变，计数器的输出为 101。

同样道理，当第 4~7 个脉冲到来时，计数器的 $Q_2Q_1Q_0$ 依次变为 100、011、010、001。由此可见，随着脉冲的不断到来，计数器的计数值不断递减，这种计数器称为减法计数器。当再给输入一个脉冲时，$Q_2Q_1Q_0$ 又变为 000，随着时钟脉冲的不断到来，计数器又重新开始对脉冲进行计数。3 位异步二进制减法计数器的时钟脉冲输入个数与计数器的状态见表 12-11。

表 12-11　　　　　　　　　　　　3 位异步二进制减法计数器状态表

输入 CP 脉冲序号	计数器状态			输入 CP 脉冲序号	计数器状态		
	Q_2	Q_1	Q_0		Q_2	Q_1	Q_0
0	0	0	0	5	0	1	1
1	1	1	1	6	0	1	0
2	1	1	0	7	0	0	1
3	1	0	1	8	0	0	0
4	1	0	0				

异步计数器的电路简单，但由于各个触发器的状态是逐位改变的，所以计数速度较慢。

3. 同步二进制加法计数器

3 位同步二进制加法计数器如图 12-20 所示。

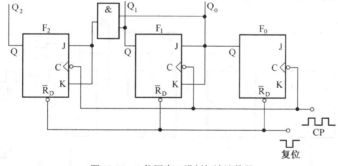

图 12-20　3 位同步二进制加法计数器

该计数器是一个 3 位同步二进制加法计数器，它由 3 个 JK 触发器和一个与门组成。与异步计数器不同的是，它将计数脉冲同时送到每个触发器的 CP 端，计数脉冲到来时，各个触发器同时工作，这种形式的计数器称为同步计数器。

计数器的工作过程分为两步。

第 1 步：计数器复位清零。

在工作前应先对计数器进行复位清零。在复位控制端送一个负脉冲到各触发器 R_D 端，触发器状态都变为 "0"，即 $Q_2Q_1Q_0=000$。

第 2 步：计数器开始计数。

当第 1 个时钟脉冲的下降沿到来时，3 个触发器同时工作。在时钟脉冲下降沿到来时，触发器 F_0 的 J=K=1（J、K 悬空为"1"），触发器 F_0 状态翻转，由"0"变为"1"；在时钟脉冲下降沿到来时，触发器 F_1 的 J=K=Q_0=0（注：在时钟脉冲下降沿刚到来时，触发器 F_0 状态还未变为"1"），触发器 F_1 状态保持不变，仍为"0"；在时钟脉冲下降沿到来时，触发器 F_2 的 J=K=Q_0×Q_1=0×0=0（注：在时钟脉冲下降沿刚到来时，触发器 F_0、F_1 状态还未变化，均为"0"），触发器 F_2 状态保持不变，仍为"0"。第 1 个时钟脉冲过后，计数器的 $Q_2Q_1Q_0$=001。

当第 2 个时钟脉冲的下降沿到来时，3 个触发器同时工作。在时钟脉冲下降沿到来时，触发器 F_0 的 J=K=1（J、K 悬空为"1"），触发器 F_0 状态翻转，由"1"变为"0"；在时钟脉冲下降沿到来时，触发器 F_1 的 J=K=Q_1=1（注：在第 2 个时钟脉冲下降沿刚到来时，触发器 F_0 状态还未变为"0"），触发器 F_1 状态翻转，由"0"变为"1"；在时钟脉冲下降沿到来时，触发器 F_2 的 J=K=Q_0×Q_1=1×0=0（注：在第 2 个时钟脉冲下降沿刚到来时，触发器 F_0、F_1 状态还未变化），触发器 F_2 状态保持不变，仍为"0"。第 2 个时钟脉冲过后，计数器的 $Q_2Q_1Q_0$=010。

同理，当第 3~7 个时钟脉冲下降沿到来时，计数器状态依次变为 011、100、101、110、111；当再来一个时钟脉冲时，计数器状态又变为 000。

从上面的分析可以看出，同步计数器的各个触发器在时钟脉冲的控制下同时工作，计数速度快。如果将图 12-16 中的 Q_0、Q_1 改接到 $\overline{Q}_0$、$\overline{Q}_1$ 上，就可以构成同步二进制减法计数器。

12.3.2 十进制计数器

十进制计数器与 4 位二进制计数器有些相似，但 4 位二进制计数器需要计数到 1111 然后才能返回到 0000，而十进制计数器要求计数到 1001（相当于 9）就返回 0000。8421BCD 码十进制计数器是一种最常用的十进制计数器。

8421BCD 码十进制加法计数器如图 12-21 所示。

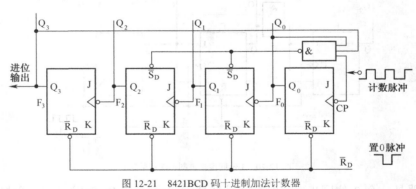

图 12-21　8421BCD 码十进制加法计数器

该计数器是一个 8421BCD 码异步十进制加法计数器，由 4 个 JK 触发器和一个与非门构成，与非门的输出端接到触发器 F_1、F_2 的 $\overline{S}_D$ 端（置"1"端），输入端则接到时钟信号输入端（CP 端）和触发器 F_0、F_3 的输出端（即 Q_0 端和 Q_3 端）。计数器的工作过程分为如下两步。

第 1 步：计数器复位清零。在工作前应先对计数器进行复位清零。在复位控制端送一个负脉冲到各触发器 R_D 端，触发器状态都变为"0"，即 $Q_3Q_2Q_1Q_0$=0000。

第 2 步：计数器开始计数。

当第 1 个计数脉冲（时钟脉冲）下降沿送到触发器 F_0 的 CP 端时，触发器 F_0 翻转，Q_0

由 "0" 变为 "1"，触发器 F_1、F_2、F_3 状态不变，Q_3、Q_2、Q_1 均为 "0"，与非门的输出端为 "1"（$\overline{Q_3} \cdot \overline{Q_0} \cdot \overline{CP} = 1$），即触发器 F_1、F_2 置位端 $\overline{S}_D$ 为 "1"，不影响 F_1、F_2 的状态，计数器输出为 $Q_3Q_2Q_1Q_0 = 0001$。

当第 2 个计数脉冲下降沿送到触发器 F_0 的 CP 端时，触发器 F_0 翻转，Q_0 由 "1" 变为 "0"，Q_0 的变化相当于一个脉冲的下降沿送到触发器 F_1 的 CP 端，F_1 翻转，Q_1 由 "0" 变为 "1"，与非门输出端仍为 "1"，计数器输出为 $Q_3Q_2Q_1Q_0 = 0010$。

同样道理，当依次输入第 3~9 个计数脉冲时，计数器则依次输出 0011、0100、0101、0110、0111、1000、1001。

当第 10 个计数脉冲上升沿送到触发器 F_0 的 CP 端时，CP 端由 "0" 变为 "1"，相当于 CP=1，此时 $Q_0=1$、$Q_3=1$，与非门 3 个输入端都为 "1"，马上输出 "0"，分别送到触发器 F_1、F_2 的置 "1" 端（$\overline{S}_D$ 端），F_1、F_2 的状态均由 "0" 变为 "1"，即 $Q_1=1$、$Q_2=1$，计数器的输出为 $Q_3Q_2Q_1Q_0 = 1111$。

当第 10 个计数脉冲下降沿送到触发器 F_0 的 CP 端时，F_0 翻转，Q_0 由 "1" 变 "0"，它送到触发器 F_1 的 CP 端，F_1 翻转，Q_1 由 "1" 变为 "0"，Q_1 的变化送到触发器 F_2 的 CP 端，F_2 翻转，Q_2 由 "1" 变为 "0"，Q_2 的变化送到触发器 F_3 的 CP 端，F_3 翻转，Q_3 由 "1" 变为 "0"，计数器输出为 $Q_3Q_2Q_1Q_0 = 0000$。

第 11 个计数脉冲下降沿到来时，计数器又重复上述过程进行计数。

从上述过程可以看出，当输入 1~9 计数脉冲时，计数器依次输出 0000~1001，当输入第 10 个计数脉冲时，计数器输出变为 0000，然后重新开始计数，它跳过了 4 位二进制数计数时出现的 1010、1011、1100、1101、1110、1111 6 个数。

12.3.3　任意进制计数器

在实际中，除了有二进制计数和十进制计数，还有其他进制的计数方法，如时钟的小时是十二进制，分、秒是六十进制。任意进制计数器又称 N 进制计数器，除了二进制计数器，其他的计数器都可以称为任意计数器，即十进制计数器也是任意计数器中的一种。

因为计数器要用到触发器，一个触发器可以构成 1 位计数器，两个触发器可以构成 2 位二进制计数器，2 位二进制计数器实际上就是一个四进制计数器，所以 2^n 进制计数器就至少要用到 n 个触发器，例如十二进制计数器需要用到 4 个触发器，六十进制计数器要用到 6 个触发器。

为了让大家能进一步理解任意计数器，下面以图 12-22 所示的同步三进制加法计数器为例来说明 N 进制计数器的工作原理。

该计数器由两个 JK 触发器构成，两个触发器的 K 端都固定接高电平 "1"，触发器 F_1 的 $\overline{Q}$ 端通过反馈线与触发器 F_0 的 J 端相连。计数器的工作过程分为以下两步。

第 1 步：计数器复位清零。

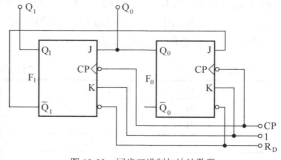

图 12-22　同步三进制加法计数器

在工作前应先对计数器进行复位清零。在复位控制端送一个负脉冲到各触发器 R_D 端，触发器状态都变为"0"，即 $Q_1Q_0=00$。

第 2 步：计数器开始计数。

当第 1 个计数脉冲下降沿到来时，它同时送到触发器 F_0、F_1 的 CP 端，两个触发器同时工作。在计数脉冲下降沿到来时，触发器 F_0 的 K=1、J=$\overline{Q}_1$=1，F_0 的状态翻转，Q_0 由"0"变为"1"；在计数脉冲下降沿到来时，触发器 F_1 的 K=1、J=Q_0=0（在计数脉冲下降沿刚到来时，F_0 的状态还未变化，仍为"0"），F_1 被置"0"，即 Q_1 仍为"0"，计数器输出为 $Q_1Q_0=01$。

当第 2 个计数脉冲下降沿到来时，它同时送到触发器 F_0、F_1 的 CP 端，两个触发器同时工作。在计数脉冲下降沿到来时，触发器 F_0 的 K=1、J=$\overline{Q}_1$=1，F_0 的状态翻转，Q_0 由"1"变为"0"；在计数脉冲下降沿到来时，触发器 F_1 的 K=1、J=Q_0=1，F_1 的状态翻转，Q_1 由"0"变为"1"，计数器输出为 $Q_1Q_0=10$。

当第 3 个计数脉冲下降沿到来时，两个触发器同时工作。在计数脉冲下降沿到来时，触发器 F_0 的 K=1、J=$\overline{Q}_1$=0（Q_1=1），F_0 被置"0"，即 Q_0 仍为"0"；在计数脉冲下降沿到来时，触发器 F_1 的 K=1、J=Q_0=0，F_1 被置"0"，Q_1 由"1"变为"0"，Q_1 的变化相当于一个脉冲的下降沿，它可以作为进位脉冲。计数器输出为 $Q_1Q_0=00$。

当第 4 个计数脉冲下降沿到来时，计数器又重复上述过程。

12.3.4　常用计数器芯片

1. 异步计数器芯片 74LS90

74LS90 是一种中规模的二—五—十进制计数器，其各引脚功能如图 12-23 所示，其中 CP_A 和 Q_A 构成 1 位二进制计数器，CP_B 和 Q_D、Q_C、Q_B 组成五进制计数器，将两个计数器有关端子适当组合，可以组成其他类型的计数器。

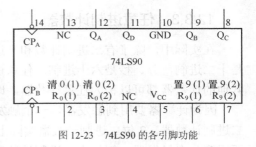

图 12-23　74LS90 的各引脚功能

$R_0(1)$、$R_0(2)$为两个清 0 端，$R_9(1)$、$R_9(2)$为两个置 9 端，这 4 个端子与 74LS90 的工作状态关系见表 12-12。从表中可以看出：当 $R_0(1)$、$R_0(2)$均为高电平且 $R_9(1)$、$R_9(2)$中有一个低电平时，计数器 Q_D～Q_A 端均被清 0；当 $R_9(1)$、$R_9(2)$均为高电平时，Q_D、Q_A 端均为高电平；当 $R_0(1)$、$R_0(2)$中有一个为低电平且 $R_9(1)$、$R_9(2)$中也有一个为低电平时，计数器工作在计数状态。

表 12-12				74LS90 状态表					
$R_0(1)$	$R_0(2)$	$R_9(1)$	$R_9(2)$			Q_D	Q_C	Q_B	Q_A
H	H	L	×			L	L	L	L
H	H	×	L			L	L	L	L
×	×	H	H			H	L	L	H
×	L	×	L			计数			
L	×	L	×			计数			
L	×	×	L			计数			
×	L	L	×			计数			

（1）1 位二进制计数器

74LS90 的 CP_A 和 Q_A 构成 1 位二进制计数器，当 CP_A 端输入第 1 个时钟脉冲时，$Q_A=1$，输入第 2 个脉冲时，$Q_A=0$。

（2）五进制计数器

CP_B 和 Q_D、Q_C、Q_B 组成五进制计数器，当 CP_B 端输入第 1 个脉冲时，$Q_DQ_CQ_B=001$，输入第 2 个脉冲时，$Q_DQ_CQ_B=010$，输入第 3、4 个脉冲时，$Q_DQ_CQ_B$ 变化为 011、100，输入第 5 个脉冲时，$Q_DQ_CQ_B$ 变为 000。

（3）8421 码十进制计数器

将 1 位进制计数器的输出端 Q_A 与五进制计数器的 CP_B 连接时，可组成 8421 码十进制计数器，如图 12-24 所示。当 0～9 个时钟脉冲不断从 CP_A 端输入时，$Q_DQ_CQ_BQ_A$ 状态变化为 0000、0001、0010、…，1000 变化到 1001，第 10 个时钟脉冲输入时，$Q_DQ_CQ_BQ_A$ 变为 0000，具体见表 12-13。

表 12-13　　　　　　　　　　　74LS90 用作 8421 码十进制计数器的计数表

CP_A	Q_D	Q_C	Q_B	Q_A
0	L	L	L	L
1	L	L	L	H
2	L	L	H	L
3	L	L	H	H
4	L	H	L	L
5	L	H	L	H
6	L	H	H	L
7	L	H	H	H
8	H	L	L	L
9	H	L	L	H

（4）5421 码十进制计数器

将五进制计数器的 Q_D 端与 1 位进制计数器的 CP_A 连接时，可组成 5421 码十进制计数器，如图 12-25 所示，此时计数器 Q_A、Q_D、Q_C、Q_B 的位权分别是 5、4、2、1。当 0～4 个时钟脉冲不断从 CP_B 端输入时，$Q_AQ_DQ_CQ_B$ 状态变化为 0000，0001，…，0100，第 5 个时钟脉冲输入时，$Q_AQ_DQ_CQ_B$ 变为 1000，当 6～9 个时钟脉冲从 CP_B 端输入时，$Q_AQ_DQ_CQ_B$ 状态变化为 1001，1010，…，1100，第 10 个时钟脉冲输入时，$Q_AQ_DQ_CQ_B$ 变为 0000，具体见表 12-14。

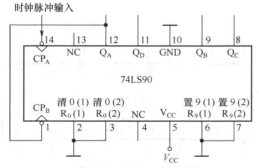

图 12-24　由 74LS90 构成的 8421 码十进制计数器

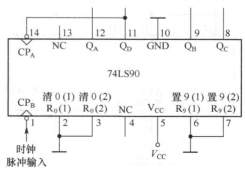

图 12-25　由 74LS90 构成的 5421 码十进制计数器

表 12-14   **74LS90 用作 5421 码十进制计数器的计数表**

CP_B	Q_A	Q_D	Q_C	Q_B
0	L	L	L	L
1	L	L	L	H
2	L	L	H	L
3	L	L	H	H
4	L	H	L	L
5	H	L	L	L
6	H	L	L	H
7	H	L	H	L
8	H	L	H	H
9	H	H	L	L

（5）六进制计数器

在 8421 码十进制计数器（Q_A 与 CP_B 连接）的基础上，将 Q_B 接 $R_0(1)$，Q_C 接 $R_0(2)$ 可组成六进制计数器，如图 12-26 所示。当时钟脉冲不断从 CP_A 端输入时，$Q_C Q_B Q_A$ 状态变化为 000，001，…，101，第 6 个时钟脉冲输入时，$Q_C Q_B Q_A$ 变为 110，但 $Q_C Q_B Q_A = 110$ 是不稳定的，Q_C、Q_B 的"1"反馈到 $R_0(2)$、$R_0(1)$，计数器迅速被清 0，$Q_C Q_B Q_A$ 变为 000，然后再重新计数。

2. 同步计数器芯片 74LS190

74LS190 是同步十进制加/减计数器（又称可逆计数器），它依靠加/减控制端的控制来实现加法计数和减法计数。

74LS190 引脚排列如图 12-27 所示，各引脚功能如下：

CO/BO：进位输出/借位输出端；

CP：时钟输入端；

$\overline{CT}$：计数控制端（低电平有效）；

$D_0 \sim D_3$：并行数据输入端；

$\overline{LD}$：异步并行置入控制端（低电平有效）；

$Q_0 \sim Q_3$：输出端；

$\overline{RC}$：行波时钟输出端（低电平有效）；

$\overline{U}/D$：加/减计数方式控制端。

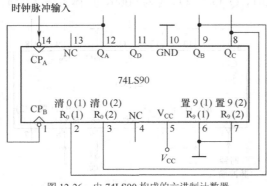

图 12-26   由 74LS90 构成的六进制计数器

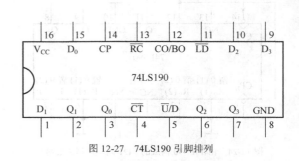

图 12-27   74LS190 引脚排列

表 12-15 为 74LS190 的状态表，从该表中可以看出，74LS190 工作状态有 4 种：置数、加计数、减计数和保持。

表 12-15　74LS190 状态表

输　　入								输　　出			
$\overline{LD}$	$\overline{CT}$	$\overline{U}/D$	CP	D_0	D_1	D_2	D_3	Q_0	Q_1	Q_2	Q_3
0	×	×	×	d_0	d_1	d_2	d_3	d_0	d_1	d_2	d_3
1	0	0	↑	×	×	×	×	加计数			
1	0	1	↑	×	×	×	×	减计数			
1	1	×	×	×	×	×	×	保持			

（1）置数

74LS190 置数（或称预置）是异步的。当置入控制端（$\overline{LD}$）为低电平时，不管时钟 CP 端状态如何，输出端（$Q_0 \sim Q_3$）即可预置成与数据输入端（$D_0 \sim D_3$）相一致的状态。

（2）计数

74LS190 采用同步计数方式。当 $\overline{CT}$=0、$\overline{U}/D$=0 时进行加计数；当 $\overline{CT}$=0、$\overline{U}/D$=1 时进行减计数。只有在 CP 为高电平时，$\overline{CT}$ 和 $\overline{U}/D$ 才可以跳变。

74LS190 有超前进位功能。当计数上溢或下溢时，进位/借位输出端（CO/BO）输出一个宽度约等于 CP 脉冲周期的高电平脉冲，行波时钟输出端（$\overline{RC}$）输出一个宽度等于 CP 低电平部分的低电平脉冲。

（3）保持

当 $\overline{LD}$=1、$\overline{CT}$=1 时，74LS190 工作在保持状态，在该状态下，即使 CP 端输入时钟脉冲，输出端（$Q_0 \sim Q_3$）数据也不会发生变化。

12.4　电子密码控制器的电路原理与实验

电子密码控制电路是一种只有输入正确密码才能输出控制信号的电路，给它外接其他一些设备可以制作各种密码控制器，如电子密码锁、电子密码控制开关等。

12.4.1　电路原理

1．电路原理图

图 12-28 所示是电子密码控制器的电路原理图，图中的 CD4520 为双 4 位二进制同步计数器芯片，内部有两个功能相同的 4 位二进制同步计数器单元，CD4073 为三 3 输入与门，内部有 3 个与门单元，每个与门有 3 个输入端。

2．CD4520 介绍

CD4520 为双 4 位二进制同步计数器芯片，其结构和引脚功能如图 12-29 所示。表 12-16 为 CD4520 的状态表，从表可以看出，CD4520 具有加计数、数据保持和清 0 功能。CD4520 在两种情况下会执行加计数功能：①CR=0，EN=1，CP 输入脉冲上升沿；②CP=0，CR=0，EN 输入脉冲下降沿。

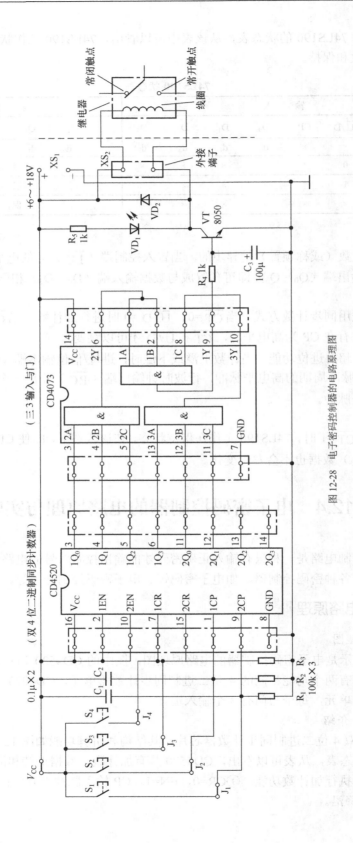

图 12-28　电子密码控制器的电路原理图

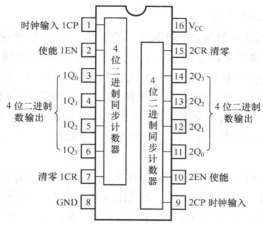

图 12-29　CD4520 的结构与各引脚功能

表 12-16　　　　　　　　　　　　　　**CD4520 状态表**

输　　　入			输　　　出
CP	CR	EN	
↑	L	H	加计数
L	L	↓	加计数
↓	L	×	保持
×	L	↑	
↑	L	L	
H	L	↓	
×	H	×	清零

　　CD4520 的功能还可以用图 12-30 所示的输入/输出波形图来说明，从图也可以看出，当 CR=0，EN=1 时，0～15 个 CP 脉冲上升沿依次来到时，计数器输出数据 $Q_3Q_2Q_1Q_0$ 会从 0000 变到 1111，第 16 个脉冲来时，数据又变为 0000，这时若 CP=0、CR=0，EN 输入脉冲下降沿，计数器也会开始加计数，若 CR 变为 1，计数器会清 0，$Q_3Q_2Q_1Q_0$=0000。

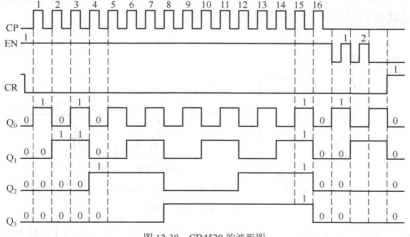

图 12-30　CD4520 的波形图

3. 电子密码控制器工作原理

电子密码控制器电路原理图参见图 12-28。图中 S_1、S_2 按键分别接 CD4520 的 2CP、1CP 引脚，每按压一次按键，就给 CP 端输入一个脉冲上升沿，计数器输出数据就会累加 1，从图中不难看出，只有 $1Q_31Q_21Q_11Q_0=1111$、$2Q_12Q_0=11$ 时，CD4073 两个与门输入才都为 1，第 3 个与门输出端⑨脚才为高电平，⑨脚高电平经 R_4、C_3 滤波后使三极管 VT 导通，有电流流过发光二极管 VD_1，VD_1 被点亮，若给 XS_2 端子外接继电器线圈，则有电流流过线圈，线圈产生磁场，对触点产生吸合动作，使常开触点闭合、常闭触点断开，从而控制与继电器触点连接的电路。

要使 CD4520 的 $1Q_31Q_21Q_11Q_0=1111$、$2Q_12Q_0=11$，须按压 S_1 按键 3 次，按压 S_2 按键 15 次，S_1、S_2 按压次数不对，CD4073⑨脚不会输出高电平，控制器不能产生控制动作。S_3、S_4 为伪码按键，它们与清 0 端 1CR、2CR 连接，按下 S_3、S_4 任意一个，均会对 CD4520 内的两个计数器进行清 0，提高控制器的试探解密难度。

电子密码控制器设置密码有两种方法：一是改变 S_1、S_2、S_3、S_4 与 1CP、2CP、1CR、2CR 的连接；二是改变 $1Q_3$、$1Q_2$、$1Q_1$、$1Q_0$、$2Q_3$、$2Q_2$、$2Q_1$、$2Q_0$ 与 2A、2B、2C、3A、3B、3C 的连接。

密码设置与解密举例：将 S_1、S_3 接 CR 端（1CR 和 2CR 已连接在一起），S_2 接 2CP，S_4 接 1CP，2A、2B、2C 分别接 $1Q_3$、$1Q_2$、$1Q_1$，3A、3B、3C 分别接 $2Q_3$、$2Q_2$、Q_0，那么解密的方法是按压 S_2 键 13 次，让 $2Q_32Q_22Q_12Q_0=1101$，按压 S_4 键 14 次，让 $1Q_31Q_21Q_11Q_0=1110$。对于不知道控制器线路连接方法的人，如果采用试探的方法来解密，首先要从 4 个按键中试出 2 个有效键，还要试探 2 个有效键的按压次数，无疑解密难度很大，如果将 4 个按键改为 10 个键，其中 8 个伪码键都连接到 CR 端，电子密码控制器解密成功率将会极低。

4. 按键防抖电路

图 12-28 中的 C_1、C_2 功能是抑制按键抖动干扰。图 12-31（a）所示是一个按键输入电路，按下按键 S，给 IC 输入一个"0（低电平）"，当 S 断开，会给 IC 输入一个"1（高电平）"。实际上，当按下 S 时，由于手的抖动，S 会断开、闭合几次，然后稳定闭合，所以按下按钮时，给 IC 输入的电平经高、低电平变化几次（持续 10~20ms），如图 12-31（b）所示，才能保持为低电平，同样在 S 弹起时也有这种情况。按键抖动产生的干扰信号易使电路产生误动作，解决方法就是消除按键抖动产生的干扰信号。

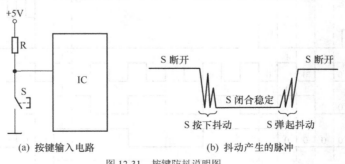

(a) 按键输入电路　　　　　　　(b) 抖动产生的脉冲

图 12-31　按键防抖说明图

按键防抖方法很多，较简单的方法是在按键两端并联电容，如图 12-32 所示。

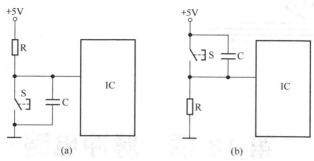

图 12-32　两种简单的防抖电路

在图 12-32（a）所示电路中，当按键 S 断开时，+5V 电压经电阻 R 对电容 C 充电，在 C 上充得 +5V 电压；当 S 闭合时，由于按键电阻小，C 通过按键迅速将两端电荷放掉，两端电压迅速降低（接近 0），IC 输入为低电平，若手发生抖动导致按键短时断开，+5V 电压经 R 对 C 充电，但由于 R 阻值大，短时间 C 充电很少，电容两端电压基本不变，IC 仍输入低电平，从而消除了按键抖动。

图 12-32（b）所示防抖电路工作原理读者可自己分析。

如果采用图 12-32 所示的防抖电路，选择 RC 的值比较关键，RC 元器件的值可以用下面的公式计算

$$t < 0.357RC$$

因为抖动时间一般为 10～20ms，如果 $R=10\text{k}\Omega$，那么 C 可在 2.8～5.6μF 之间选择，通常选择 3.3μF。

12.4.2　实验操作及分析

对照图 12-28 所示的电子密码控制器电路原理图，进行如下实验操作。

第 1 步：用导线将 J_1、J_2、J_3、J_4 插件分别与 CD4520 的 2CP、1CP、1CR、2CR 引脚连接（图中已连接好）。

第 2 步：用导线将 CD4073 的 2A～2C、3A 和 3B、3C 引脚分别与 CD4520 的 $1Q_0$～$1Q_3$ 和 $2Q_0$、$2Q_1$ 引脚连接（图中已连接好）。

第 3 步：给电子密码控制器接通电源。

第 4 步：先按压 S_3 或 S_4 键，对 CD4520 输出进行清 0，然后按压 S_1 键_____次，按压 S_2 键_____次，指示灯 VD_1 会变亮，说明输入密码正确，控制器有控制信号输出。

第 5 步：先按压 S_3 或 S_4 键，然后按压 S_2 键，从第 1 次按压 S_2 键开始到按压 16 次，$1Q_3$～$1Q_0$ 引脚电平变化规律依次是 0001、_____。

第 6 步：按 J_1-1CP、J_2-2CP、J_3-2CR、J_4-2CP 的对应方法改变 J_1～J_4 与 CD4520 的连接方式，那么有效键是_____，伪键是_____。

第 7 步：在 J_1～J_4 与 CD4520 按图 12-28 连接不变的情况下，将 CD4520 和 CD4073 按 $1Q_0$-2A、$1Q_1$-2B、$2Q_2$-2C、$2Q_0$-3A、$2Q_1$-3B、$2Q_3$-3C 方式连接，那么按压 S_1 键_____次，按压 S_2 键_____次，才能实现解密，让控制器输出控制信号。

第 8 步：拆下 C_1 或 C_2，再按正确次数对有效键进行操作，分析控制器是否产生输出，若无输出，原因是_____。

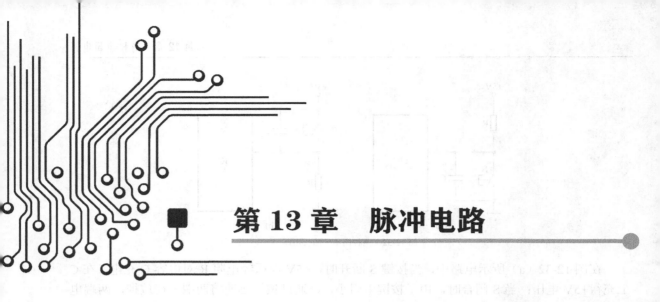

第13章 脉冲电路

脉冲电路主要包括脉冲产生电路和脉冲整形电路。脉冲产生电路的功能是产生各种脉冲信号，如时钟信号。脉冲整形电路的功能是对已有的信号进行整形，以得到符合要求的脉冲信号。

13.1 脉冲电路基础

13.1.1 脉冲的基础知识

1. 脉冲信号的定义

脉冲信号是指在短暂时间内作用于电路的电压或电流信号。常见的脉冲信号如图 13-1 所示，该图列出了矩形波、锯齿波、钟形波、尖峰波、梯形波和阶梯波等波形的一些脉冲信号。

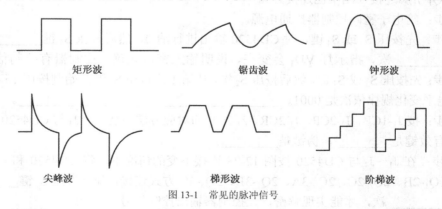

图 13-1　常见的脉冲信号

2. 脉冲信号的参数

在众多的脉冲信号中，应用最广泛的是矩形脉冲信号，实际的矩形脉冲信号如图 13-2 所示。下面以该波形来说明脉冲信号的一些参数。

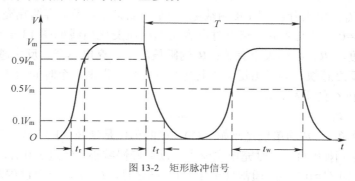

图 13-2　矩形脉冲信号

脉冲信号的参数有以下几个。

① 脉冲幅度 V_m：它是指脉冲的最大幅度。

② 脉冲的上升沿时间 t_r：它是指脉冲从 $0.1V_m$ 上升到 $0.9V_m$ 所需的时间。

③ 脉冲的下降沿时间 t_f：它是指脉冲从 $0.9V_m$ 下降到 $0.1V_m$ 所需的时间。

④ 脉冲的宽度 t_w：它是指从脉冲前沿的 $0.5V_m$ 到脉冲后沿 $0.5V_m$ 处的时间长度。

⑤ 脉冲的周期 T：它是指在周期性脉冲中，相邻的两个脉冲对应点之间的时间长度。它的倒数就是这个脉冲的频率 $f=1/T$。

⑥ 占空比 D：它是指脉冲宽度与脉冲周期的比值，即 $D=t_w/T$，$D=0.5$ 的矩形脉冲就称为方波。

13.1.2　RC 电路

RC 电路是指由电阻 R 和电容 C 组成的电路，它是脉冲产生和整形电路中常用到的电路。

1．RC 充、放电电路

RC 充、放电电路如图 13-3 所示，下面通过充电和放电两个过程来分析这个电路。

（1）RC 充电电路

RC 充电电路如图 13-4 所示。

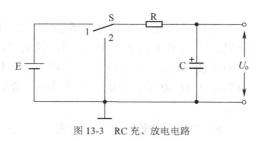

图 13-3　RC 充、放电电路

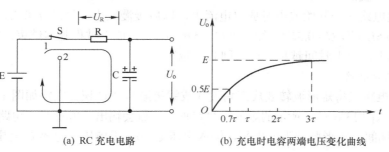

(a) RC 充电电路　　　　(b) 充电时电容两端电压变化曲线

图 13-4　RC 充电电路

将开关 S 置于"1"处，电源 E 开始通过电阻 R 对电容 C 充电，由于刚开始充电时电容两端没有电荷，故电容两端电压为 0，即 $U_o=0$。从图可以看出 $U_R+U_o=E$，因为 $U_o=0V$，所以

刚开始时 $U_R=E$，充电电流 $I=U_R/R$，该电流很大，它对电容 C 充电很快。随着电容不断被充电，它两端电压 U_o 很快上升，电阻 R 两端电压 U_R 不断减小，当电容两端充得电压 $U_o=E$ 时，电阻两端电压 $U_R=0$，充电结束。充电时电容两端电压变化曲线如图 13-4（b）所示。

电容充电速度与 **R、C** 的大小有关：**R 的阻值越大，充电越慢，反之越快；C 的容量越大，充电越慢，反之越快。** 为了衡量 RC 电路充电快慢，常采一个时间常数 τ（念作"tao"），时间常数是指 R 和 C 的乘积，即

$$\tau=RC$$

τ 的单位是秒（s），R 的单位是欧姆（Ω），C 的单位是法拉（F）。

RC 充电电路在刚开始充电时充电电流大，以后慢慢减小，经过 $t=0.7\tau$，电容上充得的电压 U_o 约有 $0.5E$（即 $U_o\approx0.5E$），通常规定在 $t=(3\sim5)\tau$ 时，$U_o\approx E$，充电过程基本结束。另外，RC 充电电路时间常数 τ 越大，充电时间越长，反之则时间越短。

（2）RC 放电电路

RC 放电电路如图 13-5 所示。

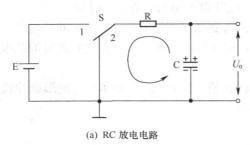
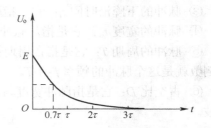

(a) RC 放电电路   (b) 放电时电容两端电压变化曲线

图 13-5　RC 放电电路

电容 C 充电后，将开关 S 置于"2"处，电容 C 开始通过电阻 R 放电，由于刚开始放电时电容两端电压为 E，即 $U_o=E$，放电电流 $I=U_o/R$，该电流很大，电容 C 放电很快。随着电容不断放电，它两端电压 U_o 很快下降，因为 U_o 不断下降，故放电电流也很快减小，当电容两端电压 $U_o=0$ 时，放电电流也为 0。放电结束，放电时电容两端电压变化曲线如图 13-5（b）所示。

电容放电速度与 **R、C** 的大小有关：**R 的阻值越大，放电越慢，反之越快；C 的容量越大，放电越慢，反之越快。**

RC 放电电路在刚开始放电时放电电流大，以后慢慢减小，经过 $t=0.7\tau$，电容上的电压 U_o 约下降到 $0.5E$（即 $U_o\approx0.5E$），经过 $t=(3\sim5)\tau$，$U_o\approx0$，放电过程基本结束；RC 放电电路的时间常数 τ 越大，放电时间越长，反之则时间越短。

2. RC 积分电路

RC 积分电路能将矩形波转变成三角波（或锯齿波）。 RC 积分电路如图 13-6（a）所示，给积分电路输入图 13-6（b）所示的矩形脉冲 U_i 时，它就会输出三角波 U_o。电路工作过程如下。

在 $0\sim t_1$ 期间，矩形脉冲为低电平，输入电压 $U_i=0$，无电压对电容 C 充电，故输出电压 $U_o=0$。

在 $t_1\sim t_2$ 期间，矩形脉冲为高电平，输入电压 U_i 的极性是上正下负，它经 R 对 C 充电，在 C 上充得上正下负的电压 U_o，随着充电的进行，U_o 电压慢慢上升，因为积分电路的时间

常数 $\tau=RC$ 远大于脉冲的宽度 t_w，所以 t_2 时刻，电容 C 上的电压 U_o 无法充到矩形脉冲的幅度值 V_m。

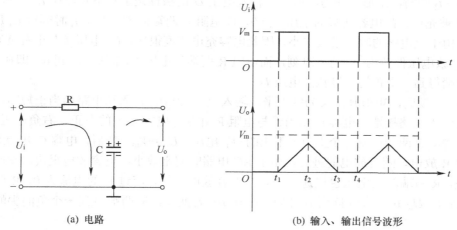

(a) 电路　　　　　　(b) 输入、输出信号波形

图 13-6　RC 积分电路

在 $t_2 \sim t_4$ 期间，矩形脉冲又为低电平，电容 C 上的上正下负电压开始往后级电路（未画出）放电，随着放电的进行，U_o 电压慢慢下降，t_3 时刻电容放电完毕，$U_o=0V$，由于电容已放完电，故在 $t_3 \sim t_4$ 期间 U_o 始终为 0。

t_4 时刻以后，电路重复上述过程，从而在输出端得到图 13-6（b）所示的三角波 U_o。

积分电路正常工作应满足：电路的时间常数 τ 应远大于输入矩形脉冲的脉冲宽度 t_w，即 $\tau \gg t_w$，通常 $\tau \geq 3t_w$ 时就可认为满足该条件。

3. RC 微分电路

RC 微分电路能将矩形脉冲转变成宽度很窄的尖峰脉冲信号。RC 微分电路如图 13-7 所示，给微分电路输入图 13-7（b）所示的矩形脉冲 U_i 时，它会输出尖峰脉冲信号 U_o。电路工作过程如下。

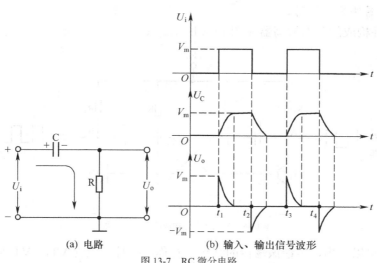

(a) 电路　　　　　　(b) 输入、输出信号波形

图 13-7　RC 微分电路

在 0～t_1 期间，矩形脉冲为低电平，输入电压 U_i=0，无电流流过电容和电阻，故电阻 R 两端电压 U_o=0。

在 t_1～t_2 期间，矩形脉冲为高电平，输入电压 U_i 的极性是上正下负，在 t_1 时刻，由于电容 C 还没被充电，故电容两端的电压 U_C=0，而电阻 R 两端的 U_o= V_m，t_1 时刻后 U_i 开始对电容充电，由于该电路的时间常数很小，因此电容充电速度很快，U_C 电压（左正右负）很快上升到 V_m，该电压保持为 V_m 到 t_2 时刻，而电阻 R 两端的电压 U_o 很快下降到 0。即在 t_1～t_2 期间，R 两端得到一个正的尖峰脉冲电压 U_o。

在 t_2～t_3 期间，矩形脉冲又为低电平，输入电压 U_i=0，输入端电路相当于短路，电容 C 左端通过输入电路接地，电容 C 相当于与电阻 R 并联，电容 C 上的左正、右负电压 V_m 加到电阻 R 两端，R 两端得到一个上负、下正的$-V_m$电压，U_o=$-V_m$。然后，电容 C 开始通过输入端电路和 R 放电，随着放电的进行，由于 RC 电路时间常数小，电容放电很快，它两端电压下降很快，R 两端的负电压也快速减小，当电容放电完毕，流过 R 的电流为 0，R 两端电压 U_o 上升到 0，U_o=0 一直维持到 t_3 时刻。即在 t_2～t_3 期间，R 两端得到一个负的尖峰脉冲电压 U_o。

t_3 时刻以后，电路重复上述过程，从而在输出端得到图 13-7（b）所示的正负尖峰脉冲信号。

微分电路正常工作应满足：电路的时间常数 τ 应远小于输入矩形脉冲的脉冲宽度 t_w，即 $\tau \ll t_w$，通常 $\tau \leqslant 1/5t_w$ 时就可认为满足该条件。

13.2 脉冲产生电路

脉冲产生电路的功能是产生脉冲信号。常见的脉冲产生电路有多谐振荡器和锯齿波发生器。

13.2.1 多谐振荡器

多谐振荡器的功能是产生矩形脉冲信号。

1. 分立元器件多谐振荡器

分立元器件构成的多谐振荡器如图 13-8 所示。

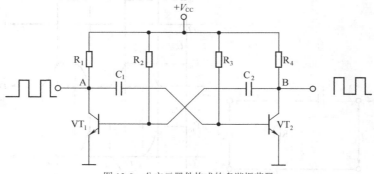

图 13-8　分立元器件构成的多谐振荡器

从图 13-8 可以看出，多谐振荡器的结构上对称，并且三极管 VT_1、VT_2 同型号，C_1=C_2，R_1=R_4，R_2=R_3。

但实际上电路不可能完全对称，假设 VT_1 的 β 值略大于 VT_2 的 β 值，接通电源后，VT_1 的 I_{c1} 就会略大于 I_{c2}，这样 VT_1 的 U_A 会略低于 VT_2 的 U_B，即 U_A 电压偏低，由于电容两端电压不能突变，U_A 偏低的电压经电容 C_1 使 VT_2 的 U_{b2} 下降，U_{b2} 下降→U_{c2} 上升（$U_{b2}\downarrow\rightarrow I_{b2}\downarrow\rightarrow I_{c2}\downarrow\rightarrow U_{R4}\downarrow$，$U_{R4}=I_{c2}\times R_4\rightarrow U_{c2}\uparrow$，$U_{c2}=V_{CC}-U_{R4}$）→$U_B\uparrow$，$U_B$ 上升经电容 C_2 使 VT_1 的 U_{b1} 上升，U_{b1} 上升使 U_A 下降，这样会形成强烈的正反馈，正反馈过程如下：

$$U_{b2}\downarrow\rightarrow U_{c2}\uparrow\rightarrow U_B\uparrow\rightarrow U_{b1}\uparrow\rightarrow U_{C1}\downarrow\rightarrow U_A\downarrow$$

正反馈结果使 VT_1 饱和，VT_2 截止。VT_1 饱和，A 点电压很低，相当于 A 点得到脉冲的低电平，VT_2 截止，B 点电压很高，相当于 B 点得到脉冲的高电平。

VT_1 饱和，VT_2 截止后，电源 V_{CC} 开始对 C_2 充电，充电途径是：$+V_{CC}\rightarrow R_4\rightarrow C_2\rightarrow VT_1$ 的 be 结→地，结果在 C_2 上充得左负右正的电压，C_2 的左负电压使 VT_1 的 U_{b1} 电压下降，在 C_2 充电的过程中，VT_1 保持饱和状态，VT_2 保持截止状态，这段时间内 A 点保持低电平、B 点保持高电平。

当 C_2 充电到一定程度时，C_2 的左负电压很低，它使 VT_1 由饱和退出进入放大状态，VT_1 的 I_{c1} 减小，U_A 电压上升，经电容 C_1 使 VT_2 的 U_{b2} 电压上升，VT_2 由截止退出进入放大，有 I_{c2} 电流流过 R_4（截止时无 I_{c2} 电流流过 R_4），U_B 电压下降，它经 C_2 使 VT_1 的 U_{b1} 下降，这样又会形成强烈的正反馈，正反馈过程如下：

$$U_{b2}\uparrow\rightarrow U_B\downarrow\rightarrow U_{b1}\downarrow\rightarrow U_A\uparrow$$

正反馈结果使 VT_1 截止，VT_2 饱和。VT_1 截止，A 点电压很高，相当于 A 点得到脉冲的高电平，VT_2 饱和，B 点电压很低，相当于 B 点得到脉冲的低电平。

VT_1 截止，VT_2 饱和后，电源 V_{CC} 开始对 C_1 充电，充电途径是：$V_{CC}\rightarrow R_1\rightarrow C_1\rightarrow VT_2$ 的 be 结→地，结果在 C_1 上充得左正右负的电压，C_1 的右负电压使 VT_2 的 U_{b2} 电压下降。与此同时，电源也会经 R_2 对 C_2 反充电，充电途径是：$V_{CC}\rightarrow R_2\rightarrow C_2\rightarrow VT_2$ 的 ce 结→地，反充电将 C_2 上左负右正的电压中和。在 C_1 充电的过程中，VT_1 保持截止状态，VT_2 保持饱和状态，这段时间内 A 点保持高电平、B 点保持低电平。

当 C_1 充电到一定程度时，C_1 的右负电压很低，它使 VT_2 由饱和退出进入放大状态，VT_2 的 I_{c2} 减小，U_B 电压上升，经电容 C_2 使 VT_1 的 U_{b1} 电压上升，VT_1 由截止退出进入放大状态，有 I_{c1} 电流流过 R_1，U_A 电压下降，它经 C_1 使 VT_2 的 U_{b2} 下降，这样又会形成强烈的正反馈，电路又重复前述过程。

从上面的分析可知，三极管 VT_1、VT_2 交替饱和截止，从而在 VT_1、VT_2 的集电极（即 A、B 点）会输出一对极性相反的矩形脉冲信号。

2. 环形多谐振荡器

环形多谐振荡器如图 13-9 所示，它是由 3 个非门电路和 RC 元器件构成的，其中 R、C 元器件是定时元器件，用来决定振荡电路的振荡频率，R_s 为非门 G_3 的输入限流电阻。电路的工作原理如下。

假设接通电源后，非门 G_3 的输出端 A′ 电压 U_o 为低电平，它直接送到非门 G_1 的输入端 A 点，经非门 G_1 的作用，输出端 B 点为高电平，B 点的高电平一方面通过非门 G_2 让 D 点变为低电平，另外由于电容两端电压不能突变，电容 C 的一端 B 点为高电平，它的另一端 E 点也为高电平，E 点高电平经 R_s 使 F 点为高电平，通过非门 G_3 的作用，保证 A′点为低电平，即输出矩形脉冲的低电平。

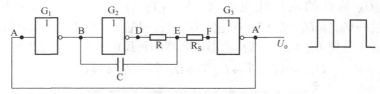

图 13-9　环形多谐振荡器

在 A′点为低电平期间，B 点的高电平开始对电容 C 充电，充电途径是：B 点→电容 C→E 点→电阻 R→D 点→进入非门 G_2，在电容 C 上充得左正右负的电压，电容的右负电压使 E 点电压下降，F 点电压也跟着下降。在电容充电的这段时间内，电路输出端一直维持为低电平，此即为矩形脉冲低电平持续时间。

当 E 点电压下降使 F 点电压下降到非门 G_3 的关门电平时，非门 G_3 输出端 A′点为高电平，它直接加到 A 点，经非门 G_1 作用后，B 点由高电平变为低电平，由于非门 G_2 的作用，D 点变为高电平，因为电容两端电压不能突变，B 点的低电平经电容 C 加到 E 点，E 点为低电平，E 点的低电平经 R_s 使 F 点也为低电平，经非门 G_3 的作用，A′点保持高电平，即输出矩形脉冲的高电平。

在 A′点为高电平期间，D 点的高电平开始对电容 C 反充电，充电途径是：D 点→电阻 R→E 点→电容 C→B 点→进入非门 G_1，充电先将电容上的左正、右负电压中和，再在电容 C 上充得左负、右正的电压，电容的右正电压使 E 点电压上升，F 点电压也跟着上升。在电容反充电这段时间内，电路的输出端一直维持为高电平，此即为矩形脉冲高电平持续时间。

当电容反充电使 E 点电压上升，进而使 F 点电压上升到非门 G_3 的开门电平时，非门 G_3 输出端 A′点为低电平。此后电路会重复上述工作过程，从而在输出端 A 点会输出矩形脉冲信号。

从上面的分析可知，矩形脉冲的高、低电平的持续时间与 R、C 元器件有关，即 R、C 元器件能决定矩形脉冲的周期。环形多谐振荡器的振荡周期 T 可按以下公式估算

$$T \approx 2.2RC$$

13.2.2　锯齿波发生器

锯齿波是指在一定的时间内电压和电流呈线性规律变化的信号，由于波形与锯齿相似，故称为锯齿波。锯齿波发生器的功能是产生锯齿波信号。

1. 简单的锯齿波发生器

锯齿波产生的简单方法是让矩形脉冲控制锯齿波形成电路，让它产生锯齿波信号。简单的锯齿波发生器如图 13-10 所示，它由三极管和 RC 充、放电电路组成，三极管的状态受基极的矩形脉冲信号的控制。

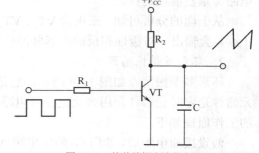

图 13-10　简单的锯齿波发生器

当矩形脉冲信号低电平经 R_1 送到 VT_1 的基极时，VT_1 截止，电源 V_{CC} 经电阻 R_2 对电容 C 充电，充电途径是：V_{CC}→电阻 R_2→电容 C→

地，电容 C 上的电压慢慢上升，形成锯齿波电压的前半段。

当矩形脉冲信号高电平经 R_1 送到 VT_1 的基极时，VT_1 饱和，电容 C 经三极管 VT 的集电极、发射极放电，放电途径是：C 的上正→VT_1 的集电极、发射极→地→C 的下负，电容 C 上的电压慢慢下降，形成锯齿波电压的后半段。

由于充电时要经过电阻 R_2，充电电流小，C 上的电压上升慢，故锯齿波的前半段时间长，而放电时经过 VT_1，三极管饱和时 c、e 极之间阻值很小，放电电流大，C 上的电压下降快，故锯齿波的后半段时间短。

2. 常用的锯齿波发生器

很多电子设备中采用多谐振荡器和 RC 充、放电电路组合来构成锯齿波发生器，图 13-11 所示就是一种由多谐振荡器和 RC 充、放电路构成的锯齿波发生器。

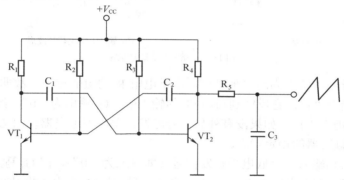

图 13-11　由多谐振荡器和 RC 充、放电路构成的锯齿波发生器

从图可以看出，该锯齿波发生器由一个多谐振荡器和 R_5、C_3 充放电路构成。接通电源后，多谐振荡器开始工作，VT_1、VT_2 交替导通、截止。多谐振荡器的工作过程如前所述，这里省略。

当 VT_2 截止时，电源 V_{CC} 经 R_4、R_5 对电容 C_3 充电，C_3 上的电压慢慢上升，形成锯齿波电压的前半段；当 VT_2 饱和时，C_3 经 VT_1 的集电极、发射极放电，C_3 两端的电压下降，从而形成锯齿波电压的后半段。

13.3　脉冲整形电路

脉冲整形电路的功能是对脉冲信号进行整形、延时等处理，使得到的脉冲信号符合要求。常见的脉冲整形电路有单稳态触发器、施密特触发器和限幅电路等。

13.3.1　单稳态触发器

单稳态触发器又称为单稳态电路，它是一种只有一种稳定状态的电路。如果没有外界信号触发，它始终保持一种状态不变，当有外界信号触发时，它将由一种状态转变成另一种状态，但这种状态是不稳定状态（称为暂态），一段时间后它会自动返回到原状态。

1. 结构与原理

单稳态触发器的形式很多，但基本原理是一样的，下面以图 13-12 所示的微分型单稳态电路为例来说明。从图中可以看出，该电路由一个与非门、一个非门和 RC 元器件构成。工作原理如下。

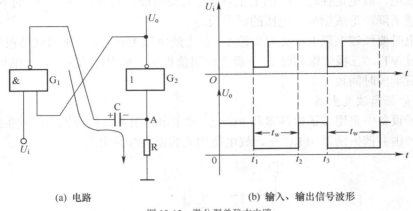

(a) 电路　　　　　　　　　　　　(b) 输入、输出信号波形

图 13-12　微分型单稳态电路

当无触发信号时，U_i 端为高电平"1"，由于电阻 R 的阻值较小，故非门 G_2 的输入端 A 点为"0"，输出端为"1"，它反馈到与门 G_1 的输入端，G_1 输出为"0"，经电容 C 反馈到 A 点，非门 G_2 输出仍为"1"。如果没有外界信号触发，单稳态触发器输出 U_o 将始终为高电平"1"，这是单稳态触发器的稳定状态。

在 t_1 时刻，U_i 端输入一个低电平触发信号（即输入为"0"），门 G_1 马上输出"1"，由于电容两端电压不能突变，电容 C 的一端电压升高，另一端 A 点电压也升高，即 A 点为高电平，门 G_2 输出转变为低电平"0"。即单稳态触发器由一种状态（"1"态）转变为另一种状态（"0"），但这种状态是不稳定的（暂态）。

t_1 时刻后，单稳态触发器输出转变为"0"态，此时门 G_1 输出仍为高电平"1"，该高电平对电容 C 充电，途径是：门 G_1 输出端→电容 C→电阻 R→地，在电容上充得左正右负的电压，随着充电的进行，电容 C 两端的电压不断增大，而 A 点电压则不断下降。在电容充电期间，单稳态触发器的输出维持暂态"0"。

在 t_2 时刻，A 点电压下降到门 G_2 的关门电平（相当于门 G_2 输入端变为"0"），门 G_2 输出变为"1"，由于 t_2 时刻 U_i 已经变为高电平"1"，门 G_1 输出为"0"，它经电容 C 使门 G_2 输入为"0"，保证让门 G_2 输出为"1"。即 t_2 时刻后，单稳态的暂态"0"结束，返回原稳定状态"1"。

如果 U_i 端再输入触发信号，单稳态触发器状态又将翻转，电路会重复上述工作过程。

从上述分析可知，单稳态触发器的暂态维持时间（即输出脉冲信号的宽度 t_w）与电路中的 RC 充、放电时间有关，一般 $t_w \approx 0.7RC$。另外，为了能让单稳态触发器能正常工作，要求触发信号的宽度不能很宽，应小于 t_w。

2. 应用

单稳态触发器的主要功能有整形、延时和定时，具体应用很广泛，下面举例说明其应用。

（1）整形功能的应用

利用单稳态触发器可以将不规则的信号转换成矩形脉冲信号，这就是它的整形功能。通过图 13-13 来说明单稳态触发器的整形原理。

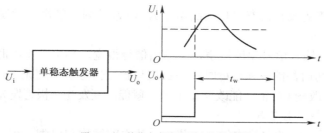

图 13-13　单稳态电路整形功能说明图

若给单稳态触发器输入端输入图示不规则信号 U_i 时，当 U_i 信号电压上升到一定值时，单稳态触发器被触发，状态改变，输出为高电平，过了 t_w 时间后，触发器又返回原状态，从而在输出端得到一个宽度为 t_w 矩形脉冲信号 U_o。

（2）延时功能的应用

利用单稳态触发器可以对脉冲信号进行一定的延时，这就是它的延时功能。下面通过图 13-14 来说明单稳态触发器延时原理。

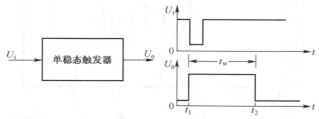

图 13-14　单稳态电路延时功能说明图

在 t_1 时刻，单稳态触发器输入信号 U_i 由高电平转为低电平，电路被触发，触发器由稳态"0"（低电平）转变成暂稳态"1"（高电平），在 t_2 时刻，单稳态触发器又返回到原状态"0"。

触发信号在 t_1 时刻出现下降沿，经单稳态触发器后，输出信号在 t_2 时刻出现下降沿，t_2、t_1 时刻之间的时间差为 t_w。也就是说，当信号下降沿输入单稳态电路后，需要经过 t_w 时间后下降沿才能从触发器中输出。只要改变单稳态触发器中的 RC 元器件的值，就能改变脉冲的延时时间。

（3）定时功能的应用

利用单稳态触发器可以让脉冲信号高、低电平能持续规定的时间，这就是它的定时功能。下面通过图 13-15 来说明单稳态触发器定时原理。

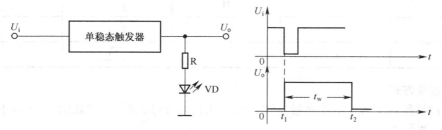

图 13-15　单稳态电路定时功能说明图

在 t_1 时刻，单稳态触发器输入信号 U_i 由高电平转为低电平，电路被触发，触发器由稳态"0"（低电平）转变成暂稳态"1"（高电平），在 t_2 时刻，单稳态触发器又返回到原状态"0"。

从图可以看出，输入信号宽度很窄，而输出信号很宽，高电平持续时间为 t_w，这可以让发光二极管在 t_w 时间内都能发光，t_w 时间的长短与触发信号的宽度无关，只与单稳态触发器的 RC 元器件有关，改变 RC 值就能改变 t_w 的值，就能改变发光二极管发光时间的长短。

3. 常用单稳态触发器芯片

74LS121 是一种常用的单稳态触发器芯片，其内部结构和引脚排列如图 13-16 所示，状态表见表 13-1。

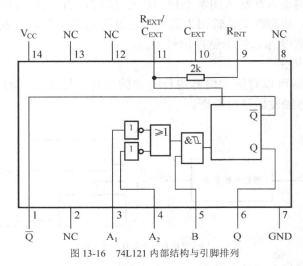

图 13-16　74L121 内部结构与引脚排列

表 13-1		状态表		
A_1	A_2	B	Q	$\overline{Q}$
L	×	H	L	H
×	L	H	L	H
×	×	L	L	H
H	H	×	L	H
H	↓	H	⊓	⊔
↓	H	H	⊓	⊔
↓	↓	H	⊓	⊔
L	×	↑	⊓	⊔
×	L	↑	⊓	⊔

（1）触发方式

74LS121 有 A_1、A_2、B 3 个触发输入端，从状态表可以看出，74LS121 在以下情况下会被触发进入暂稳态。

① 当 B 端为高电平时，A_1、A_2 端中有一个为高电平，一个发生 1 到 0 的跳变。

② 当 B 端为高电平时，A_1、A_2 端两个同时发生 1 到 0 的跳变。

③　当 B 端发生 0 到 1 的跳变时，A_1、A_2 端中有一个为低电平。

（2）暂稳态持续时间

74LS121 被触发进入暂稳态后，暂稳态持续时间（脉冲宽度）与定时电容和定时电阻的参数大小有关。

定时电容接在芯片的⑩、⑪脚，若所接为有极性的电解电容，电容正极要接⑩脚。

定时电阻有两种接法：内接电阻和外接电阻。在采用内接电阻时，只要将⑨脚与电源 V_{CC}（⑭脚）连接即可。在采用外接电阻时，应将⑨脚悬空，再在⑪脚和⑭脚之间接定时电阻。

74LS121 暂稳态持续时间为

$$t_w=0.7RC$$

R 取值范围为 $2\sim14k\Omega$，C 的取值范围为 $10pF\sim10\mu F$，脉冲宽度为 $20ns\sim0.2s$。

13.3.2　施密特触发器

单稳态触发器只有一种稳定的状态，而施密特触发器有两种稳定的状态，它从一种状态转换到另一种状态需要相应的电平触发。

1. 结构与原理

施密特触发器种类较多，它们的工作基本原理相同，下面以图 13-17（a）所示的施密特触发器为例进行说明，其中图 13-17（a）所示为施密特触发器的电路结构，图 13-17（b）所示为电路的输入、输出信号波形，图 13-17（c）所示为图形符号。从图 13-17（a）可以看出，该施密特触发器由与非门、非门和二极管构成，其中 G_2、G_3 构成基本 RS 触发器。电路工作原理如下。

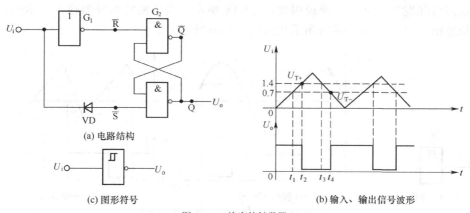

(a) 电路结构

(c) 图形符号

(b) 输入、输出信号波形

图 13-17　施密特触发器

为了分析方便，假设电路输入信号 U_i 为三角波，在该电路中，1.4V 以上为高电平"1"，1.4V 以下为低电平"0"，二极管 VD 的导通电压为 0.7V。

在 $0\sim t_1$，输入电压 U_i 由 0V 慢慢上升至 0.7V，由于 U_i 低于 1.4V，故电路的输入电平为"0"，非门 G_1 输出为"1"，在 U_i 由 0V 上升到 0.7V 时，RS 触发器的 $\overline{S}$ 端电压始终低于 1.4V（$\overline{S}$ 端电压较 U_i 电压高 0.7V），即 $\overline{S}$=0，基本 RS 触发器被置"1"，输出端 U_o 为高电平。

在 $t_1\sim t_2$，输入电压 U_i 由 0.7V 慢慢上升至 1.4V，由于 U_i 低于 1.4V，故电路的输入电平为"0"，非门 G_1 输出仍为"1"，在 U_i 由 0.7V 上升到 1.4V 时，RS 触发器的 $\overline{S}$ 端电压始终高于 1.4V（$\overline{S}$ 端电压较 U_i 电压高 0.7V），即 $\overline{S}$=1，由于此时 $\overline{R}$=1，故基本 RS 触发器状态保持

为"1"，输出端 U_o 仍为高电平。

在 $t_2 \sim t_3$，输入电压 U_i 始终高于 1.4V，电路的输入电平为"1"，非门 G_1 输出为"0"，即 $\overline{R}=0$，在此期间，RS 触发器的 $\overline{S}$ 端电压始终高于 2.1V，即 $\overline{S}=1$，因为 $\overline{R}=0$、$\overline{S}=1$，基本 RS 触发器状态为"0"，输出端 U_o 变为低电平。

在 $t_3 \sim t_4$，输入电压 U_i 低于 1.4V 但高于 0.7V，电路的输入电平为"0"，非门 G_1 输出为"1"，即 $\overline{R}=1$，在此期间，RS 触发器的 $\overline{S}$ 端电压低于 2.1V 但高于 1.4V，即 $\overline{S}=1$。因为 $\overline{R}=1$、$\overline{S}=1$，基本 RS 触发器状态保持为"0"，输出端 U_o 仍为低电平。

t_4 时刻后，输入电压 U_i 低于 0.7V，电路的输入电平为"0"，非门 G_1 输出为"1"，即 $\overline{R}=1$，在此期间，RS 触发器的 $\overline{S}$ 端电压低于 1.4V，即 $\overline{S}=0$。因为 $\overline{R}=1$、$\overline{S}=0$，基本 RS 触发器状态被置"1"，输出端 U_o 变为高电平。

从上面分析可知，当输入信号电压上升到一定电压时，施密特触发器状态会从第一种状态转变为第二种状态，当输入信号电压下降到一定值时，它又会从第二种状态翻转到第一种状态。从图 13-17（b）所示的波形图可以看出，输入信号两次触发电压是存在差距的，这种情况称之为回差现象。这两个电压的差值称为回差电压 ΔU，图中施密特触发器的回差电压 $\Delta U = U_{T+} - U_{T-} = 1.4 - 0.7 = 0.7V$。

2. 应用

施密特触发器的应用比较广泛，下面介绍几种较常见的应用。

（1）波形变换

利用施密特触发器可以将一些连续变化的信号（如三角波、正弦波等）转变成矩形脉冲信号。施密特触发器的波形变换说明如图 13-18 所示。当施密特触发器输入图示的正弦波信号或三角波信号时，电路会输出图示相应的矩形脉冲信号。

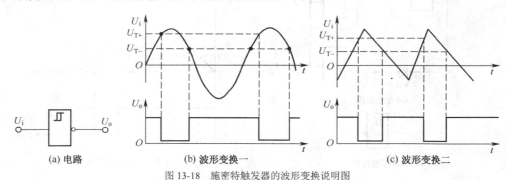

图 13-18　施密特触发器的波形变换说明图

（2）脉冲整形

如果脉冲产生电路产生的脉冲信号不规则，或者脉冲信号在传送过程中产生了畸变，利用施密特触发器的整形功能，可以将它们转换成规则的脉冲信号。施密特触发器的脉冲整形说明如图 13-19 所示。

当施密特触发器输入图示不规则的矩形脉冲 U_i 时，会输出图示的矩形脉冲信号 U_{o1}，再经非门倒相后在输出端得到规则的矩形脉冲信号 U_o。

（3）用来构成单稳态触发器

将施密特触发器与 RC 元器件组合起来可以构成单稳态电路，图 13-20 所示是一种由施密特触发器构成的单稳态电路。

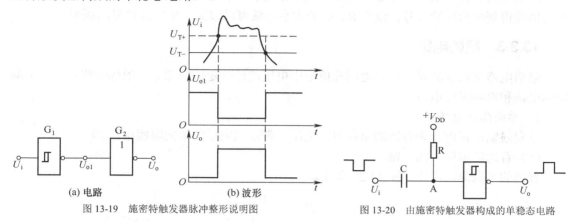

图 13-19　施密特触发器脉冲整形说明图

图 13-20　由施密特触发器构成的单稳态电路

在没有触发信号输入时，施密特触发器输入端 A 点为"1"，输出端为"0"。当输入低电平触发信号时，经电容 C 使 A 点电压下降，A 点相当于为"0"，施密特触发器马上翻转，输出端由"0"变为"1"，触发器由一种状态转变为另一种状态。

当触发器转变为"1"态后，电源开始经 R 对电容 C 充电，在 C 上充得左负右正电压，充电使 A 点电压上升，当 A 点电压上升到触发器触发电平时，触发器状态翻转，变为"0"，暂态结束，又返回到原状态。

从上面分析可知，在无触发信号时，电路保持一种稳定状态（"0"态），当触发信号来时，电路状态翻转为另一种状态（"1"态），但这种状态是不稳定的，一段时间后电路又返回原状态，这就是单稳态电路。

（4）用来构成多谐振荡器

施密特触发器与 RC 元器件组合还可以构成多谐振荡器，图 13-21 所示是一种由施密特触发器构成的多谐振荡器。

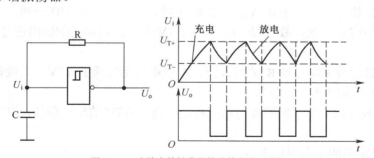

图 13-21　由施密特触发器构成的多谐振荡器

在刚接通电源时，电容 C 还没有被充电，它两端电压 U_i 为 0V，即 U_i 为低电平，施密特触发器输出高电平"1"。然后输出端的高电平经 R 对 C 充电，电容 C 上的电压慢慢上升，当上升到触发器的上升触发电平 U_{T+} 时，触发器状态翻转，输出端 U_o 为低电平"0"。接着电容 C 开始通过 R 往输出端放电，随着电容的放电，U_i 电压下降，当 U_i 下降到下降触发电平 U_{T-} 时，触发器状态又会翻转，输出端 U_o 为高电平"1"。以后输出端的电平又经 R 对电容充电，电路会重复上述过程。

从上面的分析可知，电容 C 充电、放电不断进行，施密特触发器的状态不断翻转，从而在输出端得到矩形脉冲信号，改变 R、C 的大小，就可以改变矩形脉冲信号的频率。

13.3.3　限幅电路

限幅电路又称削波器，它是能削除信号中电压超过一定值的部分。限幅电路可分为单向限幅电路和双向限幅电路。

1. 单向限幅电路

单向限幅电路可分为普通的单向限幅电路和带限幅电平的单向限幅电路。

（1）普通的单向限幅电路

普通的单向限幅电路如图 13-22 所示。

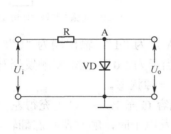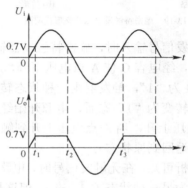

图 13-22　普通的单向限幅电路

普通的单向限幅电路采用了一只二极管，给限幅电路输入图示的 U_i 信号。

在 $0 \sim t_1$，U_i 信号电压通过 R 送到 A 点，A 点电压低于 0.7V，二极管 VD 截止，该期间的输出信号 U_o 波形与 U_i 相同。

在 $t_1 \sim t_2$，U_i 信号电压大于 0.7V，通过 R 送到 A 点，二极管 VD 导通，二极管导通后，两端电压被钳在 0.7V 不变，故 A 点电压保持 0.7V 不变，该期间的输出信号电压 U_o 始终为 0.7V。

在 $t_2 \sim t_3$，U_i 信号电压通过 R 送到 A 点，A 点电压始终低于 0.7V，二极管 VD 截止，该期间的输出信号 U_o 波形与 U_i 相同。

也就是说，图 13-22 所示的限幅电路能将信号高于 0.7V 的部分削掉，使输出信号幅度不超过 0.7V。

（2）带限幅电平的单向限幅电路

带限幅电平的单向限幅电路如图 13-23 所示。

该电路与普通的单向限幅电路不同，它在二极管负极串联一个 1.5V 电源，使 B 点电压为 1.5V，同样给电路输入图示的 U_i 信号。

在 $0 \sim t_1$，U_i 信号电压通过 R 送到 A 点，A 点电压低于 2.2V，二极管 VD 截止，该期间的输出信号 U_o 波形与 U_i 相同。

在 $t_1 \sim t_2$，U_i 信号电压大于 2.2V，它通过 R 送到 A 点，二极管 VD 导通（VD 负极接电源 E 的正极，故 VD 负极电压为 1.5V），A 点电压被钳在 2.2V 不变，该期间的输出信号电压

U_o 始终为 2.2V。

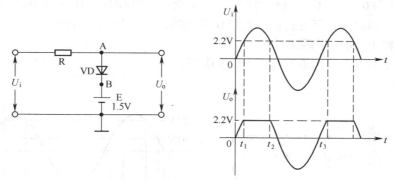

图 13-23 带限幅电平的单向限幅电路

在 $t_2 \sim t_3$，U_i 信号电压通过 R 送到 A 点，A 点电压始终低于 2.2V，二极管 VD 截止，该期间的输出信号 U_o 波形与 U_i 相同。

从上述分析可以看出，将二极管与电源串联起来可以改变限幅电平，该限幅电路将信号高于 2.2V 的部分削掉，使输出信号幅度不能超过 2.2V。

2. 双向限幅电路

双向限幅电路也分为普通的双向限幅电路和带限幅电平的双向限幅电路。

（1）普通的双向限幅电路

普通的双向限幅电路如图 13-24 所示。

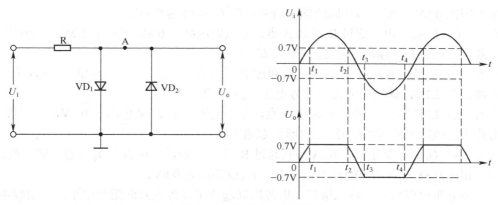

图 13-24 普通的双向限幅电路

普通的双向限幅电路采用了两个二极管并联，但极性相反，现给限幅电路输入图示的 U_i 信号。

在 $0 \sim t_1$，U_i 信号电压通过 R 送到 A 点，A 点电压低于 0.7V，二极管 VD_1、VD_2 都处于截止状态，该期间的输出信号 U_o 波形与 U_i 相同。

在 $t_1 \sim t_2$，U_i 信号电压大于 0.7V，它通过 R 送到 A 点，二极管 VD_1 导通，VD_2 截止，A 点电压被钳在 0.7V 不变，该期间的输出信号电压 U_o 始终为 0.7V。

在 $t_2 \sim t_3$，U_i 信号电压通过 R 送到 A 点，A 点电压低于 0.7V，但高于−0.7V，二极管 VD_1、VD_2 均截止，该期间的输出信号 U_o 波形与 U_i 相同。

在 $t_3 \sim t_4$，U_i 信号电压低于 $-0.7V$，它通过 R 送到 A 点，二极管 VD_1 截止，VD_2 导通（VD_2 负极接地，电压为 0V），A 点电压被钳在 $-0.7V$ 不变，该期间的输出信号电压 U_o 始终为 $-0.7V$。

也就是说，该限幅电路能将信号高于 0.7V 和低于 $-0.7V$ 的部分削掉。

（2）带限幅电平的双向限幅电路

带限幅电平的双向限幅电路如图 13-25 所示。

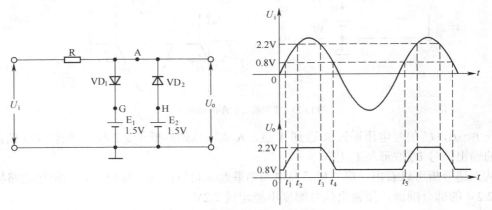

图 13-25　带限幅电平的双向限幅电路

该电路是在普通的双向限幅电路的基础上，在两个二极管正、负极各串联一个 1.5V 电源，同样给限幅电路输入图 13-25 所示的 U_i 信号。

在 $0 \sim t_1$，U_i 信号电压低于 0.8V，它通过 R 送到 A 点，二极管 VD_1 截止，VD_2 导通，A 点电压被钳在 0.8V 不变，该期间的输出信号电压 U_o 始终为 0.8V。

在 $t_1 \sim t_2$，U_i 信号电压通过 R 送到 A 点，A 点电压高于 0.8V 但低于 2.2V，二极管 VD_1、VD_2 均截止，该期间的输出信号 U_o 波形与 U_i 相同。

在 $t_2 \sim t_3$，U_i 信号电压大于 2.2V，它通过 R 送到 A 点，二极管 VD_1 导通，VD_2 截止，A 点电压被钳在 2.2V，该期间的输出信号电压 U_o 始终为 2.2V。

在 $t_3 \sim t_4$，U_i 信号电压通过 R 送到 A 点，A 点电压低于 2.2V 但高于 0.8V，二极管 VD_1、VD_2 均截止，该期间的输出信号 U_o 波形与 U_i 相同。

在 $t_4 \sim t_5$，U_i 信号电压低于 0.8V，它通过 R 送到 A 点，二极管 VD_2 导通，VD_1 截止，A 点电压被钳在 0.8V，该期间的输出信号电压 U_o 就始终为 0.8V。

从上述分析可以看出，将二极管与电源串联起来可以改变双向限幅电平，该限幅电路将信号高于 2.2V 和低于 0.8V 的部分削掉。

13.4　555 定时器

555 定时器又称 555 时基电路，它是一种中规模的数字-模拟混合集成电路，具有使用范围广、功能强等特点。如果给 555 定时器外围接一些元器件就可以构成各种应用电路，如多谐振荡器、单稳态触发器和施密特触发器等。555 定时器有 TTL 型（或称双极型，内部主要采用三极管）和 CMOS 型（内部主要采用场效应管），但它们的电路结构基本一样，功能也相同，本节以双极型 555 定时器为例进行说明。

13.4.1　结构与原理

555 定时器内部电路结构如图 13-26 所示，从图中可以看出，它主要是由电阻分压器、电压比较器（运算放大器）、基本 RS 触发器、放电管和一些门电路构成的。

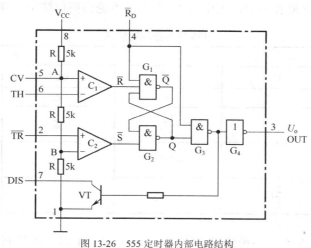

图 13-26　555 定时器内部电路结构

1.　电阻分压器和电压比较器

电阻分压器由 3 个阻值相等的电阻 R 构成，两个运算放大器 C_1、C_2 构成电压比较器。3 个阻值相等的电阻将电源 V_{CC}（⑧脚）分作 3 等份，比较器 C_1 的"＋"端（⑤脚）电压 U_+ 为 $\frac{2}{3}V_{CC}$，比较器 C_2 的"－"电压 U_- 为 $\frac{1}{3}V_{CC}$。

如果 TH 端（⑥脚）输入的电压大于 $\frac{2}{3}V_{CC}$ 时，即运算放大器 C_1 的 $U_+<U_-$，比较器 C_1 输出低电平"0"；如果 $\overline{TR}$ 端（②脚）输入的电压大于 $\frac{1}{3}V_{CC}$ 时，即运算放大器 C_2 的 $U_+>U_-$，比较器 C_1 输出高电平"1"。

2.　基本 RS 触发器

基本 RS 触发器是由两个与非 G_1、G_2 门构成的，其功能如下：

当 $\overline{R}$＝0、$\overline{S}$＝1 时，触发器置"0"，即 Q＝0，$\overline{Q}$＝1；

当 $\overline{R}$＝1、$\overline{S}$＝0 时，触发器置"1"，即 Q＝1，$\overline{Q}$＝0；

当 $\overline{R}$＝1、$\overline{S}$＝1 时，触发器"保持"原状态；

当 $\overline{R}$＝0、$\overline{S}$＝0 时，触发器状态不定，这种情况禁止出现。

$\overline{R}_D$ 端（④脚）为定时器复位端，当 $\overline{R}_D$＝0 时，它送到基本 RS 触发器，对触发器置"0"，即 Q＝0，$\overline{Q}$＝1；$\overline{R}_D$＝0 和触发器输出的 Q＝0 送到与非门 G_3，与非门输出为"1"，再经非门 G_4 后变为"0"，从定时器的 OUT 端（③脚）输出"0"。即当 $\overline{R}_D$＝0 时，定时器被复位，输出为"0"，在正常工作时，应让 $\overline{R}_D$＝1。

3. 放电管和缓冲器

三极管 VT 为放电管，它的状态受与非门 G_3 输出电平控制，当 G_3 输出为高电平时，VT 的基极为高电平而导通，⑦、①之间相当于短路；当 G_3 输出为低电平时，VT 截止，⑦、①之间相当于开路。非门 G_4 为缓冲器，主要是提高定时器带负载能力，保证定时器 OUT 端能输出足够的电流，还能隔离负载对定时器的影响。

555 定时器的功能见表 13-2，表中标"×"表示不论为何值情况，都不影响结果。

表 13-2   555 定时器的功能表

输入			输出	
$\overline{R}_D$	TH	$\overline{TR}$	OUT	放电管状态
0	×	×	低	导通
1	$> \frac{2}{3}V_{CC}$	$> \frac{1}{3}V_{CC}$	低	导通
1	$< \frac{2}{3}V_{CC}$	$> \frac{1}{3}V_{CC}$	不变	不变
1	$< \frac{2}{3}V_{CC}$	$< \frac{1}{3}V_{CC}$	高	截止

从表中可以看出 555 在各种情况下的状态，如在 $\overline{R}_D = 1$ 时，如果高触发端 $TH > \frac{2}{3}V_{CC}$、低触发端 $\overline{TR} > \frac{1}{3}V_{CC}$，则定时器 OUT 端会输出低电平"0"，此时内部的放电管处于导通状态。

13.4.2 应用

555 集成电路可以构成很多种类的应用电路，下面主要介绍几种典型的 555 应用电路。

1. 由 555 构成的单稳态电路

由 555 构成的单稳态电路如图 13-27 所示。电路工作原理如下。

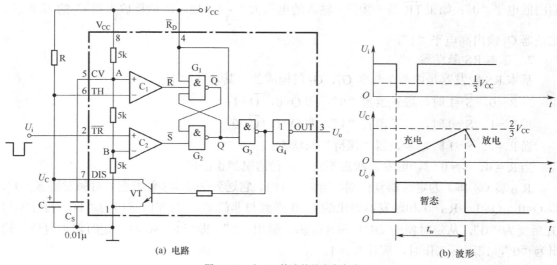

(a) 电路   (b) 波形

图 13-27   由 555 构成的单稳态电路

接通电源后，电源 V_{CC} 经电阻 R 对电容 C 充电，C 两端的电压 U_C 上升，当 U_C 超过 $\frac{2}{3}V_{CC}$ 时，高触发端（⑥脚）TH $> \frac{2}{3}V_{CC}$、低触发端（②脚）$\overline{TR} > \frac{1}{3}V_{CC}$（无触发信号 U_i 输入时，②脚为高电平），比较器 C_1 输出 $\overline{R}=0$，比较器 C_2 输出 $\overline{S}=1$，RS 触发器被置 0，Q=0，G_3 输出为"1"，G_4 输出为"0"，即定时器 OUT 端（③脚）输出低电平"0"，与此同时 G_3 输出的"1"使放电管 T 导通，电容 C 通过⑦、①脚放电，使 TH $< \frac{2}{3}V_{CC}$，比较器 C_1 输出 $\overline{R}=1$，由于此时 $\overline{S}=1$，RS 触发器状态保持不变，定时器状态保持不变，输出 U_o 仍为低电平。

当低电平触发信号 U_i 来到时，TR 端的电压低于 $\frac{1}{3}V_{CC}$，比较器 C_2 输出使 $\overline{S}=0$，触发器被置"1"，Q=1，G_3 输出为"0"，G_4 输出为"1"，定时器 OUT 端输出高电平"1"，与此同时 G_3 输出的"0"使放电管 T 截止，电源又通过 R 对 C 充电，C 上的电压 U_C 上升，在电容 C 充电期间，输出 U_o 保持为高电平，此为暂稳态。

当充电使 U_C 上升到大于 $\frac{2}{3}V_{CC}$ 时，即 TH $> \frac{2}{3}V_{CC}$，比较器 C_1 输出使 $\overline{R}=0$，由于此时 U_i 已恢复为高电平，$\overline{S}=1$，触发器被置"0"，Q=0，G_3 输出为"1"，G4 输出为"0"，定时器 OUT 端输出由"1"变为"0"，同时 G_3 输出的"1"使放电管导通，电容 C 通过⑦、①脚内部的放电管放电。在此期间，定时器保持输出 U_o 为低电平。

从上面的分析可知，电路保持一种状态（"0"态）不变，当触发信号来时，电路马上转变成另一种状态（"1"态），但这种状态不稳定，一段时间后，电路又自动返回原状态（"0"态），这就是单稳态触发器。此单稳态触发器的输出脉冲宽度 t_w 与 RC 元器件有关，即 $t_w \approx 1.1RC$。

R 的阻值通常取几百欧至几兆欧，C 的容量一般取几百皮法至几百微法。

2. 由 555 构成的多谐振荡器

由 555 构成的多谐振荡器如图 13-28 所示。电路工作原理如下。

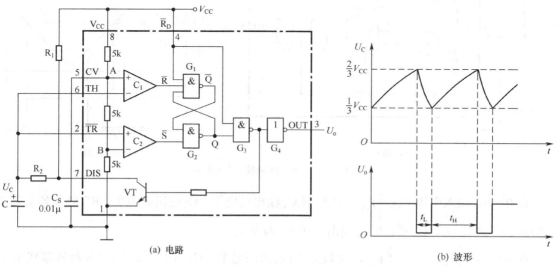

(a) 电路　　(b) 波形

图 13-28　由 555 构成的多谐振荡器

接通电源后，电源 V_{CC} 经 R_1、R_2 对电容 C 充电，C 两端电压 U_C 上升，当 U_C 上升超过 $\frac{2}{3}V_{CC}$ 时，比较器 C_1 输出为低电平，内部 RS 触发器被复位清"0"，输出端 U_o 由高电平变为低电平，如图 13-5（b）所示，同时门 G_3 输出高电平使放电管 VT 导通，电容 C 通过 R_2 和⑦脚内部的放电管 VT 放电，U_C 电压下降，当 U_C 下降至小于 $\frac{1}{3}V_{CC}$ 时，比较器 C_2 输出为低电平，内部 RS 触发器被置"1"，G_3 输出低电平使放电管 T 截止，输出端 U_o 由低电平变为高电平，电容 C 放电时间 t_L（即 U_o 低电平时间）为

$$t_L \approx 0.7R_2C$$

放电管截止后，电容 C 停止放电，电源 V_{CC} 又重新经 R_1、R_2 对 C 充电，U_C 上升，U_C 上升至 $\frac{2}{3}V_{CC}$ 所需时间 t_H（即 U_o 高电平时间）为

$$t_H = 0.7(R_1 + R_2)C$$

当 U_C 上升超过 $\frac{2}{3}V_{CC}$ 时，内部触发器又被复位清"0"，U_o 又变为低电平，如此反复，在 555 定时器的输出端得到一个方波信号电压 U_o，该信号的频率 f 为

$$f = \frac{1}{t_L + t_H} \approx \frac{1.43}{(R_1 + 2R_2)C}$$

3. 由 555 构成的施密特触发器

由 555 构成的施密特触发器如图 13-29 所示。电路原理如下。

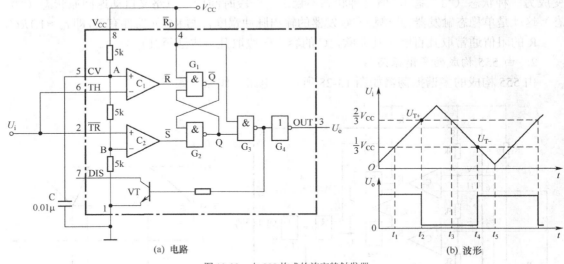

(a) 电路   (b) 波形

图 13-29　由 555 构成的施密特触发器

在 $0 \sim t_1$，输入电压 $U_i < \frac{1}{3}V_{CC}$，比较器 C_1 输出高电平，C_2 输出低电平，RS 触发器被置 1（即 $Q=1$），经门 G_3、G_4 后，③脚输出电压 U_o 为高电平。

在 $t_1 \sim t_2$，$\frac{1}{3}V_{CC} < U_i < \frac{2}{3}V_{CC}$，比较器 C_1 输出高电平，C_2 输出高电平，RS 触发器状态保持（Q 仍为 1），输出电压 U_o 仍为高电平。

在 $t_2 \sim t_3$，$U_i > \frac{2}{3} V_{CC}$，比较器 C_1 输出低电平，C_2 输出高电平，RS 触发器复位清 0（即 Q=0），输出电压 U_o 为低电平。

在 $t_3 \sim t_4$，$\frac{1}{3} V_{CC} < U_i < \frac{2}{3} V_{CC}$，比较器 C_1 输出高电平，C_2 输出高电平，RS 触发器状态保持（Q 仍为 0），输出电压 U_o 仍为低电平。

在 $t_4 \sim t_5$，输入电压 $U_i < \frac{1}{3} V_{CC}$，比较器 C_1 输出高电平，C_2 输出低电平，RS 触发器被置 1，输出电压 U_o 为高电平。

以后电路重复 $0 \sim t_5$ 时间在的工作过程，从图 13-29（b）不难看出，施密特触发器两次触发电压是不同的，回差电压 $\Delta U = U_{T+} - U_{T-} = \frac{2}{3} V_{CC} - \frac{1}{3} V_{CC} = \frac{1}{3} V_{CC}$，给 555 提供的电源不同，回差电压的大小会不同，如让电源电压为 6V，那么回差电压为 2V。

13.5 电子催眠器的电路原理与实验

13.5.1 电子催眠原理

1. 有关睡眠科学知识

科学研究表明，人体神经是依靠电信号传递信息的，当人体处于不同活动状态时，其脑电波的活动频率也不相同。表 13-3 中列出了人体常见的脑电波及意识状态。

表 13-3 人体常见的脑电波及意识状态

脑电波名称	频率（Hz）	意 识 状 态
β	14～30	兴奋
α	7～14	平静
θ	3.5～7	轻度睡眠
σ	0.5～3.5	深度睡眠

人的整个睡眠过程可以分为 5 个阶段。

第 1 阶段为过渡期。人体感到困倦，意识进入朦胧状态，通常持续 1～7min，呼吸和心跳变慢，肌肉变松弛，体温下降，脑电波为频率较慢但振幅较大的 α 波。

第 2 阶段为轻度睡眠期。持续 10～25min，此时脑电波为频率更慢的 θ 波。

第 3、4 阶段为深度睡眠期。脑电波主要是频率慢、振幅极大的 δ 波。

第 5 阶段为快速眼动睡眠期。这时通过仪器可以观测到睡眠者的眼球有快速跳动现象，呼吸和心跳变得不规则，肌肉完全瘫痪，并且很难唤醒。

快速眼动睡眠结束后，再循环到轻睡期，如此循环往复，一个晚上要经过 4～6 次这样的循环。

2. 电子催眠原理

当人处于不同意识状态时，大脑会呈现不同的脑电波，反之，若让大脑呈现某种脑电波，人体就会进入相应的意识状态。电子催眠是利用电子技术的方法产生与睡眠脑电波（α 和 θ）频率相同或相近的声、光信号，通过刺激听、视觉来诱导人体出现睡眠脑电波，从而使人体进入睡眠状态。

13.5.2 电路原理

图 13-30 所示是电子催眠器的电路原理图。电子催眠器的工作原理如下。

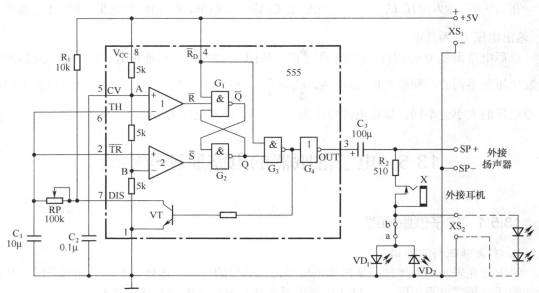

图 13-30 电子催眠器的电路原理图

　　555 定时器芯片与 R_1、RP、C_1 构成多谐振荡器（振荡器的工作原理请参见图 13-28 所示的多谐振荡器），通过调节电位器 RP 可以让振荡器产生 0.7～14Hz 的低频脉冲信号，该信号从 555 的③脚输出，经电容 C_3 隔直后，频率仍为 0.7～14Hz，但信号电平下移，出现负脉冲，如图 13-31 所示。低频脉冲信号经 R_2、耳机插座和 b、a 点送给正、负极并联的发光二极管 VD_1、VD_2，正脉冲来时，VD_1 导通发光，负脉冲来时，VD_2 导通发光，在低频脉冲的作用下，VD_1、VD_2 交替闪烁发光。若这时将耳机插头插入插孔 X，低频脉冲信号会流经耳机，在耳机中就能听到类似雨滴落在地板的"嘀嗒"的声音。

　　若需要外接发光二极管，可将断开 b、a 点之间的连接，再将两个串联的发光二极管接在接插件 XS_2 两端。在接插件 SP+、SP−端外接扬声器，扬声器会发出"嘀嗒"的声音，由于扬声器电阻很小，分流掉的电流很大，故外接扬声器后 VD_1、VD_2 将不会发光，耳机也无声。

　　在睡觉前，戴上耳机，并将耳机插头插入插孔 X，同时让 VD_1、VD_2 在眼睛视野内，调节电位器 RP 改变 VD_1、VD_2 闪烁频率，闪烁频率应使人感觉舒适。耳听类似雨滴音，眼看舒适的闪烁光，人体易出现 α 和 θ 脑电波，而进入睡眠状态。

　　电子催眠器产生的信号频率可用下式计算

555 ③脚输出信号

经电容 C_3 隔直输出的信号

图 13-31　电容对 555 输出信号的隔直说明

$$f \approx \frac{1.43}{(R_1 + RP)C_1}$$

从上式可以看出，只要改变 R_1、RP、C_1 的值就可以调节电路输出频率，在一个信号周期中，高电平时间 $t_H=0.7(R_1+RP)C_1$，低电平时间 $t_L=0.7R_1C_1$，当 RP 阻值接近 0 时，$t_H \approx t_L$，因此电子催眠器也可以用作频率和占空比可调的低频脉冲信号发生器。

13.5.3 实验操作及分析

电子催眠器实验操作及分析内容如下。

第 1 步：给电子催眠器接通 6V 电源，并插上耳机，会发现指示灯 VD_1、VD_2_____，耳机会发出_____。

第 2 步：将电位器 RP 阻值调小时，除了会发现 VD_1、VD_2 闪烁频率_____，还会发现耳机声音频率_____。

第 3 步：用导线短路电容 C_3 正、负极，会发现 VD_1_____，VD_2_____，原因是_____。

第 4 步：在 SP+、SP-端子外接扬声器，扬声器会_____，VD_1、VD_2 会_____，耳机会_____，造成这种现象的原因是_____。

第 5 步：在电容 C_1 两端并联一只 10μF 的电容，会发现 VD_1、VD_2_____，原因是_____。

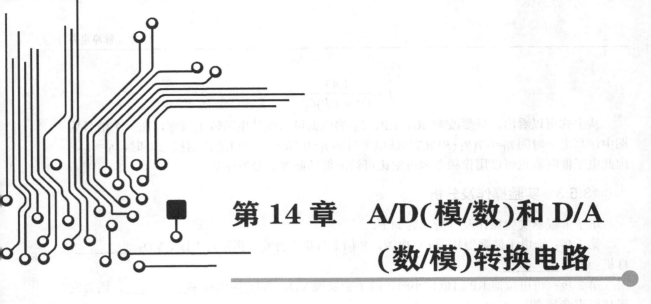

第14章　A/D(模/数)和 D/A (数/模)转换电路

14.1　概述

数字电路只能处理二进制数字信号，而声音、温度、速度和光线等都是模拟量，利用相应的传感器（如话筒）可以将它们转换成模拟信号，然后由 A/D 转换器将它们转换成二进制数字信号，再让数字电路对它们进行各种处理，最后由 D/A 转换电路将数字信号还原成模拟信号。

下面以声音的数字化处理为例来说明 A/D 和 D/A 转换过程，具体如图 14-1 所示。

图 14-1　声音的数字化处理

话筒将声音转换成音频信号（模拟信号），再送到 A/D 转换电路转换成数字音频信号（数字信号），数字音频信号被送入数字电路处理系统进行各种处理（如消除噪声、卡拉 OK 混响处理等），然后输出到 D/A 转换电路。在 D/A 转换电路中，数字音频信号被转换成音频信号（模拟信号），送到扬声器使之发声。

从上述分析可以看出，模拟信号转换成数字信号后，在数字电路处理系统中可以很灵活地进行各种各样的处理，有很多处理是模拟电路较难实现的，由此可见数字电路在数据处理方面有很多优势。

不过应承认，目前很难找到一个纯粹的全数字电路的电子产品，就是在数字化程度最高的计算机中，显示器、声卡、音箱和电源电路等部分都大量采用模拟电路技术。在今后很长的一段时间内，数字电子技术和模拟电子技术相互依存，它们相互融合应用到各种各样的电子产品中。

14.2　D/A（数/模）转换电路

14.2.1　D/A 转换原理

D/A 转换器又称数/模转换器，简称 DAC，其功能是将数字信号转换成模拟信号。

不管是十进制数还是二进制数，都可以写成数码与权的组合表达式，例如二进制数 1011 可以表示成

$$(1011)_2 = 1 \times 2^3 + 0 \times 2^2 + 1 \times 2^1 + 1 \times 2^0 = (11)_{10}$$

这里的 1 和 0 称为数码，2^3、2^2、2^1、2^0 称为权，位数越高，权值越大，所以 $2^3 > 2^2 > 2^1 > 2^0$。

D/A 转换的基本原理是将数字信号中的每位数按权值大小转换成相应大小的电压，再将这些电压相加而得到的电压就是模拟信号电压。

14.2.2　D/A 转换器

D/A 转换器的种类很多，这里介绍两种较常见的 D/A 转换器：权电阻型 D/A 转换器和倒 T 型 D/A 转换器。

1. 权电阻型 D/A 转换器

权电阻型 D/A 转换器如图 14-2 所示。由于 D/A 转换器要使用运算放大器，为了更容易理解电路原理，建议读者先了解一些运算放大器的相关知识。

（1）电子开关

图 14-2 中 $S_2 \sim S_0$ 为 3 个电子开关，开关的切换分别受输入的数字信号 $D_2 \sim D_0$ 的控制，当 D=1 时，开关置于“1”处，当 D=0 时，开关置于“2”处。电子开关可由三极管或场效应管构成，图 14-3 所示为电子开关，它由场效应管和非门构成。

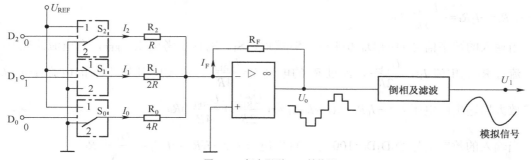

图 14-2　权电阻型 D/A 转换器

当 D=1 时，经非门 G_1 变为 0，0 送到场效应管 T_2 的栅极，T_2 截止，G_1 输出的 0 再经非门 G_2 后变为 1，它送到场效应管 T_1 的栅极，T_1 导通，相当于开关置于“1”位置。反之，若 D=0，T_2 导通，T_1 截止，相当于开关置于“2”位置。

（2）工作原理

图 14-2 中 R_2、R_1 和 R_0 的阻值分别为 R、$2R$ 和 $4R$，R_2、R_1、R_0、R_F 与运算放大器构成加法器。

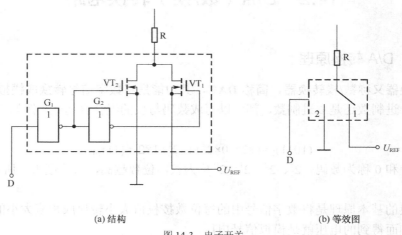

(a) 结构　　　　　　　　　　　　(b) 等效图

图 14-3　电子开关

当输入的数字信号 $D_2D_1D_0$=000 时，S_2～S_0 均接地，即无电流流过 R_2、R_1、R_0，流过反馈电阻 R_F 的电流 I_F=0，运算放大器输出的电压 U_o=$-I_FR_F$=0V。

当输入的数字信号 $D_2D_1D_0$=001 时，S_2、S_1 接地，S_0 接参考电压 U_{REF}，有电流流过 R_0，因为运算放大器"$-$"端为虚地端，电压为 0V，故流过 R_0 的电流 $I_0=\dfrac{U_{REF}}{4R}$，又因为"$-$"端与运放内部具有"虚断"特性，流入"$-$"端的电流为 0，I_0 电流全部流过反馈电阻 R_F，故 I_F=I_0，运算放大器输出的电压 U_o=$-I_FR_F$=$-I_0R_F$=$-\dfrac{U_{REF}}{4R}R_F$。

当输入的数字信号 $D_2D_1D_0$=010 时，S_2、S_0 接地，S_1 接参考电压 U_{REF}，有电流流过 R_1，流过 R_1 的电流 $I_1=\dfrac{U_{REF}}{2R}$，流过反馈电阻 R_F 的电流 I_F=I_1，运算放大器输出的电压 U_o=$-I_FR_F$=$-I_1R_F$=$-\dfrac{U_{REF}}{2R}R_F$。

当输入的数字信号 $D_2D_1D_0$=011 时，S_2 接地，S_1、S_0 接参考电压 U_{REF}，有电流流过 R_1、R_0，流过 R_1 的电流 $I_1=\dfrac{U_{REF}}{2R}$，流过 R_0 的电流 $I_0=\dfrac{U_{REF}}{4R}$，流过反馈电阻 R_F 的电流 I_F=I_1+I_0，运算放大器输出的电压 U_o=$-I_FR_F$=$-(I_1+I_0)R_F$=$-(\dfrac{U_{REF}}{2R}+\dfrac{U_{REF}}{4R})R_F$。

当输入的数字信号 $D_2D_1D_0$=100 时，输出电压 U_o=$-I_FR_F$=$-I_2R_F$=$-\dfrac{U_{REF}}{R}R_F$。

当输入的数字信号 $D_2D_1D_0$=101 时，输出电压 U_o=$-I_FR_F$=$-(I_2+I_0)R$=$-(\dfrac{U_{REF}}{R}+\dfrac{U_{REF}}{4R})R_F$。

当输入的数字信号 $D_2D_1D_0$=110 时，输出电压 U_o=$-I_FR_F$=$-(I_2+I_1)R_F$=$-(\dfrac{U_{REF}}{R}+\dfrac{U_{REF}}{2R})R_F$。

当输入的数字信号 $D_2D_1D_0$=111 时，输出电压 U_o=$-I_FR_F$=$-(I_2+I_1+I_0)R_F$=$-(\dfrac{U_{REF}}{R}+\dfrac{U_{REF}}{2R}+\dfrac{U_{REF}}{4R})R_F$。

由此可以看出，当输入的数字信号的数值越大，电路输出负的电压 U_o 越低，U_o 电压是一种阶梯信号，它经倒相和滤波平滑后就可以得到图 14-2 所示的模拟信号 U_1。

对于输入数据为 $D_2D_1D_0$ 的 3 位权电阻型 D/A 转换器，其输出电压 U_o 可表示为

$$
\begin{aligned}
U_o &= -I_FR_F \\
&= -(D_2I_2+D_1I_1+D_0I_0)R_F \\
&= -(D_2\frac{U_{REF}}{R}+D_1\frac{U_{REF}}{2R}+D_0\frac{U_{REF}}{4R})R_F \\
&= -\frac{4RU_{REF}}{4RU_{REF}}(D_2\frac{U_{REF}}{R}+D_1\frac{U_{REF}}{2R}+D_0\frac{U_{REF}}{4R})R_F \\
&= -\frac{U_{REF}R_F}{2^2R}(2^2D_2+2^1D_1+2^0D_0)
\end{aligned}
$$

举例：在图 14-2 所示的 3 位权电阻型 D/A 转换器中，U_{REF}=-8V，R_F=25kΩ，R=50kΩ，输入数字信号 $D_2D_1D_0$=101，那么输出电压 U_o 的值为

$$
\begin{aligned}
U_o &= -\frac{U_{REF}R_F}{2^2R}(2^2D_2+2^1D_1+2^0D_0) \\
&= \frac{-8\times25\times10^3}{2^2\times50\times10^3}(2^2\times1+2^1\times0+2^0\times1) \\
&= 5V
\end{aligned}
$$

对于 n 位权电阻型 D/A 转换器，其输出电压 U_o 可表示为

$$
U_o=-\frac{U_{REF}R_F}{2^{n-1}R}(2^{n-1}D_{n-1}+2^{n-2}D_{n-2}+\cdots+2^0D_0)
$$

权电阻型 D/A 转换器的优点是结构简单，使用元器件少，缺点是权电阻阻值不同，在位数多时差距大，例如在 8 位权电阻型 D/A 转换器中，如果最小电阻 R=10kΩ，那么最大电阻的阻值会达到 1.28(2^{8-1})MΩ，两者相差 128 倍，在这么大的范围内精确选择成倍数阻值的电阻很困难，并且不易集成化，因此集成 D/A 转换器很少采用权电阻型。

2. 倒 T 型 D/A 转换器

倒 T 型 D/A 转换器又称 R-2R 型 D/A 转换器，如图 14-4 所示，从图中可以看出，该电路主要采用了阻值为 R 和 $2R$ 两种电阻，可以有效解决权电阻型 D/A 转换器电阻差距大的缺点。

图 14-4 所示是一个 4 位倒 T 型 D/A 转换器，电路输入端分成 4 个相同的部分，每个部分有阻值为 R、$2R$ 两个电阻和一个电子开关，电子开关"1"端接地，"2"端接运算放大器的"$-$"端，由于运算放大器"$-$"端为虚地端，其电位为 0V，所以不管开关处于哪个位置，流过阻值为 $2R$ 电阻的电流都不会变化。

从图中不难发现，A、B、C 点往右对地电阻值都为 $2R$，A 点往右对地电阻值为 $R+2R/\!/2R$=$2R$，B 点往右对地电阻值为 $R+2R/\!/2R$（A 点往右对地电阻值）=$2R$，C 点往右对地电阻

值为 $R+2R /\!/ 2R$（B 点往右对地电阻值）=2R。电压 U_{REF} 输出的电流每经一个节点就分流一半，流过 4 个阻值为 2R 的电阻的电流分别为 $I/2$、$I/4$、$I/8$、$I/16$，当 D=0 时，电子开关处于"1"，当 D=1 时，电子开关处于"2"，流往运算放大器的电流 I_i 可表示为

$$I_i=\frac{I}{2}D_3+\frac{I}{4}D_2+\frac{I}{8}D_1+\frac{I}{16}D_0$$

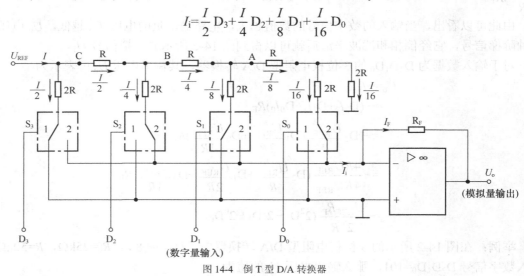

图 14-4 倒 T 型 D/A 转换器

由于电压 U_{REF} 往右对地电阻值为 $2R /\!/ 2R$（C 点往右对地电阻值）=R，故 $I=\dfrac{U_{REF}}{R}$，上式可转换为

$$I_i=\frac{I}{2^4}(2^3D_3+2^2D_2+2^1D_1+2^0D_0)$$

$$=\frac{U_{REF}}{2^4 R}(2^3D_3+2^2D_2+2^1D_1+2^0D_0)$$

因为 $U_o=-I_F R_F$，而 $I_F=I_i$，所以输出电压为

$$U_o=-I_i R_F$$

$$=-\frac{U_{REF}R_F}{2^4 R}(2^3D_3+2^2D_2+2^1D_1+2^0D_0)$$

对于 n 位倒 T 型 D/A 转换器，其输出电压为

$$U_o=-\frac{U_{REF}R_F}{2^n R}(2^{n-1}D_{n-1}+2^{n-2}D_{n-2}+\cdots2^0D_0)$$

从上式可以看出，当 n 位倒 T 型 D/A 转换器输入的数字信号（$D_{n-1}D_{n-2}\cdots D_0$）越大，$(2^{n-1}D_{n-1}+2^{n-2}D_{n-2}+\cdots2^0D_0)$的值就越大，输出电压 U_o 的幅度也就越大，从而将不同的数字信号转换成幅度不同的模拟电压。

14.2.3 D/A 转换芯片 DAC0832

1. 内部结构

DAC0832 是一个 8 位分辨率的 D/A 转换器，其内部结构和引脚排列如图 14-5 所示。从图中可以看出，DAC0832 内部有 8 位输入锁存器、8 位 DAC 寄存器、8 位 D/A 转换器和一

些控制门电路。

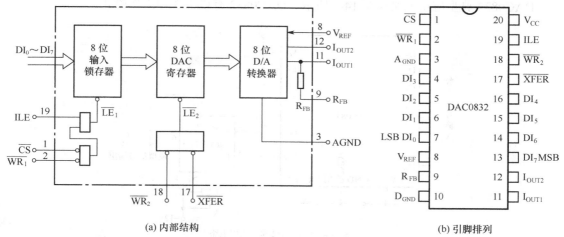

(a) 内部结构　　　　　　　　　(b) 引脚排列

图 14-5　D/A 转换芯片 DAC0832

2. 各引脚功能

DAC0832 各引脚功能如下。

$DI_0 \sim DI_7$: 8 位数据输入端，TTL 电平，有效时间大于 90ns。

ILE: 数据锁存允许控制端，高电平有效，当 ILE=1 时，8 位输入锁存器允许数字信号输入。

$\overline{CS}$: 片选控制端，低电平有效，当 $\overline{CS}$ =0 时，本片被选中工作。

$\overline{WR_1}$: 输入锁存器写选通控制端。如图 14-5（a）所示，输入锁存器能否锁存输入数据，由 ILE、$\overline{CS}$、$\overline{WR_1}$ 共同决定，当 ILE 为高电平、$\overline{CS}$ 为低电平、$\overline{WR_1}$ 输入低电平脉冲（宽度应大于 500ns）时，$\overline{CS}$、$\overline{WR_1}$ 电平取反后送到与门（与门输入端的小圆圈表示取反），在锁存器的 $\overline{LE_1}$ 端会得到一个高电平。在 $\overline{LE_1}$ 为高电平时，锁存器的数据会随数据输入线的状态变化（即不能锁存数据），当 $\overline{LE_1}$ 由高电平转为低电平（$\overline{WR_1}$ 低电平脉冲转为高电平）时，输入线上的数据被锁存下来（即输入线的数据再发生变化，锁存器中的数据不会随之变化）。

$\overline{XFER}$: 数据传送控制端，低电平有效。

$\overline{WR_2}$: DAC 寄存器写选通控制端。DAC 寄存器能否保存输入数据，由 $\overline{XFER}$、$\overline{WR_2}$ 共同决定，当 $\overline{XFER}$ 为低电平、$\overline{WR_2}$ 输入低电平脉冲，在寄存器的 $\overline{LE_2}$ 会得到一个高电平。在 $\overline{LE_2}$ 为高电平时，寄存器不能保存锁存器送来的数据，当 $\overline{LE_2}$ 由高电平转为低电平（$\overline{WR_2}$ 低电平脉冲转为高电平）时，寄存器将锁存器送来的数据保存下来。

I_{OUT1}: 模拟量电流输出端 1。当 $DI_0 \sim DI_7$ 端都为 1 时，I_{OUT1} 的值最大。

I_{OUT2}: 模拟量电流输出端 2。该端的电流值与 I_{OUT1} 之和为一常数，即 I_{OUT1} 的值大时 I_{OUT2} 的值小。

R_{FB}: 反馈信号输入端。在芯片该引脚内部有反馈电阻。

V_{CC}: 电源输入端。该端可接+5～+15V 电压。

V_{REF}: 基准电压输入端。该端可接−10～+10V 电压，此端电压决定 D/A 输出电压的范围。

A_{GND}: 模拟电路地。它为模拟信号和基准电源的参考地。

D_{GND}: 数字电路地。它为工作电源地和数字电路地。

3. 应用电路

DAC0832 典型应用电路如图 14-6 所示。DAC0832 有以下 3 种工作模式。

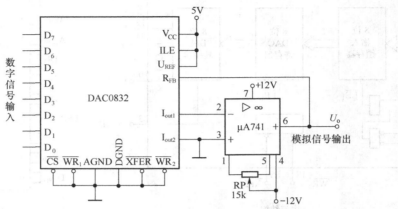

图 14-6　DAC0832 典型应用电路

① 直通工作模式。当 $\overline{WR_1}$、$\overline{WR_2}$、$\overline{XFER}$ 和 $\overline{CS}$ 接低电平，ILE 接高电平时，DAC0832 处于直通工作模式，在该模式下，输入锁存器和 DAC 寄存器都处于直通状态，输入的数字信号可以直接通过它们到达 D/A 转换器。

② 单缓冲工作模式。当 $\overline{WR_2}$、$\overline{XFER}$ 接低电平时，DAC 寄存器工作在直通状态，由输入锁存器缓冲送来的信号可以直接通过 DAC 寄存器到达 D/A 转换器。

③ 双缓冲工作模式。当输入锁存器和 DAC 寄存器都处于受控状态时，数字信号在锁存器和寄存器中都要经过缓冲，再送到 D/A 转换器。

在图 14-6 所示电路中，DAC0832 工作在直通模式，$D_7 \sim D_0$ 端输入的数字信号在内部直接通过输入锁存器和 DAC 寄存器，然后经 D/A 转换器转换成模拟信号电流从 I_{out1} 端输出，再送到运算放大器 μA741 进行放大，并转换成模拟信号电压 U_o 输出。

14.3　A/D（模/数）转换电路

14.3.1　A/D 转换原理

A/D 转换器又称模/数转换器，简称 ADC，其功能是将模拟信号转换成数字信号。模/数转换由采样、保持及量化、编码 4 个步骤来完成，A/D 转换过程如图 14-7 所示，模拟信号经采样、保持、量化和编码后就转换成数字信号。

图 14-7　A/D 转换过程

1. 采样和保持

采样就是每隔一定的时间对模拟信号进行取值；而保持则是将采样取得的信号值保存下

来。采样和保持往往结合在一起应用。下面以图 14-8 来说明采样和保持原理。

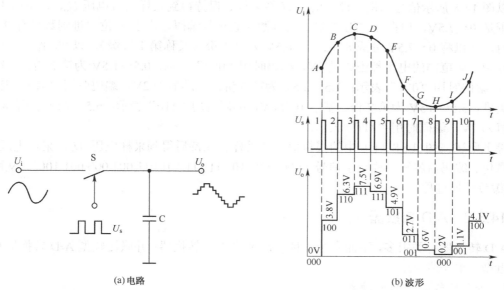

(a)电路　　　　　　　　　　　　　　　　　　(b)波形

图 14-8　采样和保持原理

图 14-8（a）中的 S 为模拟开关，实际上一般为晶体管或场效应管，S 的通、断受采样脉冲 U_s 的控制，当采样脉冲到来时，S 闭合，输入信号 U_i 可以通过，采样脉冲过后，S 断开，输入信号无法通过，S 起采样作用。电容 C 为保持电容，它能保存采样过来的信号电压值。

在工作时，给采样开关 S 输入图 14-8（b）所示的模拟信号 U_i，同时给开关 S 控制端加采样脉冲 U_s。当采样脉冲第 1 个脉冲到来时，S 闭合，此时正好是模拟信号 A 点电压到来，A 点电压通过开关 S 对保持电容 C 充电，在电容上充得与 A 点相同的电压，脉冲过后，S 断开，电容 C 无法放电，所以在电容上保持与 A 点一样的电压。

当第 2 个采样脉冲到来时，S 闭合，此时正好是模拟信号 B 点电压到来，B 点电压通过开关 S 对保持电容 C 充电，在电容 C 上充得与 B 点相同的电压，脉冲过后，S 断开，电容 C 无法放电，所以在电容 C 上保持与 B 点一样的电压。

当第 3 个采样脉冲到来时，在电容 C 上得到与 C 点一样的电压。

当第 4 个采样脉冲到来时，S 闭合，此时正好是模拟信号 D 点电压到来，由于 D 点电压较电容上的电压（第 3 个脉冲到来时 C 点对电容 C 充得的电压）略低，电容 C 通过开关 S 向输入端放电，放电使电容 C 上的电压下降到与模拟信号 D 点相同的电压，脉冲过后，S 断开，电容 C 无法放电，所以在电容 C 上保持与 D 点一样的电压。

当第 5 个采样脉冲到来时，S 闭合，此时正好是模拟信号 E 点电压到来，由于 E 点电压较电容 C 上的电压低，电容 C 通过开关 S 向输入端放电，放电使电容 C 上的电压下降到与模拟信号 E 点相同的电压，脉冲过后，S 断开，电容 C 无法放电，所以在电容 C 上保持与 E 点一样的电压。

如此工作后，在电容 C 上就得到如图 14-8（b）所示的 U_o 信号。

2. 量化与编码

量化是指根据编码位数需要，将采样信号电压分割成整数个电压段的过程。编码是指将每个电压段用相应的二进制数表示的过程。

以图 14-8 所示信号为例，模拟信号 U_i 经采样、保持得到采样信号电压 U_o，U_o 的电压变化范围是 0～7.5V，现在需要用 3 位二进制数对它进行编码，由于 3 位二进制数只有 $2^3 = 8$ 个数值，所以将 0～7.5V 分成 8 份：0～0.5V 为第 1 份（又称第 1 等级），以 0V 作为基准，即在 0～0.5V 范围的电压都当成是 0V，编码时用 "000" 表示；0.5～1.5V 为第 2 份，基准值为 1V，编码时用 "001" 表示；1.5～2.5V 为第 3 份，基准值为 2V，编码时用 "010" 表示；依此类推，5.5～6.5V 为第 7 份，基准值为 6V，编码时用 "110" 表示；6.5～7.5V 为第 8 份，基准值为 7V，编码时用 "111" 表示。

综上所述，图 14-8（b）中的模拟信号经采样、保持后得到采样电压 U_o，采样电压 U_o 再经量化、编码后就转换成数字信号（000 100 110 111 111 101 011 001 000 001 100），从而完成了模/数转换过程。

14.3.2 A/D 转换器

A/D 转换器种类很多，下面介绍两种较常见的 A/D 转换器：并联比较型 A/D 转换器和逐次逼近型 A/D 转换器。

1. 并联比较型 A/D 转换器

3 位并联比较型 A/D 转换器如图 14-9 所示，它由电阻分压器、电压比较器和 3 位二进制编码器构成。

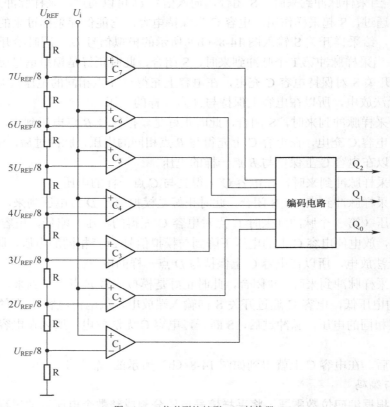

图 14-9　3 位并联比较型 A/D 转换器

参考电压 U_{REF} 经 8 个相同的电阻分压后得到 $1/8U_{REF}$，$2/8U_{REF}$，…，$7/8U_{REF}$ 7 个不同的电压，它们分别送到 7 个比较器（运算放大器）的"−"输入端，输入的模拟信号电压 U_i 同时送到 7 个比较器的"+"输入端。参考电压 U_{REF} 的数值可以根据情况设定，如果输入的模拟信号电压范围大，则要求参考电压 U_{REF} 高。

当送到各个比较器"+"端的模拟信号 U_i 电压低于 $1/8U_{REF}$ 时，每个比较器的"+"端电压都较"−"端电压低，各个比较器都输出低电平"0"，这些"0"送到 3 位二进制编码器，经编码后输出数据为 $Q_2Q_1Q_0=000$。

当输入的模拟信号电压为 $2/8U_{REF}>U_i>1/8U_{REF}$ 时，比较器 C_1 的"+"端电压都较"−"端电压高，它输出高电平"1"，而其他各个比较器的"+"端电压都较"−"端电压低，它们都输出低电平"0"，比较器输出的 $C_7C_6C_5C_4C_3C_2C_1=0000001$ 送到 3 位二进制编码器，经编码后输出数据为 $Q_2Q_1Q_0=001$。

依此类推，当输入的模拟信号电压为 $3/8U_{REF}>U_i>2/8U_{REF}$、$4/8U_{REF}>U_i>3/8U_{REF}$、$5/8U_{REF}>U_i>4/8U_{REF}$、$6/8U_{REF}>U_i>5/8U_{REF}$、$7/8U_{REF}>U_i>6/8U_{REF}$、$7/8U_{REF}>U_i>6/8U_{REF}$ 时，编码器会输出 010、011、100、101、110、111。

由上面的分析可以看出，当输入模拟信号电压时，电路会输出数字信号，从而实现了模/数转换。

并联比较型 A/D 转换器的输入和输出关系见表 14-1。

表 14-1   并联比较型 A/D 转换器的输入/输出状态表

输入信号 U_i	比较器输出							编 码 输 出		
	C_1	C_2	C_3	C_4	C_5	C_6	C_7	Q_2	Q_1	Q_0
$U_{REF} \geqslant U_i > 7/8U_{REF}$	1	1	1	1	1	1	1	1	1	1
$7/8U_{REF} \geqslant U_i > 6/8U_{REF}$	1	1	1	1	1	1	0	1	1	0
$6/8U_{REF} \geqslant U_i > 5/8U_{REF}$	1	1	1	1	1	0	0	1	0	1
$5/8U_{REF} \geqslant U_i > 4/8U_{REF}$	1	1	1	1	0	0	0	1	0	0
$4/8U_{REF} \geqslant U_i > 3/8U_{REF}$	1	1	1	0	0	0	0	0	1	1
$3/8U_{REF} \geqslant U_i > 2/8U_{REF}$	1	1	0	0	0	0	0	0	1	0
$2/8U_{REF} \geqslant U_i > 1/8U_{REF}$	1	0	0	0	0	0	0	0	0	1
$1/8U_{REF} \geqslant U_i > 0$	0	0	0	0	0	0	0	0	0	0

并联比较型 A/D 转换器的优点是转换速度快，各位数字信号输出是同时完成的，所以转换速度与输出码的位数多少无关，但这种转换器所需的元器件数量多，3 位转换器需要 $2^3-1=7$ 个比较器，而 10 位转换器需要 $2^{10}-1=1\,023$ 个比较器，因此位数多的 A/D 转换器很少采用并联比较型 A/D 转换器。

2. 逐次逼近型 A/D 转换器

逐次逼近型 A/D 转换器是一种带有反馈环节的比较型 A/D 转换器。图 14-10 所示是 3 位逐次逼近型 A/D 转换器结构示意图，它由比较器、DAC、寄存器和控制电路等组成。电路工作原理如下。

首先，控制电路将寄存器复位清零，接着控制寄存器输出 $Q_2Q_1Q_0=100$，100 经 DAC 转换成电压 U_o，U_o 送到比较器的"+"端，与此同时，待转换的模拟电压 U_i 也送到比较器的"−"

端，比较器将 U_o、U_i 两电压进行比较，比较结果有两种情况：$U_o>U_i$ 和 $U_o<U_i$。

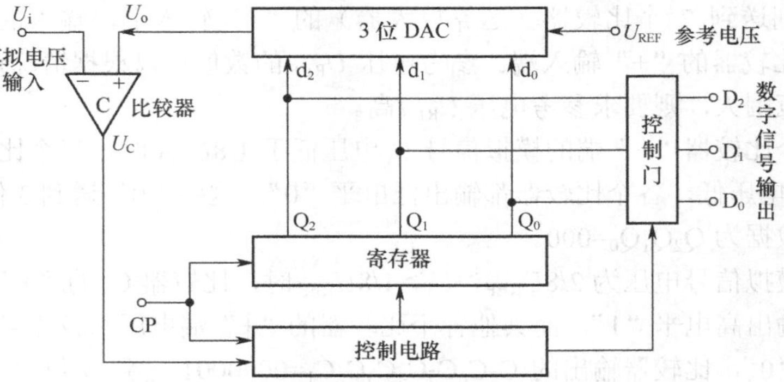

图 14-10　3 位逐次逼近型 A/D 转换器结构示意图

①　若 $U_o>U_i$，则比较器输出 U_C 为高电平，表明寄存器输出数字信号 $Q_2Q_1Q_0$=100 偏大。控制电路令寄存器将最高位 Q_2 置"0"，同时将 Q_1 置"1"，输出数字信号 $Q_2Q_1Q_0$=010，"010"再由 DAC 转换成电压 U_o 并送到比较器，与 U_i 进行比较，若 $U_o<U_i$，比较器输出 U_C 为低电平，表明寄存器输出 $Q_2Q_1Q_0$=010 偏小，控制电路令寄存器将 Q_1 的"1"保留，同时将 Q_0 置"1"，寄存器输出 $Q_2Q_1Q_0$=011，"011"转换成的模拟电压 U_o 最接近输入电压 U_i，控制电路令控制门打开，寄存器输出的"011"就经控制门送到数字信号输出端，"011"就为 U_i 当前采样点电压转换成的数字信号。接着控制电路将寄存器清"0"，然后又令寄存器输出"100"，开始将下一个采样点的 U_i 电压转换成数字信号。

②　若 $U_o<U_i$，则比较器输出 U_C 为低电平，表明寄存器输出数字信号 $Q_2Q_1Q_0$=100 偏小，控制电路令寄存器将最高位 Q_2 的"1"保留，同时将 Q_1 置"1"，输出数字信号 $Q_2Q_1Q_0$=110，"110"再由 DAC 转换成电压 U_o 并送到比较器，与 U_i 进行比较，若 $U_o>U_i$，比较器输出 U_C 为高电平，表明寄存器输出 $Q_2Q_1Q_0$=110 偏大，控制电路令寄存器将 Q_1 置"0"，同时将 Q_0 置"1"，寄存器输出 $Q_2Q_1Q_0$=101，"101"转换成的模拟电压 U_o 最接近输入电压 U_i，控制电路令控制门打开，寄存器输出的"101"经控制门送到数字信号输出端，"101"就为当前采样点电压转换成的数字信号。接着控制电路将寄存器清"0"，然后又令寄存器输出"100"，开始将下一个采样点的 U_i 电压转换成数字信号。

总之，逐次逼近型 A/D 转换器是通过不断变化寄存器输出的数字信号，并将数字信号转换成电压与输入模拟电压进行比较，当数字信号转换成的电压逼近输入电压时，就将该数字信号作为模拟电压转换成数字信号输出，从而实现 A/D 转换。

逐次逼近型 A/D 转换器在进行 A/D 转换时，每次都需要逐位比较，对于 n 位 A/D 转换器，其完成一个采样点转换所需的时间是 $n+2$ 个时钟周期，所以转换速度较并联比较型 A/D 转换器慢，但在位数多时，其使用的元器件数量较后者少得多，因此集成 ADC 广泛采用逐次逼近型 A/D 转换器。

14.3.3　A/D 转换芯片 ADC0809

1. 内部结构

ADC0809 是一个 8 位 A/D 转换器，其内部结构和引脚排列如图 14-11 所示。从图中可以看出，ADC0809 由 8 路模拟量开关、地址锁存与译码器、8 位 A/D 转换器和三态门输出锁存器等部分组成。

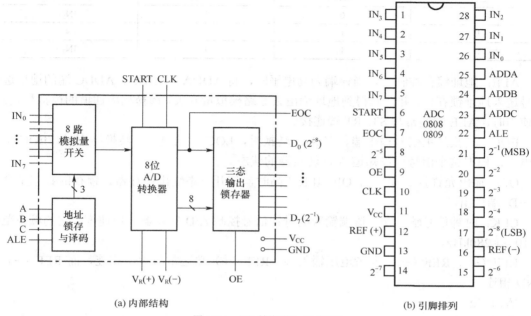

图 14-11　A/D 转换芯片 ADC0809

8 路模拟量开关可外接 8 路模拟信号输入；地址锁存与译码器的功能是锁存 A、B、C 引脚送入的地址选通信号，并译码得到控制信号，以选择 8 路模拟量开关中的某一路进入 A/D 转换器；8 位 A/D 转换器的功能是将模拟量信号转换成数字信号；三态门输出锁存器的功能是将 A/D 转换器送来的数字信号锁存起来，当 OE 端由低电平变为高电平时，锁存器就会将数字量从 $D_0 \sim D_7$ 端输出。

2. 各引脚功能说明

ADC0809 引脚排列及功能标注如图 14-11（b）所示。各引脚功能如下。

$IN_0 \sim IN_7$：8 路模拟量输入端口。

D_0（2^{-8}）$\sim D_7$（2^{-1}）：8 路数字量输出端口。

START：A/D 转换器启动控制端。START 端正脉冲宽度应大于 100ns，在脉冲上升沿来时对内部逐近寄存器清 "0"，下降沿来时，A/D 转换器开始工作，在工作期间，START 应保持低电平。

ADDA、ADDB、ADDC：8 路模拟量开关地址选通控制端。三端输入不同的值可以选择 8 路中的一路输入，具体见表 14-2。

表 14-2　　　　　　　　　　　选通控制端不同电平与所选通道

ADDC	ADDB	ADDA	选择通道
0	0	0	IN_0
0	0	1	IN_1
0	1	0	IN_2
0	1	1	IN_3
1	0	0	IN_4

续表

ADDC	ADDB	ADDA	选择通道
1	0	1	IN_5
1	1	0	IN_6
1	1	1	IN_7

ALE：地址锁存控制端。当该端为高电平时，将 ADDA、ADDB、ADDC 端的地址选通信号送入地址锁存器，并译码得到地址输出去 8 路模拟量开关，选择相应通道的模拟量输入。在使用时，ALE 端通常与 START 端连接。

EOC：转换结束信号输出端。在 A/D 转换时，EOC 为低电平，转换结束时，EOC 变为高电平，根据这个信号可以知道 A/D 转换器的状态。

OE：输出允许控制端。当 OE 由低变高时，打开三态输出锁存器，锁存的数字量会从 $D_0 \sim D_7$ 端送出。

CLK：时钟信号输入端。该端输入的时钟信号控制 A/D 转换器转换速度，它的频率范围为 10～1 280kHz。

REF（+）、REF（−）：参考电压输入端。REF（+）端通常与 V_{CC} 相连，而 REF（−）与 GND 相连。

V_{CC}：电源。

GND：接地。

3. 应用电路

图 14-12 所示是一个 ADC0809 典型应用电路。该电路有以下几个要点。

① OE 端接高电平（电源），允许芯片输出数字信号。

② CLOCK 端输入 200kHz 的脉冲作为芯片内部电路的 CP 时钟脉冲。

③ START 端和 ALE 端接单脉冲。当脉冲来时，ALE 端为高电平，使 $A_2A_1A_0$ 端输入的通道选择信号有效，芯片选择 $IN_0 \sim IN_7$ 中的某路输入；当脉冲来时，脉冲上升沿进入 START 端，使 A/D 转换器的寄存器清零，脉冲下降沿来时，A/D 转换器开始对选择通道送入的模拟电压进行 A/D 转换，从 $D_7 \sim D_0$ 端输出数字信号。

④ EOC 端悬空未用，即芯片不使用转换结束输出端功能。

图 14-12 电路的工作过程：当电路按图示方式接好后，让 $A_2A_1A_0=000$，在单脉冲输入 ALE 端时，选择 IN_0 路输入。在 CLOCK 端提供时钟脉冲和 START 端输入单脉冲后，芯片开始对 IN_0 端输入的电压进行 A/D 转换，转换成的数字信号从 $D_7 \sim D_0$ 端输出。

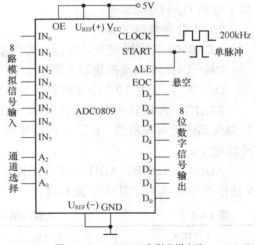

图 14-12 ADC0809 典型应用电路

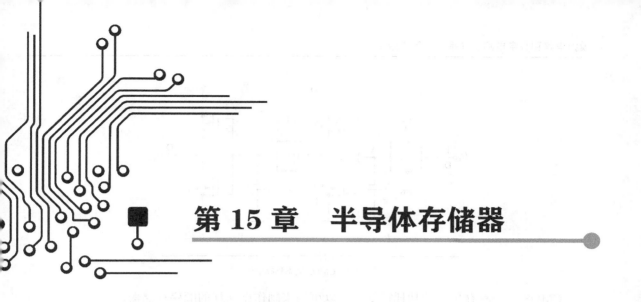

第 15 章　半导体存储器

半导体存储器是指由半导体材料制成的、用来存取二进制数的电路。半导体存储器可分为顺序存储器、随机存储器和只读存储器。存储器广泛用在数码电子产品、家电智能控制器、工业自动化控制系统中。

15.1　顺序存储器（SAM）

顺序存储器简称 **SAM**，它是一种按一定的顺序逐位（串行）将数据存入或取出的存储器，又称为串行存储器。顺序存储器是由动态移存器组成，而动态移存器则是由基本的动态移存单元组成。

15.1.1　动态移存单元

动态移存单元是顺序存储器中最基本的组成单元，由于它主要由 MOS 管构成，所以称为动态 MOS 移存单元。

动态 MOS 移存单元种类较多，由 CMOS 电路构成的 CMOS 动态移存单元较为常见。CMOS 动态移存单元如图 15-1 所示，它采用了类似主从触发器的主从结构。电路工作原理分析如下。

当 CP=1、$\overline{CP}$=0 时，传输门 TG_1 导通，TG_2 截止，主电路工作，从电路不工作。此时如果输入信号 U_i 为 "1"，它经 TG_1 对 MOS 管的输入分布电容 C_1 充电（输入分布电容是 MOS 的结构形成的，在电路中看不见，故图中用虚线表示），电容 C_1 上得到高电平，该电平使 VT_1 截止、VT_2 导通，在 B 点得到低电平 "0"。

当 CP=0、$\overline{CP}$=1 时，传输门 TG_1 截止，TG_2 导通，主电路不工作，从电路开始工作。此时 B 点的低电平 "0" 经 TG_2 送到 VT_3、VT_4 的 G 极，该电平使 VT_3 导通、VT_4 截止，输出端 U_o 输出高电平 "1"。

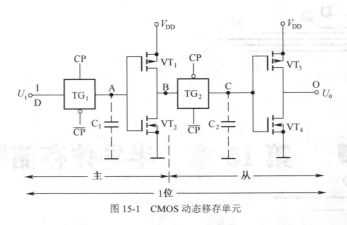

图 15-1　CMOS 动态移存单元

CMOS 动态移存单元的功耗很低，所以可用来制作微功耗的顺序存储器。

15.1.2　动态移存器

动态移存器是由很多动态 MOS 移存单元串接而成的，所以又称动态 MOS 移存器。图 15-2 是一个 1024 位动态移存器。电路工作原理如下。

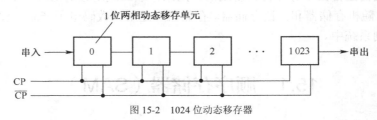

图 15-2　1024 位动态移存器

当第 1 个时钟脉冲到来时，CP=1、$\overline{CP}$ =0，数据由串入端进入第 1 个动态移存单元的主移存单元，时钟脉冲过后，CP=0、$\overline{CP}$ =1，数据由主移存单元进入从移存单元。

当第 2 个时钟脉冲到来时，CP=1、$\overline{CP}$ =0，数据从第 1 个动态移存单元移出，进入第 2 个动态移存单元的主移存单元，时钟脉冲过后，CP=0、$\overline{CP}$ =1，数据由主移存单元进入从移存单元。

也就是说，每到来一个时钟脉冲，数据就前进 1 位，1024 个时钟脉冲过后，1024 位数据就依次存入这个 1024 位的动态移存器。

15.1.3　顺序存储器

顺序存储器是由动态移存器和一些控制电路组合构成的。

1.　1024×1 位顺序存储器

1024×1 位顺序存储器可以存储 1024 位数据，其组成如图 15-3 所示。

该顺序存储器由 3 个门电路构成的控制电路和一个 1024 位的动态移存器组成，它有 3 种工作方式：写、读和循环刷新。顺序存储器的 R/$\overline{W}$ 为读/写控制端。

当 R/$\overline{W}$ =0 时，与门 G_1 关闭，从输出端反馈过来的数据无法通过与门 G_1，与门 G_2 开通（G_2 端小圆圈表示低电平输入有效，并且输入电平还需经非门转换再送到与门输入端），D 端输入的数据通过与门 G_2、或门 G_3 送入动态移存器，在时钟脉冲 CP 和 $\overline{CP}$ 的控制下，输入的数据逐位进入移存器,此工作方式称为写操作。

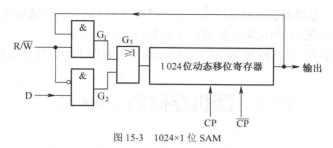

图 15-3　1024×1 位 SAM

当 R/$\overline{W}$=1 时,与门 G_1 开放,与门 G_2 关闭,D 端的数据无法进入,即无法进行写操作;在 CP 和 $\overline{CP}$ 的控制下,移存器内的数据逐位从输出端输出,即将数据逐位取出,此工作方式称为读操作。

另外,在 R/$\overline{W}$=1 时,移存器输出端的数据除了往后级电路传送外,还通过一条反馈线反送到移存器输入端重新逐位进入移存器,这个过程称为"刷新"。"刷新"可以让移存器中的数据得以长时间保存,有效地解决了移位寄存器中 MOS 管输入分布电容不能长时间保存数据的问题。在不对存储器进行读、写操作时,应让 R/$\overline{W}$=1,让存储器不断进行循环刷新,使数据能一直保存。

2.　1024×8 位顺序存储器

1024×8 位顺序存储器实际上是一个 1KB(1024 字节)的存储器,其组成如图 15-4 所示,从图中可以看出,它由 8 个 1024×1 位顺序存储器(SAM)并联而成。电路工作原理如下。

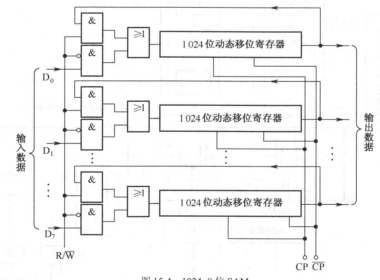

图 15-4　1024×8 位 SAM

8 位数据同时送到 D_0～D_7 8 个输入端,R/$\overline{W}$ 端同时接到 8 个 SAM 的读/写控制端,时钟控制信号 CP、$\overline{CP}$ 端同时接到 8 个 SAM 的动态移存器。

当 R/$\overline{W}$=0 时,存储器执行写操作,8 位数据从 D_0～D_7 端进入 8 个 SAM,在时钟脉冲 CP、$\overline{CP}$ 的控制下,8 位数据同时逐位进入 8 个动态移存器。1024 个时钟脉冲过后,1024×8

位数据就存入这个存储器。

当 R/$\overline{W}$=1 时，存储器执行读操作，在时钟脉冲的控制下，存储器中的 8 位数据逐位输出。1024 个时钟脉冲过后，1024×8 位数据全部被读出。

在不进行读、写操作时，使 R/$\overline{W}$=1，存储器输出的数据不断地反送到输入端进行"刷新"。

15.2　随机存储器（RAM）

顺序存储器具有存入和取出数据的功能，但如果需要从中任取 1 位数据时，就需要先将该数据右边的数据全部移出，然后才能取出该位数据，显然这样速度很慢，并且很麻烦，随机存储器可以很好解决这个问题。

随机存储器也有读/写功能，所以也叫可读写存储器，简称 **RAM**。随机存储器能存入数据（称为写数据）、又可以将存储的数据取出（称为读数据），在通电的情况下数据可以一直保存，断电后数据会消失。

15.2.1　随机存储器的结构与原理

随机存储器主要由存储矩阵、地址译码器、片选与读/写控制电路 3 部分组成，其结构如图 15-5 所示。

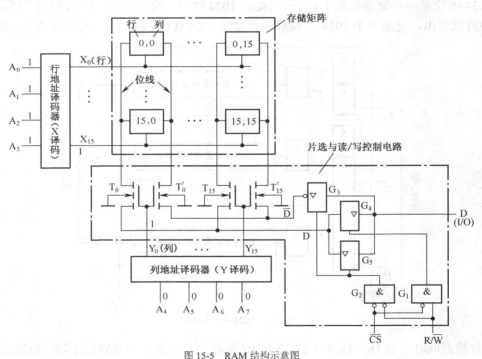

图 15-5　RAM 结构示意图

1. 存储矩阵

RAM 中有很多存储单元（由 MOS 管或触发器构成），每个存储单元能存储 1 位二进制数（"1"或"0"），这些存储单元通常排列成矩阵，称之为存储矩阵。图 15-5 所示的每个小方块都代表一个存储单元，它们排列成 16 行 16 列的矩形阵列，共有 256 个存储单元，可以存储 256×1 个二进制数，即该 RAM 的容量为 256×1 位。

2. 地址译码器

存储矩阵就像一幢大楼，大楼有多层，并且每层有多个房间，存储单元就像每个房间。一个 16 行 16 列的存储矩阵就相当于一幢 16 层、每层有 16 个房间的大楼，每个房间可以存储物品，为了存取物品方便，需要给每个房间进行地址编号，例如第 8 层第 7 个房间的地址编号为 0807，以后只要给出地址编号 0807 就可以找到这个房间，将物品存入或取出。

同样地，存储矩阵中的每个存储单元都有地址编号，比如 15 行 0 列的存储单元的地址编号为 1500。不过存储单元地址编号都采用二进制表示，15 行 0 列的存储单元的二进制地址就是 11110000，其中 1111 为行地址，0000 为列地址。

地址译码器的功能就是根据输入的地址码选中相应的存储单元。在图 15-5 中，第 15 行 0 列存储单元的地址码是 11110000，如果要选中该单元，可以将行地址 1111 和列地址 0000 分别送到行、列地址译码器，即让 $A_3A_2A_1A_0$=1111，$A_7A_6A_5A_4$=0000。

$A_3A_2A_1A_0$=1111 经行地址译码后，从行线 X_{15} 输出高电平，其他的行线都为低电平，第 15 行的存储单元都被选中；$A_7A_6A_5A_4$=0000 经列地址译码后，只有列线 Y_0 输出高电平，高电平送到门控管 T_0、T_0' 的 G 极，两个门控管导通，第 0 列存储单元被选中。同时被行、列选中的只有第 15 行 0 列存储单元，可以对该单元进行读/写操作。

3. 片选与读/写控制电路

有一些数字电路处理系统需要 RAM 的容量很大，一片 RAM 往往不能满足要求，通常的做法是将多片 RAM 组合起来使用，系统在对 RAM 读写时，每次只与其中的一片或几片 RAM 发生联系，为了让一些 RAM 工作而让另一些 RAM 不工作，在每片 RAM 上加有控制端，又称片选 $\overline{CS}$。

在图 15-5 所示的 RAM 进行写操作时，输入的数据 D 是经过三态门 G_3、G_5 进入存储单元的；而在读操作时，存储器的数据是通过三态门 G_4 送到数据线上。具体读/写操作过程分析如下。

当片选端 $\overline{CS}$=0 时，它送到与门，取反后变为"1"，使 G_2、G_1 都开通（与门输入端的小圆圈表示在输入端加非门，对输入信号取反），该 RAM 处于选中状态。若 $R/\overline{W}$=1，则 G_2 输出"0"，它使三态门 G_3、G_5 呈高阻态；而 G_1 输出"1"，它使三态门 G_4 导通，存储器执行读操作，存储矩阵的数据可以通过门控管 T 和三态门 G_4 送往数据线。若 $R/\overline{W}$=0，则 G_1 输出"0"，它使三态门 G_4 呈高阻态，而 G_2 输出"1"，它使三态门 G_3、G_5 呈导通状态，存储器执行写操作，数据线 D 上的数据通过 G_3、G_5 和门控管 T、T′ 送到存储矩阵。

当片选端 $\overline{CS}$=1 时，它送到与门，取反后变为"0"，G_2、G_1 都被封锁，三态门 G_3、G_4、G_5 都呈高阻态，数据线与存储器隔断，无法对该存储器进行读/写操作。即当片选端 $\overline{CS}$=1 时，该 RAM 处于未选中状态。

4. RAM 的工作过程

如果要往 RAM 中的某存储单元存入或取出数据，首先将该单元的地址码送到行、列地址译码器。例如将地址码 $A_7A_6A_5A_4A_3A_2A_1A_0$=00001111 送到行、列地址译码器，译码后选中第 15 行 0 列存储单元，然后送片选信号到 $\overline{\text{CS}}$ 端，让 $\overline{\text{CS}}$ =0，该存储器处于选中状态，再送出读/写控制信号到 R/$\overline{\text{W}}$ 端。若 R/$\overline{\text{W}}$ =1，执行读操作，三态门 G_4 处于导通状态，选中的存储单元中的数据经位线、T_0 和 G_4 输出到数据线上；若 R/$\overline{\text{W}}$ =0，执行读操作，三态门 G_3、G_5 导通，数据线上的数据经 G_3、G_5 和 T_0、T_0' 及位线存入选中的存储单元中。

15.2.2 存储单元

存储器的记忆体是存储单元，根据工作原理不同，存储单元可分为静态存储单元和动态存储单元。

1. 静态存储单元

静态存储单元采用了触发器作为记忆单元，用静态存储单元构成的存储器称为静态存储器。静态存储单元通常有两种：NMOS 存储单元和 CMOS 存储单元。

（1）NMOS 存储单元

NMOS 存储单元如图 15-6 所示。

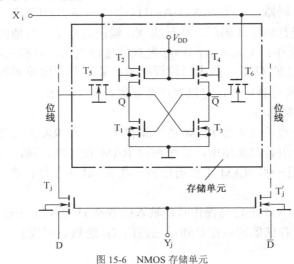

图 15-6　NMOS 存储单元

该存储单元采用了 6 只 NMOS 管，故称为 6 管 NMOS 存储单元，其中 T_1、T_2、T_3、T_4 组成基本 RS 触发器，用来存储 1 位二进制数。T_5、T_6 为行控制门管，受行线 X_i 的控制，当 X_i=1 时，T_5、T_6 导通，触发器的 Q、$\overline{\text{Q}}$ 数据可以通过 T_5、T_6 送到位线，位线上的数据也可以经 T_5、T_6 送到触发器；当 X_i=0 时，T_5、T_6 截止，无法对触发器进行读写。T_j、T_j' 为列控制门管，当列线 Y_j=1 时，T_j、T_j' 导通，数据线上的数据可以通过 T_j、T_j' 到达位线，因为 T_j、T_j' 为列内各存储单元共用，故不计入存储单元的器件数目。NMOS 存储单元的数据读/写过程分析如下。

如果要将数据 D=1 写入存储单元，首先让 X_i=Y_j=1（来自地址码），使 T_5、T_6 和 T_j、T_j' 都导通，数据 D=1、$\overline{\text{D}}$ =0 分别通过 T_j、T_j' 送到位线，再经 T_5、T_6 送到触发器，$\overline{\text{D}}$ =0 加到 T_1 的栅极，T_1 截止，D=1 加到 T_3 的栅极，T_3 导通，触发器的 Q=1、$\overline{\text{Q}}$ =0，此单元就写入了数据"1"。

如果要读出存储单元的数据，让 $X_i=Y_j=1$，T_5、T_6、T_j、T_j' 都导通，触发器的 $Q=1$、$\overline{Q}=0$ 分别通过 T_5、T_6 送到位线，再经 T_j、T_j' 送到数据线，从而完成数据的读取过程。

（2）CMOS 存储单元

CMOS 存储单元如图 15-7 所示。CMOS 存储单元与 6 管 NMOS 存储单元相似，只是将其中两只 NMOS 管换成 PMOS 管而构成 CMOS 型基本 RS 触发器。CMOS 存储单元工作过程与 NMOS 存储单元相同，这里不再叙述。

与 NMOS 存储单元相比，CMOS 存储单元具有功耗极小的特点，在降低电源电压的情况下还能保存数据，因此用 CMOS 存储单元构成的存储器在主电源断电的情况下，可以用电池供电，从而弥补随机存储器数据因断电而丢失的缺点。

2. 动态存储单元

动态存储单元采用了 MOS 管的栅电容（分布电容）来存储数据。用动态存储单元构成的存储器称为动态存储器。动态存储单元通常有两种：3 管存储单元和单管存储单元。

（1）3 管存储单元

3 管存储单元如图 15-8 所示。

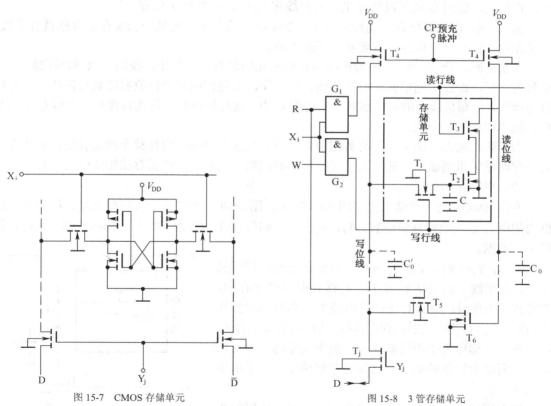

图 15-7　CMOS 存储单元　　　　图 15-8　3 管存储单元

图 15-8 中点画线框内部分是动态存储单元，它只利用 T_2 管的栅电容 C 来存储数据。T_4、T_4'、T_6、T_5、T_j 是该列各个存储单元公用电路，与门 G_1、G_2 供该行公用。下面从预充、读数据、写数据和刷新几方面来讲该电路工作原理。

① 预充。在对存储单元读写前要进行预充，T_4、T_4' 是该列的预充管。在对存储单元读

写前，将预充脉冲 CP 送到 T_4、T_4' 栅极，两管导通，电源分别经 T_4、T_4' 对读、写位线上的分布电容 C_0、电容 C_0' 充电，预充脉冲过后，在电容 C_0、电容 C_0' 上保持高电平。

② 读数据。预充后用地址码选中该单元，即让 $X_i=Y_j=1$，让读写控制端 R=1。$X_i=1$、R=1 使门 G_1 输出高电平"1"，它送到 T_3 的栅极，T_3 导通；同时 $Y_j=1$ 使 T_j 也导通。

若电容 C 上已存了"1"，则会使 T_2 导通，电容 C_0 经 T_3、T_2 放电，读位线降为低电平"0"，它使 T_6 截止，电容 C_0' 无法通过 T_5、T_6 放电，故写位线上保持为"1"，写位线上的"1"通过 T_j 输出到数据线 D 上，从而完成了读"1"的过程。

若电容 C 上已存了"0"，则 T_2 截止，电容 C_0 无法通过 T_3、T_2 放电，读位线保持高电平"1"，它使 T_6 导通，电容 C_0' 通过 T_5、T_6 放电，故写位线降为低电平"0"，写位线上的"0"通过 T_j 输出到数据线 D 上，从而完成了读"0"的过程。

从上面分析过程可以看出，电容 C 上的数据先反相传递到读位线上，然后读位线数据反相后传到写位线上，经两次反相后传递到写位线上的数据与电容 C 上的数据一致，该数据再送到数据线 D 上。

③ 写数据。在需要往存储单元写入数据时，让 $X_i=Y_j=1$、W=1，这样写行线上为"1"，T_1、T_j 导通，数据 D 就可以通过 T_j、写位线和 T_1 送到电容 C 上保存。

④ 刷新。由于栅电容不能长时间（约 20ms）保存数据，时间一长保存的数据就会丢失，为了能让数据长时间保存，就要对其不断"刷新"。

在刷新时，让 $Y_j=0$，隔断数据线与存储单元的联系，然后让读控制端 R 和写控制端 W 交替为"1"，即让存储单元不断进行读、写操作，先进行读操作将数据读到写位线上，再进行写操作，将写位线上的数据重新写入电容 C 中。这样每进行一次读写操作，电容 C 上的数据就被"刷新"了一次。

为了防止动态存储单元中的数据消失，一般要求在 20ms 内将整个动态存储器芯片内所有的存储单元重新刷新一遍。为了减少刷新的次数，通常每次刷新存储矩阵中的一行。

（2）单管存储单元

单管 NMOS 动态存储单元如图 15-9 所示。图 15-9 中省略了读写控制电路，图中点画线框内的电容 C 为数据存储电容，T_1、T_2 为行、列门控管，C_0 为位线上的分布电容，能暂存位线上的数据。

当 $X_i=Y_j=1$ 时，T_1、T_2 导通，存储单元在进行写操作时，数据线上的数据 D 经 T_2、T_1 送到电容 C 上存储，在进行读操作时，电容 C 上的数据经 T_1、T_2 送到数据线上。由于电容 C 不能长时间保存数据，所以也要进行刷新。

单管存储单元采用的器件少，故集成度高，并且功耗低，所以大容量的动态存储器的存储单元大多采用单管构成。

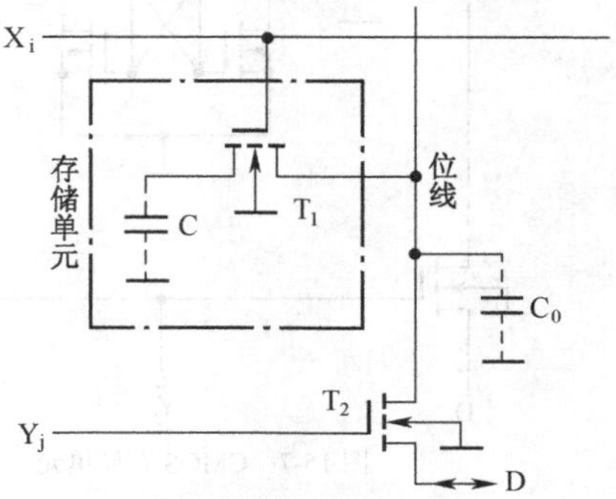

综上所述，动态存储单元比静态存储单元所用的器件少，集成度可以做得更高，在相同容量的情况下，由

图 15-9 单管 NMOS 动态存储单元

动态存储单元构成的动态存储器成本更低，但它需要刷新，不如静态存储器使用方便，且存取速度慢。

15.2.3　存储器容量的扩展

在一些数字电路系统中，经常需要存取大量的数据，一片 RAM 往往不够用，这时就要进行存储容量扩展。**存储容量扩展通常有两种方式：一是字长扩展；二是字数扩展。**

1. 字长扩展

存储器内部存储数据都是以存数单元进行的，例如 Intel 2114 型存储器内部有 1024 个存数单元，每个存数单元能存 4 个二进制数。**所谓字长是指存储器的每个存数单元存取二进制数的位数。**

Intel 2114 型存储器能存取 1024 个 4 位二进制数，其字长为 4 位。如果需要存储器能存取 1024 个 8 位二进制数，也就是说需要进行字长扩展，可以将两片 2114 并联起来。用两片 1024×4 位 RAM 组成的 1024×8 位 RAM 电路如图 15-10 所示。

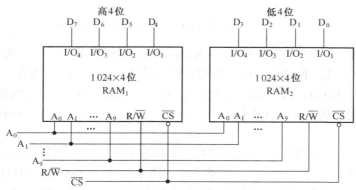

图 15-10　用两片 1024×4 位 RAM 组成的 1024×8 位 RAM 电路

将 RAM_1 的 4 位数据线作为高 4 位数据线 $D_7 D_6 D_5 D_4$，而将 RAM_2 的 4 位数据线作为低 4 位数据线 $D_3 D_2 D_1 D_0$；将两片 RAM 的 10 位地址线 $A_9 \sim A_0$ 和控制端（R/$\overline{W}$、$\overline{CS}$）都分别并联起来。

在进行读写操作时，让 R/$\overline{W}$=0 或 R/$\overline{W}$=1，$\overline{CS}$=0，两片 RAM 都同时工作，从地址线 $A_9 \sim A_0$ 输入地址信号，同时选中 RAM_1 和 RAM_2 中的某个单元，然后通过数据线 $D_7 D_6 D_5 D_4$ 将高 4 位数写入 RAM_1 选中的单元，或从该单元将高 4 位数读出，而通过数据线 $D_3 D_2 D_1 D_0$ 将低 4 位数据存入 RAM_2 选中的单元中，或从该单元将低 4 位数读出。

当 $\overline{CS}$=1 时，两片 RAM 被封锁，无法对它们进行读写操作。

2. 字数扩展

字数扩展是指扩展存数单元的个数。例如 Intel 2114 型存储器能存储 1024 个 4 位二进制数，如果需要存储 4 096 个 4 位二进制数，那么就要进行字数的扩展，采用 4 片 Intel 2114 型 RAM 来扩展。用 4 片 1024×4 位 RAM 组成的 4 096×4 位 RAM 电路如图 15-11 所示。

在该电路中，将 4 片 RAM 的 10 位地址线 $A_9 \sim A_0$、控制端 R/$\overline{W}$ 和 4 位数据线 $D_3 D_2 D_1 D_0$ 都分别并联起来。由于 4 片 RAM 组成的存储器字长仍为 4 位，但存数单元增加了 4 倍，而 10 位地址码的寻址只有 2^{10}=1024 个，所以需要再增加两根地址线，才能实现 4096（即 2^{12}）个单元的寻址。Intel 2114 只有 10 根地址线，无法再增加地址线，解决的方法是将两根地址线接到 2 线—4 线译码器，再把译码器 4 个输出端分别接到 4 片 RAM 的 $\overline{CS}$ 端。

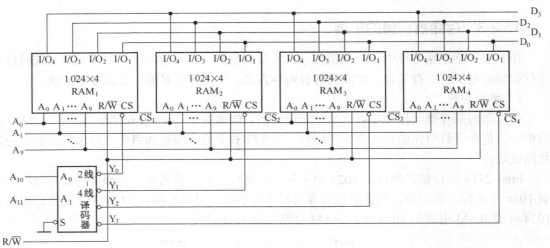

图 15-11　用 4 片 1024×4 位 RAM 组成的 4 096×4 位 RAM 电路

在读写操作时（由 R/$\overline{\text{W}}$ 端控制），若 $A_{11}A_{10}$=00，经译码器译码后，从 Y_0 端输出 "0"，它送到 RAM$_1$ 的 $\overline{\text{CS}}$ 端，RAM$_1$ 工作，因为译码器的 Y_3、Y_2、Y_1 端均为 "1"，它们分别送到 RAM$_4$、RAM$_3$、RAM$_2$ 的 $\overline{\text{CS}}$ 端，这 3 个 RAM 都不工作。此时 12 位地址线 A_{11}~A_0 只可以选中 RAM$_1$ 内部 1024 个单元中任意一个，它的地址范围是 000000000000~001111111111（$A_{11}A_{10}$=00）。

当 $A_{11}A_{10}$=01 时，译码器 Y_1 端输出 "0"，RAM$_2$ 工作，12 位地址线 A_{11}~A_0 只可以选中 RAM$_2$ 内部 1024 个单元中任意一个，它的地址范围是 010000000000~011111111111。

当 $A_{11}A_{10}$=10 时，译码器 Y_2 端输出 "0"，RAM$_3$ 工作，12 位地址线 A_{11}~A_0 只可以选中 RAM$_3$ 内部 1024 个单元中任意一个，其地址范围是 100000000000~101111111111。

当 $A_{11}A_{10}$=11 时，译码器 Y_3 端输出 "0"，RAM$_4$ 工作，12 位地址线 A_{11}~A_0 只可以选中 RAM$_4$ 内部 1024 个单元中任意一个，其地址范围是 110000000000~111111111111。

各片 RAM 的地址分配见表 15-1。

表 15-1　　　　　　　　　　各片 RAM 的地址分配

选中芯片	A_{11}	A_{10}	$\overline{\text{CS}}_1$	$\overline{\text{CS}}_2$	$\overline{\text{CS}}_3$	$\overline{\text{CS}}_4$	地址范围（$A_{11}A_{10}\cdots A_0$）
RAM$_1$	0	0	0	1	1	1	000000000000~001111111111
RAM$_2$	0	1	1	0	1	1	010000000000~011111111111
RAM$_3$	1	0	1	1	0	1	100000000000~101111111111
RAM$_4$	1	1	1	1	1	0	110000000000~111111111111

15.3　只读存储器（ROM）

顺序存储器和随机存储器能写入或读出数据，但断电后数据会丢失，而在很多数字电路系统中，常需要长期保存一些信息，如固定的程序、数字函数、常数和一些字符，这就要用到只读存储器。只读存储器简称 **ROM**，它是一种能长期保存信息的存储器。这种存储器具有断电后信息仍可继续保存的特点，在正常工作时只可读取数据，而不能写入数据。

　　ROM 的种类很多，根据信息的写入方式划分，有固定只读存储器（ROM）、可编程只读存储器（PROM）、可改写只读存储器（EPROM）和电可改写只读存储器（EEPROM）；根据构成的器件分，有二极管 ROM、双极型三极管 ROM 和 MOS 管 ROM。

15.3.1　固定只读存储器（ROM）

固定只读存储器是指在生产时就将信息固化在存储器中，用户不能更改其中信息的存储器。

1. 二极管固定 ROM

二极管固定 ROM 如图 15-12 所示，它由存储矩阵、地址译码器和输出电路组成。

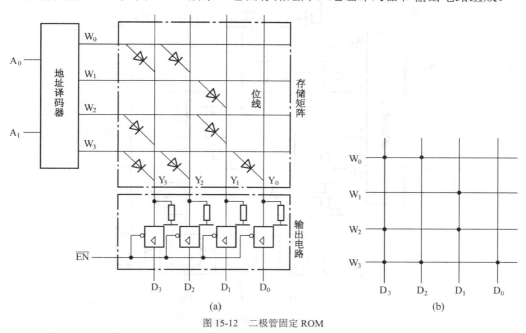

图 15-12　二极管固定 ROM

　　这里的地址译码器采用 2 线—4 线译码器，输入接两根地址线，输出为 4 根字选线 $W_0 \sim W_3$。存储矩阵由 4 根字选线 $W_0 \sim W_3$ 和 4 根位线 $Y_0 \sim Y_3$ 再加上一些二极管构成，字选线与位线的交叉点代表一个存储单元，它们共有 $4 \times 4 = 16$ 个交叉点，即有 16 个存储单元，能存储 4 个 4 位二进制数，交叉处有二极管的单元表示存储数据为"1"，无二极管的单元表示存储数据为"0"。输出电路由 4 个三态门构成，三态门的导通受使能端 $\overline{EN}$ 的控制，$\overline{EN} = 0$ 时三态门导通。

　　如果需要从 ROM 中读取数据，可以让 $\overline{EN} = 0$，并送地址码到地址译码器的 $A_1 A_0$ 端，例如 $A_1 A_0 = 00$，经地址译码后从字选线 W_0 输出"1"，与字选线 W_0 相连的两个二极管导通，位线 Y_3、Y_2 得到"1"，因为字选线 $W_1 \sim W_3$ 均为低电平，故与这些字选线相连的二极管都截止，相应的位线为"0"，4 条位线 $Y_3 \sim Y_0$ 的数据为 1100，这 4 位数据经 4 个三态门输出到数据线 $D_3 \sim D_0$ 上。即当输入的地址 $A_1 A_0 = 00$ 时，输出数据 $D_3 D_2 D_1 D_0 = 1100$。

　　当输入的地址 $A_1 A_0 = 01$ 时，输出数据 $D_3 D_2 D_1 D_0 = 0010$；

　　当输入的地址 $A_1 A_0 = 10$ 时，输出数据 $D_3 D_2 D_1 D_0 = 1010$；

当输入的地址 A_1A_0=11 时，输出数据 $D_3D_2D_1D_0$=1101。

为了画图方便，通常在存储矩阵中有二极管的交叉点用"码点"表示，而省略二极管，这样就得到了存储矩阵的简化图，如图 15-12（b）所示。

2. MOS 管固定 ROM

MOS 管固定 ROM 如图 15-13 所示。从图中可以看出，MOS 管固定 ROM 与二极管固定 ROM 大部分是相同的，不同之处主要是用 NMOS 管取代二极管。

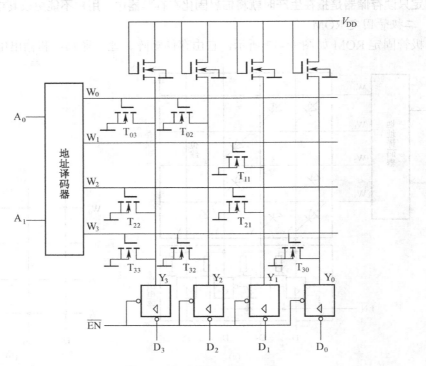

图 15-13　MOS 管固定 ROM

在读数据时，可以让 $\overline{EN}$ =0，当 A_1A_0=00 时，经地址译码后从字选线 W_0 输出"1"，与字选线 W_0 相连的两个 MOS 导通，位线 Y_3、Y_2 得到低电平"0"，因为字选线 W_1～W_3 均为低电平，故与这些字选线相连的 MOS 管都截止，相应的位线为"1"，4 条位线 Y_3～Y_0 的数据为 0011，数据 0011 经 4 个三态门输出并反相送到数据线 D_3～D_0 上，输出数据 $D_3D_2D_1D_0$=1100。

当输入的地址 A_1A_0=01 时，输出数据 $D_3D_2D_1D_0$=0010；

当输入的地址 A_1A_0=10 时，输出数据 $D_3D_2D_1D_0$=1010；

当输入的地址 A_1A_0=11 时，输出数据 $D_3D_2D_1D_0$=1101。

15.3.2　可编程只读存储器（PROM）

固定 ROM 存储的信息是固化的，用户不能更改，这对大量需要固定信息的数字电路系统是适合的。但是在开发数字电路系统新产品时，人们经常需要将自己设计的信息内容写入 ROM，固定 ROM 对此是无能为力的。遇到这种情况时可采用一种具有可写功能的 ROM——

可编程只读存储器来实现。

可编程只读存储器英文缩写为 **PROM**，在出厂时，它是一种空白 **ROM**（存储单元全为"**1**"或"**0**"），用户可以根据需要写入信息，写入信息后就不能再更改，也就是说可编程 **ROM** 只能写一次。

可编程 ROM 的组成结构与固定 ROM 相似，只是在存储单元中的器件（二极管、晶体管或 MOS 管）上接有镍铬或多晶硅熔丝，在写入数据时通过大电流将相应单元中的熔丝熔断，从而将写入的数据固化下来。下面以双极型晶体管构成的 PROM 为例来说明，图 15-14 所示为其中的存储单元。

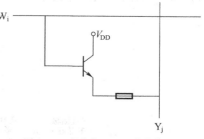

图 15-14　晶体管 PROM 存储单元

这种 PROM 在存储单元的晶体管发射极串接了一个熔丝，当字选线 W_i=1 时，该单元处于选中状态，晶体管导通，电源通过晶体管、熔丝加到位线 Y_j，Y_j=1，如果要写入数据"0"，只要提高电源电压 V_{DD}，在晶体管导通时有很大的电流流过熔丝，熔丝断开，位线 Y_j=0，从而完成了写入数据"0"。

如果有的单元不需要写"0"，则不选中该单元，该字选线为"0"，相应的晶体管截止，熔丝不会熔断。写入数据完成后，只要将高电压电源换回到正常电源，晶体管再导通时，由于电流小，不会熔断熔丝。

15.3.3　可改写只读存储器（EPROM）

可编程 ROM 是依靠熔断熔丝来写入数据的，但熔丝熔断后是不能恢复的，也就说可编程 ROM 写入数据后就不能再更改，这不能满足设计时需要反复修改存储内容的需要。为了解决这个问题，又生产出可改写只读存储器。

可改写只读存储器（EPROM），它具有可写入数据，并且可以将写入的数据擦除，再重新写入数据的特点。

可改写 ROM 的结构与固定 ROM 基本相同，不同之处在于它用一种叠层栅 MOS 管替代存储单元中普通的 MOS 管。叠层栅 MOS 管的结构及构成的存储单元如图 15-15 所示。

图 15-15（a）所示为叠层栅 MOS 管的结构示意图，它有两个栅极，上面的栅极与普通的栅极作用相同，称之为选择栅极，下面的栅极被包围在二氧化硅绝缘层中，处于悬浮状态，称为浮置栅极。在 EPROM 写入数据前，片内所有的存储单元中的叠层栅 MOS 管的浮置栅极内无电荷，这种情况下的叠层栅 MOS 管与普通的 NMOS 管一样。

在没有写入数据时，如果选中某存储单元，该单元的字选线 W_i 为高电平"1"时，叠层栅 MOS 管处于导通状态，位线 Y_j 为低电平"0"，再经三态门反相后，在数据线得到"1"。即没写入数据时，存储单元存储数据为"1"。

当往存储单元写入数据时，需要给叠层栅 MOS 管的 D、S 极之间加很高的电压（例如 +25V，它由 V_{DD} 经 NMOS 管 T_1 送来），然后给字选线 W_i 送高幅度的正脉冲（例如宽度为 50ms、幅度为 25V 的脉冲），叠层栅 MOS 管 D、S 极之间有沟道形成而导通，由于选择栅极电压很高，它产生很大的吸引力，沟道中的一部分电子被吸引而穿过二氧化硅薄层到达浮置栅极，浮置栅极带负电，由于浮置栅极被二氧化硅绝缘层包围，它上面的电子很难放掉，没有外界电压作用时可以长期保存（10 年以上）。当高电压改成正常电压后，由于浮置栅极上负电荷的影响，选择栅极电压加+5V 的电压无法使 D、S 极之间形成沟道，即在普通情况下，叠层栅 MOS 管选择栅极即使加高电平也无法导通，位线 $Y_j=1$，经三态反相后，在数据线 D 上得到"0"，从而完成往存储单元写"0"过程。

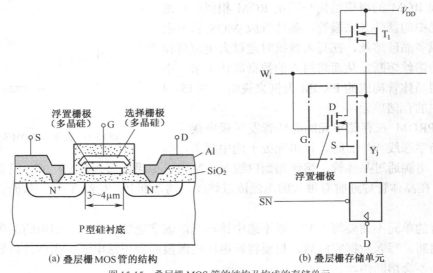

(a) 叠层栅 MOS 管的结构　　　　(b) 叠层栅存储单元

图 15-15　叠层栅 MOS 管的结构及构成的存储单元

如果要擦除 EPROM 存储的信息，可以采用紫外线来照射。让紫外线照射 EPROM 上透明石英玻璃窗口（照射时间为 15～20min），这样 EPROM 内部各存储单元中的叠层栅 MOS 管的浮置栅极上的电子获得足够的能量，又会穿过二氧化硅薄层回到衬底中，叠层栅 MOS 管又相当于普通的 MOS 管，存储单元存储数据又变为"1"，从而完成了信息的擦除。

15.3.4　电可改写只读存储器（EEPROM）

可改写只读存储器擦除信息时需要用到紫外线，另外在擦除时整个存储信息都会消失，这仍会造成操作不方便。因此后来又开发一种更先进的存储器——电可改写只读存储器。

电可改写只读存储器的英文缩写为 EEPROM（或 E^2PROM），它的结构与可改写 ROM 很相似，不同之处在于电可改写 ROM 的叠层栅 MOS 管的浮置栅极上增加了一个隧道管，在电压的控制下，浮置栅极上的电子可以通过隧道管放掉，而不用紫外线，即电可改写 ROM 的写入和擦除数据都由电压来完成。

电可改写 ROM 的特点是既能写入数据，又可以将写入的数据擦除，擦除数据时只需要用普通的电压就可以完成，并且能一字节（8 位二进制数称为 1 字节）一字节地独立擦除数据。 EEPROM 擦除数据的时间很短，一般整片擦除时间约为 10ms，每个存储单元可以改写的次数为几万次或几百万次以上，存储的数据可以保存 10 年以上，这些优点使它得到了越来越广泛的应用。

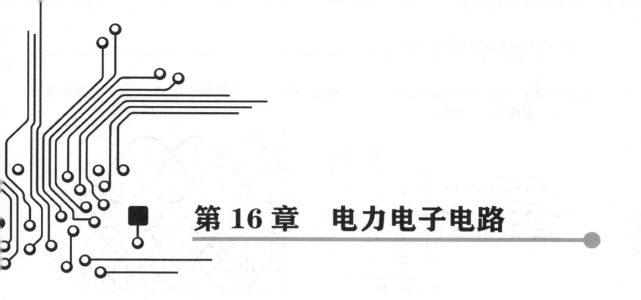

第 16 章　电力电子电路

电力电子电路是指利用电力电子器件对工业电能进行变换和控制的大功率电子电路。由于电力电子电路主要用来处理高电压大电流的电能，为了减少电路对电能的损耗，电力电子器件工作于开关状态，因此电力电子电路实质上是一种大功率开关电路。

电力电子电路主要可分为整流电路（将交流转换成直流，又称 AC-DC 变换电路）、斩波电路（将一种直流转换成另一种直流，又称 DC-DC 变换电路）、逆变电路（将直流转换成交流，又称 DC-AC 电路）、变-交变频电路（将一种频率的交流转换成另一种频率的交流，又称 AC-AC 变换电路）。

16.1　整流电路（AC-DC 变换电路）

整流电路的功能是将交流电转换成直流电。整流采用的器件主要有二极管和晶闸管，二极管在工作时无法控制其通断，而晶闸管工作时可以用控制脉冲来控制其通断。根据工作时是否具有可控性，整流电路可分为不可控整流电路和可控整流电路。

16.1.1　不可控整流电路

不可控整流电路采用二极管作为整流元器件。不可控整流电路种类很多，常见的有单相半波整流电路、单相全波整流电路、单相桥式整流电路和三相桥式整流电路，各种不可控单相整流电路在前面的电源电路一章已介绍过，下面介绍三相桥式整流电路。

很多电力电子设备采用三相交流电源供电，**三相整流电路可以将三相交流电转换成直流电压**。三相桥式整流电路是一种应用很广泛的三相整流电路。三相桥式整流电路如图 16-1 所示。

（1）工作原理

在图 16-1（a）中，L_1、L_2、L_3 三相交流电压经三相变压器 T 的一次侧绕组降压感应到二次侧绕组 U、V、W 上。6 个二极管 $VD_1 \sim VD_6$ 构成三相桥式整流电路，$VD_1 \sim VD_3$ 的 3 个阴极连接在一起，称为共阴极组二极管，$VD_4 \sim VD_6$ 的 3 个阳极连接在一起，称为共阳极组二极管。电路工作过程如下。

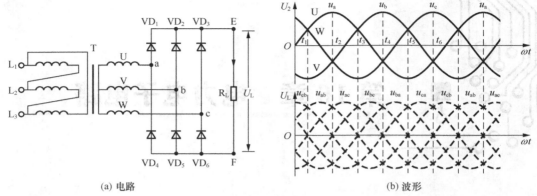

(a) 电路　　　　　　　　　　　　　(b) 波形

图 16-1　三相半波整流电路

① 在 $t_1 \sim t_2$，U 相始终为正电压（左负、右正）且 a 点正电压最高，V 相始终为负电压（左正、右负）且 b 点负电压最低，W 相在前半段为正电压，后半段变为负电压。a 点正电压使 VD_1 导通，E 点电压与 a 点电压相等（忽略二极管导通压降），VD_2、VD_3 正极电压均低于 E 点电压，故都无法导通；b 点负电压使 VD_5 导通，F 点电压与 b 点电压相等，VD_4、VD_6 负极电压均高于 F 点电压，故都无法导通。在 $t_1 \sim t_2$ 期间，只有 VD_1、VD_5 导通，有电流流过负载 RL，电流的途径是：U 相线圈右端（电压极性为正）→ a 点 → VD_1 → RL → VD_5 → b 点 → V 相线圈右端（电压极性为负），因 VD_1、VD_5 的导通，a、b 两点电压分别加到 RL 两端，R_L 上电压 U_L 的大小为 U_{ab}（$U_{ab} = U_a - U_b$）。

② 在 $t_2 \sim t_3$，U 相始终为正电压（左负、右正）且 a 点电压最高，W 相始终为负电压（左正、右负）且 c 点电压最低，V 相在前半段负电压，后半段变为正电压。a 点正电压使 VD_1 导通，E 点电压与 a 点电压相等，VD_2、VD_3 正极电压均低于 E 点电压，故都无法导通；c 点负电压使 VD_6 导通，F 点电压与 c 点电压相等，VD_4、VD_5 负极电压均高于 F 点电压，都无法导通。在 $t_2 \sim t_3$ 期间，VD_1、VD_6 导通，有电流流过负载 R_L，电流的途径是：U 相线圈右端（电压极性为正）→ a 点 → VD_1 → R_L → VD_6 → c 点 → W 相线圈右端（电压极性为负），因 VD_1、VD_6 的导通，a、c 两点电压分别加到 R_L 两端，R_L 上电压 U_L 的大小为 U_{ac}（$U_{ac} = U_a - U_c$）。

③ 在 $t_3 \sim t_4$，V 相始终为正电压（左负、右正）且 b 点正电压最高，W 相始终为负电压（左正、右负）且 c 点负电压最低，U 相在前半段为正电压，后半段变为负电压。b 点正电压使 VD_2 导通，E 点电压与 b 点电压相等，VD_1、VD_3 正极电压均低于 E 点电压，都无法导通；c 点负电压使 VD_6 导通，F 点电压与 c 点电压相等，VD_4、VD_5 负极电压均高于 F 点电压，都无法导通。在 $t_3 \sim t_4$ 期间，VD_2、VD_6 导通，有电流流过负载 R_L，电流的途径是：V 相线圈右端（电压极性为正）→ b 点 → VD_2 → R_L → VD_6 → c 点 → W 相线圈右端（电压极性为负），因 VD_2、VD_6 的导通，b、c 两点电压分别加到 R_L 两端，R_L 上电压 U_L 的大小为 U_{bc}（$U_b - U_c$）。

电路后面的工作与上述过程基本相同，在 $t_1 \sim t_7$ 期间，负载 R_L 上可以得到图 16-3（b）所示的脉动直流电压 U_L（实线波形表示）。

在上面的分析中，将交流电压一个周期（$t_1 \sim t_7$）分成 6 等份，每等份所占的相位角为 60°，在任意一个 60° 相位角内，始终有两个二极管处于导通状态（一个共阴极组二极管，一个共阳极组二极管），并且任意一个二极管的导通角都是 120°。

（2）电路计算

① 负载 R_L 的电压与电流计算

理论和实践证明：对于三相桥式整流电路，其负载 R_L 上的脉动直流电压 U_L 与变压器二次侧绕组上的电压 U_2 有以下关系

$$U_L=2.34U_2$$

负载 R_L 流过的电流为

$$I_L=\frac{U_L}{R_L}=2.34\frac{U_2}{R_L}$$

② 整流二极管承受的最大反向电压及通过的平均电流

对于三相桥式整流电路，每只整流二极管承受的最大反向电压 U_{RM} 就是变压器二次侧电压的最大值，即

$$U_{RM}=\sqrt{2}\times\sqrt{3}\ U_2\approx 2.45U_2$$

每只整流二极管在一个周期内导通 1/3 周期，故流过每只整流二极管平均电流为

$$I_F=\frac{1}{3}I_L\approx 0.78\frac{U_2}{R_L}$$

16.1.2　可控整流电路

可控整流电路是一种整流过程可以控制的电路。可控整流电路通常采用晶闸管作为整流元器件，所有整流元器件均为晶闸管的整流电路称为**全控整流电路**，由晶闸管与二极管混合构成的整流电路称为**半控整流电路**。

1. 单相可控半波整流电路

单相半波可控整流电路及有关信号波形如图 16-2 所示。

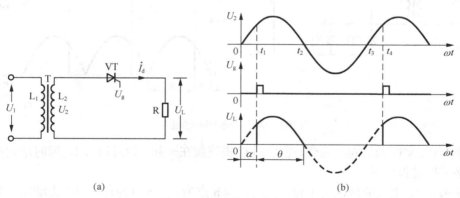

(a)	(b)

图 16-2　单相半波可控整流电路

单相交流电压 U_1 经变压器 T 降压后，在二次侧线圈 L_2 上得到 U_2 电压，该电压送到晶闸管 VT 的 A 极，在晶闸管的 G 极加有 U_g 触发信号（由触发电路产生）。电路工作过程如下。

在 $0\sim t_1$，U_2 电压的极性是上正、下负，上正电压送到晶闸管的 A 极，由于无触发信号到晶闸管的 G 极，晶闸管不导通。

在 $t_1 \sim t_2$，U_2 电压的极性仍是上正、下负，t_1 时刻有一个正触发脉冲送到晶闸管的 G 极，晶闸管导通，有电流经晶闸管流过负载 R。

在 t_2 时刻，U_2 电压为 0，晶闸管由导通转为截止（称作过零关断）。

在 $t_2 \sim t_3$，U_2 电压的极性变为上负、下正，晶闸管仍处于截止。

在 $t_3 \sim t_4$，U_2 电压的极性变为上正、下负，因无触发信号送到晶闸管的 G 极，晶闸管不导通。

在 t_4 时刻，第二个正触发脉冲送到晶闸管的 G 极，晶闸管又导通。以后电路会重复 0~ t_4 的工作过程，从而在负载 R 上得到图 16-2（b）所示的直流电压 U_L。

从晶闸管单相半波整流电路工作过程可知，**触发信号能控制晶闸管的导通，在 θ 角度范围内晶闸管是导通的，故 θ 称为导通角**（$0° \leqslant \theta \leqslant 180°$ 或 $0 \leqslant \theta \leqslant \pi$），如图 16-2（b）所示，**而在 α 角度范围内晶闸管是不导通的，$\alpha = \pi - \theta$，α 称为控制角。控制角 α 越大，导通角 θ 越小，晶闸管导通时间越短，在负载上得到的直流电压越低**。控制角 α 的大小与触发信号出现时间有关。单相半波可控整流电路输出电压的平均值 U_L 可用下面公式计算

$$U_L = 0.45 U_2 \frac{(1 + \cos\alpha)}{2}$$

2. 单相半控桥式整流电路

单相半控桥式整流电路如图 16-3 所示。

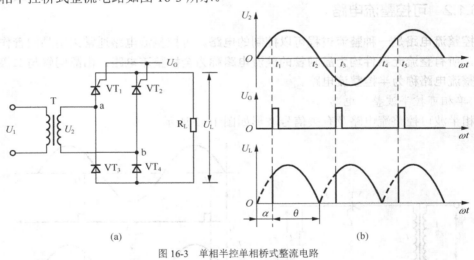

(a)　　　　　　　　　　　　　　(b)

图 16-3　单相半控单相桥式整流电路

图中 VT_1、VT_2 为单向晶闸管，它们的 G 极连接在一起，触发信号 U_G 同时送到两管的 G 极。电路工作过程如下。

在 $0 \sim t_1$，U_2 电压的极性是上正、下负，即 a 点为正、b 点为负，由于无触发信号到晶闸管 VT_1 的 G 极，VT_1 不导通，VD_4 也不导通。

在 $t_1 \sim t_2$，U_2 电压的极性仍是上正、下负，t_1 时刻有一个触发脉冲送到晶闸管 VT_1、VT_2 的 G 极，VT_1 导通，VT_2 虽有触发信号，但因其 A 极为负电压，故不能导通，VT_1 导通后，VD_4 也会导通，有电流流过负载 R_L，电流途径是：a 点→VT_1→R_L→VD_4→b 点。

在 t_2 时刻，U_2 电压为 0，晶闸管 VT_1 由导通转为截止。

在 $t_2 \sim t_3$，U_2 电压的极性变为上负、下正，由于无触发信号到晶闸管 VT_2 的 G 极，VT_2、

VD$_3$ 均不能导通。

在 t_3 时刻，U_2 电压的极性仍为上负、下正，此时第二个触发脉冲送到晶闸管 VT$_1$、VT$_2$ 的 G 极，VT$_2$ 导通，VT$_1$ 因 A 极为负电压而无法导通，VT$_2$ 导通后，VD$_3$ 也会导通，有电流流过负载 R$_L$，电流途径是：b 点→VT$_2$→R$_L$→VD$_3$→a 点。

在 $t_3 \sim t_4$，VT$_2$、VD$_3$ 始终处于导通状态。

在 t_4 时刻，U_2 电压为 0，晶闸管 VT$_1$ 由导通转为截止。以后电路会重复 $0 \sim t_4$ 的工作过程，结果会在负载 R$_L$ 上会得到图 16-3（b）所示的直流电压 U_L。

改变触发脉冲的相位，电路整流输出的脉动直流电压 U_L 大小也会发生变化。U_L 电压大小可用下面的公式计算

$$U_L = 0.9U_2 \frac{(1+\cos\alpha)}{2}$$

3. 三相全控桥式整流电路

三相全控桥式整流电路如图 16-4 所示。

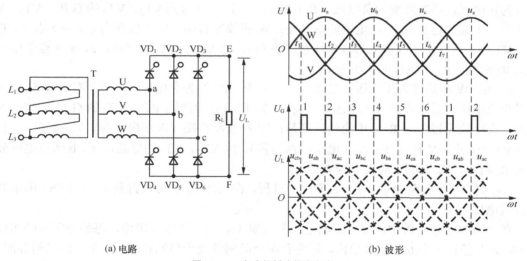

(a) 电路　　　　　　　　　　　　　　　(b) 波形

图 16-4　三相全控桥式整流电路

在图 16-4 中，6 个晶闸管 VT$_1 \sim$ VT$_6$ 构成三相全控桥式整流电路，VT$_1 \sim$ VT$_3$ 的 3 个阴极连接在一起，称为共阴极组晶闸管，VT$_4 \sim$ VT$_6$ 的 3 个阳极连接在一起，称为共阳极组晶闸管。VT$_1 \sim$ VT$_6$ 的 G 极与触发电路连接，接受触发电路送到的触发脉冲的控制。下面来分析电路在三相交流电一个周期（$t_1 \sim t_7$）内的工作过程。

$t_1 \sim t_2$，U 相始终为正电压（左负、右正），V 相始终为负电压（左正、右负），W 相在前半段为正电压，后半段变为负电压。在 t_1 时刻，触发脉冲送到 VT$_1$、VT$_5$ 的 G 极，VT$_1$、VT$_5$ 导通，有电流流过负载 R$_L$，电流的途径是：U 相线圈右端（电压极性为正）→a 点→VT$_1$→R$_L$→VT$_5$→b 点→V 相线圈右端（电压极性为负），因 VT$_1$、VT$_5$ 的导通，a、b 两点电压分别加到 R$_L$ 两端，R$_L$ 上电压的大小为 U_{ab}。

$t_2 \sim t_3$，U 相始终为正电压（左负、右正），W 相始终为负电压（左正、右负），V 相在前半段为负电压，后半段变为正电压。在 t_2 时刻，触发脉冲送到 VT$_1$、VT$_6$ 的 G 极，VT$_1$、VT$_6$ 导通，有电流流过负载 R$_L$，电流的途径是：U 相线圈右端（电压极性为正）→a 点→VT$_1$→

R_L→VT_6→c 点→W 相线圈右端（电压极性为负），因 VT_1、VT_6 的导通，a、c 两点电压分别加到 R_L 两端，R_L 上电压的大小为 U_{ac}。

t_3~t_4，V 相始终为正电压（左负、右正），W 相始终为负电压（左正、右负），U 相在前半段为正电压，后半段变为负电压。在 t_3 时刻，触发脉冲送到 VT_2、VT_6 的 G 极，VT_2、VT_6 导通，有电流流过负载 R_L，电流的途径是：V 相线圈右端（电压极性为正）→b 点→VT_2→ R_L→VT_6→c 点→W 相线圈右端（电压极性为负），因 VT_2、VT_6 的导通，b、c 两点电压分别加到 RL 两端，R_L 上电压的大小为 U_{bc}。

t_4~t_5，V 相始终为正电压（左负、右正），U 相始终为负电压（左正、右负），W 相在前半段为负电压，后半段变为正电压。在 t_4 时刻，触发脉冲送到 VT_2、VT_4 的 G 极，VT_2、VT_4 导通，有电流流过负载 R_L，电流的途径是：V 相线圈右端（电压极性为正）→b 点→VT_2→ R_L→VT_4→a 点→U 相线圈右端（电压极性为负），因 VT_2、VT_4 的导通，b、a 两点电压分别加到 R_L 两端，R_L 上电压的大小为 U_{ba}。

t_5~t_6，W 相始终为正电压（左负、右正），U 相始终为负电压（左正、右负），V 相在前半段为正电压，后半段变为负电压。在 t_5 时刻，触发脉冲送到 VT_3、VT_4 的 G 极，VT_3、VT_4 导通，有电流流过负载 R_L，电流的途径是：W 相线圈右端（电压极性为正）→c 点→VT_3→ R_L→VT_4→a 点→U 相线圈右端（电压极性为负），因 VT_3、VT_4 的导通，c、a 两点电压分别加到 R_L 两端，R_L 上电压的大小为 U_{ca}。

t_6~t_7，W 相始终为正电压（左负、右正），V 相始终为负电压（左正、右负），U 相在前半段为负电压，后半段变为正电压。在 t_6 时刻，触发脉冲送到 VT_3、VT_5 的 G 极，VT_3、VT_5 导通，有电流流过负载 R_L，电流的途径是：W 相线圈右端（电压极性为正）→c 点→VT_3→ R_L→VT_5→c 点→V 相线圈右端（电压极性为负），因 VT_3、VT_5 的导通，c、b 两点电压分别加到 R_L 两端，R_L 上电压的大小为 U_{cb}。

t_7 时刻以后，电路会重复 t_1~t_7 期间的过程，在负载 R_L 上可以得到图 16-4（b）所示的脉动直流电压 U_L。

在上面的电路分析中，将交流电压一个周期（t_1~t_7）分成 6 等份，每等份所占的相位角为 60°，在任意一个 60° 相位角内，始终有两个晶闸管处于导通状态（一个共阴极组晶闸管，一个共阳极组晶闸管），并且任意一个晶闸管的导通角都是 120°。另外，触发脉冲不是同时加到 6 个晶闸管的 G 极，而是在触发时刻将触发脉冲同时送到需触发的 2 个晶闸管 G 极。

改变触发脉冲的相位，电路整流输出的脉动直流电压 UL 大小也会发生变化。当 $\alpha \leqslant 60°$ 时，U_L 电压大小可用下面的公式计算

$$U_L=2.34U_2\cos\alpha$$

当 $\alpha>60°$ 时，U_L 电压大小可用下面的公式计算

$$U_L=2.34U_2\left[1+\cos\left(\frac{\pi}{3}+\alpha\right)\right]$$

16.2 斩波电路（DC-DC 变换电路）

斩波电路又称直-直变换器，其功能是将直流电转换成另一种固定或可调的直流电。斩波

电路种类很多，通常可分为基本斩波电路和复合斩波电路。

16.2.1 基本斩波电路

基本斩波电路类型很多，常见的有降压斩波电路、升压斩波电路、升降压斩波电路、Cuk 斩波电路、Sepic 斩波电路和 Zeta 斩波电路。

1. 降压斩波电路

降压斩波电路又称直流降压器，它可以将直流电压降低。降压斩波电路如图 16-5 所示。

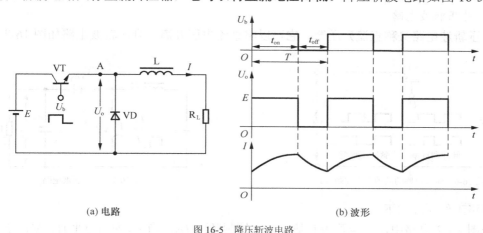

(a) 电路   (b) 波形

图 16-5 降压斩波电路

（1）工作原理

在图 16-5（a）中，三极管 VT 的基极加有控制脉冲 U_b，当 U_b 为高电平时，VT 导通，相当于开关闭合，A 点电压与直流电源 E 相等（忽略三极管集射极间的导通压降），当 U_b 为低电平时，VT 关断，相当于开关断开，电源 E 无法通过，在 A 点得到图 16-7（b）所示的 U_o 电压。在 VT 导通期间，电源 E 产生电流经三极管 VT、电感 L 流过负载 R_L，电流在流过电感 L 时，L 会产生左正、右负的电动势阻碍电流 I（同时储存能量），故 I 慢慢增大；在 VT 关断时，流过电感 L 的电流突然减小，L 马上产生左负、右正的电动势，该电动势产生的电流经续流二极管 VD 继续流过负载 R_L（电感释放能量），电流途径是：L 右正→R_L→VD→L 左负，该电流是一个逐渐减小的电流。

对于图 16-5 所示的斩波电路，在一个周期 T 内，如果控制脉冲 U_b 的高电平持续时间为 t_{on}，低电平持续时间为 t_{off}，那么 U_o 电压的平均值有下面的关系

$$U_o = \frac{t_{on}}{t_{on}+t_{off}} E = \frac{t_{on}}{T} E$$

在上式中，$\dfrac{t_{on}}{T}$ 称为降压比，由于 $\dfrac{t_{on}}{T} < 1$，故输出电压 U_o 低于输入直流电压 E，即该电路只能将输入的直流电压降低输出，当 $\dfrac{t_{on}}{T}$ 值发生变化时，输出电压 U_o 就会发生改变，$\dfrac{t_{on}}{T}$ 值越大，三极管导通时间越长，输出电压 U_o 越高。

（2）斩波电路的调压控制方式

斩波电路是通过控制三极管（或其他电力电子器件）导通关断来调节输出电压，**斩波电**

路的调压控制方式主要有两种

① **脉冲调宽型**。该方式是让控制脉冲的周期 T 保持不变，通过改变脉冲的宽度来调节输出电压，又称脉冲宽度调制型，如图 16-6 所示，当脉冲周期不变而宽度变窄时，三极管导通时间变短，输出的平均电压 U_o 会下降。

② **脉冲调频型**。该方式是让控制脉冲的导通时间不变，通过改变脉冲的频率来调节输出电压，又称频率调制型。如图 16-6 所示，当脉冲宽度不变而周期变长时，单位时间内三极管导通时间相对变短，输出的平均电压 U_o 会下降。

2. 升压斩波电路

升压斩波电路又称直流升压器，它可以将直流电压升高。 升压斩波电路如图 16-7 所示。

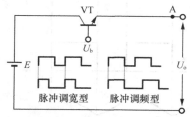

图 16-6 斩波电路的两种调压控制方式

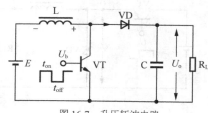

图 16-7 升压斩波电路

电路工作原理如下。

在图 16-7 电路中，三极管 VT 基极加有控制脉冲 U_b，当 U_b 为高电平时，VT 导通，电源 E 产生电流流过电感 L 和 VT，L 马上产生左正、右负的电动势阻碍电流，同时 L 中储存能量；当 U_b 为低电平时，VT 关断，流过 L 的电流突然变小，L 马上产生左负、右正的电动势，该电动势与电源 E 进行叠加，通过二极管对电容 C 充电，在 C 上充得上正、下负的电压 U_o。控制脉冲 U_b 高电平持续时间 t_{on} 越长，流过 L 电流时间越长，L 储能越多，在 VT 关断时产生的左负、右正电动势越高，对电容 C 充电越高，U_o 越高。

从上面分析可知，输出电压 U_o 是由直流电源 E 和电感 L 产生的电动势叠加获得，输出电压 U_o 较电源 E 更高，故称该电路为升压斩波电路。

对于图 16-7 所示的升压斩波电路，在一个周期 T 内，如果控制脉冲 U_b 的高电平持续时间为 t_{on}，低电平持续时间为 t_{off}，那么 U_o 电压的平均值有下面的关系

$$U_o = \frac{T}{t_{off}} E$$

在上式中，$\frac{T}{t_{off}}$ 称为升压比，由于 $\frac{T}{t_{off}} > 1$，故输出电压 U_o 始终高于输入直流电压 E，当 $\frac{T}{t_{off}}$ 值发生变化时，输出电压 U_o 就会发生改变，$\frac{T}{t_{off}}$ 值越大，输出电压 U_o 越高。

3. 升降压斩波电路

升降压斩波电路既可以提升电压，也可以降低电压。 升降压斩波电路可分为正极性和负极性两类。

（1）负极性升降压斩波电路

负极性升降压斩波电路主要有普通斩波电路和 Cuk 斩波电路。

① 普通升降压斩波电路

普通升降压斩波电路如图 16-8 所示。电路工作原理如下。

在图 16-8 电路中，三极管 VT 基极加有控制脉冲 U_b，当 U_b 为高电平时，VT 导通，电源 E 产生电流流过 VT 和电感 L，L 马上产生上正、下负的电动势阻碍电流，同时 L 中储存能量；当 U_b 为低电平时，VT 关断，流过 L 的电流突然变小，L 马上产生上负、下正的电动势，该电动势通过二极管 VD 对电容 C 充电（同时也有电流流过负载 R_L），在 C 上充得上负下正的电压 U_o。控制脉冲 U_b 高电平持续时间 t_{on} 越长，流过 L 电流时间越长，L 储能越多，在 VT 关断时产生的上负下正电动势越高，对电容 C 充电越多，U_o 越高。

从图 16-8 电路可以看出，该电路的负载 R_L 两端的电压 U_o 的极性是上负、下正，它与电源 E 的极性相反，故称这种斩波电路为负极性升降压斩波电路。

对于图 16-8 所示的升降压斩波电路，在一个周期 T 内，如果控制脉冲 U_b 的高电平持续时间为 t_{on}，低电平持续时间为 t_{off}，那么 U_o 电压的平均值有下面的关系：

$$U_o=\frac{t_{on}}{t_{off}}E=\frac{t_{on}}{T-t_{on}}E$$

在上式中，若 $\frac{t_{on}}{t_{off}}>1$，输出电压 U_o 会高于输入直流电压 E，电路为升压斩波；若 $\frac{t_{on}}{t_{off}}<1$，输出电压 U_o 会低于输入直流电压 E，电路为降压斩波。

② Cuk 升降压斩波电路

Cuk 升降压斩波电路如图 16-9 所示。电路工作原理如下。

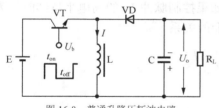 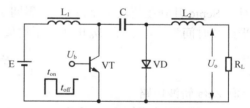

图 16-8　普通升降压斩波电路　　　　图 16-9　Cuk 升降压斩波电路

在图 16-9 电路中，当三极管 VT 基极无控制脉冲时，VT 关断，电源 E 通过 L_1、VD 对电容 C 充得左正、右负的电压。当 VT 基极加有控制脉冲并且高电平来时，VT 导通，电路会出现两路电流，一路电流途径是：电源 E 正极→L_1→VT 集射结→E 负极，有电流流过 L_1，L_1 储存能量；另一路电流途径是：C 左正→VT→负载 R_L→L_2→C 右负，有电流流过 L_2，L_2 储存能量；当 VT 基极的控制脉冲为低电平时，VT 关断，电感 L_1 产生左负右正电动势，它与电源 E 叠加经 VD 对 C 充电，在 C 上充得左正、右负的电动势，另外由于 VT 关断使 L_2 流过的电流突然减小，马上产生左正右负的电动势，该电动势形成电流经 VD 流过负载 R_L。

Cuk 升降压斩波电路与普通升降压电路一样，在负载上产生的都是负极性电压，前者的优点是流过负载的电流是连续的，即在 VT 导通关断期间负载都有电流通过。

对于图 16-9 所示的 Cuk 升降压斩波电路，在一个周期 T 内，如果控制脉冲 U_b 的高电平持续时间为 t_{on}，低电平持续时间为 t_{off}，那么 U_o 电压的平均值有下面的关系

$$U_o=\frac{t_{on}}{t_{off}}E=\frac{t_{on}}{T-t_{on}}E$$

在上式中，若 $\frac{t_{on}}{t_{off}}>1$，$U_o>E$，该电路为升压斩波电路；若 $\frac{t_{on}}{t_{off}}<1$，$U_o<E$，该电路为降压斩波电路。

（2）正极性升降压电路

正极性升降压电路主要有 Sepic 斩波电路和 Zeta 斩波电路。

① Sepic 斩波电路

Sepic 斩波电路如图 16-10 所示。电路工作原理如下。

在图 16-10 电路中，当三极管 VT 基极无控制脉冲时，VT 关断，电源 E 经过电感 L_1、L_2 对电容 C 充电，在 C1 上充得左正、右负的电压。当 VT 基极加有控制脉冲并且高电平时，VT 导通，电路会出现两路电流，一路电流途径是：电源 E 正极→L_1→VT 集射极→E 负极，有电流流过 L_1，L_1 储存能量；另一路电流途径是：C 左正→VT→L_2→C 右负，有电流流过 L_2，L_2 储存能量；当 VT 基极的控制脉冲为低电平时，VT 关断，电感 L_1 产生左负右正电动势，它与电源 E 叠加经 VD 对 C_1、C_2 充电，C_1 上充得左正、右负的电压，C_2 上充得上正下负的电压，另外在 VT 关断时 L_2 产生上正、下负电动势，它也经 VD 对 C_2 充电，C_2 上得到输出电压 U_o。

从图 16-10 电路可以看出，该电路的负载 R_L 两端电压 U_o 的极性是上正下负，它与电源 E 的极性相同，故称这种斩波电路为正极性升降压斩波电路。

对于 Sepic 升降压斩波电路，在一个周期 T 内，如果控制脉冲 U_b 的高电平持续时间为 t_{on}，低电平持续时间为 t_{off}，那么 U_o 电压的平均值有下面的关系

$$U_o=\frac{t_{on}}{t_{off}}E=\frac{t_{on}}{T-t_{off}}E$$

② Zeta 斩波电路

Zeta 斩波电路如图 16-11 所示。

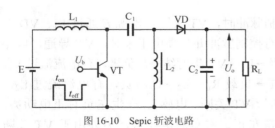

图 16-10 Sepic 斩波电路　　图 16-11 Zeta 斩波电路

在图 16-11 电路中，当三极管 VT 基极第一个高电平脉冲来时，VT 导通，电源 E 产生电流流经 VT、L_1，L_1 储存能量；当低电平脉冲来时，VT 关断，流过 L_1 的电流突然减小，L_1 产生上负、下正的电动势，它经 VD 对 C_1 充电，在 C_1 上充得左负、右正电压；当第二个高电平脉冲来时，VT 导通，电源 E 在产生电流流过 L_1 时，还会与 C_1 上的左负、右正电压叠加，经

L_2 对 C_2 充电，在 C_2 上充得上正、下负电压，同时 L_2 储存能量；当第二个低电平脉冲来时，VT 关断，除了 L_1 产生上负下正电动势对 C_1 充电外，L_2 会产生左负、右正电动势经 VD 对 C_2 充得上正下负电压。以后电路会重复上述过程，结果在 C_2 上充得上正、下负的正极性电压 U_o。

对于 Zeta 升降压斩波电路，在一个周期 T 内，如果控制脉冲 U_b 的高电平持续时间为 t_{on}，低电平持续时间为 t_{off}，那么 U_o 电压的平均值有下面的关系

$$U_o=\frac{t_{on}}{t_{off}}E=\frac{t_{on}}{T-t_{off}}E$$

16.2.2　复合斩波电路

复合斩波电路由基本斩波电路组合而成，常见的复合斩波电路有电流可逆斩波电路、桥式可逆斩波电路和多相多重斩波电路。

1. 电流可逆斩波电路

电流可逆斩波电路常用于直流电动机的电动和制动运行控制，即当需要直流电动机主动运转时，让直流电源为电动机提供电压，当需要对运转的直流电动机制动时，让惯性运转的电动机（相当于直流发电机）产生的电压对直流电源充电，消耗电动机的能量进行制动（再生制动）。

电流可逆斩波电路如图 16-12 所示，其中 VT_1、VD_2 构成降压斩波电路，VT_2、VD_1 构成升压斩波电路。

电流可逆斩波电路有 3 种工作方式：降压斩波方式、升压斩波方式和降升压斩波方式。

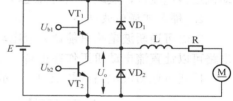

图 16-12　电流可逆斩波电路

（1）降压斩波方式

电流可逆斩波电路工作在降压斩波方式时，直流电源通过降压斩波电路为直流电动机供电使之运行。降压斩波方式的工作过程如下。

电路工作在降压斩波方式时，VT_2 基极无控制脉冲，VT_2、VD_1 均处于关断状态，而 VT_1 基极加有控制脉冲 U_{b1}。当 VT_1 基极的控制脉冲为高电平时，VT_1 导通，有电流经 VT_1、L、R 流过电动机 M，电动机运转，同时电感 L 储存能量；当控制脉冲为低电平时，VT_1 关断，流过 L 的电流突然减小，L 马上产生左负、右正电动势，它产生电流流过电动机（经 R、VD_2），继续为电动机供电。控制脉冲高电平持续时间越长，输出电压 U_o 平均值越高，电动机运转速度越快。

（2）升压斩波方式

电流可逆斩波电路工作在升压斩波方式时，直流电动机无供电，它在惯性运转时产生电动势对直流电源 E 进行充电。升压斩波方式的工作过程如下。

电路工作在升压斩波方式时，VT_1 基极无控制脉冲，VT_1、VD_2 均处于关断状态，VT_2 基极加有控制脉冲 U_{b2}。当 VT_2 基极的控制脉冲为高电平时，VT_2 导通，电动机 M 惯性运转产生的电动势为上正、下负，它形成的电流经 R、L、VT_2 构成回路，电动机的能量转移到 L 中；当 VT_2 基极的控制脉冲为低电平时，VT_2 关断，流过 L 的电流突然减小，L 马上产生左正右负的电动势，它与电动机两端的反电动势（上正、下负）叠加使 VD_1 导通，对电源 E 充电，电动机惯性运转产生的电能就被转移给电源 E。当电动机转速很低时，产生的电动势下降，同时 L 的能量也减小，产生的电动势低，叠加电动势低于电源 E，VD_1 关断，无法继续

对电源 E 充电。

（3）降升压斩波方式

电流可逆斩波电路工作在降升压斩波方式时，VT_1、VT_2 基极都加有控制脉冲，它们交替导通关断，具体工作过程说明如下。

当 VT_1 基极控制脉冲 U_{b1} 为高电平（此时 U_{b2} 为低电平）时，电源 E 经 VT_1、L、R 为直流电动机 M 供电，电动机运转；当 U_{b1} 变为低电平后，VT_1 关断，流过 L 的电流突然减小，L 产生左负、右正的电动势，经 R、VD_2 为电动机继续提供电流；当 L 的能量释放完毕，电动势减小为 0V 时，让 VT_2 基极的控制脉冲 U_{b2} 为高电平，VT_2 导通，惯性运转的电动机两端的反电动势（上正、下负）经 R、L、VT_2 回路产生电流，L 因电流通过而储存能量；当 VT_2 的控制脉冲为低电平时，VT_2 关断，流过 L 的电流突然减小，L 产生左正、右负电动势，它与电动机产生的上正、下负的反电动势叠加，通过 VD_1 对电源 E 充电；当 L 与电动机叠加电动势低于电源 E 时，VD_1 关断，这时如果又让 VT_1 基极脉冲变为高电平，电源 E 又经 VT_1 为电动机提供电压。以后重复上述过程。

电流可逆斩波电路工作在降升压斩波方式，实际就是让直流电动机工作在运行和制动状态，当降压斩波时间长、升压斩波时间短时，电动机平均供电电压高、再生制动时间短，电动机运转速度快，反之，电动机运转速度慢。

2. 桥式可逆斩波电路

电流可逆斩波电路只能让直流电动机工作在正转和正转再生制动状态，而桥式可逆转波电路可以让直流电动机工作在正转、正转再生制动和反转、反转再生制动状态。

桥式可逆斩波电路如图 16-13 所示。

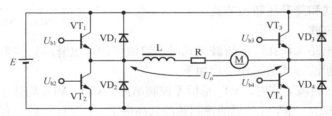

图 16-13 桥式可逆斩波电路

桥式可逆斩波电路有 4 种工作状态：正转降压斩波、正转升压斩波再生制动和反转降压斩波、反转升压斩波再生制动。

（1）正转降压斩波和正转升压斩波再生制动

当三极管 VT_4 始终处于导通时，VT_1、VD_2 组成正转降压斩波电路，VT_2、VD_1 组成正转升压斩波再生制动电路。

在 VT_4 始终处于导通状态时。当 VT_1 基极控制脉冲 U_{b1} 为高电平（此时 U_{b2} 为低电平）时，电源 E 经 VT_1、L、R、VT_4 为直流电动机 M 供电，电动机正向运转；当 U_{b1} 变为低电平后，VT_1 关断，流过 L 的电流突然减小，L 产生左负、右正的电动势，经 R、VT_4、VD_2 为电动机继续提供电流，维持电动机正转；当 L 的能量释放完毕，电动势减小为 0V 时，让 VT_2 基极的控制脉冲 U_{b2} 为高电平，VT_2 导通，惯性运转的电动机两端的反电动势（左正、右负）经 R、L、VT_2、VD_4 回路产生电流，L 因电流通过而储存能量；当 VT_2 的控制脉冲为低电平时，VT_2 关断，流过 L 的电流突然减小，L 产生左正、右负电动势，它与电动机产生的左正、右负的反电动势叠加，通过 VD₁ 对电源 E 充电，此时电动机进行正转再生制动；当 L 与电动机的叠加电动势低于电源 E 时，VD₁ 关断，这时如果又让 VT₁ 基极脉冲变为高电平，电路又会重复上述工作过程。

（2）反转降压斩波和反转升压斩波再生制动

当三极管 VT₂ 始终处于导通时，VT₃、VD₄ 组成反转降压斩波电路，VT₄、VD₂ 组成反转升压斩波再生制动电路。反转降压斩波、反转升压斩波再生制动与正转降压斩波、正转升压斩波再生制动工作过程相似，读者可自行分析，这里不再叙述。

3. 多相多重斩波电路

前面介绍的**复合斩波电路由几种不同的单一斩波电路组成**，而多相多重斩波电路是由多**个相同的斩波电路组成**。图 16-14 是一种三相三重斩波电路，它在电源和负载之间接入 3 个结构相同的降压斩波电路三相三重斩波电路工作原理如下。

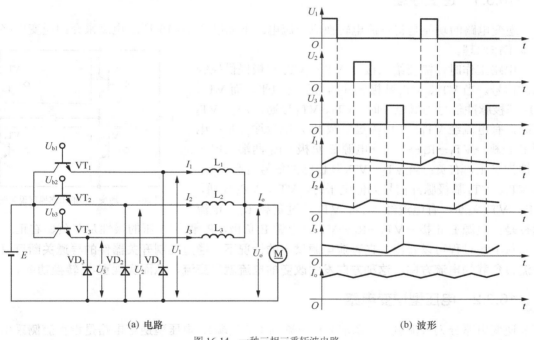

(a) 电路　　　　　　　　　　　　(b) 波形

图 16-14　一种三相三重斩波电路

当三极管 VT₁ 基极的控制脉冲 U_{b1} 为高电平时，VT₁ 导通，电源 E 通过 VT₁ 加到 L₁ 的一端，L₁ 左端的电压如图（b）U_1 波形所示，有电流 I_1 经 L₁ 流过电动机；当控制脉冲 U_{b1} 为低电平时，VT₁ 关断，流过 L₁ 的电流突然变小，L₁ 马上产生左负、右正的电动势，该电动势产生电流 I_1 通过 VD₁ 构成回路继续流过电动机，I_1 电流变化如图（b）I_1 曲线所示。从波形可以看出，一个周期内 I_1 有上升和下降的脉动过程，起伏波动较大。

同样，当三极管 VT₂ 基极加有控制脉冲 U_{b2} 时，在 L₂ 左端得到图 16-14（b）所示的 U_2 电压，流过 L₂ 的电流为 I_2；当三极管 VT₃ 基极加有控制脉冲 U_{b3} 时，在 L₃ 左端得到图 16-14（b）所示的 U_3 电压，流过 L₃ 的电流为 I_3。

当三个斩波电路都工作时，流过电动机的总电流 $I_o=I_1+I_2+I_3$，从图 16-14（b）还可以看出，总电流 I_o 的脉冲频率是单相电流脉动频率的 3 倍，但脉冲幅度明显变小，即三相三重斩波电路提供给电动机的电流波动更小，使电动机工作更稳定。另外，多相多重斩波电路还具有备用功能，当某一个斩波电路出现故障，可以依靠其他的斩波电路继续工作。

16.3　逆变电路（DC-AC 变换电路）

逆变电路的功能是将直流电转换成交流电，故又称直-交转换器。它与整流电路的功能恰好相反。逆变电路可分为有源逆变电路和无源逆变电路。有源逆变电路是将直流电转换成与电网频率相同的交流电，再将该交流电送至交流电网；无源逆变电路是将直流电转换成某一频率或频率可调的交流电，再将该交流电送给用电设备。变频器中主要采用无源逆变电路。

16.3.1　逆变原理

逆变电路的功能是将直流电转换成交流电。下面以图 16-15 所示电路来介绍逆变电路的基本工作原理。

电路工作时，需要给三极管 $VT_1 \sim VT_4$ 基极提供控制脉冲信号。当 VT_1、VT_4 基极脉冲信号为高电平，而 VT_2、VT_3 基极脉冲信号为低电平时，VT_1、VT_4 导通，VT_2、VT_3 关断，有电流经 VT_1、VT_4 流过负载 R_L，电流途径是：电源 E 正极→VT_1→R_L→VT_4→电源 E 负极，R_L 两端的电压极性为左正、右负；当 VT_2、VT_3 基极脉冲信号为高电平，而 VT_1、VT_4 基极脉冲信号为低电平时，VT_2、VT_3 导通，VT_1、VT_1 关断，有电流经 VT_2、VT_3 流过负载 R_L，电流

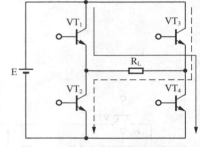

图 16-15　逆变电路的工作原理说明图

途径是：电源 E 正极→VT_3→R_L→VT_2→电源 E 负极，R_L 两端电压的极性是左负、右正。

从上述过程可以看出，在直流电源供电的情况下，通过控制开关器件的导通关断可以改变流过负载的电流方向，这种方向发生改变的电流就是交流，从而实现直-交转换功能。

16.3.2　电压型逆变电路

逆变电路分为直流侧（电源端）和交流侧（负载端），**电压型逆变电路是指直流侧采用电压源的逆变电路**。电压源是指能提供稳定电压的电源，另外，电压波动小且两端并联有大电容的电源也可视为电压源。图 16-16 中就是两种典型的电压源（虚线框内部分）。

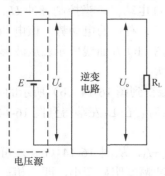
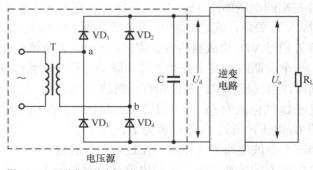

图 16-16　两种典型的电压源

图 16-16（a）中的直流电源 E 能提供稳定不变的电压 U_d，所以它可以视为电压源。图 16-16（b）中的桥式整流电路后面接有一个大滤波电容 C，交流电压经变压器降压和二极管整流后，在 C 上会得到波动很小的电压 U_d（电容往后级电路放电后，整流电路会及时充电，故 U_d 变化很小，电容容量越大，U_d 波动越小，电压越稳定），故虚线框内的整个电路也可视为电压源。

电压型逆变电路种类很多，常用的有单相半桥逆变电路、单相全桥逆变电路、单相变压器逆变电路和三相电压逆变电路等。

1. 单相半桥逆变电路

单相半桥逆变电路如图 16-17 所示，C_1、C_2 是两个容量很大且相等的电容，它们将电压 U_d 分成相等的两部分，使 B 点电压为 $U_d/2$，三极管 VT_1、VT_2 基极加有一对相反的脉冲信号，VD_1、VD_2 为续流二极管，R、L 代表感性负载（如电动机就为典型的感性负载，其绕组对交流电呈感性，相当于电感 L，绕组本身的直流电阻用 R 表示）。

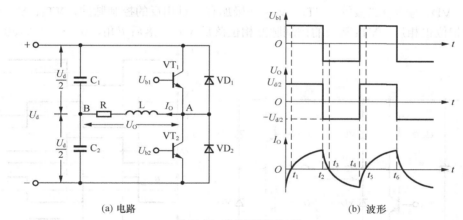

(a) 电路　　　　　　　　　　　　　　　(b) 波形

图 16-17　单相半桥逆变电路

在 $t_1 \sim t_2$，VT_1 基极脉冲信号 U_{b1} 为高电平，VT_2 的 U_{b2} 为低电平，VT_1 导通、VT_2 关断，A 点电压为 U_d，由于 B 点电压为 $U_d/2$，故 R、L 两端的电压 U_o 为 $U_d/2$，VT_1 导通后有电流流过 R、L，电流途径是：$U_{d+} \rightarrow VT_1 \rightarrow$ L、R → 点 $\rightarrow C_2 \rightarrow U_{d-}$，因为 L 对变化电流的阻碍作用，流过 R、L 的电流 I_o 慢慢增大。

在 $t_2 \sim t_3$，VT_1 的 U_{b1} 为低电平，VT_2 的 U_{b2} 为高电平，VT_1 关断，流过 L 的电流突然变小，L 马上产生左正、右负的电动势，该电动势通过 VD_2 形成电流回路，电流途径是：L 左正 → R → C_2 → VD_2 → L 右负，该电流方向仍是由右往左，但电流随 L 上的电动势下降而减小，在 t_3 时刻电流 I_o 变为 0A。在 $t_2 \sim t_3$，由于 L 产生左正右负电动势，使 A 点电压较 B 点电压低，即 R、L 两端的电压 U_o 极性发生了改变，变为左正右负，由于 A 点电压很低，虽然 VT_2 的 U_{b2} 为高电平，VT_2 仍无法导通。

在 $t_3 \sim t_4$，VT_1 基极脉冲信号 U_{b1} 仍为低电平，VT_2 的 U_{b2} 仍为高电平，由于此时 L 上的左正、右负电动势已消失，VT_2 开始导通，有电流流过 R、L，电流途径是：C_2 上正（C_2 相当于一个大小为 $U_d/2$ 的电源）→ R → L → VT_2 → C_2 下负，该电流与 $t_1 \sim t_3$ 期间的电流相反，由于 L 的阻碍作用，该电流慢慢增大。因为 B 点电压为 $U_d/2$，A 点电压为 0V（忽略 VT_2 导通压降），故 R、L 两端的电压 U_o 大小为 $U_d/2$，极性是左正、右负。

在 $t_4 \sim t_5$，VT_1 的 U_{b1} 为高电平，VT_2 的 U_{b2} 为低电平，VT_2 关断，流过 L 的电流突然变小，L 马上产生左负、右正的电动势，该电动势通过 VD_1 形成电流回路，电流途径是：L 右正 → VD_1 → C_1 → R → L 左负，该电流方向由左往右，但电流随 L 上电动势下降而减小，在 t_5 时刻电流 I_o 变为 0A。在 $t_4 \sim t_5$，由于 L 产生左负、右正电动势，使 A 点电压较 B 点电压高，即 U_o 极性仍是左负、右正，另外因为 A 点电压很高，虽然 VT_1 的 U_{b1} 为高电平，VT_1 仍无法导通。

t_5 时刻以后，电路重复上述工作过程。

半桥式逆变电路结构简单，但负载两端得到的电压较低（为直流电源电压的一半），并且直流侧需采用两个电容器串联来均压。半桥式逆变电路常用在几千瓦以下的小功率逆变设备中。

2. 单相全桥逆变电路

单相全桥逆变电路如图 16-18 所示，VT_1、VT_4 组成一对桥臂，VT_2、VT_3 组成另一对桥臂，$VD_1 \sim VD_4$ 为续流二极管，VT_1、VT_2 基极加有一对相反的控制脉冲，VT_3、VT_4 基极的控制脉冲相位也相反，VT_3 基极的控制脉冲相位落后 VT_1，落后 θ 角，$0° < \theta < 180°$。

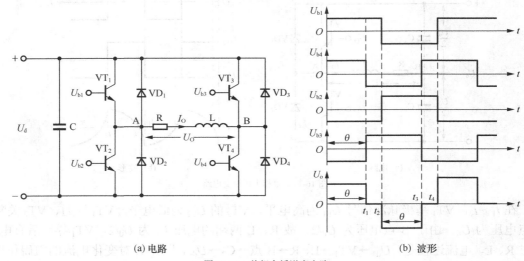

(a) 电路　　　　　　　　　　(b) 波形

图 16-18　单相全桥逆变电路

在 $0 \sim t_1$，VT_1、VT_4 的基极控制脉冲都为高电平，VT_1、VT_4 都导通，A 点通过 VT_1 与 U_d 正端连接，B 点通过 VT_4 与 U_d 负端连接，故 R、L 两端的电压 U_o 大小与 U_d 相等，极性为左正、右负（为正电压），流过 R、L 电流的方向是：U_{d+} → VT_1 → R、L → VT_4 → U_{d-}。

在 $t_1 \sim t_2$，VT_1 的 U_{b1} 为高电平，VT_4 的 U_{b4} 为低电平，VT_1 导通，VT_4 关断，流过 L 的电流突然变小，L 马上产生左负、右正的电动势，该电动势通过 VD_3 形成电流回路，电流途径是：L 右正 → VD_3 → VT_1 → R → L 左负，该电流方向仍是由左往右，由于 VT_1、VD_3 都导通，使 A 点和 B 点都与 U_d 正端连接，即 $U_A = U_B$，R、L 两端的电压 U_o 为 0V（$U_o = U_A - U_B$）。在此期间，VT_3 的 U_{b3} 也为高电平，但因 VD_3 的导通使 VT_3 的集电极、发射极电压相等，VT_3 无法导通。

在 $t_2 \sim t_3$，VT_2、VT_3 的基极控制脉冲都为高电平，在此期间开始一段时间内，L 能还未完全释放，还有左负、右正电动势，但 VT_1 因基极变为低电平而截止，L 的电动势翻转而经 VD_3、VD_2 对电容 C 充电，充电电流途径是：L 右正 → VD_3 → C → VD_2 → R → L 左负，VD_3、VD_2

的导通使 VT₂、VT₃ 不能导通，A 点通过 VD₂ 与 U_d 负端连接，B 点通过 VD₃ 与 U_d 正端连接，故 R、L 两端的电压 U_o 大小与 U_d 相等，极性为左负、右正（为负电压），当 L 上的电动势下降到与 U_d 相等时，无法继续对 C 充电，VD₃、VD₂ 截止，VT₂、VT₃ 导通，有电流流过 R、L，电流的方向是：U_{d+}→VT₃→L、R→VT₂→U_{d-}。

在 $t_3 \sim t_4$，VT₂ 的 U_{b2} 为高电平，VT₃ 的 U_{b3} 为低电平，VT₂ 导通，VT₃ 关断，流过 L 的电流突然变小，L 产生左正、右负的电动势，该电动势通过 VD₄ 形成电流回路，电流途径是：L 左正→R→VT₂→VD₄→L 右负，该电流方向是由右往左，由于 VT₂、VD₄ 都导通，使 A 点和 B 点都与 U_d 负端连接，即 $U_A = U_B$，R、L 两端的电压 U_o 为 0A（$U_o = U_A - U_B$）。在此期间，VT₄ 的 U_{b4} 也为高电平，但因 VD₄ 的导通使 VT₃ 的集电极、发射极电压相等，VT4 无法导通。

t_4 时刻以后，电路重复上述工作过程。

全桥逆变电路的 U_{b1}、U_{b3} 脉冲和 U_{b2}、U_{b4} 脉冲之间的相位差为 θ，改变 θ 值，就能调节负载 R、L 两端电压 U_o 脉冲宽度（正、负宽度同时变化）。另外，全桥逆变电路负载两端的电压幅度是半桥逆变电路的两倍。

3. 单相变压器逆变电路

单相变压器逆变电路如图 16-19 所示，变压器 T 有 L₁、L₂、L₃ 3 组线圈，它们的匝数比为 1:1:1，R、L 为感性负载。

当三极管 VT₁ 基极的控制脉冲 U_{b1} 为高电平时，VT₁ 导通，VT₂ 的 U_{b2} 为低电平，VT₂ 关断，有电流流过线圈 L₁，电流途径是：U_{d+} →L₁→VT₁→U_{d-}，L₁ 产生左负、右正的电动势，该电动势感应到 L₃ 上，L₃ 上得到左负、右正的电压 U_o 供给负载 R、L。

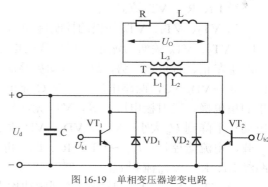

图 16-19　单相变压器逆变电路

当三极管 VT₂ 的 U_{b2} 为高电平，VT₁ 的 U_{b1} 为低电平时，VT₁ 关断，VT₂ 并不能马上导通，因为 VT₁ 关断后，流过负载 R、L 的电流突然减小，L 马上产生左正、右负的电动势，该电动势送给 L₃，L₃ 再感应到 L₂ 上，L₂ 上感应电动势极性为左正、右负，该电动势对电容 C 充电，将能量反馈给直流侧，充电途径是：L₂ 左正→C→VD₂→L₂ 右负，由于 VD₂ 的导通，VT₂ 的 e、集电极电压相等，VT₂ 不能导通。一旦 L₂ 上的电动势降到与 U_d 相等时，无法继续对 C 充电，VD₂ 截止，VT₂ 开始导通，有电流流过线圈 L₂，电流途径是：U_{d+}→L₂→VT₂→U_{d-}，L₂ 产生左正、右负的电动势，该电动势感应到 L₃ 上，L₃ 上得到左正、右负的电压 U_o 供给负载 R、L。

当三极管 VT₁ 的 U_{b1} 再变为高电平，VT₂ 的 U_{b2} 为低电平时，VT₂ 关断，电感 L 会产生左负、右正电动势，通过 L₃ 感应到 L₁ 上，L₁ 上的电动势再通过 VD₁ 对电容 C 充电，待 L₁ 上的左负、右正电动势降到与 U_d 相等后，VD₁ 截止，VT₁ 才能导通。以后电路会重复上述工作。

变压器逆变电路的优点是采用的开关器件少，缺点是开关器件承受的电压高（$2U_d$），并且需用到变压器。

4. 三相电压逆变电路

单相电压逆变电路只能接一相负载，而三相电压逆变电路可以同时接三相负载。图 16-20 是一种应用广泛的三相电压逆变电路，R₁、L₁、R₂、L₂、R₃、L₃ 构成三相感性负载（如三相异步电动机）。电路工作过程如下。

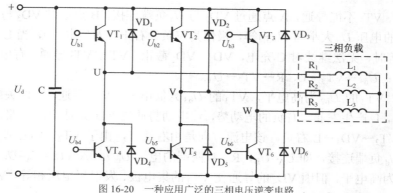

图 16-20 　一种应用广泛的三相电压逆变电路

当 VT_1、VT_5、VT_6 基极的控制脉冲均为高电平时，这 3 个三极管都导通，有电流流过三相负载，电流途径是：$U_{d+} \rightarrow VT_1 \rightarrow R_1$、$L_1$，再分作两路：一路经 L_2、R_2、VT_5 流到 U_{d-}，另一路经 L_3、R_3、VT_6 流到 U_{d-}。

当 VT_2、VT_4、VT_6 基极的控制脉冲均为高电平时，这 3 个三极管不能马上导通，因为 VT_1、VT_5、VT_6 关断后流过三相负载的电流突然减小，L_1 产生左负、右正电动势，L_2、L_3 均产生左正、右负电动势，这些电动势叠加对电容 C 充电，充电途径是：L_2 左正 $\rightarrow VD_2 \rightarrow C$，$L_3$ 左正 $\rightarrow VD_3 \rightarrow C$，两路电流汇合对 C 充电后，再经 VD_4、$R_1 \rightarrow L_1$ 左负。VD_2 的导通使 VT_2 集的集电极、发射极电压相等，VT_2 无法导通，VT_4、VT_6 也无法导通。当 L_1、L_2、L_3 叠加电动势下降到 U_d 大小，VD_2、VD_3、VD_4 截止，VT_2、VT_4、VT_6 开始导通，有电流流过三相负载，电流途径是：$U_{d+} \rightarrow VT_2 \rightarrow R_2$、$L_2$，再分作两路，一路经 L_1、R_1、VT_4 流到 U_{d-}，另一路经 L_3、R_3、VT_6 流到 U_{d-}。

当 VT_3、VT_4、VT_5 基极的控制脉冲均为高电平时，这 3 个三极管不能马上导通，因为 VT_2、VT_4、VT_6 关断后流过三相负载的电流突然减小，L_2 产生左负、右正电动势，L_1、L_3 均产生左正、右负电动势，这些电动势叠加对电容 C 充电，充电途径是：L_1 左正 $\rightarrow VD_1 \rightarrow C$，$L_3$ 左正 $\rightarrow VD_3 \rightarrow C$，两路电流汇合对 C 充电后，再经 VD5、$R_2 \rightarrow L_2$ 左负。VD_3 的导通使 VT_3 的 c、e 极电压相等，VT_3 无法导通，VT_4、VT_5 也无法导通。当 L_1、L_2、L_3 叠加电动势下降到 U_d 大小，VD_2、VD_3、VD_4 截止，VT_3、VT_4、VT_5 开始导通，有电流流过三相负载，电流途径是：$U_{d+} \rightarrow VT_3 \rightarrow R_3$、$L_3$，再分作两路，一路经 L_1、R_1、VT_4 流到 U_{d-}，另一路经 L_2、R_2、VT_5 流到 U_{d-}。

以后的工作过程与上述相同，这里不再赘述。通过控制开关器件的导通关断，三相电压逆变电路实现了将直流电压转换成三相交流电压功能。

16.3.3 　电流型逆变电路

电流型逆变电路是指直流侧采用电流源的逆变电路。电流源是指能提供稳定电流的电源。理想的直流电流源较为少见，一般在逆变电路的直流侧串联一个大电感可视为电流源。图 16-21 中就是两种典型的电流源（虚线框内部分）。

图 16-21（a）中的 U_d 能往后级电路提供电流，当 U_d 大小突然变化时，电感 L 会产生电势形成电流来弥补电源的电流，如 U_d 突然变小，流过 L 的电流也会变小，L 马上产生左负、右正电动势而形成往右的电流，补充 U_d 减小的电流，电流 I 基本不变，故电源与电感串联可

视为电流源。

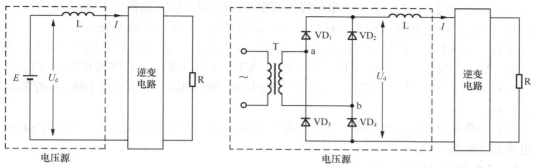

图 16-21　两种典型的电流源

图 16-21（b）中的桥式整流电路后面串接有一个大电感，交流电压经变压器 T 降压和二极管整流后得到电压 U_d，当 U_d 大小变化时，电感 L 会产生相应电动势来弥补 U_d 形成的电流不足，故虚线框内的整个电路也可视为电流源。

1. 单相桥式电流型逆变电路

单相桥式电流型逆变电路如图 16-22 所示。晶闸管 VT_1～VT_4 为 4 个桥臂，其中 VT_1、VT_4 为一对，VT_2、VT_3 为另一对；R、L 为感性负载，C 为补偿电容，C、R、L 还组成并联谐振电路，所以该电路又称为并联谐振式逆变电路。RLC 电路的谐振频率为 1000～2500Hz，它略低于晶闸管的导通频率（即控制脉冲的频率），对通过的信号呈容性。

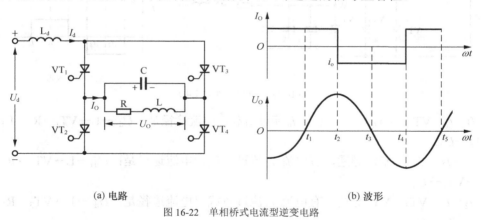

(a) 电路　　　　　　　　　　(b) 波形

图 16-22　单相桥式电流型逆变电路

在 t_1～t_2，VT_1、VT_4 门极的控制脉冲为高电平，VT_1、VT_4 导通，有电流 I_o 经 VT_1、VT_4 流过 RLC 电路，该电流分作两路，一路流经 R、L 元器件，另一路对 C 充电，在 C 上充得左正、右负电压，随着充电的进行，C 上的电压逐渐上升，即 RL 两端的电压 U_o 逐渐上升。由于 t_1～t_2VT_3、VT_2 处于关断状态，I_o 与 I_d 相等，并且大小不变（I_d 是稳定电流，I_o 也是稳定电流）。

在 t_2～t_4，VT_2、VT_3 门极的控制脉冲为高电平，VT_2、VT_3 导通，C 上充有的左正、右负电压一方面通过 VT_3 加到 VT_1 两端（C 左正加到 VT_1 的阴极，C 右负经 VT_3 加到 VT_1 阳极），另一方面通过 VT_2 加到 VT_4 两端（C 左正经 VT_2 加到 VT_4 阴极，C 右负加到 VT_4 阳极），为 VT_1、VT_4 加上反向电压，VT_1、VT_4 马上关断。这种利用负载两端电压来关断开关器件的方式，称为负载换流方式。VT_1、VT_4关断后，I_d电流开始经VT_3、VT_2对电容C反向充电（同时会有一部分流过L、R），C上的电压慢慢被中和，两端电压U_o也慢慢下降，t_3时刻C上电压为0。在$t_3 \sim t_4$，I_d电流（即I_o）对C充电，充得左负、右正电压并且逐渐上升。

在$t_4 \sim t_5$，VT_1、VT_4门极的控制脉冲为高电平，VT_1、VT_4导通，C上的左负、右正电压对VT_3、VT_2为反向电压，使VT_3、VT_2关断。VT_3、VT_2关断后，I_d电流开始经VT_1、VT_4对电容C充电，将C上的左负、右正电压慢慢中和，两端电压U_o也慢慢下降，t_5时刻C上电压为0V。

以后电路重复上述工作过程，从而在RLC电路两端得到正弦波电压U_o，流过RLC电路的电流I_o为矩形电流。

2. 三相电流型逆变电路

三相电流型逆变电路如图16-23所示。$VT_1 \sim VT_6$为可关断晶闸管（GTO），栅极加正脉冲时导通，加负脉冲时关断；C_1、C_2、C_3为补偿电容，用于吸收在换流时感性负载产生的电动势，减少对晶闸管的冲击。电路工作过程如下。

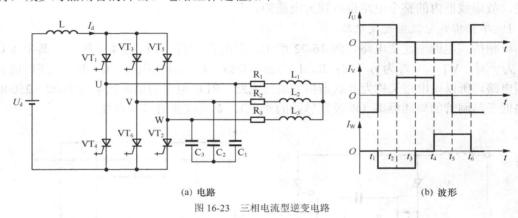

(a) 电路　　　　　　　　　　　　　　(b) 波形

图16-23　三相电流型逆变电路

在$0 \sim t_1$，VT_1、VT_6导通，电流I_d流过负载，电流途径是：$U_{d+} \rightarrow L \rightarrow VT_1 \rightarrow R_1$、$L_1 \rightarrow L_2$、$R_2 \rightarrow VT_6 \rightarrow U_{d-}$。

在$t_1 \sim t_2$，VT_1、VT_2导通，有电流I_d流过负载，电流途径是：$U_{d+} \rightarrow L \rightarrow VT_1 \rightarrow R_1$、$L_1 \rightarrow L_3$、$R_3 \rightarrow VT_2 \rightarrow U_{d-}$。

在$t_2 \sim t_3$，VT_3、VT_2导通，有电流I_d流过负载，电流途径是：$U_{d+} \rightarrow L \rightarrow VT_3 \rightarrow R_2$、$L_2 \rightarrow L_3$、$R_3 \rightarrow VT_2 \rightarrow U_{d-}$。

在$t_3 \sim t_4$，VT_3、VT_4导通，有电流I_d流过负载，电流途径是：$U_{d+} \rightarrow L \rightarrow VT_3 \rightarrow R_2$、$L_2 \rightarrow L_1$、$R_1 \rightarrow VT_4 \rightarrow U_{d-}$。

在$t_4 \sim t_5$，VT_5、VT_4导通，有电流I_d流过负载，电流途径是：$U_{d+} \rightarrow L \rightarrow VT_5 \rightarrow R_3$、$L_3 \rightarrow L_1$、$R_1 \rightarrow VT_4 \rightarrow U_{d-}$。

在$t_5 \sim t_6$，VT_5、VT_6导通，有电流I_d流过负载，电流途径是：$U_{d+} \rightarrow L \rightarrow VT_5 \rightarrow R_3$、$L_3 \rightarrow L_2$、$R_2 \rightarrow VT_6 \rightarrow U_{d-}$。以后电路重复上述工作过程。

16.3.4　复合型逆变电路

电压型逆变电路输出的是矩形波电压，电流型逆变电路输出的是矩形波电流，而矩形波信号中含有较多的谐波成分（如二次谐波、三次谐波等），这些谐波对负载会产生有很多不利影响。为了减小矩形波中的谐波，可以将多个逆变电路组合起来，将它们产生的相位不同的矩形波进行叠加，以形成近似正弦波的信号，再提供给负载。多重逆变电路和多电平逆变电路可以实现上述功能。

1. 多重逆变电路

多重逆变电路是指由多个电压型逆变电路或电流型逆变电路组合成的复合型逆变电路。 图 16-24 是二重三相电压型逆变电路。T_1、T_2 为三相交流变压器，一次绕组按三角形接法连接，二次绕组串联后并联成星形，同一水平的绕组绕在同一铁芯上，同一铁芯的一次绕组电压可以感应到二次绕组上。电路工作过程如下（以 U 相负载电压 U_{UN} 获得为例）。

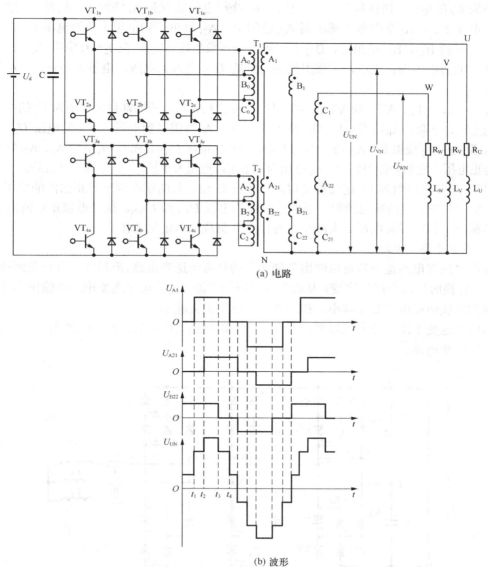

(a) 电路

(b) 波形

图 16-24　二重三相电压型逆变电路

在 $0\sim t_1$，VT_{3b}、VT_{4c} 导通，线圈 B_2 两端电压大小为 U_d（忽略三极管导通压降），极性为上正、下负，该电压感应到同一铁芯的 B_{22}、B_{21} 绕组上，B_{22} 上得到上正、下负电压 U_{B22}。在 $0\sim t_1$，绕组 A_1、A_{21} 上的电压都为 0V，三绕组叠加得到的 U_{UN} 电压为正电压（上正、下负），$0\sim t_1$ 段 U_{UN} 电压如图 16-24（b）所示。

在 $t_1\sim t_2$，VT_{1a}、VT_{2b} 和 VT_{3b}、VT_{4c} 都导通，线圈 A_0 和线圈 B_2 两端都得到大小为 U_d 的电压，极性都为上正、下负，A_0 绕组电压感应到 A_1 绕组上，A_1 绕组得到上正、下负的电压 U_{A1}，B_2 绕组电压感应到 B_{22}、B_{21} 绕组上，B_{22} 上得到上正、下负电压 U_{B22}。在 $t_1\sim t_2$ 期间绕组 A_{21} 上的电压为 0V，三绕组电压叠加得到的 U_{UN} 为正电压，电压大小较 $0\sim t_1$ 期间上升一个台阶。

在 $t_2\sim t_3$，VT_{1a}、VT_{2b} 和 VT_{3a}、VT_{4b} 及 VT_{3b}、VT_{4c} 都导通，线圈 A_0、A_2、B_2 两端都得到大小为 U_d 的电压，极性都为上正、下负，A_0 绕组电压感应到 A_1 绕组上，A_1 绕组得到上正、下负的电压 U_{A1}；A_2 绕组电压感应到 A_{21} 绕组上，A_{21} 绕组得到上正下负的电压 U_{A21}；$B2$ 绕组电压感应到 B_{22}、B_{21} 绕组上，B_{22} 上得到上正下负电压 U_{B22}。在 $t_2\sim t_3$ 绕组 A_2、A_{21}、B_{22} 三个绕组上的电压为正电压，三绕组叠加得到的 U_{UN} 也为正电压，电压大小较 $t_1\sim t_2$ 上升一个台阶。

在 $t_3\sim t_4$，VT_{1a}、VT_{2b} 和 VT_{3a}、VT_{4b} 导通，线圈 A_0、A_2 两端都得到大小为 U_d 的电压，极性都为上正、下负，A_0 绕组电压感应到 A_1 绕组上，A_1 绕组得到上正、下负的电压 U_{A1}，A_2 绕组电压感应到 A_{21} 绕组上，A_{21} 绕组得到上正、下负的电压 U_{A21}。在 $t_3\sim t_4$ 绕组 A_2、A_{21} 绕组上的电压为正电压，它们叠加得到的 U_{UN} 电压为正电压，电压大小较 $t_2\sim t_3$ 下降一个台阶。

以后电路工作过程与上述过程类似，结果在 U 相负载两端得到近似正弦波的电压 U_{UN}。同样，V、W 相负载两端也能得到近似正弦波的电压 U_{VN} 和 U_{WN}。这种近似正弦波的电压中包含谐振成分较矩形波电压大大减少，可使感性负载较稳定地工作。

2. 多电平逆变电路

多电平逆变电路是一种可以输出多种电平的复合型逆变电路。矩形波只有正负两种电平，在正、负转换时电压会产生突变，从而形成大量的谐波，而多电平逆变电路可输出多种电平，会使加到负载两端电压变化减小，相应谐波成分也大大减小。

多电平逆变电路可分为三电平、五电平和七电平逆变电路等，图 16-25 所示是一种常见的三电平逆变电路。

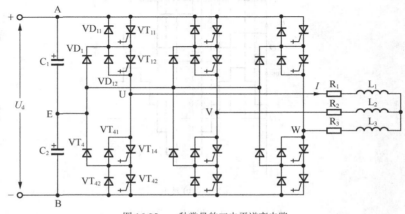

图 16-25 一种常见的三电平逆变电路

　　图 16-25 中的 C1、C2 是两个容量相同的电容，它将 U_d 分成相等的两个电压，即 $U_{C1}=U_{C2}=U_d/2$，如果将 E 点电压当作 0V，那么 A、B 点电压分别是 $+U_d/2$、$-U_d/2$。下面以 U 点电压变化为例来说明电平变化原理。

　　当可关断晶闸管 VT_{11}、VT_{12} 导通，VT_{41}、VT_{42} 关断时，U 点通过 VT_{11}、VT_{12} 与 A 点连通，U、E 点之间电压等于 $U_d/2$。当 VT_{41}、VT_{42} 导通，VT_{11}、VT_{12} 关断时，U 点通过 VT_{41}、VT_{42} 与 B 点连通，U、E 点之间电压等于 $-U_d/2$。当 VT_{11}、VT_{42} 关断时，VT_{12}、VT_{41} 门极的脉冲为高电平，如果先前流过 L_1 的电流是由左往右，VT_{11} 关断后 L_1 会产生左负、右正电动势，L_1 左负电压经 R_1 使 VT_{12}、VD_1 导通，U 点电压与 E 点电压相等，即 U、E 点之间的电压为 0V；在 VT_{11}、VT_{42} 关断时，如果先前流过 L_1 的电流是由右往左，VT_{42} 关断后 L_1 会产生左正、右负电动势，L_1 左正电压经 R_1 使 VT_{41}、VD_4 导通，U 点电压与 E 点电压相等，即 U、E 点之间的电压为 0V。

　　综上所述，U 点有 3 种电平（即 U 点与 E 点之间的电压大小）：$+U_d/2$、0V、$-U_d/2$。同样，V、W 点也分别有这 3 种电平，那么 U、V 点（或 U、W 点，或 V、W 点）之间的电压就有 $+U_d$、$+U_d/2$、0、$-U_d/2$、$-U_d$ 5 种，如 U 点电平为 $+U_d/2$、V 点为 $-U_d/2$ 时，U、V 点之间的电压变为 $+U_d$。这样加到任意两相负载两端的电压（U_{UV}、U_{UW}、U_{VW}）变化就接近正弦波，这种变化的电压中谐波成分大大减少，有利于负载稳定工作。

16.4　PWM 控制技术

　　PWM 意为脉冲宽度调制。PWM 控制就是对脉冲宽度进行调制，以得到一系列宽度变化的脉冲，再用这些脉冲来代替所需的信号（如正弦波）。

16.4.1　PWM 控制的基本原理

1. 面积等效原理
　　面积等效原理内容是：冲量相等（即面积相等）而形状不同的窄脉冲加在惯性环节（如电感）时，其效果基本相同。图 16-26 所示为 3 个形状不同但面积相等的窄脉冲信号电压，当它加到图 16-27 所示的 R、L 电路两端时，流过 R、L 元器件的电流变化基本相同，因此对于 R、L 电路来说，这 3 个脉冲是等效的。

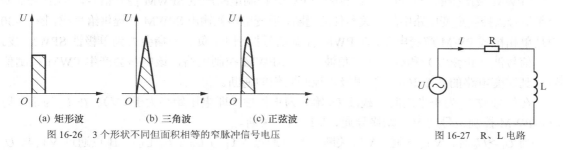

(a) 矩形波　　　　(b) 三角波　　　　(c) 正弦波
图 16-26　3 个形状不同但面积相等的窄脉冲信号电压　　　　　图 16-27　R、L 电路

2. SPWM 控制原理
　　SPWM 意为正弦波脉冲宽度调制。为了说明 SPWM 原理，可将图 16-28 所示的正弦波

正半周分成 N 等份，那么该正弦波可以看成是由宽度相同、幅度变化的一系列连续的脉冲组成，这些脉冲的幅度按正弦规律变化，根据面积等效原理，这些脉冲可以用一系列矩形脉冲来代替，这些矩形脉冲的面积要求与对应正弦波部分相等，且矩形脉冲的中点与对应正弦波部分的中点重合。同样道理，正弦波负半周也可用一系列负的矩形脉冲来代替。这种**脉冲宽度按正弦规律变化且和正弦波等效的 PWM 波形称为 SPWM 波形**。PWM 波形还有其他一些类型，但在变频器中最常见的就是 SPWM 波形。

要得到 SPWM 脉冲，最简单的方法是采用图 16-29 所示的电路，通过控制开关 S 的通断，在 B 点可以得到图 16-28 所示的 SPWM 脉冲 U_B，该脉冲加到 R、L 两端，流过 R、L 的电流为 I，该电流与正弦波 U_A 加到 R、L 时流过的电流是近似相同的。也就是说，对于 R、L 来说，虽然加到两端的 U_A 和 U_B 信号波形不同，但流过的电流是近似相同的。

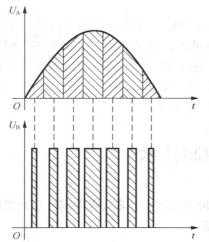

图 16-28　正弦波按面积等效原理转换成 SPWM 脉冲

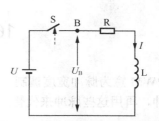

图 16-29　产生 SPWM 波的简易电路

16.4.2　SPWM 波的产生

SPWM 波作用于感性负载与正弦波直接作用于感性负载的效果是一样的。**SPWM 波有两个形式：单极性 SPWM 波和双极性 SPWM 波**。

1. 单极性 SPWM 波的产生

SPWM 波产生的一般过程是：首先由 PWM 控制电路产生 SPWM 控制信号，再让 SPWM 控制信号去控制逆变电路中的开关器件的通断，逆变电路就输出 SPWM 波提供给负载。图 16-30 中是单相桥式 PWM 逆变电路，在 PWM 控制信号控制下，负载两端会得到单极性 SPWM 波。

信号波（正弦波）和载波（三角波）送入 PWM 控制电路，该电路会产生 PWM 控制信号送到逆变电路的各个 IGBT 的栅极，控制它们的通断。

在信号波 U_r 为正半周时，载波 U_c 始终为正极性（即电压始终大于 0V）。在 U_r 为正半周时，PWM 控制信号使 VT_1 始终导通、VT_2 始终关断。

当 $U_r > U_c$ 时，VT_4 导通，VT_3 关断，A 点通过 VT_1 与 U_d 正端连接，B 点通过 VT_4 与 U_d 负端连接，如图 16-30（b）所示，R、L 两端的电压 $U_o = U_d$；当 $U_r < U_c$ 时，VT_4 关断，流过 L 的电流突然变小，L 马上产生左负、右正电动势。该电动势使 VD_3 导通，电动势通过 VD_3、

VT$_1$ 构成回路续流，由于 VD$_3$ 导通，B 点通过 VD$_3$ 与 U_d 正端连接，U_A=U_B，R、L 两端的电压 U_o=0V。

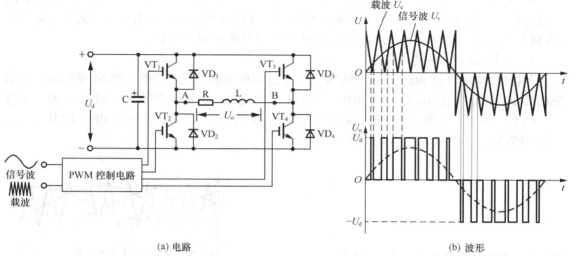

(a) 电路　　　　　　　　　　　　　　　　　(b) 波形

图 16-30　采用单相桥式 PWM 逆变电路产生单极性 SPWM 波

在信号波 U_r 为负半周时，载波 U_c 始终为负极性（即电压始终小于 0V）。在 U_r 为负半周时，PWM 控制信号使 VT$_1$ 始终关断、VT$_2$ 始终导通。

当 U_r<U_c 时，VT$_3$ 导通，VT$_4$ 关断，A 点通过 VT$_2$ 与 U_d 负端连接，B 点通过 VT$_3$ 与 U_d 正端连接，R、L 两端的电压极性为左负、右正，即 U_o= $-U_d$；当 U_r>U_c 时，VT$_3$ 关断，流过 L 的电流突然变小，L 马上产生左正、右负电动势。该电动势通过 VT$_2$、VD$_4$ 构成回路续流，由于 VD$_4$ 导通，B 点通过 VD$_4$ 与 U_d 负端连接，U_A=U_B，R、L 两端的电压 U_o=0V。

从图 16-30（b）中可以看出，在信号波 U_r 半个周期内，载波 U_c 只有一种极性变化，并且得到的 SPWM 也只一种极性变化，这种控制方式称为单极性 PWM 控制方式，由这种方式得到的 SPWM 波称为单极性 SPWM 波。

2. 双极性 SPWM 波的产生

双极性 SPWM 波也可以由单相桥式 PWM 逆变电路产生。双极性 SPWM 波如图 16-31 所示。下面以图 16-30 所示的单相桥式 PWM 逆变电路为例来说明双极性 SPWM 波的产生。

要让单相桥式 PWM 逆变电路产生双极性 SPWM 波，PWM 控制电路须产生相应的 PWM 控制信号去控制逆变电路的开关器件。

当 U_r<U_c 时，VT$_3$、VT$_2$ 导通，VT$_1$、VT$_4$ 关断，A 点通过 VT$_2$ 与 U_d 负端连接，B 点通过 VT$_3$ 与 U_d 正端连接，R、L 两端的电压 U_o= $-U_d$。

当 U_r>U_c 时，VT$_1$、VT$_4$ 导通，VT$_2$、VT$_3$ 关断，

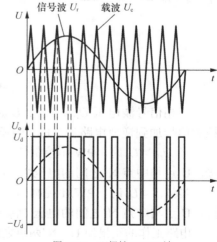

图 16-31　双极性 SPWM 波

A 点通过 VT$_1$ 与 U_d 正端连接，B 点通过 VT$_4$ 与 U_d 正端连接，R、L 两端的电压 U_o=U_d。在此

期间，由于流过 L 的电流突然改变，L 会产生左正、右负的电动势，该电动势使续流二极管 VD_1、VD_4 导通，对电容 C 充电，进行能量的回馈。

R、L 上得到 PWM 波形如图 16-31 所示的 U_o 电压，在信号波 U_r 半个周期内，载波 U_c 的极性有正、负两种变化，并且得到的 SPWM 也有两个极性变化，这种控制方式称为双极性 PWM 控制方式，由这种方式得到的 SPWM 波称为双极性 SPWM 波。

3. 三相 SPWM 波的产生

单极性 SPWM 波和双极性 SPWM 波用来驱动单相电动机，三相 SPWM 波则用来驱动三相异步电动机。图 16-32 是三相桥式 PWM 逆变电路，它可以产生三相 SPWM 波，电容 C_1、C_2 容量相等，它将 U_d 电压分成相等两部分，N′为中点，C_1、C_2 两端的电压均为 $U_d/2$。三相 SPWM 波的产生说明如下（以 U 相为例）。

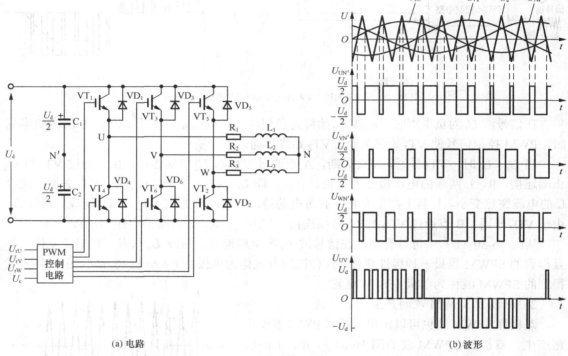

(a) 电路 (b) 波形

图 16-32　三相桥式 PWM 逆变电路产生三相 SPWM 波

三相信号波电压 U_{rU}、U_{rV}、U_{rW} 和载波电压 U_c 送到 PWM 控制电路，该电路产生 PWM 控制信号加到逆变电路各 IGBT 的栅极，控制它们的通断。

当 $U_{rU} > U_c$ 时，PWM 控制信号使 VT_1 导通、VT_4 关断，U 点通过 VT_1 与 U_d 正端直接连接，U 点与中点 N′之间的电压 $U_{UN'} = U_d/2$。

当 $U_{rU} < U_c$ 时，PWM 控制信号使 VT_1 关断、VT_4 导通，U 点通过 VT_4 与 U_d 负端直接连接，U 点与中点 N′之间的电压 $U_{UN'} = -U_d/2$。

电路工作的结果使 U、N′两点之间得到图 16-32（b）所示的脉冲电压 $U_{UN'}$，在 V、N′两点之间得到脉冲电压 $U_{VN'}$，在 V、N′两点之间得到脉冲电压 $U_{WN'}$，在 U、V 两点之间得到电压为 U_{UV}（$U_{UV} = U_{UN'} - U_{UN'}$），$U_{UV}$ 实际上就是加到 L_1、L_2 两绕组之间电压，从波形图可以看出，它就是单极性 SPWM 波。同样地，在 U、W 两点之间得到电压为 U_{UW}，在 V、W 两点之间得到电压为 U_{VW}，它们都为单极性 SPWM 波。这里的 U_{UW}、U_{UV}、U_{VW} 就称为三相 SPWM 波。

16.4.3　PWM 控制方式

PWM 控制电路的功能是产生 PWM 控制信号去控制逆变电路，使之产生 SPWM 波提供给负载。为了使逆变电路产生的 SPWM 波合乎要求，通常的做法是将正弦波作为参考信号送给 PWM 控制电路，PWM 控制电路对该信号处理后形成相应的 PWM 控制信号去控制逆变电路，让逆变电路产生与参考信号等效的 SPWM 波。

根据 PWM 控制电路对参考信号处理方法不同，可分为计算法、调制法和跟踪控制法等。

1．计算法

计算法是指 PWM 控制电路的计算电路根据参考正弦波的频率、幅值和半个周期内的脉冲数，计算 SPWM 脉冲的宽度和间隔，然后输出相应的 PWM 控制信号去控制逆变电路，让它产生与参考正弦波等效的 SPWM 波的一种信号处理方法。采用计算法的 PWM 电路如图 16-33 所示。

计算法是一种较烦琐的方法，故 PWM 控制电路较少采用这种方法。

2．调制法

调制法是指以参考正弦波作为调制信号，以等腰三角波作为载波信号，将正弦波调制三角波来得到相应的 PWM 控制信号，再控制逆变电路产生与参考正弦波一致的 SPWM 波供给负载。采用调制法的 PWM 电路如图 16-34 所示。

调制法中的载波频率 f_c 与信号波频率 f_r 之比称为载波比，记作 $N=f_c/f_r$。根据载波和信号波是否同步及载波比的变化情况，调制法又可分为异步调制和同步调制。

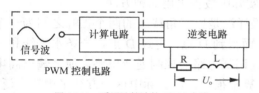

图 16-33　采用计算法的 PWM 电路

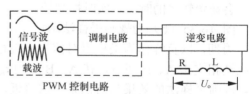

图 16-34　采用调制法的 PWM 电路

（1）异步调制

异步调制是指载波频率和信号波不保持同步的调制方式。在异步调制时，通常保持载波频率 f_c 不变，当信号波频率 f_r 发生变化时，载波比 N 也会随之变化。

在信号波频率较低时，载波比 N 增大，在信号半个周期内形成的 PWM 脉冲个数很多，载波频率不变，信号频率变低（周期变长），半个周期内形成的 SPWM 脉冲个数增多，SPWM 的效果越接近正弦波，反之，信号波频率较高时形成的 SPWM 脉冲个数少，如果信号波频率高且出现正、负不对称，那么形成的 SPWM 波与正弦波偏差较大。

异步调制适用于信号频率较低、载波频率较高（即载波比 N 较大）的 PWM 电路。

（2）同步调制

同步调制是指载波频率和信号波保持同步的调制方式。在同步调制时，载波频率 f_c 和信号波频率 f_r 会同时发生变化，而载波比 N 保持不变。由于载波比不变，所以在一个周期内形成的 SPWM 脉冲的个数是固定的，等效正弦波对称性较好。在三相 PWM 逆变电路中，通常共用一个三角载波，并且让载波比 N 固定取 3 的整数倍，这样会使输出的三相 SPWM 波严格对称。

在进行异步调制或同步调制时，要求将信号波和载波进行比较，比较采用的方法主要有自然采样法和规则采样法。自然采样法和规则采样法如图 16-35 所示。

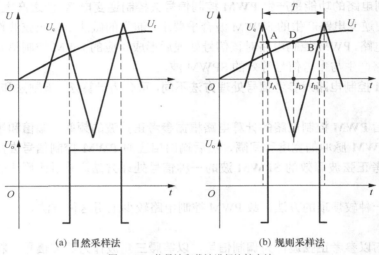

<table>
<tr><td>(a) 自然采样法</td><td>(b) 规则采样法</td></tr>
</table>

图 16-35　信号波和载波进行比较方法

图 16-35（a）为自然采样法示意图。自然采样法将载波 U_c 与信号波 U_r 进行比较，当 $U_c >$ U_r 时，调制电路控制逆变电路，使之输出低电平，当 $U_c < U_r$ 时，调制电路控制逆变电路，使之输出高电平。自然采样法是一种最基本的方法，但使用这种方法要求电路进行复杂的运算，这样会花费较多的时间，实时控制较差，因此在实际中较少采用这种方法。

图 16-35（b）为规则采样法示意图。规则采样法是以三角载波的两个正峰之间为一个采样周期，以负峰作为采样点对信号波进行采样而得到 D 点，再过 D 点作一条水平线和三角载波相交于 A、B 两点，在 A、B 点的 $t_A \sim t_B$，调制电路会控制逆变电路，使之输出高电平。规则采样法的效果与自然采样法接近，但计算量很少，在实际中这种方法采用较广泛。

3. 跟踪控制法

跟踪控制法将参考信号与负载反馈过来的信号进行比较，再根据两者的偏差来形成 PWM 控制信号来控制逆变电路，使之产生与参考信号一致的 SPWM 波。跟踪控制法可分为滞环比较式和三角波比较式。

（1）滞环比较式

采用滞环比较式跟踪法的 PWM 控制电路要用来滞环比较器。根据反馈信号的类型不同，滞环比较式可分为电流型滞环比较式和电压型滞环比较式。

① 电流型滞环比较式

图 16-36 是单相电流型滞环比较式跟踪控制 PWM 逆变电路。该方式是将参考信号电流 I_r 与逆变电路输出端反馈过来的反馈信号电流 I_f 进行相减，再将两者的偏差 $I_r - I_f$ 输入

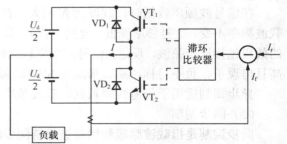

图 16-36　单相电流型滞环比较式跟踪控制 PWM 逆变电路

滞环比较器，滞环比较器会输出相应的 PWM 控制信号，控制逆变电路开关器件的通断，使输出反馈电流 I_f 与 I_r 误差减小，I_f 与 I_r 误差越小，表明逆变电路输出电流与参考电流越接近。

图 16-37 中是三相电流型滞环比较式跟踪控制 PWM 逆变电路。该电路有 I_{Ur}、I_{Vr}、I_{Wr} 3 个参考信号电流，它们分别与反馈信号电流 I_{Uf}、I_{Vf}、I_{Wf} 进行相减，再将两者的偏差输入各自滞环比较器，各滞环比较器会输出相应的 PWM 控制信号，控制逆变电路开关器件的通断，使各自输出的反馈电流朝着与参考电流误差减小的方向变化。

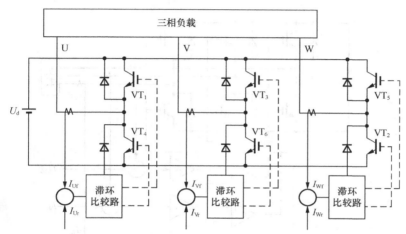

图 16-37　三相电流型滞环比较式跟踪控制 PWM 逆变电路

采用电流型滞环比较式跟踪控制的 PWM 电路的主要特点有：电路简单；控制响应快，适合实时控制；由于未用到载波，故输出电压波形中固定频率的谐波成分少；与调制法和计算法比较，相同开关频率时输出电流中高次谐波成分较多。

② 电压型滞环比较式。

图 16-38 中是单相电压型滞环比较式跟踪控制 PWM 逆变电路。从图中可以看出，电压型滞环比较式较电流型的不同主要在于参考信号和反馈信号都由电流换成了电压，另外在滞环比较器前增加了滤波器，用来滤除减法器输出误差信号中的高次谐波成分。

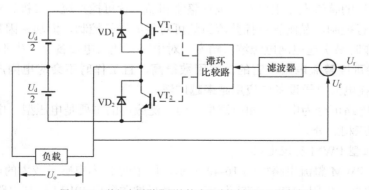

图 16-38　单相电压型滞环比较式跟踪控制 PWM 逆变电路

（2）三角波比较式

图 16-39 中是三相三角波比较式电流跟踪型 PWM 逆变电路。在电路中，3 个参考信号电流 I_{Ur}、I_{Vr} 与反馈信号电流 I_{Uf}、I_{Vf}、I_{Wf} 进行相减，得到的误差电流先由放大器 A 进行放大，然后再送到运算放大器 C（比较器）的同相输入端，与此同时，三相三角波发生电路产生三相三角波送到三个运算放大器的反相输入端，各误差信号与各自的三角波进行比较后输出相应的 PWM 控制信号，去控制逆变电路相应的开关器件通断，使各相输出反馈电流朝着与该相参考电流误差减小的方向变化。

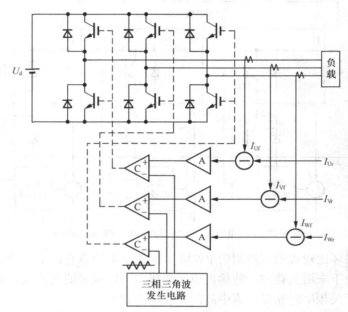

图 16-39　三相三角波比较式电流跟踪型 PWM 逆变电路

16.4.4　PWM 整流电路

目前广泛应用的整流电路主要有二极管整流和晶闸管可控整流，二极管整流电路简单，但无法对整流进行控制，晶闸管可控整流虽然可对整流进行控制，但功率因数低（即电能利用率低），且工作时易引起电网电源波形畸变，对电网其他用电设备会产生不良影响。**PWM 整流电路是一种可控整流电路，它的功率因数很高，且工作时不会对电网产生污染，因此 PWM 整流电路在电力电子设备中应用越来越广泛。**

PWM 整流电路可分为电压型和电流型，但广泛应用的主要是电压型。电压型 PWM 整流电路有单相和三相之分。

1. 单相电压型 PWM 整流电路

单相电压型 PWM 整流电路如图 16-40 所示，图中的 L 为电感量较大的电感，R 为电感和交流电压 U_i 的直流电阻，VT$_1$～VT$_4$ 为 IGBT，其导通关断受 PWM 控制电路（图中未画出）送来的控制信号控制。电路工作过程如下。

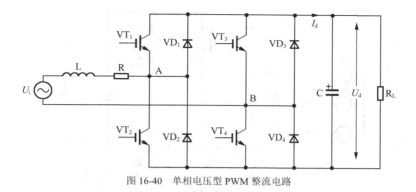

图 16-40　单相电压型 PWM 整流电路

当交流电压 U_i 极性为上正、下负时，PWM 控制信号使 VT$_2$、VT$_3$ 导通，电路中有电流产生，电流途径是：

$$U_i 上正 \rightarrow L、R \rightarrow A 点 \begin{matrix} \nearrow VD_1 \rightarrow VT_3 \searrow \\ \searrow VT_2 \rightarrow VD_4 \nearrow \end{matrix} B 点 \rightarrow U_i 下负$$

电流在流经 L 时，L 产生左正右负电动势阻碍电流，同时 L 储存能量。VT$_2$、VT$_3$ 关断后，流过 L 的电流突然变小，L 马上产生左负、右正电动势，该电动势与上正、下负的交流电压 U_i 叠加对电容 C 充电，充电途径是：L 右正 → R → A 点 → VD$_1$ → C → VD$_4$ → B 点 → U_i 下负，在 C 上充得上正、下负电压。

当交流电压 U_i 极性为上负、下正时，PWM 控制信号使 VT$_1$、VT$_4$ 导通，电路中有电流产生，电流途径是：

$$U_i 下正 \rightarrow B 点 \begin{matrix} \nearrow VD_3 \rightarrow VT_1 \searrow \\ \searrow VT_4 \rightarrow VD_2 \nearrow \end{matrix} A 点 \rightarrow R、L \rightarrow U_i 上负$$

电流在流经 L 时，L 产生左负、右正电动势阻碍电流，同时 L 储存能量。VT$_1$、VT$_4$ 关断后，流过 L 的电流突然变小，L 马上产生左正、右负电动势，该电动势与上负、下正的交流电压 U_i 叠加对电容 C 充电，充电途径是：U_i 下正 → B 点 → VD$_3$ → C → VD$_2$ → A 点 → L 右负，在 C 上充得上正、下负电压。

在交流电压正负半周期内，电容 C 上充得上正、下负的电压 U_d，该电压为直流电压，它供给负载 R$_L$。从电路工作过程可知，在交流电压半个周期中的前一段时间内，有两个 IGBT 同时导通，电感 L 储存电能，在后一段时间内这两个 IGBT 关断，输入交流电压与电感释放电能量产生的电动势叠加对电容充电，因此电容上得到的电压 U_d 会高于输入端的交流电压 U_i，故电压型 PWM 整流电路是升压型整流电路。

2. 三相电压型 PWM 整流电路

三相电压型 PWM 整流电路如图 16-41 所示。U_1、U_2、U_3 为三相交流电压，L_1、L_2、L_3 为储能电感（电感量较大的电感），R_1、R_2、R_3 为储能电感和交流电压内阻的等效电阻。三相电压型 PWM 整流电路工作原理与单相电压型 PWM 整流电路基本相同，只是从单相扩展到三相，电路工作的结果在电容 C 上会得到上正、下负的直流电压 U_d。

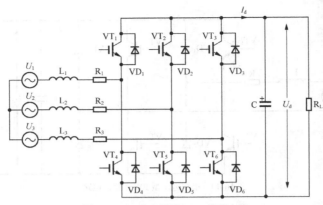

图 16-41　三相电压型 PWM 整流电路

16.5　交流调压电路

交流调压电路是一种能调节交流电压有效值大小的电路。交流调压电路种类较多，常见的有单向晶闸管交流调压电路、双向晶闸管交流调压电路、脉冲控制型交流调压电路和三相交流调压电路等。

16.5.1　单向晶闸管交流调压电路

单向晶闸管通常与单结晶管配合组成调压电路。单向晶闸管交流调压电路如图 16-42 所示。电路工作过程如下。

交流电压 U 与负载 RL 串联接到桥式整流电路输入端。当交流电压为正半周时，U 电压的极性是上正、下负，VD$_1$、VD$_4$ 导通，有较小的电流对电容 C 充电，电流途径是：U 上正→VD$_1$→R$_3$→RP→C→VD$_4$→RL→U 下负，该电流对 C 充得上正、下负电压，随着充电的进行，C 上的电压逐渐上升，

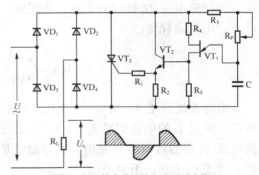

图 16-42　单向晶闸管交流调压电路

当电压达到单结晶管 VT$_1$ 的峰值电压时，VT$_1$ 的发射极 E 与第一基极 B$_1$ 之间马上导通，C 通过 VT$_1$ 的 EB$_1$ 极、R$_5$ 和 VT$_2$ 的发射结、R$_2$ 放电，放电电流使 VT$_2$ 的发射结导通，VT$_2$ 的集电极、发射极之间也导通，VT$_2$ 发射极电压升高，该电压经 R$_1$ 加到晶闸管 VT$_3$ 的 G 极，VT$_3$ 导通。VT$_3$ 导通后，有大电流经 VD$_1$、VT$_3$、VD$_4$ 流过负载 R$_L$，在交流电压 U 过零时，流过 VT$_3$ 的电流为 0A，VT$_3$ 关断。

当交流电压为负半周时，U 电压的极性是上负、下正，VD$_2$、VD$_3$ 导通，有较小的电流对电容 C 充电，电流途径是：U 下正→R$_L$→VD$_2$→R$_3$→RP→C→VD$_3$→U 上负，该电流对 C 充得上正、下负电压，随着充电的进行，C 上的电压逐渐上升，当电压达到单结晶管 VT$_1$ 的峰值电压时，VT$_1$ 的发射极、第一基极 B$_1$ 极之间导通，C 由充电转为放电，放电使 VT$_2$ 导通，晶闸管 VT$_3$ 由截止转为导通。VT$_3$ 导通后，有大电流经 VD$_2$、VT$_3$、VD$_3$ 流过负载 R$_L$，在交流电压过零时，流过 VT$_3$ 的电流为 0A，VT$_3$ 关断。

从以上分析可知，只有晶闸管导通时才有大电流流过负载，负载上才有电压，晶闸管导通时间越长，负载上的有效电压值越大。也就是说，只要改变晶闸管的导通时间，就可以调节负载上交流电压有效值的大小。调节电位器 R_P 可以改变晶闸管的导通时间，若 RP 滑动端上移，R_P 阻值变大，对 C 充电电流减小，C 上电压升高到 VT_1 的峰值电压所需时间延长，晶闸管 VT_3 会维持较长的截止时间，导通时间相对缩短，负载上交流电压有效值减小。

16.5.2　双向晶闸管交流调压电路

双向晶闸管通常与双向二极管配合组成交流调压电路。图 16-43 中是一种由双向二极管和双向晶闸管构成的交流调压电路。

电路工作过程说明如下。

当交流电压 U 正半周来时，U 的极性是上正、下负，该电压经负载 R_L、电位器 R_P 对电容 C 充得上正、下负的电压，随着充电的进行，当 C 两端的电压达到一定值时，该电压使双向二极管 VD 导通，电容 C 的正电压经 VD 送到晶闸管 VT 的 G 极，VT 的 G 极电压较主极 T_1 的电压高，VT 被正向触发，两主极 T_2、T_1 之间随之导通，有电流流过负载 R_L。在 220V 电压过零时，流过 VT 的电流为 0A，VT 由导通转入截止。

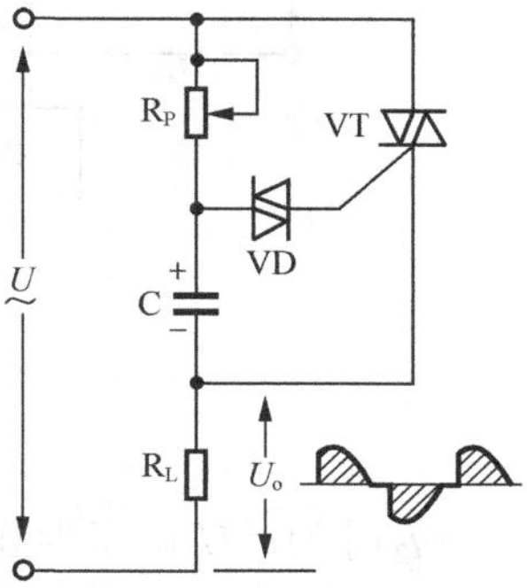

图 16-43　由双向二极管和双向晶闸管构成的交流调压电路

当 220V 交流电压负半周来时，电压 U 的极性是上负、下正，该电压对电容 C 反向充电，先将上正、下负的电压中和，然后再充得上负、下正电压，随着充电的进行，当 C 两端电压达到一定值时，该电压使双向二极管 VD 导通，上负电压经 VD 送到 VT 的 G 极，VT 的 G 极电压较主极 T_1 电压低，VT 被反向触发，两主极 T_1、T_2 之间随之导通，有电流流过负载 RL。在 220V 电压过零时，VT 由导通转入截止。

从上面的分析可知，只有在晶闸管导通期间，交流电压才能加到负载两端，晶闸管导通时间越短，负载两端得到的交流电压有效值越小，而调节电位器 R_P 的值可以改变晶闸管导通时间，进而改变负载上的电压。例如 R_P 滑动端下移，R_P 阻值变小，220V 电压经 R_P 对电容 C 充电电流大，C 上的电压很快上升到使双向二极管导通的电压值，晶闸管导通提前，导通时间长，负载上得到的交流电压有效值高。

16.5.3　脉冲控制交流调压电路

脉冲控制交流调压电路是由控制电路产生脉冲信号去控制电力电子器件，通过改变它们的通断时间来实现交流调压。常见的脉冲控制交流调压电路有双晶闸管交流调压电路和斩波式交流调压电路。

1. 双晶闸管交流调压电路

双晶闸管交流调压电路如图 16-44 所示，晶闸管 VT_1、VT_2 反向并联在电路中，其 G 极与控制电路连接，在工作时控制电路送控制脉冲控制 VT_1、VT_2 的通断，来调节输出电压 U_o。

在 $0 \sim t_1$，交流电压 U_i 的极性是上正、下负，VT_1、VT_2 的 G 极均无脉冲信号，VT_1、VT_2 关断，输出电压 U_o 为 0V。

t_1 时刻，高电平脉冲送到 VT_1 的 G 极，VT_1 导通，输入电压 U_i 通过 VT_1 加到负载 R_L 两端，在 $t_1 \sim t_2$，VT_1 始终导通，输出电压 U_o 与 U_i 变化相同，即波形一致。

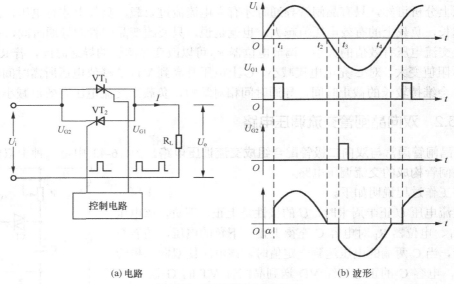

(a) 电路　　　　　　　　　　　　　　　　　(b) 波形

图 16-44　双晶闸管交流调压电路

t_2 时刻，U_i 电压为 0V，VT$_1$ 关断，U_o 也为 0V，在 $t_2 \sim t_3$ 期间，U_i 的极性是上负、下正，VT$_1$、VT$_2$ 的 G 极均无脉冲信号，VT$_1$、VT$_2$ 关断，U_o 仍为 0V。

t_3 时刻，高电平脉冲送到 VT$_2$ 的 G 极，VT$_2$ 导通，U_i 通过 VT$_2$ 加到负载 R$_L$ 两端，在 $t_3 \sim t_4$ 期间，VT$_2$ 始终导通，U_o 与 U_i 波形相同。

t_4 时刻，U_i 电压为 0V，VT$_2$ 关断，U_o 为 0V。t_4 时刻以后，电路会重复上述工作过程，结果在负载 R$_L$ 两端得到图 16-44（b）所示的 U_o 电压。图中交流调压电路中的控制脉冲 U_G 相位落后于 U_i 电压 α 角（$0 \leqslant \alpha \leqslant \pi$），$\alpha$ 角越大，VT$_1$、VT$_2$ 导通时间越短，负载上得到的电压 U_o 有效值越低，也就是说，只要改变控制脉冲与输入电压的相位差 α，就能调节输出电压。

2. 斩波式交流调压电路

斩波式交流调压电路如图 16-45 所示。该电路采用斩波的方式来调节输出电路，VT$_1$、VT$_2$ 的通断受控制电路送来的 U_{G1} 脉冲控制，VT$_3$、VT$_4$ 的通断受 U_{G2} 脉冲控制。电路工作原理如下。

在交流输入电压 U_i 的极性为上正下负，且 U_{G1} 为高电平时，VT$_1$ 因 G 极为高电平而导通，VT$_2$ 虽然 G 极也为高电平，但集电极、发射极之间施加有反向电压，故 VT$_2$ 无法导通。VT$_1$ 导通后，U_i 通过 VD$_1$、VT$_1$ 加到 R、L 两端，R、L 两端的电压 U_o 大小、极性与 U_i 相同。当 U_{G1} 为低电平时，VT$_1$ 关断，流过 L 的电流突然变小，L 马上产生上负、下正电动势，与此同时 U_{G2} 脉冲为高电平，VT$_3$ 导通，L 的电动势通过 VD$_3$、VT$_3$ 进行续流，续流途径是：L 下正→VD$_3$→VT$_3$→R→L 上负，由于 VD$_3$、VT$_3$ 处于导通状态，A、B 点相当于短路，故 R、L 两端的电压 U_o 为 0V。

在交流输入电压 U_i 的极性为上负、下正时。当 U_{G1} 为高电平时，VT$_2$ 因 G 极为高电平而导通，VT$_1$ 因集电极、发射极之间施加有反向电压，故 VT$_1$ 无法导通，VT$_2$ 导通后，U_i 电压通过 VT$_2$、VD$_2$ 加到 R、L 两端，R、L 两端的电压 U_o 大小与极性与 U_i 相同。当 U_{G1} 为低电平时，VT$_2$ 关断，流过 L 的电流突然变小，L 马上产生上正、下负电动势，与此同时 U_{G2} 脉冲为高电平，VT$_4$ 导通，L 的电动势通过 VD$_4$、VT$_4$ 进行续流，续流途径是：L 上正→R→VD$_4$→VT$_4$→L 下负，由于 VD$_4$、VT$_4$ 处于导通状态，A、B 点相当于短路，故 R、L 两端的电压 U_o 为 0V。

通过控制脉冲来控制开关器件的通断，在负载上会得到图 16-45（b）所示的断续交流电

压 U_o，控制脉冲 U_{G1} 高电平持续时间越长，输出电压 U_o 的有效值越大，即改变控制脉冲的宽度就能调节输出电压的大小。

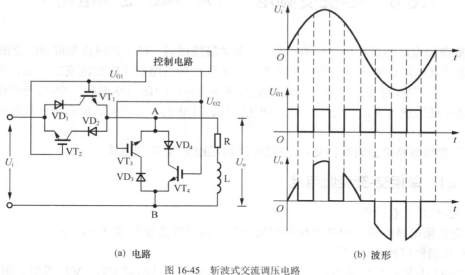

(a) 电路　　　　　　　　　　　　　(b) 波形

图 16-45　斩波式交流调压电路

16.5.4　三相交流调压电路

单相交流调压电路通过适当的组合可以构成三相交流调压电路。图 16-46 中是几种由晶闸管构成的三相交流调压电路。它们由三相双晶闸管交流调压电路组成，改变某相晶闸管的导通关断时间，就能调节该相负载两端的电压，一般情况下，三相电压的需要同时调节大小。

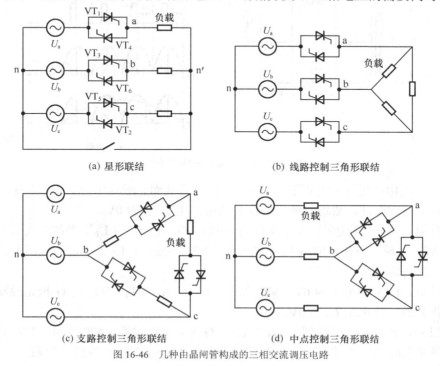

(a) 星形联结　　　　　　　　　　(b) 线路控制三角形联结

(c) 支路控制三角形联结　　　　　(d) 中点控制三角形联结

图 16-46　几种由晶闸管构成的三相交流调压电路

16.6 交-交变频电路（AC-AC 变换电路）

交-交变频电路的功能是将一种频率的交流电转换成另一种固定或频率可调的交流电。交-交变频电路又称周波变流器或相控变频器。一般的变频电路是先将交流变成直流，再将直流逆变成交流，而交-交变频电路直接进行交流频率变换，因此效率很高。交-交变频电路主要用在大功率低转速的交流调速电路中，如轧钢机、球磨机、卷扬机、矿石破碎机和鼓风机等场合。

交-交变频电路可分为单相交-交变频电路和三相交-交变频电路。

16.6.1 单相交-交变频电路

1. 交-交变频基础电路

交-交变频电路通常采用共阴和共阳可控整流电路来实现交-交变频。

（1）共阴极可控整流电路

图 16-47 中是共阴极双半波（全波）可控整流电路，晶闸管 VT_1、VT_3 采用共阴极接法，VT_1、VT_3 的 G 极加有触发脉冲 U_G。

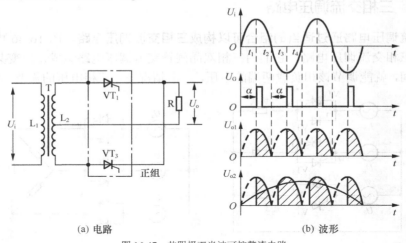

(a) 电路	(b) 波形

图 16-47 共阴极双半波可控整流电路

在 $0 \sim t_1$，U_i 电压极性为上正下负，L_2 上下两部分线圈感应电压为上正、下负，由于 VT_1、VT_3 的 G 极无触发脉冲，故均关断，负载 R 两端的电压 U_o 为 0V。

在 t_1 时刻，触发脉冲送到 VT_1、VT_3 的 G 极，VT_1 导通，因 L_2 下半部分线圈的上正、下负电压对 VT_3 为反向电压，故 VT_3 不能导通。VT_1 导通后，L_2 上半部分线圈上的电压通过 VT_1 送到 R 的两端。

在 t_2 时刻，L_2 上的电压为 0V，VT_1 关断。在 $t_2 \sim t_3$，VT_1、VT_3 的 G 极无触发脉冲，均关断，负载 R 两端的电压 U_o 为 0V。

在 t_3 时刻，触发脉冲又送到 VT_1、VT_3 的 G 极，VT_1 关断，VT_3 导通。VT_3 导通后，L_2 下半部分线圈上的电压通过 VT_3 送到 R 的两端。在 $t_3 \sim t_4$，VT_3 一直处于导通状态。

t_4 时刻以后，电路会重复上述工作过程，结果在负载 R 上得到图 16-47（b）所示的 U_{o1} 电压。如果按一定的规律改变触发脉冲的 α 角，如让 α 角先大后小再变大，结果会在负载上得到图（b）所示的 U_{o2} 电压，U_o 是一种断续的正电压，其有效值相当于一个先慢慢增大，然后慢慢下降的电压，近似于正弦波正半周。

（2）共阳极可控整流电路

图 16-48 是共阳极双半波可控整流电路，它除了两个晶闸管采用共阳极接法，其他方面与共阴极双半波可控整流电路相同。

该电路的工作原理与共阴极可控整流电路基本相同，如果让触发脉冲的 α 角按一定的规律改变，如让 α 角先大后小再变大，结果会在负载上得到图 16-48（b）所示的 U_{o2} 电压，U_o 是一种断续的负电压，其有效值相当于一个先慢慢增大，然后慢慢下降的电压，近似于正弦波负半周。

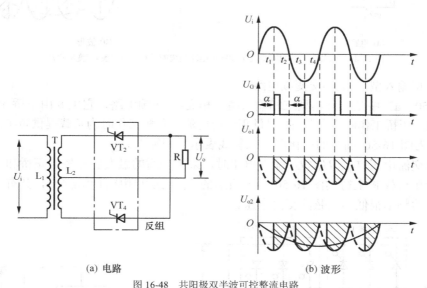

(a) 电路　　　　　　　　　　　　　(b) 波形

图 16-48　共阳极双半波可控整流电路

2. 单相交-交变频电路

单相交-交变频电路可分为单相输入型单相交-交变频电路和三相输入型单相交-交变频电路。

（1）单相输入型单相交-交变频电路

图 16-49 中是一种由共阴和共阴双半波可控整流电路构成的单相输入型交-交变频电路。共阴晶闸管称为正组晶闸管，共阳晶闸管称为反组晶闸管。

在 $0 \sim t_8$，正组晶闸管 VT_1、VT_3 加有触发脉冲，VT_1 在交流电压正半周时触发导通，VT_3 在交流电压负半周时触发导通，结果在负载上得到 U_{o1} 电压为正电压。

在 $t_8 \sim t_{16}$，反组晶闸管 VT_2、VT_4 加有触发脉冲，VT_2 在交流电压正半周时触发导通，VT_4 在交流电压负半周时触发导通，结果在负载上得到 U_{o1} 电压为负电压。

在 $0 \sim t_{16}$，负载上的电压 U_{o1} 极性出现变化，这种极性变化的电压即为交流电压。如果让触发脉冲的 α 角按一定的规律改变，会使负载上的电压有效值呈正弦波状变化，如图 16-49（b）所示的 U_{o2} 电压。如果图 16-49 电路的输入交流电压 U_i 的频率为 50Hz，不难看出，负载上得到电压 U_o 的频率为 50/4=12.5Hz。

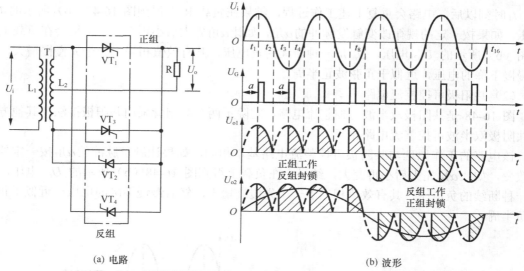

(a) 电路   (b) 波形

图 16-49　由共阴和共阴双半波可控整流电路构成的单相输入型交-交变频电路

（2）三相输入型单相交-交变频电路

图 16-50（a）中是一种典型三相输入型单相交-交变频电路，它主要由正桥 P 和负桥 N 两部分组成，正桥工作时为负载 R 提供正半周电流，负桥工作时为负载提供负半周电流，图 16-50（b）为图 16-50（a）的简化图，三斜线表示三相输入。

当三相交流电压 U_a、U_b、U_c 输入电路时，采用合适的触发脉冲控制正桥和负桥晶闸管的导通，会在负载 R 上得到图 16-50（c）所示的 U_o 电压（阴影面积部分），其有效值相当一个虚线所示的频率很低的正弦波交流电压。

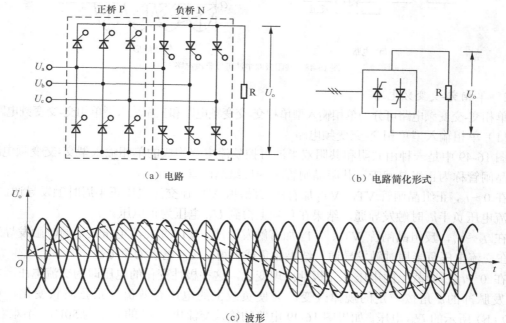

（a）电路   （b）电路简化形式

（c）波形

图 16-50　三相输入型单相交-交变频电路

16.6.2　三相交-交变频电路

三相交-交变频电路是由 3 组输出电压互差 **120°** 的单相交-交变频电路组成。三相交-交变频电路种类很多，根据电路接线方式不同，三相交-交变频电路主要分为公共交流母线进线三相交-交变频电路和输出星形连接三相交-交变频电路。

1.　公共交流母线进线三相交-交变频电路

公共交流母线进线三相交-交变频电路简图如图 16-51所示，它是由三组独立的单相交-交变频电路组成，由于 3组单相交-交变频电路的输入端通过电抗器（电感）接到公共母线，为了实现各相间的隔离，输出端各自独立，未接公共端。

电路在工作时，采用合适的触发脉冲来控制各相变频电路的正桥和负桥晶闸管的导通，可使 3 个单相交-交变频电路输出频率较低的且相位互差 120°的交流电压，提供给三相电动机。

2.　输出星形连接三相交-交变频电路。

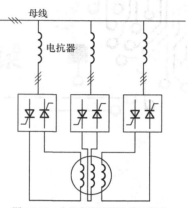

图 16-51　公共交流母线进线三相交-
交变频电路简图

输出星形连接三相交-交变频电路如图 16-52 所示，其中图 16-52（a）为简图，图 16-52（b）为详图。这种变频电路的输出端负载采用星形连接，有一个公共端，为了实现各相电路的隔离，各相变频电路的输入端都采用了三相变压器。

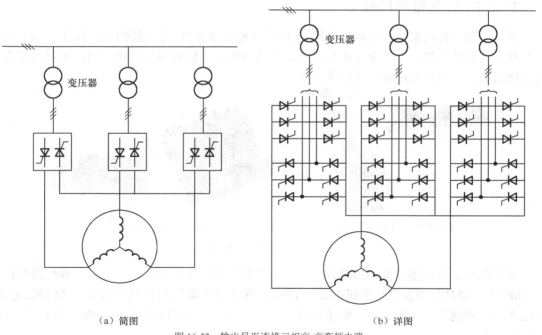

（a）简图　　　　　　　　　　　　　　　　　（b）详图

图 16-52　输出星形连接三相交-交变频电路

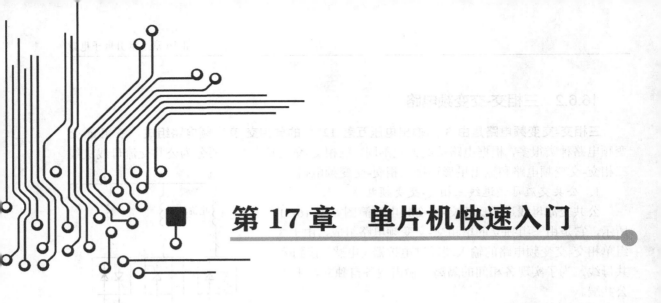

第17章 单片机快速入门

17.1 单片机简介

17.1.1 什么是单片机

单片机是一种内部集成了很多电路的 IC（又称集成电路、集成块）芯片，图 17-1 列出了几种常见的单片机，有的单片机引脚多，有的引脚少，同种型号的单片机，可以采用直插式引脚封装，也可以采用贴片式引脚封装。

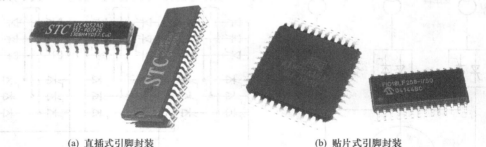

(a) 直插式引脚封装   (b) 贴片式引脚封装

图 17-1　几种常见单片机外形

单片机是单片微型计算机的简称，由于单片机主要用于控制领域，所以又称作微型控制器（MCU）。单片机与微型计算机都是由 CPU、存储器和输入/输出接口电路（I/O 接口电路）等组成的，但两者又有所不同，微型计算机（PC）和单片机的基本结构分别如图 17-2（a）、（b）所示。

从图 17-2 可以看出，微型计算机是将 CPU、存储器和输入/输出接口电路等安装在电路板上，外部的输入/输出设备（I/O 设备）通过接插件与电路板上的输入/输出接口电路连接起来。单片机则是将 CPU、存储器和输入/输出接口电路等集成在半导体硅片上，再接出引脚并封装起来构成集成电路，外部的输入/输出设备通过单片机的外部引脚与内部输入/输出接口电路连接起来。

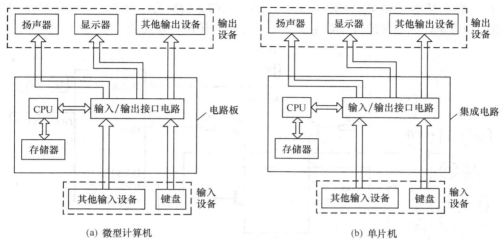

图 17-2   微型计算机与单片机的结构

与单片机相比，微型计算机具有性能高、功能强的特点，但其价格昂贵，并且体积大，所以在一些不是很复杂的控制方面，完全可以采用价格低廉的单片机实现简单控制，如电动玩具、缤纷闪烁的霓虹灯和家用电器等设备中应用。

17.1.2   单片机应用系统的组成

1. 组成

单片机是一块内部包含有 CPU、存储器和输入/输出接口等电路的 IC 芯片，但单独一块单片机芯片是无法工作的，必须给它增加一些有关的外围电路来组成单片机应用系统，才能完成指定的任务。典型的单片机应用系统的组成如图 17-3 所示，即单片机应用系统主要由单片机芯片、输入部件、输入电路、输出部件和输出电路组成。

2. 工作过程举例说明

图 17-4 是一种采用单片机控制的 DVD 影碟机托盘检测及驱动电路，下面以该电路来说明单片机应用系统的一般工作过程。

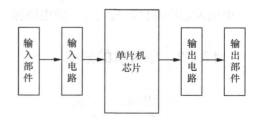

图 17-3   典型的单片机应用系统的组成

当按下"OPEN/CLOSE"键时，单片机 a 脚的高电平（一般为 3V 以上的电压，常用 1 或 H 表示）经二极管 VD 和闭合的按键 S_2 送入 b 脚，触发单片机内部相应的程序运行，程序运行后从 e 脚输出低电平（一般为 0.3V 以下的电压，常用 0 或 L 表示），低电平经电阻 R_3 送到 PNP 型三极管 VT_2 的基极，VT_2 导通，+5V 电压经 R_1、导通的 VT_2 和 R4 送到 NPN 型三极管 VT_3 的基极，VT_3 导通，于是有电流流过托盘电机（电流途径是：+5V→R_1→VT2 的发射极→VT_2 的集电极→接插件的 3 脚→托盘电机→接插件的 4 脚→VT_3 的集电极→VT_3 的发射极→地），托盘电机运转，通过传动机构将托盘推出机器，当托盘出仓到位后，托盘检测开关 S_1 断开，单片机的 c 脚变为高电平（出仓过程中 S_1 一直是闭合的，c 脚为低电平），内部程序运行，使单片机的 e 脚变为高电平，三极管 VT_2、VT_3 均由导通转为截止，无电流流过托盘电机，电机停转，托盘出仓完成。

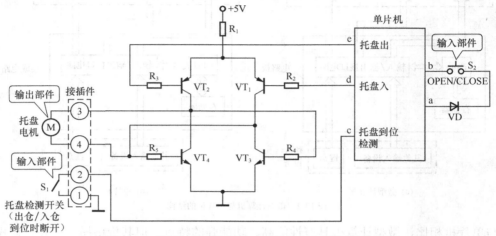

图 17-4　一种采用单片机控制的 DVD 影碟机托盘检测及驱动电路

在托盘上放好碟片后，再按压一次"OPEN/CLOSE"键，单片机 b 脚再一次接收到 a 脚送来的高电平，又触发单片机内部相应的程序运行，程序运行后从 d 脚输出低电平，低电平经电阻 R_2 送到 PNP 型三极管 VT_1 的基极，VT_1 导通，+5V 电压经 R1、VT_1 和 R_5 送到 NPN 型三极管 VT_4 的基极，VT_4 导通，马上有电流流过托盘电机（电流途径是：+5V→R_1→VT_1 的发射极→VT_1 的集电极→接插件的 4 脚→托盘电机→接插件的 3 脚→VT_4 的集电极→VT_4 的发射极→地），由于流过托盘电机的电流反向，故电机反向运转，通过传动机构将托盘收回机器，当托盘入仓到位后，托盘检测开关 S_1 断开，单片机的 c 脚变为高电平（入仓过程中 S_1 一直是闭合的，c 脚为低电平），内部程序运行，使单片机的 d 脚变为高电平，三极管 VT_1、VT_4 均由导通转为截止，无电流流过托盘电机，电机停转，托盘入仓完成。

在图 17-4 中，检测开关 S_1 和按键 S_2 均为输入部件，与之连接的电路称为输入电路，托盘电机为输出部件，与之连接的电路称为输出电路。

17.1.3　单片机的分类

设计生产单片机的公司很多，较常见的有 Intel 公司生产的 MCS-51 系列单片机、Atmel 公司生产的 AVR 系列单片机、MicroChip 公司生产的 PIC 系列单片机和美国德州仪器（TI）公司生产的 MSP430 系列单片机等。

8051 单片机是 Intel 公司推出的最成功的单片机产品，后来由于 Intel 公司将重点放在 PC 机芯片（如 8086、80286、80486 和奔腾 CPU 等）开发上，故将 8051 单片机内核使用权以专利出让或互换的形式转给世界许多著名 IC 制造厂商，如 Philips、NEC、Atmel、AMD、Dallas、

Siemens、Fujitsu、OKI、华邦和 LG 等，这些公司在保持与 8051 单片机兼容基础上改善和扩展了许多功能，设计生产出与 8051 单片机兼容的一系列单片机。**这种具有 8051 硬件内核且兼容 8051 指令的单片机称为 MCS-51 系列单片机，简称 51 单片机**。新型 51 单片机可以运行 8051 单片机的程序，而 8051 单片机可能无法正常运行新型 51 单片机为新增功能编写的程序。

　　51 单片机是目前应用最为广泛的单片机，由于生产 51 单片机的公司很多，故型号众多，但不同公司各型号的 51 单片机之间也有一定的对应关系。表 17-1 是部分公司的 51 单片机常见型号及对应表，对应型号的单片机功能基本相似。

表 17-1　　　　　　　　**部分公司的 51 单片机常见型号及对应表**

STC 公司的 51 单片机	Atmel 公司的 51 单片机	Philips 公司的 51 单片机	Winbond 公司的 51 单片机
STC89C516RD	AT89C51RD2/RD+/RD	P89C51RD2/RD+、89C61/60X2	W78E516
STC89LV516RD	AT89LV51RD2/RD+/RD	P89LV51RD2/RD+/RD	W78LE516
STC89LV58RD	AT89LV51RC2/RC+/RC	P89LV51RC2/RC+/RC	W78LE58、W77LE58
STC89C54RC2	AT89C55、AT89S8252	P89C54	W78E54
STC89LV54RC2	AT89LV55	P87C54	W78LE54
STC89C52RC2	AT89C52、AT89S52	P89C52、P87C52	W78E52
STC89LV52RC2	AT89LV52、AT89LS52	P89C52	W78LE52
STC89C51RC2	AT89C51、AT89S51	P89C51、P87C51	W78E51

17.1.4　单片机的应用领域

　　单片机的应用非常广泛，已深入到工业、农业、商业、教育、国防及日常生活等各个领域。下面简单介绍一下单片机在一些领域的应用。

　　（1）单片机在家电方面的应用

　　单片机在家电方面的应用主要有：彩色电视机、影碟机内部的控制系统；数码相机、数码摄像机中的控制系统；中高档电冰箱、空调器、电风扇、洗衣机、加湿器和消毒柜中的控制系统；中高档微波炉、电磁灶和电饭煲中的控制系统等。

　　（2）单片机在通信方面的应用

　　单片机在通信方面的应用主要有：移动电话、传真机、调制解调器和程控交换机中的控制系统；智能电缆监控系统、智能线路运行控制系统和智能电缆故障检测仪等。

　　（3）单片机在商业方面的应用

　　单片机在商业方面的应用主要有：自动售货机、无人值守系统、防盗报警系统、灯光音响设备、IC 卡读卡器等。

　　（4）单片机在工业方面的应用

　　单片机在工业方面的应用主要有：数控机床、数控加工中心、无人操作、工业过程控制、生产自动化、远程监控、设备管理、智能控制和智能仪表等。

　　（5）单片机在航空、航天和军事方面的应用

　　单片机在航空、航天和军事方面的应用主要有：航天测控系统、卫星遥控遥测系统、载

人航天系统和电子对抗系统等。

（6）单片机在汽车方面的应用

单片机在汽车方面的应用主要有：汽车娱乐系统、汽车防盗报警系统、汽车信息系统、汽车智能驾驶系统、汽车全球卫星定位导航系统、汽车智能化检验系统、汽车自动诊断系统和交通信息接收系统等。

17.2 一个按键控制一只LED亮灭的单片机应用系统开发全过程

17.2.1 明确控制要求并选择合适型号的单片机

1. 明确控制要求

在开发单片机应用系统时，先要明确需要实现的控制功能，单片机硬件和软件开发都需围绕着要实现的控制功能进行。如果要实现的控制功能比较多，可一条一条列出来，若要实现的控制功能比较复杂，则需分析控制功能及控制过程，并明确表述出来（如控制的先后顺序、同时进行几项控制等），这样在进行单片机硬、软件开发时才会目标明确。

本项目的控制要求是：当按下按键时，LED（发光二极管）亮；松开按键时，LED熄灭。

2. 选择合适型号的单片机

明确单片机应用系统要实现的控制功能后，再选择单片机种类和型号。单片机种类很多，不同种类、型号的单片机结构和功能有所不同，软、硬件开发也有区别。

在选择单片机型号时，一般应注意以下几点。

① 选择自己熟悉的单片机。不同系列的单片机内部硬件结构和软件指令或多或少有些不同，而选择自己熟悉的单片机可以提高开发效率，缩短开发时间。

② 在功能够用的情况下，考虑性能价格比。有些型号的单片机功能强大，但相应的价格也较高，而选择单片机型号时功能足够即可，不要盲目选用功能强大的单片机。

目前市面上使用广泛的为51单片机，其中宏晶公司（STC）51系列单片机最为常见，编写的程序可以在线写入单片机，无须使用专门的编程器，并且可反复擦写单片机内部的程序，另外价格低（5元左右）且容易买到。

17.2.2 设计单片机电路原理图

明确控制要求并选择合适型号的单片机后，接下来就是设计单片机电路，即给单片机添加工作条件电路、输入部件和输入电路、输出部件与输出电路等。图17-5是设计好的用一个按键控制一只发光二极管亮灭的单片机电路原理图，该电路采用了STC公司8051内核的89C51型单片机。

单片机是一种集成电路，普通的集成电路只需提供电源即可使内部电路开始工作，而要让单片机内部电路正常工作，除了需提供电源，还需提供时钟信号和复位信号。电源、时钟信号和复位信号是单片机工作必须具备的，提供这三者的电路称为单片机的工作条件电路。

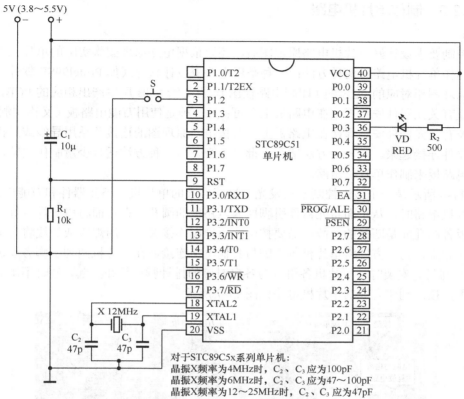

图 17-5　用一个按键通过单片机控制一只发光二极管亮灭的单片机电路原理图

STC89C51 单片机的工作电源为 5V，电压允许范围为 3.8～5.5V。5V 电源的正极接到单片机的正电源脚（VCC、40 脚），负极接到单片机的负电源（VSS、20 脚）。晶体振荡器 X、电容 C1、C2 与单片机时钟脚（XTAL2-18 脚、XTAL1-19 脚）内部的电路组成时钟振荡电路，产生 12MHz 时钟信号提供给单片机内部电路，让内部电路有条不紊地按节拍工作。C_1、R_1 构成单片机复位电路，在接通电源的瞬间，C_1 还未充电，C_1 两端电压为 0V，R_1 两端电压为 5V，5V 电压为高电平，它作为复位信号经复位脚（RST、9 脚）送入单片机，对内部电路进行复位，使内部电路全部进入初始状态，随着电源对 C_1 充电，C_1 上的电压迅速上升，R_1 两端电压则迅速下降，当 C_1 上充电电压达到 5V 时充电结束，R_1 两端电压为 0V（低电平），单片机 RST 脚变为低电平，结束对单片机内部电路的复位，内部电路开始工作，如果单片机 RST 脚始终为高电平，内部电路则被钳制在初始状态，无法工作。

按键 S 闭合时，单片机的 P1.2 脚（3 脚）通过 S 接地（电源负极），P1.2 脚输入为低电平，内部电路检测到该脚电平再执行程序，让 P0.3 脚（36 脚）输出低电平（0V），发光二极管 VD 导通，有电流流过 VD（电流途径是：5V 电源正极→R_2→VD→单片机的 P0.3 脚→内部电路→单片机的 VSS 脚→电源负极），VD 点亮；按键 S 松开时，单片机的 P1.2 脚（3 脚）变为高电平（5V），内部电路检测到该脚电平再执行程序，让 P0.3 脚（36 脚）输出高电平，发光二极管 VD 截止（即 VD 不导通），VD 熄灭。

17.2.3　制作单片机电路

按控制要求设计好单片机电路原理图后，还要依据电路原理图将实际的单片机电路制作出来。制作单片机电路有两种方法：一种是用电路板设计软件（如 Protel99SE 软件）设计出与电路原理图相对应的 PCB 图（印制电路板图），再交给 PCB 厂生产出相应的 PCB，然后将单片机及有关元器件安装焊接在电路板上即可；另一种是使用万能电路板（又称洞洞板），将单片机及有关元器件安装焊接在电路板上，再按电路原理图的连接关系用导线或焊锡将单片机及元器件连接起来。前一种方法适合大批量生产，后一种方法适合少量制作实验，这里使用万能电路板来制作单片机电路。

图 17-6 所示是一个按键控制一只发光二极管亮灭的单片机电路元器件和万能电路板。在安装单片机电路时，从正面将元器件引脚插入电路板的圆孔，在背面将引脚焊接好，由于万能电路板各圆孔间是断开的，故还需要按电路原理图连接关系，用焊锡或导线将有关元器件引脚连接起来，为了方便将单片机各引脚与其他电路连接，在单片机两列引脚旁安装了两排20 脚的单排针，安装时将单片机各引脚与各自对应的排针脚焊接在一起，暂时不用的单片机引脚可不焊接。制作完成的单片机电路如图 17-7 所示。

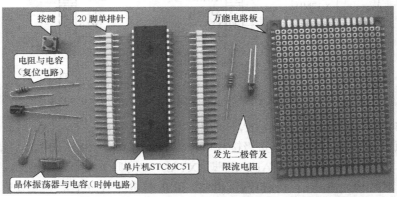

图 17-6　一个按键控制一只发光二极管亮灭的单片机电路元器件和万能电路板

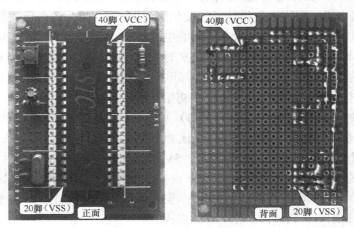

图 17-7　制作完成的单片机电路

17.2.4　用 Keil 软件编写单片机控制程序

单片机是一种软件驱动的芯片，要让它进行某些控制就必须为其编写相应的控制程序。Keil μVision2 是一款最常用的 51 单片机编程软件，在该软件中可以使用汇编语言或 C 语言编写单片机程序。

1. 编写程序

在屏幕桌面上执行"开始→程序→Keil μVision2"，Keil μVision2 软件打开，如图 17-8 所示。在该软件中新建一个项目"一个按键控制一只 LED 亮灭.Uv2"，再在该项目中新建一个"一个按键控制一只 LED 亮灭.c"文件，如图 17-9 所示，然后在该文件中用 C 语言编写单片机控制程序（采用英文半角输入），如图 17-10 所示。最后单击工具栏上的🔲（编译）按钮，将当前 C 语言程序转换成单片机能识别的程序，在软件窗口下方出现编译信息，如图 17-11 所示，如果出现"0 Error（s）,0 Warning（s）"，表示程序编译通过。

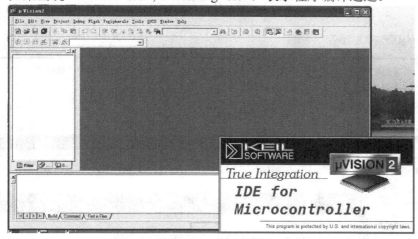

图 17-8　Keil μVision2 软件打开

图 17-9　新建一个项目并在该项目中新建一个"一个按键控制一只 LED 亮灭.c"文件

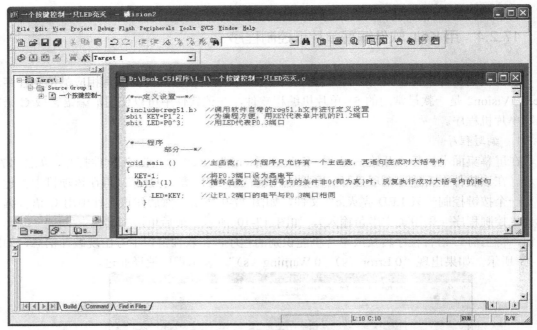

图 17-10　在"一个按键控制一只 LED 亮灭.c"文件中用 C 语言编写单片机程序

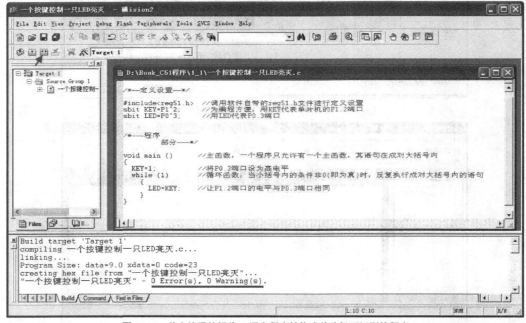

图 17-11　单击编译按钮将 C 语言程序转换成单片机可识别的程序

　　C 语言程序文件（.c）编译后会得到一个十六进制程序文件（.hex），如图 17-12 所示，利用专门的下载软件将该十六进制程序文件写入单片机，即可让单片机工作而产生相应的控制。

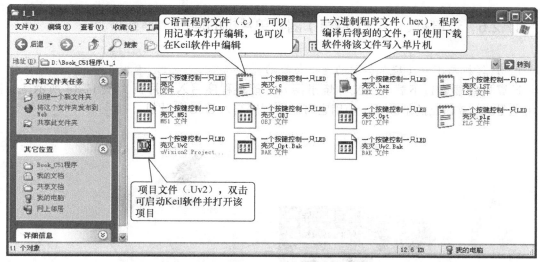

图 17-12　C 语言程序文件被编译后就得到一个可写入单片机的十六进制程序文件

2.　程序说明

"一个按键控制一只 LED 亮灭.c"文件的 C 语言程序说明，如图 17-13 所示。在程序中，如果将"LED＝KEY"改成"LED＝!KEY"，即让 LED（P0.3 端口）的电平与 KEY（P1.2 端口）的反电平相同，这样当按键按下时 P1.2 端口为低电平，P0.3 端口则为高电平，LED 灯不亮。如果将程序中的"while（1）"改成"while（0）"，while 函数大括号内的语句"LED＝KEY"不会执行，即未将 LED（P0.3 端口）的电平与 KEY（P1.2 端口）对应起来，操作按键无法控制 LED 的亮灭。

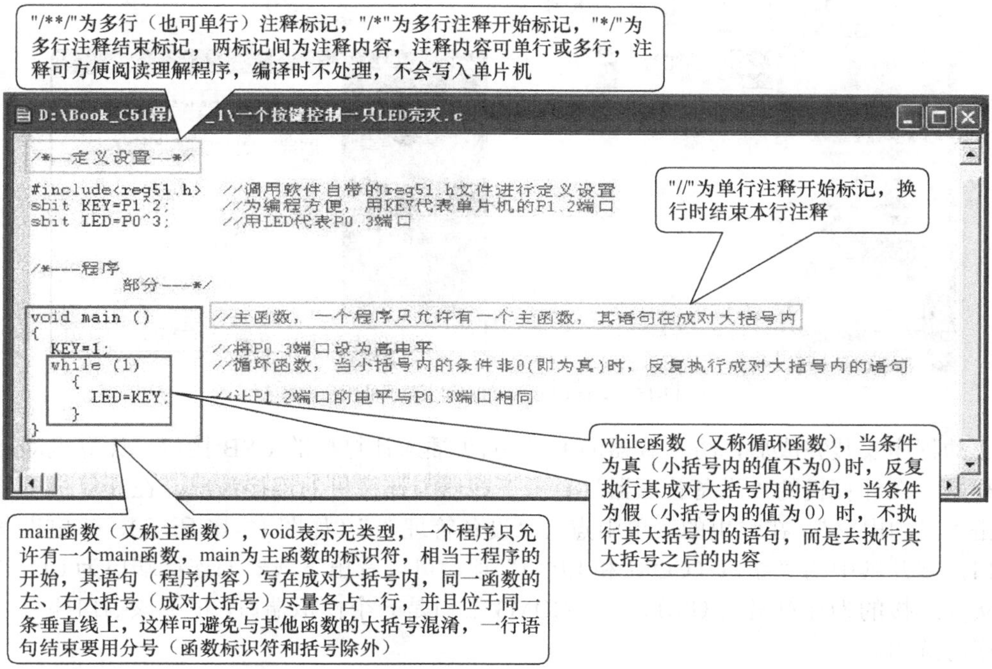

"/**/"为多行（也可单行）注释标记，"/*"为多行注释开始标记，"*/"为多行注释结束标记，两标记间为注释内容，注释内容可单行或多行，注释可方便阅读理解程序，编译时不处理，不会写入单片机

"//"为单行注释开始标记，换行时结束本行注释

```
D:\Book_C51程序\_1\一个按键控制一只LED亮灭.c

/*----定义设置----*/

#include<reg51.h>      //调用软件自带的reg51.h文件进行定义设置
sbit KEY=P1^2;         //为编程方便，用KEY代表单片机的P1.2端口
sbit LED=P0^3;         //用LED代表P0.3端口

/*----程序
        部分----*/

void main ()          //主函数，一个程序只允许有一个主函数，其语句在成对大括号内
{
  KEY=1;              //将P0.3端口设为高电平
  while (1)           //循环函数，当小括号内的条件非0(即为真)时，反复执行成对大括号内的语句
    {
      LED=KEY;        //让P1.2端口的电平与P0.3端口相同
    }
}
```

main函数（又称主函数），void表示无类型，一个程序只允许有一个main函数，main 为主函数的标识符，相当于程序的开始，其语句（程序内容）写在成对大括号内，同一函数的左、右大括号（成对大括号）尽量各占一行，并且位于同一条垂直线上，这样可避免与其他函数的大括号混淆，一行语句结束要用分号（函数标识符和括号除外）

while函数（又称循环函数），当条件为真（小括号内的值不为0）时，反复执行其成对大括号内的语句，当条件为假（小括号内的值为0）时，不执行其大括号内的语句，而是去执行其大括号之后的内容

图 17-13　"一个按键控制一只 LED 亮灭.c"文件的 C 语言程序说明

17.2.5　计算机、下载（烧录）器和单片机的连接

1. 计算机与下载（烧录）器的连接与驱动

计算机需要通过下载器（又称烧录器）才能将程序写入单片机。图 17-14 所示是一种常用的 USB 转 TTL 的下载器，使用它可以将程序写入 STC 单片机。

图 17-14　USB 转 TTL 的下载器及连接线

在将下载器连接到计算机前，需要先在计算机中安装下载器的驱动程序，再将下载器插入计算机的 USB 接口，计算机才能识别并与下载器建立联系。下载器驱动程序的安装如图 17-15 所示，双击驱动程序文件即开始安装。

图 17-15　安装 USB 转 TTL 的下载器的驱动程序

驱动程序安装完成后，将下载器的 USB 插头插入计算机的 USB 接口，计算机即可识别出下载器。在计算机的"设备管理器"查看下载器与计算机的连接情况，在计算机屏幕桌面上右击"我的电脑"，在弹出的菜单中点击"设备管理器"（如图 17-16 所示），弹出设备管理器窗口，展开其中的"端口（COM 和 LPT）"项，可以看出下载器的连接端口为 COM3，下载器实际连接的为计算机的 USB 端口，COM3 端口是一个模拟端口，记下该端口序号以便下载程序时选用。

图 17-16 查看下载器与计算机的连接端口序号

2. 下载器与单片机的连接

USB 转 TTL 的下载器一般有 5 个引脚，分别是 3.3V 电源脚、5V 电源脚、TXD（发送数据）脚、RXD（接收数据）脚和 GND（接地）脚。

下载器与 STC89C51 单片机的连接如图 17-17 所示，从图中可以看出，除了两者电源正、负脚要连接起来外，下载器的 TXD（发送数据）脚与 STC89C51 单片机的 RXD（接收数据）脚（10 脚，与 P3.0 为同一个引脚），下载器的 RXD 脚与 STC89C51 单片机的 TXD 脚（11 脚，与 P3.1 为同一个引脚）。下载器与其他型号的 STC-51 单片机连接基本相同，只是对应的单片机引脚序号可能不同。

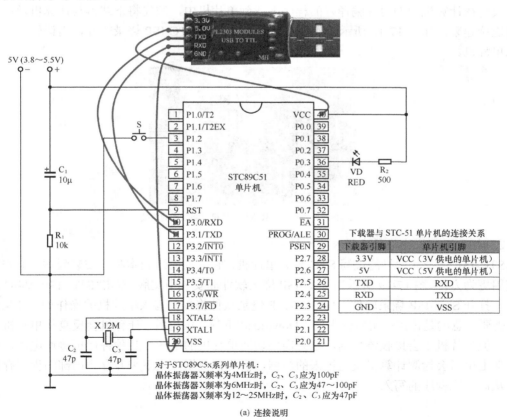

下载器与 STC-51 单片机的连接关系

下载器引脚	单片机引脚
3.3V	VCC（3V 供电的单片机）
5V	VCC（5V 供电的单片机）
TXD	RXD
RXD	TXD
GND	VSS

对于 STC89C5x 系列单片机：
晶体振荡器 X 频率为 4MHz 时，C_2、C_3 应为 100pF
晶体振荡器 X 频率为 6MHz 时，C_2、C_3 应为 47～100pF
晶体振荡器 X 频率为 12～25MHz 时，C_2、C_3 应为 47pF

(a) 连接说明

图 17-17 下载器与 STC89C51 单片机的连接

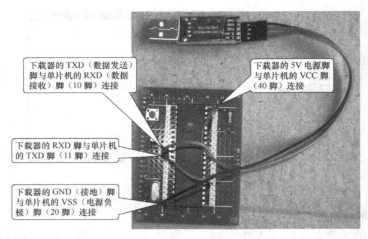

下载器的 TXD（数据发送）脚与单片机的 RXD（数据接收）脚（10 脚）连接

下载器的 5V 电源脚与单片机的 VCC 脚（40 脚）连接

下载器的 RXD 脚与单片机的 TXD 脚（11 脚）连接

下载器的 GND（接地）脚与单片机的 VSS（电源负极）脚（20 脚）连接

(b) 实际连接

图 17-17　下载器与 STC89C51 单片机的连接（续）

17.2.6　用烧录软件将程序写入单片机

1. 将计算机、下载器与单片机电路三者连接起来

要将在计算机中编写并编译好的程序下载到单片机中，须先将下载器与计算机及单片机电路连接起来，如图 17-18 所示，然后在计算机中打开 STC-ISP 烧录软件，用该软件将程序写入单片机。

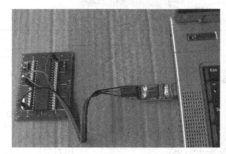

图 17-18　计算机、下载器与单片机电路三者的连接

2. 打开烧录软件将程序写入单片机

STC-ISP 烧录软件只能烧写 STC 系列单片机，它分为安装版本和非安装版本，非安装版本使用更为方便。图 17-19 所示为 STC-ISP 烧录软件非安装中文版，双击"STC_ISP_V483.exe"文件，打开 STC-ISP 烧录软件。用 STC-ISP 烧录软件将程序写入单片机的操作如图 17-20 所示。需要注意的是，在单击软件中的"Download/下载"按钮后，计算机会反复往单片机发送数据，但单片机不会接收该数据，这时需要切断单片机的电源，几秒钟后再接通电源，单片机重新上电后会检测计算机发送过来的数据，会将该数据接收下来并存到内部的程序存储器中，从而完成程序的写入。

（a）双击"STC_ISP_V483.exe"文件

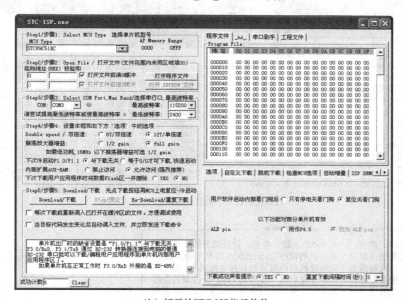

（b）打开的STC-ISP烧录软件

图 17-19　打开非安装版本的 STC-ISP 烧录软件

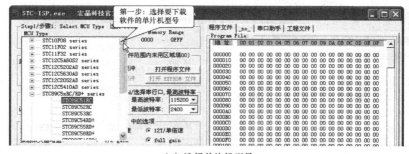

（a）选择单片机型号

图 17-20　用 STC-ISP 烧录软件将程序写入单片机的操作

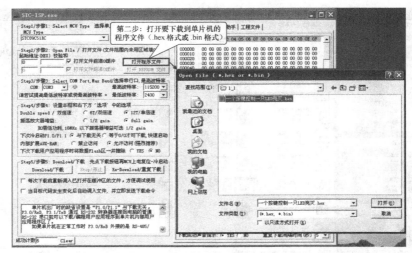

（b）打开要写入单片机的程序文件

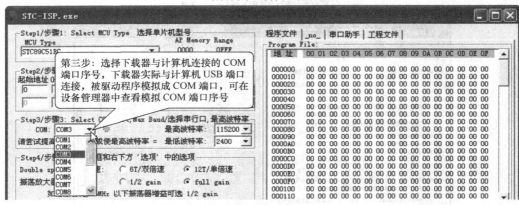

（c）选择计算机与下载器连接的 COM 端口序号

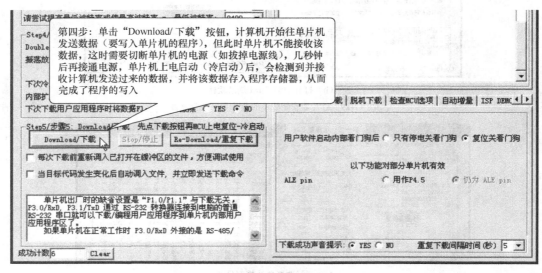

（d）开始往单片机写入程序

图 17-20　用 STC-ISP 烧录软件将程序写入单片机的操作（续）

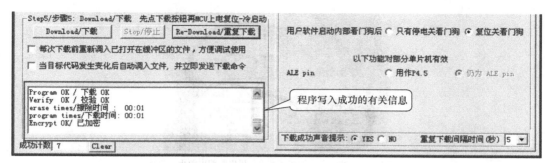

（e）程序写入完成

图 17-20 用 STC-ISP 烧录软件将程序写入单片机的操作（续）

17.2.7 单片机电路的供电与测试

程序写入单片机后，再给单片机电路通电，测试其能否实现控制要求，如若不能，需要检查是单片机硬件电路的问题，还是程序的问题，并解决这些问题。

1. 用计算机的 USB 接口通过下载器为单片机供电

在给单片机供电时，如果单片机电路简单、消耗电流少，可让下载器（需与计算机的 USB 接口连接）为单片机提供 5V 或 3.3V 电源，该电压实际来自计算机的 USB 接口，单片机通电后再进行测试，如图 17-21 所示。

2. 用 USB 电源适配器给单片机电路供电

如果单片机电路消耗电流大，需要使用专门的 5V 电源为其供电。图 17-22 所示为一种手机充电常见的 5V 电源适配器及数据线，该数据线一端为标准 USB 接口，另一端为 Micro USB 接口，在 Micro USB 接口附近将数据线剪断，可看见有 4 根不同颜色的线，分别是"红-电源线（VCC，5V+）""黑-地线（GND，5V-）""绿-数据正（DATA+）"和"白-数据负（DATA-）"，将绿、白线剪短不用，红、黑线剥掉绝缘层露出铜芯线，再将红、黑线分别接到单片机电路的电源正、负端，如图 17-23 所示。USB 电源适配器可以将 220V 交流电压转换成 5V 直流电压，如果单片机的供电不是 5V 而是 3.3V，可在 5V 电源线上再串接 3 个整流二极管，由于每个整流二极管电压降为 0.5～0.6V，故可得到 3.5～3.2V 的电压，如图 17-24 所示。

图 17-21 利用下载器（需与计算机的 USB 接口连接）为单片机提供电源

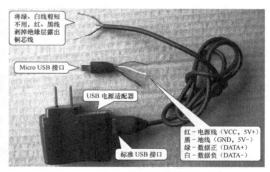

图 17-22 USB 电源适配器与电源线制作

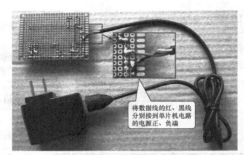

图 17-23　将正、负电源线接到单片机电路的电源正、负端

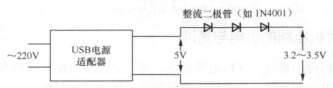

图 17-24　利用 3 只整流二极管可将 5V 电压降低成 3.3V 左右的电压

用 USB 电源适配器给单片机电路供电并进行测试，如图 17-25 所示。

图 17-25　用 USB 电源适配器给单片机电路供电并进行测试